제7판

Tourism

An Introductory Text

관광학

김용상 · 정석중 · 이봉석 · 심인보 · 김천중
이주형 · 이미혜 · 김창수 · 이재섭 · 박승영

호관연
HTR
1994

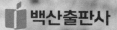
백산출판사

제7판을 내면서

올 겨울은 유난히도 춥다고들 하면서 평창의 겨울올림픽을 걱정하는 사람들도 많았으나 큰 추위는 달아나 버렸고, 개막식의 훌륭한 문화연출과 함께 남북이 같이 입장하는 등 문화올림픽은 물론 평화올림픽이란 이름으로도 기억될 만큼 2018 평창올림픽이 평화롭게 진행되고 있다.

본 책자가 1997년 창간호가 나온 이 후 2판(2000), 3판(2002), 4판(2007), 5판(2011)을 거쳐 작년이 된 2017년에 제6판이 나왔는데 2018년 지금 개정7판을 내기 위한 머리글을 쓰고 있다.

1	2	3	4	5	6	**7**	**8**	**9**	**10**	……
일	이	삼	사	오	육	**칠**	**팔**	**구**	**십**	……
하나	둘	셋	넷	다섯	여섯	**일곱**	**여덟**	**아홉**	**열**	……

1(하나, 일)은 모든 수의 시작과 모든 것의 우두머리를 나타내고 최초를 의미하는 수인 행복의 수, 축복의 수로 1은 하나이며 일이자, 또한 1은 하늘과 땅을 이은 모습으로 변화의 시작을 나타낸다고 한다. 창간호는 그렇게 시작되었다.

2(둘, 이)로서 음양, 일월, 천지, 남녀, 부모, 선악, 흑백처럼 우주에 있는 온갖 사물이나 현상의 화합과 조화를 나타내니, 2는 하늘에서 내려오고 땅에서 올라오는 두 기운이 엉키어 멈추는 모양이고, '둘'은 '둘레' 또는 '껍질', '울타리'를 말하며 '이'는 '다른 것' 또는 '이익'을 의미한다. 이렇게 앞으로의 개정판은 초판과 근본은 다르지 않으나 끝없는 수정을 통해 화합과 조화를 이루어 나가야 할 것이다.

3(삼, 셋)은 과거-현재-미래, 하늘-땅-사람처럼 안정과 조화의 수로써, 3은 위의 기운과 아래의 기운이 서로 엉키어 새로운 다른 기운을 만들어서 머금고 있는 모양이니 두 부모 사이에서 새 생명이 생겨 아이가 생겨남과 같다. 곧 '삼'은 '삶' 또는 '생'을 의미하고, '셋'은 '세우다' 또는 '사이' 또는 '새'를 의미하니 삼(삶)이란 다른 것들이 서로의 이익을 조화롭게 높이 높이 세워가는 것이다. 관광학도 인접학문의 무분별한 응용을 경계하면서 독립된 관광학으로서의 학문영역을 세워나가야 할 것이다.

4(사, 넷)는 봄·여름·가을·겨울, 동·서·남·북처럼 완성, 완전을 의미하는 수로서 공간 확보를 뜻하는 말(前後左右, 東西南北, 高低長短)이다. '4'란 사방이 마주친 모습('─'와 '1'를 연결시켜놓은 形像)을 나타내는 수리로 동양에서 '사'는 '죽음'을 의미하기도 하는바, 살아서 삶을 유지하면서 가장 사랑하기 힘든 것이 죽음일 것이다. 죽음을 사랑해야 바다와 같은 포용심을 소유하게 되는 것처럼 관광개발이나 관광행동 모두가 최소한의 양식을 가져야 하

며 자연을 훼손하여 피해를 주는 일은 절대로 없어야 할 것이다.

5(오, 다섯)는 5행(火水木金土), 5륜(五倫), 사람의 손가락 수처럼 모든 것, 전부를 나타내는 수라고 볼 수 있다. '다섯'은 '다시 세우다'라는 말의 준말이며, '오'는 깨달음의 환성(喚醒)이기도 하다. 죽음을 알고, 보고, 사랑하여 다시 새로운 삶을 세우게 된다. 처음의 삶이 부모 밑에서의 삶이라면 이 새로운 삶은 장가를 간 부모로써의 삶인 것이다. 이렇듯 '관광'이란 말도 '즐거움을 위해서 돌아다니며 구경한다'는 단순한 생각에서 벗어나 '진리를 마음속에서 관찰하고 사유하여 이해하는 지혜로운 삶을 위한 행위'로의 인식전환도 필요하다.

6(육, 여섯)은 인간의 미적인 완전함을 갖는 6각정(六角亭), 정6각기둥, 6각수 등이 있어 문화의 수라고 하며, '여섯'은 '열고 서다'는 말의 준말이며 육은 育과 같은 움직이고 자람을 뜻한다. 관광의 본질과 대상은 문화나 문물인 것처럼 감성을 중요시하고 삶의 질을 추구하는 21세기 고도 정보화 사회에서 관광현상을 다시 알고, 보고, 사랑하여 새롭게 눈을 떠 '관광'이라는 현상에 다가가야 할 것이다.

7(칠, 일곱)에서 '일곱'은 '일구어 보다' 또는 '깊이 파 본다'는 뜻이며 '칠(7)'은 '보기 좋게 아름답게 칠하다' 또는 '칠 것은 쳐서 아름답게 꾸민다' 그리고 '닦아 내리다' 라는 의미이다. 이는 가장 두꺼운 껍질, 어머니(기성세대) 또는 고치(아집)을 뚫고 열고 서서(6) 세상을 깊이 보는 자아적(自我的) 눈을 떠서 모든 것을 일구어 보는 것이다. 즉 진리(眞理)를 깨달아 보는 눈을 뜨다. 그리하여 보다 아름답게 칠하여 더욱 아름답게 하고 때로는 쓸데없이 칠 것은 깨끗하게 치워서 이 세상을 아름답고 깨끗하게 꾸며 닦아 나가는 삶이다.

변화를 추구하는 학문의 세계에서는 영원히 변화가 없는 곳은 정체된 곳, 적막한 곳이므로 比(비)라 말하는데, 이 때 조화의 원인이 7에 있다. 7의 자리는 창조, 번영, 변화의 만 가지 근원이 된다(그래서 7을 모르면 77/칠칠치 못한 놈이 되는바, 옛 말에도 여물지 못한 사람을 칠칠치 못하다고 했다). 사람의 얼굴에는 눈, 귀, 코, 입을 통틀어 7개의 구멍이 있고, 손가락 마디를 세어보면 14개로 7의 배수이며, 소리도 7音(음)이고 색은 7色(색)으로 우주의 모든 만물이 7이라는 숫자로 형태를 이루고 있다.

따라서 관광현상을 올바르게 파악하고 성장 · 유지시키는 원동력은 관광을 구성하고 있는 조직의 형태와 그 운용이 중요함을 인식해야 할 것이다.

이런 측면에서 이번 제7판이 제6판과 달라진 점을 요약하면 다음과 같다.

관광의 기초개념과 관광학의 학문적 성격을 다룬 제1장은 장 제목을 관광의 이해로 바꾸고 그 내용을 관광과 유사개념 및 구성요소를 중심으로 개편하였다.

제2장 관광의 역사는 우리나라 관광의 발전과정을 보완하여 기술하였고, 제3장 관광사업은 2017년 개정된 관광진흥법에 따라 그 내용과 자료를 보완하고 수정하면서 제2절 관광사업의 분류를 새롭게 추가하여 모두 8절로 구성하였다.

제4장 관광자행동은 제6판에서 제7장으로 다루었던 것을 제4장으로 재구성하였다.

제5장 관광과 사회 및 제6장 관광과 스포츠, 제7장 관광과 문화는 최근의 사회변화에 따른 사회현상과 레저스포츠관광의 동향과 자료 및 지역별 문화관광상품에 대한 내용을 보완하였다.

제8장 관광과 경제, 그리고 제9장 관광과 환경에서는 간략한 내용수정과 통계적 보완이 이루어졌으며, 제10장 관광자원과 개발은 모두 3절이었던 것을 제1절 관광자원, 제2절 관광개발의 2개의 절로 재구성하였다.

마지막으로 제11장을 신설하여 제1절은 관광행정조직, 제2절은 관광기구로 구성하였으며 특히 우리나라 관광행정조직의 변경사항을 새롭게 수정하고 보완하였다.

모두 11장 44절로 구성된 이 책을 출간함에 있어서 늘 특별한 관심을 보여주고 있는 백산출판사 진욱상 대표님과 조진호 편집위원을 비롯한 관계자 여러분들께 감사의 말씀과 함께 밝은 앞날을 기대하면서, 이 책을 통하여 배움을 함께하고 있는 독자들께도 지면으로나마 감사 말씀을 올린다.

桓國紀元 9215年, 桓雄開天 5915年, 檀紀 4351年, 佛紀 2562年, 西紀 2018年, 南北合一念願 74年
2018 평창 동계올림픽이
한창인 2월 설날 아침
지은이들

제6판을 내면서

본 책자가 1997년 우리 동지들의 한 생각으로 창간호가 나온 이후 2판, 3판, 4판을 거쳐 2011년도 5판이 나왔고 이제 6판을 내기 위한 머리글을 쓰고 있다.

본래 數(수)는 흡(소리)과 더불어 인간의 의사소통 기능으로서 언어 이전의 수단이었다. 수는 우주의 진리이고, 진리는 곧 수와 관련되어 있다. 세상의 여러 말에서처럼 물질과 색, 맛, 곳, 마음, 시공 등 모두가 수와 더불어 존재하는 것이다. 곧 사물은 모두 수를 가지니 이는 모든 원리가 수로 설명될 수 있다는 뜻이다.

우리가 《관광학》[창간회]를 만들었던 것처럼, 처음의 한 생각, 곧 1은 창조의 숫자이며, 이 한 생각이 2에서 5까지의 에너지계 확산을 통하여 진동계에서 완성된 다음, 이것이 6에서 9까지의 물질계로 고착되는 것이 자연의 섭리이다.

결국 5는 절반의 완성이다. 작곡이 완성되었다 해도 이 세상에 널리 알리려면 누군가가 이를 연주해야 하고 콘서트나 음반이나 SNS를 통해 이를 널리 보급해야 하며, 작가가 집필을 완성해도 편집·인쇄·제본 등의 과정을 거쳐 책으로 만든 다음 서점에 진열되어야 하는 것처럼…

한편, 『천부경(天符經)』에 "六生七八九運"이라는 구절이 있다. "六生七八九"는 '(6)이 7·8·9를 낳는다'는 뜻이니 그대로 자연의 번성 원리를 이른다. 곧 7·8·9라는 숫자는 (6)이 근본인바 태양에서 발산해 주는 모든 것은 큰 덕(大德) 혹은 육덕(六德)이라 하며, 또 사람의 육감(六感)은 육신(六身)의 정묘한 영소로 된 정령의 영감이고, (6)은 천상천하사방(天上天下四方)이라는 육방(六方)의 개념을 포함하는 것처럼 물질세계에서의 복잡한 물리 화학 현상은 물론, 생명현상이 모두 6(육,六)의 작용인 것이다.

하지만 6이 생명의 창조와 출생에 관여하는 사실을 보여주는 보다 생생한 증거가 있는바 바로 물이다. 물은 지표면의 2/3을 덮고 있는데 다음과 같이 물이 지표면에서 차지하는 비율에서, 그리고 물의 비등점과 지표면의 평균 온도와의 관계에서 6이 나온다. 곧,

〈물이 지표면에 차지하는 비율 : 2/3 = 0.6666……〉
〈물의 비등점에 대한 지표면의 평균 온도: 100℃/15℃ = 6.6666……〉

이처럼 물과 땅과의 관계에서 나오는 6이라는 숫자는 우연의 일치가 아니다. 물의 분자 또한 6각형이니 육생칠팔구(六生七八九)는 자연에 있어 생명현상의 기초 질서를 밝히는 것이다.

이는 관광현상에서도 적용되는 바, 하나의 관광지(觀光地)가 생성되기 위해서는 활동장소(Recreational Facilities), 숙박시설(Accommodation), 식음료시설(Food & Beverage), 놀이터(Entertainment), 쉼터(Rest &Relaxation), 쇼핑시설(Shopping Center) 등의 여섯 종류의 관광시

설이 필요하게 되며, 관광객(觀光客)의 이동에도 여행비용(how much), 관광목적지(where), 동행자(with whom), 여행시기(when), 여행방법(how), 여행동기(what)와 같은 여섯 가지의 조건이 요구되는 것이다.

'여섯'은 '열고 서다'라는 말의 준 말이며, '육'은 깨달음의 환성이자 만남의 감각이다. 곧 6(육, 여섯)은 인간의 미적인 완전함을 갖는 6각정, 정6각기둥, 6각수 등이 있어서 문화의 수라고 할 수 있다.

관광의 본질과 대상은 문화나 문물인 것처럼 오늘날 대부분의 선진국들은 문화적 특산품을 세계시장에 수출하여 자국의 문화를 전파할 뿐만 아니라 막대한 수입을 올리고 있다. 감성을 중요시하고 삶의 질을 추구하는 21세기 고도정보화 사회에서 문화적 가치가 높은 관광특산품을 활성화시켜 부가가치를 창출하며, 경제적 부의 증진과 문화적 가치를 드높이는 이중의 효과에 부단한 노력을 해야 하는 것처럼, 초판(1977)이 나온 지 20년이 된 2017년, 이제 제6판을 계기로 관광현상을 다시 알고, 보고, 사랑하여 새롭게 눈을 떠 '관광'이라는 현상에 다가가야 할 것이다.

이번의 제6판이 제5판과 달라진 점을 요약하면 다음과 같다.

관광의 기초개념과 관광학의 학문적 성격을 다룬 제1장은 5판과 같이 '관광이란 무엇인가' 를 조명하였다.

제2장 관광의 역사는 최근의 추세를 보완하였고, 제3장 관광사업은 2016년 개정된 「관광진흥법」에 따라 그 내용과 자료를 보완하고 수정하였다.

제4장 관광과 사회 및 제5장 관광과 스포츠는 최근의 사회변화에 따른 사회현상과 레저스포츠관광의 동향과 자료를 보완하였다.

제6장 관광과 문화에서는 지역별 문화축제에 대한 내용을 보완하였으며, 제7장 관광객행동 및 제8장 관광과 경제, 그리고 제9장 관광과 환경에서는 간략한 내용수정과 통계적 보완이 이루어졌다.

제10장 관광자원과 개발은 제3절의 우리나라 관광행정조직의 변경사항을 새롭게 수정하고 보완하였다.

이 책을 출간함에 있어서 늘 특별한 관심을 보여주고 있는 백산출판사 秦사장님을 비롯한 관계자 여러분께 감사의 뜻과 함께 밝은 앞날을 기대하며, 이 책을 통하여 배움을 함께하고 있는 독자 모두께도 지면을 빌어 감사의 말씀 올린다.

桓國紀元 9214年, 桓雄開天 5914年, 檀紀 4350年, 佛紀 2561年, 西紀 2017年, 南北合一念願 73年
大寒을 앞 둔 올 겨울 제일 추운 날
지은이들

제5판 머리말

'다섯'은 '다시 세운다'라는 말의 준 말이며, '오'는 깨달음의 환성이자 만남의 감각이다. 초판(1977)이 나온 이후 관광현상을 알고, 보고, 사랑하여 다시 새롭게 눈을 떠 '관광'이라는 현상을 세우게 되었다고나 할까? 초판이 부모 밑에서 탄생된 것이라면 이번 판인 제5판에서는 장가를 가 부모의 입장을 조금이나마 알게 된 것 같은 느낌이다.

보통 '관광'이라고 하면 돌아다니며 노니는 것, 구경을 다니는 것, 편안함, 쾌락과 같은 생각을 하지만, 사실 '觀光'이란 말은 그 글자가 갖고 있는 뜻을 조금 깊이 생각해보면 조금은 심오한 의미를 지닌 단어임을 알 수가 있다.

우선 관상(觀想)이란 말은 '조용한 마음속에서 잘 살펴보는 것'으로 명상의 의미를 지닌 용어이며, 불관(不觀)이란 '반성하지 않음'의 뜻으로 여기서의 '觀'은 '반성'을 뜻한다. 또 관신(觀身: 몸을 관찰함, 제 몸의 본성을 관조함), 관지(觀知: 관찰해 안다), 관찰(觀察: 사물을 마음속에서 잘 살피고 생각하는 것), 관심(觀心: 자기 마음의 본성을 관찰하는 일), 관행(觀行: 觀心을 알기 위한 수행)처럼 〈觀한다〉 함은 고요한 심경에서 사물의 모양을 바르게 바라보고 진리를 마음속에서 조용히 관찰하며 사유하여 이해한다는 말이 된다. 그래서 그런 상태에 입각해서 나온 생각을 선정에 입각한 지혜라고 해서 관혜(觀慧)라고 하는 것이다.

이렇듯 '觀光'이란 말은 지금 세간에서 이야기하는 것처럼 '즐거움을 위해서 돌아다니며 구경하는 것'이라는 단순한 생각에서 벗어나 '진리를 마음속에서 조용히 관찰하고 사유하여 이해하는 지혜로운 삶을 위한 행위'로의 인식전환도 필요한 것 같다.

이번에 개정한 제5판은 관광정책을 다룬 제11장을 삭제하고 다시 10개의 장으로 구성하였다. 지난 판인 제4판(2007년)이 나온 지 4년 만의 작업이다. 이번 제5판의 구성과 제4판과의 달라진 점을 요약하면 다음과 같다.

관광의 기초개념과 관광학의 학문적 성격을 다룬 제1장은 관광학의 연구체계를 수정하여 '관광'을 조명하였다.

제2장 관광 역사는 최근의 추세를 보완하였고, 제3장 관광사업은 2009년 개정된 「관광진흥법」에 따라 그 내용과 자료를 전면적으로 개편, 보완하고 수정하였다.

제4장 관광과 사회 및 제5장 관광과 스포츠는 최근의 사회변화에 따른 사회현상과 레저스포츠관광의 동향과 자료를 보완하는 한편 시사성이 강한 내용들은 삭제하였다.

제6장 관광과 문화에서는 최근 사회적으로 관심이 고조되고 있는 지역별 문화축제에 대한 내용을 보완하였으며, 제7장 관광객행동은 최근의 연구동향과 자료를 보완하였다.

제8장 관광과 경제는 본판의 취지는 살리되 어려운 부분들은 삭제하였고, 제9장 관광과 환경에서는 내용수정과 보완이 이루어졌다.

제10장 관광자원과 개발은 제3절로 관광조직과 관광기구를 추가하면서 최근의 개발 및 정책 동향과 새로운 관련 법규에 따라 새롭게 수정하고 보완하였다.

이 책은 모두 10명이 장별로 집필하였고 10명 이외에도 여러분의 도움을 받았다. 초판부터 천명하였듯이 다수의 저자가 공동 집필한 것은 좀더 깊고 넓은 분야를 철저한 토론을 통해 충실히 하기 위함이었으나 그 만큼의 결과가 나오지 못한 것 같아 미진한 마음의 연속이다. 앞으로도 이 책을 사용하는 교수들은 물론 여러 독자들로부터 피드백을 받아서 부족하고 잘못된 부분들은 앞으로 꾸준히 보충하고 고쳐나갈 것을 다시 한 번 약속드린다.

이 책의 원고 정리와 교정단계에서 수고하신 사람들을 모두 열거할 수는 없으나 그들에게 진심으로 고마움을 전하며, 특히 이번 판은 조진호(전 백산출판사 전무)님의 노고가 많았음에 감사의 말씀을 드린다. 또한 이 책을 출간하는데 항상 특별한 관심을 보여주고 있는 백산출판사 진욱상 사장님을 비롯한 관계자 여러분께 감사의 뜻과 함께 밝은 앞날을 기대하며, 마지막으로 우리들에게 관광학을 가르쳐 주셨고 학문의 소중함을 일러주신 은사님들과 이 책을 통하여 배움을 함께하고 있는 독자 모두께도 지면을 빌어 감사의 말씀 올린다.

桓國紀元 9208年, 桓雄開天 5908年, 檀紀 4344年, 佛紀 2555年, 西紀 2011年, 南北合一念願 67年

小寒 지나고 大寒을 앞 둔 아주 추운 겨울 날

지은이 모두

제4판 머리말

관광은 타 지역이나 타국을 방문하는 사람들이 각종 관광시설을 이용하는 것뿐만 아니라 새로운 사실을 발견하고 경험하는 과정에서 서로 다른 문화와 교류한다는 점에서 현재를 사는 우리들에게 매우 중요한 삶의 방식 가운데 하나가 되었다. 이에 따라 현대인은 도시의 바쁜 생활을 벗어나 농촌, 바닷가, 산지 등 자연과 접하는 시간을 갖게 되는데 우리가 지켜온 삶의 방식은 철저한 인간중심의 가치의식이었다.

500년 전에 코페르니쿠스는 그 동안 굳게 믿어왔던 도그마를 깨고 우주의 중심이 지구가 아니라 태양이라고 말했다. 여기에서 "우리에 견주어서 우주를 측정하지 안 한다"는 코페르니쿠스의 원리가 나왔다. 이미 인간을 위해서만 자연의 존재가치를 인정하는 인간중심사고는 인간생존을 위협하는 힘으로 나타나고 있는 것처럼 관광개발이나 관광행동 모두가 최소한의 양식을 가져야 하며 자연을 훼손하여 피해를 주는 일은 절대로 없어야 한다.

1989년 해외여행 자유화가 갓 이루어졌을 즈음, 외국에서 찍은 증명사진 몇 장이면 주변의 시샘과 부러움을 한껏 받을 수 있었으나 요즘은? 대학생들의 어학연수는 기본이고 해외이민 상품이 TV 홈쇼핑에서 판매되는 시대가 되었으니 "해외"라는 말이 주는 거리감이 사라질 정도로 외국은 우리와 가까워졌다. 그러면서 단순히 "보고 오는" 관광의 차원에서 벗어나 해외에서 특별한 체험을 "겪는" 관광의 시대가 열리고 있다. "서비스 투어리즘"의 시대가 오고 있는 것이다.

이러한 문제인식에 기초를 두고 본 개정 제4판은 크게 11개의 장으로 구성하였다. 초판(1997년)이 나온 지 꼭 10년 만이다.

관광의 기초개념과 관광학의 학문적 성격을 다룬 제1장은 관광학의 연구체계를 수정하여 '관광이란 무엇인가'를 새롭게 조명하였다.

제2장은 2000년대의 추세를 보완하였고, 제3장 관광사업은 최신 자료를 보완하고 수정하는 과정에서 최신 자료가 미비한 주제공원과 관광정보업은 삭제하고 교통업을 추가하였다.

제4장 관광과 사회에서는 최근의 사회변화에 따른 관광의 동향과 제6절의 자료를 보완하는 한편 제7절을 삭제하였다.

한편 삶의 질 향상에 대한 욕구 및 건강에 대한 관심이 고조되면서 스포츠가 현대인들이 가장 선호하는 여가활동으로 부각되는 사회현상에 따라서 제5장에 관광과 스포츠를 새로운 장으로 신설하였다.

제6장 관광과 문화, 제7장 관광객행동은 최근의 연구동향과 자료를 보완하였다.

　제8장 관광과 경제는 제3판의 취지를 살리되 어려운 부분들을 되도록 쉽게 표현하였으며, 제9장 관광과 환경에서는 제4절 농촌관광을 추가하였다.

　제10장 관광자원과 개발과 제11장 관광정책에서는 최근의 개발 및 정책 동향과 새로운 관련 법규에 따라 새롭게 수정하고 보완하였다.

　이 책은 모두 9명이 장별로 집필하였고 9명 이외에도 여러분의 도움을 받았다. 전 판에서도 천명하였듯이 9명이 공동 집필한 것은 좀 더 깊고 넓은 분야를 철저한 토론을 통해 충실히 하기 위함이었으나 그 만큼의 결과가 나오지 못한 것 같아 미진한 마음의 연속이다. 앞으로도 이 책을 사용하는 교수들은 물론 여러 독자들로부터 피드백을 받아서 부족하고 잘못된 부분들은 앞으로 꾸준히 보충하고 고쳐나갈 것을 약속드린다.

　이 책의 원고 정리와 교정단계에서 수고하신 사람들을 모두 열거할 수는 없으나 그들에게 진심으로 고마움을 전하며, 또한 이 책을 출간하는데 특별한 관심을 보여준 백산출판사 사장님을 비롯한 관계자 여러분께 감사의 뜻과 함께 밝은 앞날을 기대하며, 마지막으로 우리들에게 관광학을 가르쳐 주셨고 학문의 소중함을 일러주신 은사님들 모두께도 지면을 빌어 감사의 말씀 올립니다.

桓國紀元 9204年, 桓雄開天 5904年, 檀紀 4340年, 佛紀 2551年, 西紀 2007年, 南北合一念願　63年

새 봄을 열며

지은이 모두

제3판 머리말

관광학이란 "빛이란 무엇인가를 찾기 위한 노력"으로 생겨난 학문이다. 이처럼 빛이란 존재를 찾는 일인 관광현상은 인류발생과 함께 했으며, 또한 인류가 있는 곳에는 어디든지 존재하는 사회현상 가운데 하나이다.

그러나 관광현상은 한마디로 설명하기에는 참으로 어려운 현상이므로 우리가 관광을 하나의 학문체계로 이해하는 데도 많은 어려움이 있는 것이 사실이다.

곧 관광이란 복잡하고도 미묘한 사회현상이며 또한 인간활동에 있어 상당히 큰 영역을 차지하고 있다. 따라서 연구주제도 그만큼 다양한 관점에서 고찰되고 있음을 볼 때, 관광학 연구를 어떤 연구방법으로 접근하느냐 하는 문제보다도 여러 인접학문을 얼마만큼 폭넓게 수용하느냐가 중요한 문제로 인식되고 있다.

그러나 관광학이 하나의 학문으로 정립되기 위한 보다 중요한 부분은 관광학의 근간을 이루고 있는 관광현상에 대한 기초적인 이론체계를 분석하고 정립하기 위한 '연구대상과 방법론'을 구축함이 요구된다.

따라서 관광현상 연구를 과학적 수준으로 올려놓기 위하여 본서의 연구체계는 관광학을 학문적 토대로 하여 경영학, 사회학, 문화인류학, 역사학, 경제학, 정치학, 지리학, 심리학, 행정학, 환경생태학들과 같은 개별응용과학과 연계시켜 관광사업, 관광과 사회, 관광과 문화, 관광의 역사, 관광과 경제, 관광자원개발, 관광정책, 관광자행동, 관광과 환경 등의 제반 관광현상을 다루고자 한다. 이는 인접학문의 무분별한 응용을 경계하면서 관광학의 독립된 학문영역을 마련하고자 노력하였다.

제3판이 제2판과 달라진 부분은 관광사업과 관광자원 부분이다.

제3장의 관광사업에서 국제회의 부분에 새로운 자료를 보완하고 수정하였으며 카지노, 유원시설 및 관광편의시설부문을 새롭게 추가하였다. 그리고 제9장 관광자원과 개발 부분에서도 관광자원에 대한 자료를 크게 보완하였으며 새로운 법규에 따라 달라진 부분들을 전반적으로 보완하고 수정하였다.

우리는 본서가 관광학을 공부하는 학생은 물론 관광기업 경영자나 종사자 그리고 관광사업 정책입안자와 관광에 관심있는 일반인들 모두에게 도움이 되기를 한편 기대한다.

桓國紀元 9198年, 桓雄開天 5898年, 檀紀 4334年, 佛紀 2545年, 西紀 2001年, 南北合一念願 57年
무더운 여름날
지은이 모두

제2판 머리말

관광이론과 실무의 발전에 함께 갈 수 있는 "이해하기 쉬운 관광학 교과서"를 만들려는 의도에서 본서가 나온 지 벌써 3년이 되었다. 첫판을 내놓고 나서 늘 미진한 마음이 따라다녔으나 이 책을 처음 접한 많은 학생들이 보여준 기대 이상의 좋은 반응은 우리들에게 큰 힘이 되었다. 그러나 무엇보다도 감사히 여기는 것은 이 책에 산재해 있던 문제점들을 자상히 지적해 주신 고마운 분들이다. 오자, 탈자는 차치하고 장별로 중복된 부분이나 빠진 개념들, 최근 새롭게 정립된 이론들에 대해서도 많은 조언을 아끼지 아니한 분들이다.

이러한 문제인식에 기초를 두고 본 개정판을 크게 10개의 장으로 구성하였다. 초판과 근본은 크게 다르지 않으나 많은 부분을 수정하였으니 달라진 점은 다음과 같다.

관광의 기초개념과 관광학의 학문적 성격을 다룬 제1장은 관광의 구조체계를 보완하여 '관광이란 무엇인가'를 조명하였다.

제2장은 체계를 달리하였고 제3장 관광사업은 최신 자료를 보완하고 수정하였다.

제4장 관광과 사회에서는 제5절 관광의 사회적 시각과 효과를 제2절로 옮기는 등 차례 변화를 꾀하였다.

제5장 관광과 문화에서는 제1절과 제2절은 부분적으로 수정 보완하였고, 제3절 문화관광의 의의와 범위 유형과 특성을 보완하였으며, 제4절에서는 문화를 관광상품화한 예를 보완하였고, 제5절 문화재는 제9장으로 옮기면서 문화산업과 문화관광상품으로 대체하였으며 제6절도 부분적으로 삭제 수정 보완하였다.

제6장 관광자행동에서는 제4절에 다속성태도모형을 보완하였다.

제7장 관광과 경제는 초판의 취지를 살렸고, 제8장 관광과 환경에서 제2절 관광의 환경적 영향 부분을 많이 보완 수정하였다.

제9장 관광자원과 개발에서는 관광자원의 의미를 다양한 시각으로 보완하였고, 제5장에서 문화재를 본 장의 제1절로 삼았고 제2절 관광개발은 지방화시대에 걸맞는 지역관광개발 이론을 삽입하였다.

마지막 제10장을 신설하여 관광정책을 따로 다루었다.

이 책은 모두 8명이 장별로 집필하였고 8명 이외에도 여러분의 도움을 받았다. 전 판에서도 천명하였듯이 8명이 공동 집필한 것은 좀더 깊고 넓은 분야를 철저한 토론을 통해 충실히 하기 위함이었으나 그만큼의 결과가 나오지 못한 것 같아 미진한 마음의 연속이다. 부족한 것이나 잘못은 8명 저자 공동책임임을 밝히며, 이번 일을 통해 앞으로 더욱더 노력할 것을 다짐한다. 부족하고 잘못된 부분들은 앞으로 재개정판이 계속되면서 꾸준히 보충하고 고쳐 나갈 것이다.

　모두 10개의 장으로 엮어진 본 교과서는 관광학을 처음 수강하는 학생들을 상대로 한 학기에 가르칠 수 있도록 하였다. 본 교과서의 기본이 되는 제1장과 제2장은 차례대로 강의하되 제3장에서 제10장까지의 내용은 가르치는 분의 기호에 따라 순서를 선택하여 가르치는 것도 바람직하다고 생각한다.

　이 책의 원고 정리와 교정단계에서 수고하신 사람들을 모두 열거할 수는 없으나 그들에게 진심으로 고마움을 전하며, 또 이 책을 출간하는 데 특별한 관심을 보여준 백산출판사의 밝은 앞날을 기대하며 마지막으로 우리들에게 관광학을 가르쳐 주셨고 학문의 소중함을 일러 주신 은사님들께도 지면을 빌어 감사의 말씀 올립니다.

桓國紀元 9197年, 桓雄開天 5897年, 檀紀 4333年, 佛紀 2544年, 西紀 2000年, 南北合一念願　56年
새 봄을 열며
지은이 모두

초판 머리말

관광이 우리 생활주변에서 일어나고 있는 사회현상임에도 인간이 살아가는 여러 가지 측면들이 어우러진 사회현상으로 인식되어 하나의 사회과학으로 인정하기 시작한 것은 오래된 이야기가 아니다.

관광현상에도 이론과 철학이 있고 사회적 규칙이 존재하고 있다. 따라서 관광학은 철학화될 수 있고 이론화될 수 있으며 창조될 수 있는 학문이다.

관광학의 학문적 성격은 사회과학적인 면과 실무적인 면이 있다. 이는 현대 많은 학문들이 실천학문으로서의 이론적 연구와 아울러 실제 적용해 본 것에 대한 분석과 응용을 겸하여야 한다는 주장과 일맥상통하는 것이다. 따라서 관광학이 이러한 양면성을 갖고 있으므로 관광은 이 두 측면에서 상호 협조하기도 하고 평행선을 긋기도 하면서 이론과 실무를 발전시켜 왔다. 그러므로 관광학은 철학과 규범에 가치를 둔 학문의 추구와 경험에 입각한 논리적 이론추구를 병행함으로써 관광이론과 실무의 발전에 함께 공헌해야 할 것이다.

이러한 문제인식에 기초를 두고 이 책을 9개의 장으로 구성하였다.

제1장은 관광의 기초개념과 관광학의 학문적 성격을 다루었다. 관광이란 말은 오늘날 널리 보급되어 있고 대중매체에 나타나는 빈도가 높으며 이에 대해 이야기하는 경우도 대단히 많다. 그러나 그 참뜻에 대한 인식이 일반인에게는 철저한 것 같지는 않다. 관광이 인간의 공유물이 되어 가는 이상 우리는 그 평가작업을 계속하여야 한다. 관광이란 무엇인가?

제2장은 관광현상을 역사관점에서 조명하였다. 관광현상은 인류발생과 함께 존재하였으며, 또한 인류가 있는 곳에는 어디든지 존재한다. 곧 그 현실적 형태를 밝히기 이전에 이미 그 나름의 방식대로 움직여 왔다. 따라서 오늘의 복잡한 관광현상을 알기 위하여 관광사를 알아본다.

한편 관광행위는 경제·사회·문화면에서 긍정적 효과가 큰 반면에 또한 부정적 현상도 많이 나타나고 있기 때문에 그 가치를 대중의 판단에 맡긴다 하여도 관광에 대한 객관적 지식을 생산할 필요가 있다. 그것을 위하여 제3장에서 제9장까지는 경제학, 경영학, 사회학, 문화인류학, 역사학, 정치학, 심리학, 환경·생태학들과 같은 기존 학문과의 연계속에서 접근하였다.

곧 제3장은 관광사업을, 제4장은 관광과 사회, 제5장은 관광과 문화를 다루었고, 제6장은 관광자행동, 제7장은 관광과 경제, 제8장은 관광과 환경 그리고 마지막으로 제9장에서 관광과 자원·개발·정책을 다루었다.

여기에서 관광은 관광행위 자체가 가치를 가지기 때문에 관광가치에 의해 생기는 본래 효과는 관광자가 받는 것이 되어야 할 것이다. 그리고 관광은 인류의 공유물이기 때문에 관광을 어떻게 이용할 것인가는 관광자의 도덕적 판단과 의견의 일치에 맡겨져야 할 것이다. 그러나 관광자는 관광의 공익성을 따지는데 사회적 책임을 느껴야 하며 관광연구자는 관광에 대한 끊임없는 사실을 발견하는데 힘을 기울여야 할 것이다.

이 책은 대학의 관광학 교재로 작성되었으나 관광을 포괄적으로 이해하고 싶은 일반독자들에게도 적합하도록 하였다. 그리고 각 장마다 최근의 참고문헌을 소개함으로써 더욱 깊이 연구하려는 학생에게 도움이 되도록 하였고, 각 장들과 관련된 학과목의 교재로도 이용될 수 있도록 하였다.

이 책은 모두 9명이 장별로 집필하였고 9명 이외에도 여러분의 도움을 받았다. 9명이 공동집필한 것은 좀더 깊고 넓은 분야를 철저한 토론을 통해 충실히 하기 위함이었으나 그 만큼의 결과가 나오지 못한 것같아 미진한 마음이다. 부족한 것이나 잘못은 9명 저자 공동책임임을 밝히며 이번 일을 통해 앞으로 더욱 노력할 것을 다짐하였다. 부족하고 잘못된 부분들은 앞으로 재판, 3판들을 통해서 꾸준히 보충하고 고쳐나갈 것이다.

이 책의 원고 정리와 교정단계에서 수고하신 사람들을 모두 열거할 수는 없으나 그들에게 진심으로 고마움을 전하며, 또 이 책을 출간하는데 특별한 관심을 보여주신 백산출판사 진욱상 사장님과 관계자 여러분께도 감사를 드린다. 마지막으로 우리들에게 관광학을 가르쳐 주셨고 학문의 소중함을 일러주신 은사님들 모두께 이 책을 바치며 앞으로도 우리나라의 관광학 발전이 세계 관광학 발전의 밑거름이 될 수 있도록 계속 정진할 것을 독자들께 약속드린다.

韓紀 9194年, 開天 5894年, 檀紀 4330年, 佛紀 2541年, 西紀 1997年, 南北合一念願 53年
새 봄을 열며
지은이 모두

- 桓國紀元: 〈한단고기〉, 〈규원사화〉와 같은 자료에 의하면 단군(檀君)시대가 47대 2916년, 환웅(桓雄)시대가 18대 1565년, 한인(桓因)시대가 7대 3301년으로 기록되어 있다. 환인시대 곧 桓國의 시작(BC 7197)을 알리는 연호이다.
- 桓雄開天: 환웅시대 곧 倍達國의 원년(B.C. 3897)을 알리는 연호이다.
- 檀紀: 國祖 단군이 桓儉朝鮮國(古朝鮮)을 세운 B.C. 2333년을 말한다. 1961년까지 공식 연호로 사용하였고 지금은 서기와 병행하여 사용되고 있다.
- 佛紀: 석가모니 부처의 탄생을 그 원년으로 삼는 연호로 불교국가나 寺刹에서 주로 사용한다.
- 西紀: 예수의 탄생을 그 기원으로 삼는 연호로 서양이 세계의 지배세력이 되면서 일반화되었다. 우리나라에서는 1961년까지 檀紀를 사용하다가 1962년부터 西紀를 사용하고 있다.
- 南北合一念願: 1945년 일본의 패배와 함께 미군과 소련군이 남북한에 주둔하면서 남과 북의 분단이 시작되었다. 따라서 남과 북이 다시 하나되자는 염원에서 南北統一念願 ×× 年을 사용하고 있으나 統一이란 말은 정치권에서 한 세력에 의한 統治를 뜻하는 바가 크므로 우리는 남과 북이 인도 차원에서 하나되자는 뜻으로 南北合一念願이란 말을 사용하였다.

차 례

제4장　관광객의 행동연구 / 195

제5장　관광과 사회 / 215

제6장   관광과 스포츠 / 243

제8장　**관광과 경제 / 321**

제11장　관광행정조직과 관광기구 / 447

관광의 이해

제1장 | 관광의 이해

제1절 관광의 개요

1. 관광의 어원

1) 서양에서의 관광의 어원(語源)

우리가 사용하고 있는 관광이라는 말은 영어의 투어리즘(tourism)에 해당된다고 할 수 있다. 서양에서는 18세기 후반부터 19세기 초반까지 유럽, 특히 영국에서 교육적·문화적 목적으로 행해졌던 상류층 젊은이들의 유럽여행을 두고 '그랜드 투어(grand tour)'라고 불렀다고 한다. 이 시기 영국 귀족들은 자신들의 자녀를 국제적인 신사로 키우기 위해 개인교사와 함께 프랑스, 독일, 오스트리아, 스위스, 이탈리아 등지를 여행하도록 하였다. 이러한 그랜드 투어에 참여한 여행자를 의미하는 '투어리스트(tourist)'라는 용어는 1800년경에 사용되기 시작했으며, '투어리즘(tourism)'이라는 용어는 1811년에 영국의 스포츠 잡지인 「The Sporting Magazine」에 최초로 언급된 것으로 옥스퍼드 영어사전(Oxford Dictionary)은 밝히고 있다.

Tourism이라는 말은 영어로 '짧은 기간의 여행'을 뜻하는 tour의 파생어이고, tour라는 말은 라틴어의 도르래를 의미하는 tornus라는 말에서 유래한 것으로서 처음에는 순회여행(巡廻旅行)을 의미했다고 한다.

따라서 tourism은 주유(周遊)를 의미하는 'tour'에 행동이나 상태 혹은 ~주의(主義) 등을 나타내는 접미어 '-ism'이 붙어 만들어진 말로서, 문맥에 따라서는 관광, 관광대상, 관광사업을 의미하기도 한다. 또 tour에 접미어 '-ist'가 붙어서 만들어진 tourist는 관광객을 의미한다. 이와 같은 투어(tour), 투어리스트(tourist), 투어리즘(tourism) 등의 용어가 일반적으로 사용된 것은 1930년대 이후의 일이라고 한다. 그 후 1975년부터는 모든 국제기구에서 관광의 영어적 표현을 tourism으로 통일하였다.

한편, 독일에서는 제2차 세계대전 이전에는 관광을 뜻하는 용어로서 'Fremden(외국의, 외국인)'과 'Verkehr(왕래 또는 교통)'라는 합성어인 'Fremdenverkehr'를 사용하였는데, 전후에는 'Tourismus'로 바뀌었으며, 프랑스에서도 'tourisme'이라는 용어를 사용하고 있다.

2) 동양에서의 관광의 어원

오늘날 우리가 일상적으로 사용하고 있는 동양에서의 관광(觀光)이란 용어의 어원은 기원전 8세기경 중국 고대국가인 주(周)나라 때 편찬된 역경(易經: 五經의 하나로서 周易이라고도 부른다)의 풍지관괘(風地觀卦)에 보면 "觀國之光 利用賓于王(관국지광 이용빈우왕)"이라는 구절이 있는데, 이 구절 속의 "觀國之光"에서 '觀光'이라는 용어가 유래되었다고 전해지고 있다. 위의 구절의 의미는 나라의 형편과 정세를 판단해보니 어진 임금 아래에서 임금님의 신임을 받고 벼슬살이를 하는 것이 바람직한 처세술이라는 뜻으로 해석되고 있다.

이 '觀國之光'의 설명에 대해 학자들마다 해석이 다르고 또 어느 시기에 어느 학자가 觀光이라는 말로 옮겨 놓았는지 지금까지의 연구로는 알려져 있지 않다. 그러나 당시 나라의 빛을 본다는 觀國之光은 그 나라의 정치, 경제, 사회, 문화 등 백성을 다스리는 정치제도를 살피는 것으로 해석, 「遊覽視察一國之政策風習爲觀光(유람시찰일국지정책풍습위관광)」, 즉 한나라의 정책과 풍습을 유람하면서 시찰하는 의미로서의 '觀國之光'임에는 이론이 없는 것 같다.

예를 들어 3세기경 중국의 삼국시대에 위(魏)나라 조조(曹操)의 아들로서 문재(文才)였던 조식(曹植)이 "시이준걸래사 관국지광"(是以俊傑來仕 觀國之光: 이로써 재주와 슬기가 뛰어나고 어진 사람이 와서 벼슬을 살며 나라의 풍광을 본다)이라는 문구를 남겼다. 또 중국 당나라 시대의 오언율시(五言律詩)에 뛰어났던 맹호연(孟浩然: A.D. 688~740)은 그의 저서 「맹호연집(孟浩然集)」에서 "하신우휴명 관광래상경"(何辛遇休明 觀光來上京: 어찌 다행히 시간을 내어 관광차 서울로 올라왔다)이라는, 현대적 의미에 가까운 관광용어를 사용하였다고 한다.

3) 한국에서의 관광의 어원

관광이라는 용어가 언제 우리나라에 들어왔으며, 언제부터 친숙한 용어로 자주 인용되었는가에 대하여는 이제까지 별로 알려진 바가 없다. 또한 언제 이 어구가 현대적 의미로 관광현상을 지칭하는 뜻으로 바뀌졌는가에 대해서도 밝혀진 바가 없다. 단지 역사기록을 참조해 볼 때 삼국시대부터 지식인들 사이에서 간간이 이 어구가 사용되지 않았나 짐작될 뿐이다. 특히 14세기 말, 즉 여말선초(麗末鮮初)의 문헌에 자주 등장하고 있는 점에 주목할 따름이다.

신라 말기 대학자인 최치원(崔致遠)의 계원필경(桂苑筆耕) 속의 한 구절에는 "人百己千之觀光六年銘膀尾"(인백이천지관광육년명방미: 남이 백 번 하면 나는 천 번 해서 관광 6년만에 과거 급제자 명단에 오르게 되었다)라는 말이 기록되어 있는데, 여기서 '觀光六年'이란 '중국에 가서 선진문물을 살피며 체류한 지 6년'이란 뜻으로 해석하고 있다.

고려시대에 들어와서는 두 건의 용례가 발견된다. 그 하나는 고려사절요(高麗史節要)인데, 고려 예종 11년(1115년)에 중국 송(宋)나라 임금이 우리나라 사신에게 "…觀光上國盡損宿習…"(관광상국 진손숙습: 우리나라를 관광하여 구습을 전부 버리도록 하고…)라고 교시하였다고 기록되어 있다. 다른 또 하나는 고려 말인 우왕 10년(1385년)에 당시의 유명한 문사(文士)였던 정도전(三峰 鄭道傳)도 '觀光'이라는 용어를 사용한 것으로 밝혀지고 있다. 정도전은 당시 그의 친구인 이숭인(李崇仁)이 중국 북경에 하정사(賀正使: 신년하례 단장)로 떠난 뒤 그의 문집에서 이르기를, 명나라의 명을 받아 중국으로 간 그의 친구 이숭인이 그곳의 선진문물을 돌아보고 귀국하게 되면 자신은 그의 견문록 제목을 '관광집(觀光集)'이라 붙여주겠노라고 서술하였다고 한다.

이러한 사료(史料)로 미루어 볼 때 중국과 교류하던 당시 고려 지식인들 그리고 더 거슬러 올라가 최치원 등 신라 지식인들 사이에서 관광이라는 용어가 이미 보편적으로 통용되고 있었음을 짐작할 수 있으며, 그런 의미에서 그 어원은 적어도 8~9세기 통일신라 때까지 거슬러 올라간다고 볼 수 있다.

그 후 조선시대에 들어와 관광이라는 용어는 지식인 사회에서 아주 일반화된 용어로 자리잡은 것 같다. 조선 건국 직후인 태조 5년(1396년)에 도읍을 개경으로부터 지금의 서울인 한성으로 옮기면서 정도전, 조준 등은 신도읍지(新都邑地)의 지명을 정하였는데, 서울 북부에 지금의 동(洞)에 해당하는 10개의 방(坊)을 설치하면서 그 중 한 방(坊)의 명칭을 "觀光"으로 정하였다고 조선왕조실록은 기록하고 있다(朝鮮王朝實錄, 太祖 卷九 및 世宗 卷一 八).[1]

우리나라에서 관광이라는 말이 오늘날과 같은 뜻으로 사용된 것은 제2차 세계대전 이후의 일이지만, 당초에는 국제관광만을 뜻하는 경향이 있었으나, 지금에 와서는 국제뿐만 아니라 국내의 경우도 관광이라 부르고 있다.

2. 관광에 관한 여러 학자들의 정의

관광의 정의는 역사적인 변천과정을 통하여 많은 국내외 학자들에 의하여 매우 다양하게 정의되면서 발전하여 왔다. 원래 관광연구는 경제학자들이 국제관광을 '무형의 수출(invisible export)'로서 주목함에 따라 그 연구가 시작되었는데, 최초 관광연구의 과제는 관광에 의한 경제효과를 측정하는 데 있었다. 여기서는 여러 학자들의 관광에 관한 여러 학제적(學際的)인 연구 가운데서 대표적인 연구만을 소개하고자 한다.

먼저 우리가 검토할 수 있는 관광에 관한 정의 가운데서 가장 오래된 것으로는 1911년에 발표된 슐레른(H. Schulern)의 정의를 들 수 있다. 그는 "관광이란 일정한 지구(地區)·주(州) 또는 타국에 들어가서 머물다가 되돌아가는 외래객의 유입(流入)·체재(滯在) 및 유출(流出)의 형태를 취하는 모든 현상과 그 현상에 직접 결부되는 모든 사상(事象), 그 중에서도 특히 경제적인 모든 사상을 나타내는 개념"이라고 했다.[2]

다음으로 로마대학의 마리오티(A. Mariotti)는 1927년에 발간한 「관광경제학강의(*Leizioni di Economia Turistica*)」에서 외국인 관광객의 이동에 따른 관광활동을 여러 가지 측면에서 다루고 있는데, 특히 관광의 경제적 의미를 강조하였다. 관광경제학강의의 사상적 체계를 완성하였고, 특기할 만한 것은 관광흡인중심지이론(觀光吸引中心地理論)이다.

관광이론에 관한 연구가 왕성하였던 1930년대 독일의 보르만(A. Bormann)은 1931년 출판된 자신의 저서 「관광학개론(*Die Lehre von Fremdenverkehr*)」을 통해 "관광이란 직장에의 통근과 같이 정기적 왕래를 제외하고 휴양의 목적이나 유람, 상용(商用) 또는

---

1) 김사헌, 관광경제학(서울: 백산출판사, 2012), p.54에서 재인용.
2) 鈴木忠義(스즈키 타다요시), 現代觀光論(東京: 有斐閣, 1974), p.8.

특수한 행사의 참여나 기타의 사정 등에 의하여 거주지에서 잠시 떠나는 여행"이라고 하였다. 이러한 그의 주장은 현실적으로 관광현상에 대한 이론적 비판의 여지는 있으나, 전반적인 관광현상을 포괄적으로 수용하고 있다는 점에서 종합학문으로서의 관광이론 체계는 높이 평가되어진다고 하겠다.

영국의 오길비(F.W. Ogilvie)[3]는 관광연구자로서 투어리스트의 이동에 관한 문제를 취급한 사람인데, 1933년에 그의 저서 「관광객이동론(*The Tourists Movement*)」에서 "관광하는 사람은 복귀할 의사를 가지고 일시적으로 거주지를 떠나지만, 1년 이상을 넘지 않는 기간 동안에 돈을 소비하되, 그 돈은 여행하면서 벌어들인 것이 아닐 것"이라고 하여 이른바 '귀한예정소비설'을 주창하였다. 즉 오길비는 관광의 본질을 '타지에서 얻은 수입을 일시적 체재지에서 소비하는 것'에 있다고 본 것이다.

보르만과 같은 시대에 활약한 글릭스만(R. Glücksmann)은 독일 베를린 상과대학 관광사업연구소 소장으로서 관광론의 체계화를 시도하고 관광동기의 분류를 포함한 관광원인의 분류를 제시한 사람이다. 그는 1935년에 출판된 저서인 「일반관광론(*Allgemeine Fremdenverkehrskunde*)」에서 "관광이란 체재지에서 일시적으로 머무르고 있는 사람과 그 지역에 살고 있는 사람들과의 여러 가지 관계의 총체로서 정의할 수 있다"고 했다. 따라서 그의 주장에 따르면 관광연구의 접근범위는 지리학을 비롯하여 기상학, 의학, 심리학, 국민경제학, 사회학, 경영경제학 등의 학문분야까지 포함하는 것으로, 관광론은 관광에 관한 기초는 물론 원인과 수단 및 영향 등에 관해 광범위한 연구분야가 되어야 한다고 했다.

1942년에 훈지커(W. Hunziker)와 크라프(K. Krapf)는 공동으로 저작한 「일반관광학개요(*Grundriss der allgemeinen Fremdenverkehrslehre*)」에서 "광의의 관광은 본질적으로 외국인이 여행지에 머무르는 동안 일시적으로나 계속하여 주된 영리활동의 추구를 목적으로 정주하지 않는 경우로서, 외국인의 체재(滯在)로부터 야기되는 모든 관계나 현상에 대한 총체적 개념을 의미한다"고 하였다. 이는 이제까지 단순한 개념보다는 새로운 개념으로의 전환을 도모한 것이다.

---

3) 오길비(F.W. Ogilvie)는 영국 에든버러대학 경제학부 교수로 세계의 관광사업계에 남긴 업적은 높이 평가되고 있다.

오스트리아의 베르네크(P. Bernecker)는 1962년 그의 저서 「관광원론」에서 "상업상 혹은 직업상의 여러 이유에 관계없이 일시적 또는 개인의 자유의사에 따라 이동한다는 사실과 결부된 모든 관계 및 모든 결과를 관광이라고 규정할 수 있다"고 하여 관광주체로서의 관광객의 역할을 중시하면서 '관광주체론'을 주창하였고, 관광현상 속에서 겸목적 관광을 인정하였다.

그리고 메드상(J. Medecine)은 1966년에 "관광이란 사람이 기분전환을 하고 휴식을 하며, 또한 인간활동의 새로운 여러 가지 국면이나 미지의 자연풍경에 접촉함으로써, 그 경험과 교양을 넓히기 위하여 여행을 한다든가, 정주지(定住地)를 떠나서 체재함으로써 성립하는 여가활동의 일종이다"라고 정의하고 있다.

일본의 경우에는 전후 관광연구자들의 관광에 관한 정의가 다수 존재하는데, 그 중에서 가장 일반적인 것으로는 1961년에 발표된 이노우에 마스조(井上万壽藏)의 「관광교실」이 있다. 이노우에는 이 책에서 "관광이란 인간이 다시 돌아올 예정으로 일상생활권을 떠나 정신적 위안을 얻는 것이다"라고 하였다. 그는 정신적 위안이 관광의 본질이며 관광욕구란 것은 정신적 위안을 구하는 마음이라고 했다. 이 밖에 쓰다 노보루(津田 昇)의 「국제관광론(1969)」, 스즈키 타다요시(鈴木忠義)의 「현대관광론(1984)」, 시오다 세이지(鹽田正志)의 「관광경제학(1974)」, 그리고 일본관광정책심의회 보고서인 「관광의 현대적 의의와 그 방향(1969~1970)」 등에서 각각 관광의 정의를 내리고 있으나 내용면에서는 대동소이하다고 본다.

3. 관광의 개념정의

이상에서 소개한 여러 학자들의 관광에 대한 정의(定義)를 통해서 볼 때, 관광은 한마디로 요약(要約)할 수 없는 복잡한 사회현상이라 생각된다. 따라서 관광을 간단명료하게 정의한다는 것은 그리 쉬운 일이 아니다. 다만, 여러 학자들의 정의를 종합해서 관광개념을 규정한다 하더라도 가급적 일상적인 용어법에서 어긋나지 않도록 해야 하며, 일반적으로 누구나 쉽게 이해할 수 있는 현실적 감각에 따른 개념정의가 바람직하다고 생각된다.

사실 관광이 인간생활의 여러 가지 요소들이 종합되어진 사회·문화적 현상으로 인식되고, 그에 따라 하나의 사회과학으로 영역을 찾아가고 있는 것은 최근의 일이라고 본다. 관광이 아직 하나의 학문으로 인정받기에는 많은 부문에서 미진한 점이 있고, 위에서 소개한 바와 같이 한마디로 정의를 내릴 만큼 학자들 간에 합의도 도출되어 있지 않다.

하지만 지금까지 학자들에 의해 논의된 관광의 정의를 종합해 보면, 관광은 변화를 추구하려는 인간의 욕구로 인하여 자기의 생활범주를 벗어나 새로운 환경 속으로 이동하는 행위로서 심신의 변화를 추구하고 다시 일상생활로 돌아올 때까지 변화된 여러 환경을 즐기는 인간활동의 총체를 의미한다고 하겠다.

다시 말해서 관광은 인간이 일시적으로 반복되는 일상생활을 벗어나지만, 다시 그 일상생활로 복귀할 것을 전제로 다른 지역의 제도·풍습·자연 등을 감상하며 배우고 견문하는 행위를 총칭한다. 그리고 넓은 의미에서는 여기에서 파생되는 여러 산업적 효과와 정치·경제·사회·문화·기술 등의 여러 환경적인 효과를 관광의 범주에 포함시키기도 한다.

따라서 본서에서는 관광을 다음과 같이 정의내리고자 한다.

"관광이란 사람이 일상생활권에서 떠나, 다시 돌아올 예정으로 이동하여 영리를 목적으로 하지 않고, 휴양(休養)·유람(遊覽) 등의 위락적 목적으로 여행하는 것이며, 그와 같은 행위와 관련을 갖는 사상(事象)의 총칭이다."

4. 관광객의 개념

관광자와 관광객은 동의어이지만 보는 관점과 견해에 따라 서로 다르게 해석할 수 있다. 곧, 관광객은 관광하는 사람을 경영·경제적 대상으로서 바라보는 견해이고, 관광자는 관광을 하는 주체로서 인간의 행위를 연구과제로 하는 관광사회심리학적 관점에서 보는 견해이다. 그러나 이 책에서는 본래의 의미를 유지하는 관점에서 관광객으로 통일하고자 한다.

또한 여행자(traveler)와 관광객(tourist)도 일반적으로 동의어로 사용하고 있으나, 여행자는 순수관광목적 뿐만 아니라 스포츠관광, 회의관광, 사업관광 등의 겸목적 관광의 의미를 포함하는 여행을 말하며, 관광객은 여가시간에 즐거움을 추구하기 위한 관광목적으로만 여행하는 순수여행자로 규정할 수 있다.

여기서 관광의 개념 규정을 준용하여 관광객의 정의를 규정하면 "관광객이란 일상생활영역(심리적 영역)을 떠나 다시 돌아올 예정으로 이동 및 체재를 하면서 정신적·육체적 즐거움을 추구하는 관광객"이라고 정의할 수 있다.

그러나 관광객에 대한 정의는 국내외 관광관련 기구 및 단체에서 통계를 수립하기 위한 과정으로 관광객의 범위를 규정하기 시작하였는데, 그 정의는 국제기구의 실무적 성격, 정책차원과 국가 또는 지역단위에 따라 다소간의 차이를 나타내고 있어 종합적인 관광객 통계처리를 위한 통일적인 관광객 정의의 필요성이 강조되고 있다.

관광객에 관한 최초의 정의는 국제연맹의 국제노동기구(ILO : International Labour Organization)가 1937년 국제연맹 통계전문가회의에 제출한 보고서에서 내린 정의로 "관광객은 24시간이나 또는 그 이상의 기간 동안 거주지가 아닌 다른 나라를 방문하는 사람"으로 규정한 국제관광객에 대한 정의가 있다.

이 정의의 특징은 통계상의 오류를 범하지 않기 위하여 관광객과 관광객이 아닌 자를 구체적으로 언급하고 있다.

먼저 관광객으로 볼 수 있는 자는 ① 즐거움, 가족, 건강 등을 위해 여행하는 사람, ② 회의, 과학, 행정, 외교, 종교, 운동 등의 대표자격으로 여행하는 사람, ③ 사업상의 이유로 여행하는 사람, ④ 24시간 미만 체재하는 사람이라도 해양선박으로 여행 중에 도착한 사람으로 규정하고 있다.

두 번째로 관광객의 범주에 포함되지 않는 사람은 ① 직업을 얻기 위해 또는 그 나라에서 어떤 사업활동에 종사하기 위하여 일의 계약 및 계약 없이 도착한 사람, ② 그 나라에서 거주지를 마련하기 위하여 도착한 사람, ③ 기숙사 또는 학교에서 생활하는 유학생과 청소년, ④ 국경지역 또는 인접지역에 거주하면서 국경을 넘어 통근하는 사람, ⑤ 여행이 24시간 이상을 소요하게 되더라도 체재하지 않고 통과하는 사람으로 규정하고 있다.

경제협력개발기구(OECD : Organization for Economic Cooperation and Development)는 방문객(visitor)을 관광객(tourist)과 당일여행자(excursionist)로 구분하여 정의하고 있다(OECD, 1978 : 6~7).

① 관광객은 방문국에서 적어도 24시간을 체재하는 일시 방문객으로 여가(레크리에 이션, 휴가, 건강, 종교, 운동), 사업, 가족, 업무, 회의를 목적으로 여행하는 사람
② 당일여행자는 방문국에서 24시간 미만 동안 체재하는 일시적인 방문객(선박여행 자 포함)

세계관광기구(UNWTO : UN World Tourism Organization)가 규정하고 있는 관광객의 정의는 많은 국가에서 관광객 통계자료의 기준으로 사용하고 있으며, 각국의 통계자료 는 취합되어 전세계 관광객 통계자료로 이용되고 있는데, 그 기준을 제시하면 다음의 〈그림 1-1〉과 같다.

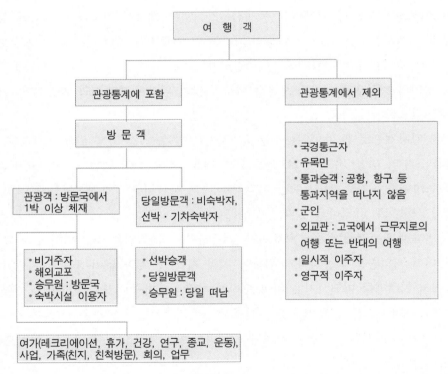

자료 : UNWTO, *Guidelines for the Collection and Presentation of International Tourism Statistics*, B.2.2.2.호.

〈그림 1-1〉 관광객의 범주

5. 관광의 분류

1) 국적과 국경에 의한 분류

일반적으로 관광의 분류는 크게 국내관광(domestic tourism)과 국제관광(international tourism)으로 나눌 수 있으며, 국적과 국경을 기준으로 구분하면 〈그림 1-2〉와 같다.

국내관광이 관광객의 이동 공간이 자국의 영토 내에서 이루어지는 관광행위를 말한다면, 국제관광은 관광객의 이동 공간이 자국 또는 특정국의 국경을 넘어 이루어지는 관광행위로 규정할 수 있다. 국내관광(domestic tourism : I상한)은 내국인의 자국 내에서의 여행이고, 국제관광(international tourism)은 내국인이 외국을 방문하는 관광행위인 국외관광(outbound tourism : II상한)뿐만 아니라, 자국의 영토 밖에서 이

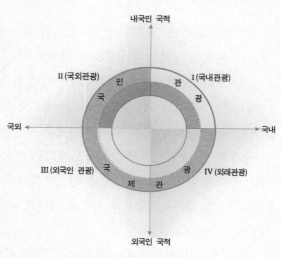

〈그림 1-2〉 관광의 분류도

루어지는 외국인의 관광행위인 외국인의 관광(overseas tourism : III상한), 자국의 영토 내에서 이루어지는 외국인의 관광행위인 외래관광(inbound tourism : IV상한)을 모두 포함한다.

그러나 국민관광(national tourism)의 범위는 자국민의 관광행위를 통칭한다는 측면에서 내국인의 자국 내에서의 관광행위인 국내관광과 내국인이 외국을 방문하는 관광행위인 국외관광을 말하며, 국외관광은 국민관광과 국제관광의 성격을 동시에 가지고 있다고 할 수 있다.

2) 관광목적에 의한 분류

관광행위는 순수한 관광을 목적으로 여행하는 경우와 두 가지 이상의 목적을 가지고 여행을 하는 경우가 있다.

순목적관광은 자유로운 관광으로서 개인의 오락, 휴양, 레크리에이션, 견문확대 등의 관광목적 행위로 여행을 하는 것을 말한다. 겸목적 관광은 두 가지 이상의 목적을 가지고 관광활동을 하는 것으로서 사업＋관광, 회의＋관광, 스포츠＋관광, 종교＋관광 등과 같이 다양한 목적을 가지고 여행을 하는 것을 말한다.

3) 지역구분에 의한 분류

지역구분에 의한 관광의 분류는 일정한 지역내에서 이루어지는 역내관광(intra-regional tourism)행위와 지역간을 이동하여 관광을 하는 역외관광(inter-regional tourism)으로 구분할 수 있다. 관광지역에 대한 이러한 일정한 공간적 범위는 가변적으로 변할 수 있다.

세계관광기구(UNWTO)는 지역구분에 따라 관광을 구분하고 있는데, 대륙을 지역기준으로 하여 분석하여 보면, 역내관광은 특정지역에 속해 있는 관광객이 지역내의 다른 국가로 이동하는 여행행태라고 정의하였다. 곧, 한국관광객이 아시아 지역의 일본이나 중국을 여행하는 행위나, 독일관광객이 유럽지역의 프랑스나 오스트리아를 여행하는 행위를 말하며, 국내의 지역을 기준으로 한다면 전라도지역 주민이 전라도 내를 여행하는 행태를 말한다.

역외관광은 특정지역내 속해 있는 국가의 관광객이 다른 지역내 다른 국가로 이동하는 여행행태를 말한다. 곧, 아시아지역의 한국 관광객이 유럽지역의 국가나 미주지역의 국가를 여행하는 행위, 또는 유럽지역의 독일 관광객이 미주지역의 국가나 아프리카지역의 국가를 여행하는 행위를 말하며, 국내를 기준으로 한다면, 전라도 관광객이 경상도나 충청도의 관광지를 여행하는 행태를 말한다.

4) 관광활동 유형에 의한 분류

관광객이 활동하는 관광유형에 따라 유동형관광, 체재형관광으로 구분할 수 있다.

유동형관광은 자연탐방, 드라이브 등과 같이 자연관찰지나 역사문화자원을 대상으로 하는 관광활동이고, 체재형관광은 해수욕·피크닉·골프·등산 등 구체적인 목적을 가지고 하는 관광활동과 휴양·보양·수련캠프 등 숙박시설이 완비된 종합휴양지를 대상으로 하는 숙박관광형태의 관광활동을 말한다.

〈표 1-1〉 유형별 관광의 특성

유형	자원성의 내용	관광·레크리에이션활동		행동권	체재기간
유동형 관광	훌륭한 경치를 보는 자원성(자연풍경지, 역사자원, 관광대상시설)	풍경탐방(전망, 유람, 견물) 견학, 음식, 매물	자연탐방 드라이브 사이클링 주 유 야외캠프	소역적 / 광역적	0.25 / 2.00 시간
체재형 관광	훌륭한 곳을 즐기는 자원성, 쾌적한 곳을 즐기는 자원성	해수욕, 피크닉, 낚시, 요트, 수상스키, 스킨다이빙, 골프, 스키, 등산, 하이킹, 수렵 등		소역적 / 중역적	반일(半日)
	다양한 경치를 즐기는 자원성, 쾌적한 휴양숙박 자원성	캠프, 보양, 휴양 등		중역적 / 광역적	1일 이상

주) 체재기간은 1개소당 관광에 필요한 시간을 제시.
자료 : 日本交通公社(1971), 「관광지의 평가수법」, 참조하여 재구성.

5) 여행기간에 의한 분류

여행기간에 따라서 하루관광과 숙박관광으로 구분된다. 하루관광은 관광목적지에서 1박 이상을 체류하지 않고 출발 당일 거주지로 되돌아오는 행태의 여행으로 가장 단순한 관광코스이다.

숙박관광은 관광지에서 최소한 1박 이상을 체류하는 형태로 단기숙박관광과 장기숙박관광으로도 분류할 수 있다. 일반적으로 장기숙박관광은 일주일 이상의 숙박관광을 말하는 것으로, 여행기간이 길어짐에 따라 다양한 관광코스를 선택하며, 많은 경비가 필요하다.

6. 관광의 구조체계

1) 관광구조의 발달

관광구조의 발달은 관광현상에 대한 체계론적 접근을 통하여 설명하려는 노력에 기인하고 있다. 관광현상에 대한 구조체계를 이해하기 위한 초기에는 관광을 관광주체인 관광객과 관광객체인 관광자원의 상호작용으로 이루어지는 현상으로 이해하는 관광구조의 2체계론으로 시작하였다.

이후 관광현상의 발전과 더불어 관광매체인 관광기업의 영역이 확대되고 관광매체의 역할이 강조되면서 관광현상의 독립된 체계를 구축하여 관광주체 - 관광매체 - 관광객체로 이어지는 관광구조의 3체계론이 등장하여 관광구조의 기본체계를 형성하게 되었다.

그러나 관광의 중요성이 강조되고, 관광이 미치는 영향이 정치, 경제, 사회, 문화, 환경 등 모든 분야에 걸쳐 이루어지면서 정부의 관광분야에 대한 적극적인 개입이 시작되었다. 이는 관광분야에 대한 관광행정체계에 적극적인 개입을 의미하여 관광구조체계에 있어서도 중요한 하나의 구성요소로 자리매김하기 시작한 것이다.

관광은 속성상 회귀이동을 전제로 하기 때문에, 최근의 교통사업은 관광과는 밀접한 관계를 형성하면서 발전하여 왔고, 여행시대의 도래에 따라 관광교통이 관광사업 분야의 중심적 위치를 확보하기 시작하였다(김창수, 1998 : 서문). 이는 관광구조체계에 있어 관광매체의 또 하나의 독립된 구성요소로 관광교통이 하위체계를 형성하게 된 이유가 되었다.

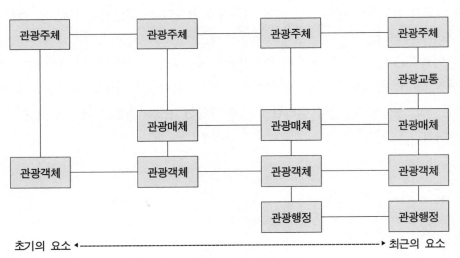

〈그림 1-3〉 관광구조체계의 발달과정

위와 같은 관광현상에 대한 체계론적 접근에도 불구하고, 아직도 관광현상에 대한 정확한 구조체계 개념의 정립이 이루어져 있지 못하고, 여러 학자들의 학문적 관심영역에 따라 관광구성요소를 서로 다르게 정립하고 있다.

이러한 다양한 구조체계의 정립에도 불구하고 많은 관광학자들이 보편적으로 인식하고 있는 관광구조체계는 베르네커가 주창한 관광구조 3체계론인 관광주체-관광매체-관광객체 간의 상호작용을 인정하는 견해이다.

2) 관광구조의 3체계론

관광의 구조를 3체계론인 관광주체-관광매체-관광객체의 상호작용으로 해석하려는 관점은 관광주체인 관광객과 관광객체인 관광매력물(관광자원)의 상호작용 속에서 매체역할을 수행하는 관광사업자의 필요와 그 역할이 강조됨에 따라 관광객체부문에서 관광매체를 독립시켜 관광구조체계를 명확히 한 것이다.

(1) 관광주체

관광주체는 관광수요시장을 형성하는 관광객이다. 관광객은 관광에 있어서 중심적 위치에 있으면서 관광객체와 관광매체가 제공하는 환경적 배경과 관광객의 심리에 영향을 주는 내적 요인인 욕구, 동기, 학습, 지각, 성격 등과 외적 요인인 가족, 문화, 준거집단, 생활양식 등에 따라 관광행동을 유발하는 관광객인 동시에 관광수요자이다.

(2) 관광객체

관광객체인 관광객에게 매력이 되는 관광대상으로서 관광객의 욕구나 기호에 부합하면서 관광객에 만족을 제공해주는 관광자원 및 관광시설을 포함하며, 관광공급시장을 형성하는 중요한 요소이다.

(3) 관광매체

관광매체는 관광주체와 관광객체를 연결시켜주면서 관광주체인 관광객이 요구하는 관광서비스를 제공하고, 관광객체인 관광매력물에게는 관광개발과 진흥을 촉진시키는 역할을 수행하는 사적기관 및 공적기관을 말한다.

관광매체는 시간적 매체인 숙박시설·관광객이용시설·관광편의시설, 공간적 매체인 도로운송시설, 관광교통기관, 기능적 매체인 여행업·통역안내업·관광정보와 선전물 등이 있다.

3) 관광구조의 구성요소

관광구조체계는 관광현상의 복잡성으로 인하여 관광구조의 3체계론에서 더욱 세분화시키면서 관광현상을 이해하려는 노력의 일환으로 학문적 접근방법에 따라 학자들의 견해는 다양하게 제시되고 있다.

와합(Salah Wahab)은 관광현상을 구성하는 요소를 인적 요소로서 관광객, 물리적 요소로서 공간, 시간적 요소로서 일시성 등으로 설명하고 있다(Salah Wahab, 1975 : 8).

관광산업 영역에 중점을 둔 견해를 가지고 있는 닐 레이퍼(N. Leiper)는 〈그림 1-4〉와 같이 관광현상을 관광객, 관광발생지, 교통루트, 관광목적지, 관광산업 등 5가지 요소로 구성되어 있다고 인식하고 있다(N. Leiper, 1979 : 404). 이들 구성요소들은 공간기능적으로 상호작용을 하고 있으며, 관광을 정치·경제·사회·문화·물리·공학적 광역환경과도 상호작용을 하는 개방체계로 이해하고 있다.

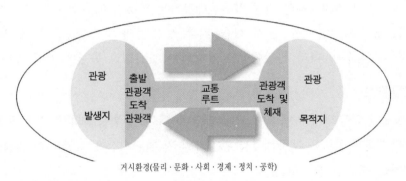

거시환경(물리·문화·사회·경제·정치·공학)

자료 : Neil Leiper(1979), "The Framework of Tourism : Towards a Definition of Tourism, Tourist and the Tourist Industry," *Annals of Tourism Research,* Vol.6, No.4.

〈그림 1-4〉 레이퍼(N. Leiper)의 관광 구성요소

관광개발계획에 중점을 둔 견해의 대표적인 학자인 군(Clare A. Gunn)은 〈그림 1-5〉와 같이 관광현상을 기능적 체계로 인식하고 구성요소로서 관광객(tourist), 교통기관(transportation), 매력물(attraction), 서비스 및 시설(service & facilities), 정보 및 지도

(information & direction) 등 5가지를 제시하고(Gunn, 1979 : 34~38), 관광체계의 구성요소
와 요소 간의 기능이 원활하게 이루어지도록 관광개발계획을 어떻게 수립할 것인가에
초점을 맞추고 있다.

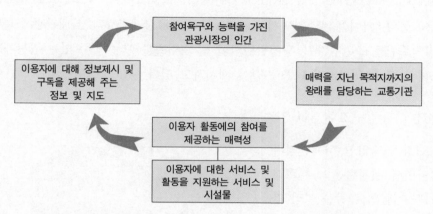

자료 : Clare A. Gunn(1972), *Vacationscope : Designing Tourist Regions*, University of Texas.

〈그림 1-5〉 군(Gunn)의 관광 구성요소

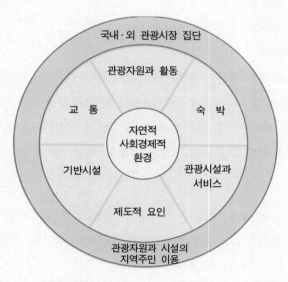

자료 : Edward Inskeep(1991), *Tourism Planning : An Integrated and Sustainable Development Approach*, N.Y : Van
Nostrand Reinhold.

〈그림 1-6〉 인스킵(Inskeep)의 관광 구성요소

또한 인스킵(E. Inskeep)은 자연적 · 사회경제적 환경과 관광개발 구성요소들의 상호 관련성을 언급하고 그 구성요소로서 관광자원과 활동(tourist attractions and activities), 숙박(accommodation), 관광시설과 서비스(tourist facilities and services), 교통기관과 서비스(transportation facilities and services), 기반시설(infra-structure), 제도적 요소(institutional elements) 등의 5가지를 제시하면서(Inskeep, 1991 : 38~39) 국제관광객, 국내관광객 뿐만 아니라 지역주민들도 관광자원, 관광관련시설 및 서비스를 이용할 수 있는 관광개발 구성요소의 틀을 다음 〈그림 1-6〉과 같이 제시하고 있다.

4) 현대적 관광구조체계와 기능

관광현상이 다양한 사회환경과 어우러지면서 관광활동의 사회적인 증가와 더불어 관광을 여러 가지 관점에서 올바르게 정의하려는 노력들이 관광구조체계의 발달을 가져왔다. 많은 제학자들의 이론 중에서도 관광구조체계의 기본적인 관광구조 3체계론과 군(Clare

〈그림 1-7〉 현대적 관광 구조체계의 구성요소

A. Gunn)의 관광구조체계 이론이 현대사회 구조체계를 반영한 이론으로 인식되고 있다. 그러므로 베르네커의 3체계론과 군(Gunn)의 관광 구성요소를 토대로 현대적 관광 구조체계의 구성요소를 관광객, 관광매력물, 부대시설, 기반시설, 교통, 정보 · 촉진 등으로 설정하고, 이를 살펴보면 다음 〈그림 1-7〉과 같다(박호표, 1997 : 48~57).

(1) 관광객

관광객(tourist)이란 관광의 주체의 중심적인 구성요소로써 그를 둘러싸고 있는 사회 · 경제적 배경과 심리적 요인에 영향을 받아 관광을 목적으로 여행하고자 하는 사람을 총칭하며 일반 여행자와는 구별되어진다.

(2) 관광매력물

관광매력물(attractions)은 관광객의 관광행동을 유발하고 여행하면서 관광객이 즐기면서 이용할 수 있는 관광대상과 자원을 말한다. 이는 유·무형의 모든 매력대상물을 포함한다.

(3) 부대시설

부대시설(service & facilities)은 관광매력물과 관련된 제반시설로서 관광객의 관광욕구를 더욱 효과적으로 충족시키고, 관광활동을 보장할 수 있는 각종 편익시설(super-structure)을 총칭한다.

(4) 기반시설

기반시설(infra-structure)은 관광자원의 보존과 개발, 지역주민들의 일상생활 기능을 지원하는 각종 기간시설로 도로, 상하수도, 통신 등이 이에 해당된다.

(5) 교 통

관광교통은 관광의 본질적인 요소의 하나로 관광이 이동을 전제로 시작되는 인간활동임으로 관광과는 불가분의 관계에 있다. 곧, 관광을 하기 위해서는 출발지에서 관광목적지까지 교통로와 교통수단의 이용을 생각하지 않을 수 없고, 관광교통수단의 발전은 여행의 범위를 확대시키고 관광산업 발전의 기반을 제공해 주고 있다.

(6) 정보·촉진

관광정보는 신관광(new tourism)시대의 도래에 따라 등장한 매우 중요한 관광구성요소로서 관광객의 관광활동의 전 분야에 걸쳐 아주 중요한 역할을 수행하고 있다.

따라서 정확하고 신속한 관광정보와 촉진체계를 구축하고, 관광객의 성공적인 관광활동을 보장하고, 관광지 정보를 이용할 수 있도록 노력해야 한다.

7. 관광의 중요성

관광은 현대사회에서 국민 모두가 관심을 가지고 있고 또 실제로 참여하고 있는 여가문화할동의 하나로서 점차 그 중요성을 더해가고 있다. 예를 들어 주말이면 관광을 하기 위해 도시를 탈출하여 고속도로를 메우는 승용차 행렬을 통해서도 알 수 있다.

이는 현대사회의 인간생활에서 관광이 차지하는 비중을 입증해주고 있다고 하겠다. 어떠한 이유로 관광이 인간의 삶 속에서 이렇듯 중요성을 띠고 있을까 하는 의문은 관광이 가지는 기본사상을 이해했을 때 보다 명확해질 것이다.

일차적으로 관광은 외래관광객이 소비하는 관광외화 획득이라는 경제적 효과의 측면에서 이해하는 것이 필요하다. 이 때문에 세계 각국은 관광을 국가전략산업으로 육성하고 있다. 더불어 관광은 국제화·세계화로 가는 우리나라 국가사회 발전에 핵심적인 역할을 수행하는 국제교류활동으로서, 국민적 참여를 통해 한국과 세계를 하나로 연결시키는 문화행동이다. 오늘날 관광은 국제교류를 통한 국제친선 도모 및 세계평화에 기여하는 민간외교적 효과까지도 창출한다.

그래서 오늘날 서양사람들은 관광산업을 일컬어 '굴뚝 없는 수출산업', '교실 없는 교육', '언론 없는 통신', '의전 없는 외교'라고 국민들에게 홍보하면서 일석사조(一石四鳥)의 효과를 갖는 주요한 산업이라고 홍보하고 있는 것이다.

이와 같은 중요성을 지니는 관광의 이념으로는 자유성, 평등성, 행복성, 평화성, 교육성, 인간성 회복 등으로 열거할 수 있다. 관광은 구속에서 해방되고 자유롭게 이동하는 차원에서 자유성(自由性)에 기초한다. 따라서 거주·이전의 자유는 일반적 자유권으로서 인간의 자유로운 이주(移住) 및 이동을 보장하는 자유권적(自由權的) 기본권이다. 따라서 이동뿐만 아니라 자유롭게 휴식할 수 있는 여가의 자유가 보장되어야 하고, 미래의 사회복지관광에 따른 공공복리에 적합한 자유의 분배 또한 있어야 한다. 이는 모든 국민의 행복권(幸福權)과 자유롭게 여행할 수 있는 자유권(自由權)과 여행권(旅行權)을 보장하고 이를 위하여 국가는 지원을 아끼지 않음을 뜻한다.

관광은 모든 사람에게 기회가 균등하게 주어진다는 차원에서 평등성(平等性)에 근거한다. 관광헌장에서는 "모든 국민은 관광할 수 있는 권리를 가진다. 관광할 수 있는 여행의 권리는 어떤 조건에 있어서도 평등한 기회와 이용의 기능을 가진다"고 규정하고 있다.

한편, 구속에서 해방되어 빛을 본다는 것은 인간이 추구하는 지고지선(至高至善)의 행복을 의미한다. 또한 관광이 교류를 통하여 상호 이해를 증진시킨다고 하는 것은 관광을 통해 인류평화에 기여할 뿐만 아니라 남을 이해하고 또 교류함으로써 상호 배우는 교육성(敎育性)을 가진다. 따라서 관광이라는 여가활동을 통하여 균형된 삶을 찾을 수 있으며, 심신을 단련시키고 결국은 인간성회복에도 기여하게 되는 것이다.

제2절 관광과 유사개념

관광과 유사하거나 다소라도 상호 관련성을 가진 개념은 많다. 이 중에서 여가·레크리에이션 또는 위락·행락·놀이·여행 등 유사개념은 우리들의 일상생활 주변에서 자주 사용되는 관계로 각 개념에 대한 사회적 가치가 부여된 경우가 많다. 개념의 본질 자체가 변질되어 비속화(卑俗化) 혹은 미화(美化)된 경우가 많기 때문에 그 개념의 실체를 파악하기는 더욱 어렵다고 본다.

그럼에도 유사개념 자체의 명확한 정립은 앞으로 관광현상의 학문적 연구 또는 관광의 학문적 체계 확립의 선결조건이라 생각하므로, 여기서는 먼저 유사개념들의 본질을 파악해 보고 이를 다시 관광이라는 개념과 상호 대비시켜 그 상관성을 규명해 보기로 한다.

1. 여가

1) 여가의 어원

오늘날 우리가 사용하고 있는 여가(leisure, 레저)의 어원은 '자유스러워진다'라는 뜻을 가진 라틴어 리세레(licere)에서 유래하였다고 한다. 이 말은 프랑스어의 'leissir' 즉 '허락되다'로 발전하였고, 오늘날 영어의 레저(leisure)로 진전되었다. 이 말은 고대 이래 귀족계급은 일할 필요가 없으며, 따라서 그들이 지적·문화적 및 예술활동을 할 자유를 부여받고 있다는 것을 함축해주고 있다.

여가에 해당하는 그리스어 스콜레(scole)는 '정지, 중지, 평화 및 평온'을 의미하는 데 비하여, 로마어의 오티움(otium)은 '아무것도 하지 않는 것(doing nothing)'을 의미하며, 어원상 전자는 자기계발(self-cultivation)을 위한 적극적인 정신활동상태를 뜻하는 데 반하여, 후자는 소극적인 무위(無爲)활동상태를 뜻한다. 다른 관점에서 스콜레가 자신의 교양을 높이는 적극적 행위인 반면, 오티움은 아무것도 하지 않는 소극적 행위로 보는 경우도 있다. 그러나 이들 어원은 모두 정지상태와 평화상태를 내포하며 시간적 의미가 부여되어 남은 시간(spare time)에서 자기를 위한 시간(time for oneself)으로 발전하였다.4)

2) 여가의 정의

(1) 여가의 시간적 정의

인간은 직업이나 생활양식 등에 따라 다소 다르겠지만, 일반적으로 일상생활이 반복되는 사이클을 벗어나지 않는다. 그리하여 인간의 생활시간을 크게 생활필수시간, 노동시간 및 자유시간으로 대별할 때, 여가는 보통 1일 24시간이라는 절대적인 시간의 한계 속에서 생활필수시간과 노동시간 등의 구속시간을 뺀 나머지 자유시간으로 볼 수 있다.

(2) 여가의 활동적 정의

여가는 개인이 생활의 만족과 삶의 질(quality)을 추구하고자 자유로이 선택하는 활동으로서 수면, 식사, 노동과 같이 고도로 상례화된 활동(routinized activity)이 아닌 것을 말한다.

(3) 여가의 상태적 정의

여가에 대한 다분히 주관적인 정의로서 주요 철학자나 심리학자, 그리고 종교학자들에 의해 대변되어 왔다. 오늘날 인간이 필요로 하는 여가는 단순한 자유시간(free time)이 아니라 자유정신(free spirit) 내지 자유의지(free will)이며, 우리의 바쁜 일상생활사로부터 심리적으로 해방시켜 줄 수 있는 신(神)의 은총에 대한 감사의 마음과 평화상태임을 강조하고 있다.

(4) 여가의 제도적 정의

여가에 대한 제도적 정의는 여가의 본질을 노동, 결혼, 교육, 정치, 경제 등 사회제도의 상태나 가치패턴과의 관련성을 검토하여 그 의미를 규정하고자 하는 것이다.

---

4) 김광득, 여가와 현대사회(서울: 백산출판사, 2011), pp.15~16.

(5) 여가의 포괄적 정의

여가는 복합적이며 다양한 면을 가지고 있어, 앞서 언급한 네 가지 속성으로는 여가의 본질을 폭넓게 수용할 수 없다는 시각이 최근 들어 자주 논의되고 있다. 따라서 여가는 시간적, 활동적, 상태적 그리고 제도적 요소가 적절히 배합된 복합적 속성을 갖는다고 할 수 있다. 이에 따라 현대사회에 있어서 점차 복잡성을 띠고 있는 여가를 제대로 파악하기 위해서는 여가의 다면적 속성을 포괄할 수 있는 개념정의가 요구된다고 하겠다.

(6) 종합적 정의

이상의 개념들을 종합하여 보면 결국 여가는 생리적 필요, 개인 및 사회적 의무와 책임으로부터 벗어나 자유로운 시간 동안 자유의사에 의해 이루어지는 활동이라고 할 수 있으며, 일상생활에서는 노동과 상반되는 개념으로 파악된다. 이는 대체로 여가의 시간, 활동, 상태, 제도적인 관점의 네 가지 측면에서 정의되고 있다.

본서에서는 여가를 "개인이 노동과 가사활동, 생리적 필수활동 및 기타 사회적 의무와 책임으로부터 자유로운 상태 아래에서 휴식, 기분전환, 자기계발은 물론이며 사회적 참여를 위해 이루어지는 모든 활동과 시간"으로 정의하고자 한다.

3) 여가의 기능

활동개념으로서의 여가에는 자유시간에 행해지는 자유로운 활동이라는 형태로 '자유'를 강조하는 뜻과, 자유시간에 행해지는 창조적 활동이라는 형태로서 '창조성'을 강조하는 뜻의 두 가지 정의가 포함되어 있다고 하겠다. 그렇지만 일반적으로 활동개념으로서의 여가는 자유시간에 행해지는 자유로운 활동이라는 형태로 '자유'를 강조하는 뜻에서 사용되는 경우가 많은데, 이럴 경우 여가의 기능으로서 휴식, 기분전환, 그리고 자기계발 등이 열거된다. 따라서 여기서는 이와 같은 여가의 기능에 관하여 살펴보기로 한다.

(1) 휴식기능

휴식은 피로를 회복시킨다. 이런 면에 있어서 여가는 일상생활, 특히 근로생활에서 기인하는 스트레스에 의해서 가해진 육체적·정신적 피로를 회복시킨다. 오늘날 노무(勞務)는 상당히 경감되어 왔을지 모르나, 노동밀도(勞動密度)의 증대, 생산공정(生産工程)의 복잡화, 대도시지역에 있어서 통근거리의 장거리화 때문에 근로자는 아무 일도 하지 않은 채로 있는다든지, 또는 조용히 여유 있게 쉬는 것이 점점 긴요해지고 있다. 그런 필요성은 특히 경영관리층에서 더욱 절실하다.

(2) 기분전환 기능

기분전환은 인간을 권태로부터 구출한다. 세분화된 단조로운 작업은 노동자의 인격에 부정적인 영향을 가져온다. 그리고 현대인의 소외감은 일종의 자기상실의 결과에서 오는 것이기 때문에, 일상적인 세계로부터의 탈출이 필요해진다. 이와 같은 탈출은 지역사회의 법률적·도덕적 규율을 범하는 형태를 취하는 경우도 있고, 다른 한편에서는 사회병리적 요소를 포함하게 되기도 한다.

그러나 반대의 입장에서 보면, 그것은 평행유지적 요인이 되고, 사회적으로 필요한 수련이나 규율을 지켜나가는 하나의 수단이 되기도 한다. 그곳에서 기분전환을 시켜 보상적 경험(補償的 經驗)을 추구한다든가, 일상적 세계와 격리된 세계로 도피한다든가 하는 행동이기도 하다. 현실의 세계에서 탈출하게 되면, 장소나 리듬이나 스타일의 변화추구(여행, 유희, 스포츠)가 된다. 탈출이 가공의 세계(영화, 연극, 소설)로 향하게 되면 등장인물에 자기를 투사하고, 주인공과 자기를 동일시하여 그 기분을 즐기는 등의 행동이 나타난다. 이는 공상적(空想的) 세계에 의존하여 공상적 자아(自我)를 만족시키려 하는 행동이다.

(3) 자기계발 기능

자기계발은 자기의 능력을 발전시키는 것이다. 여가는 일상적 사고(思考)나 행동으로부터 개인을 해방시키고 보다 폭넓고 자유로운 사회적 활동에의 참가나 실무적이고 기술적인 훈련 이상의 순수한 의미를 가진 육체·감정·이성(理性)의 도야를 가능케 한다. 유희단체·문화단체·사회단체에 자발적으로 가입하여 활동하는 데서 여가의 계발적 기능이 나타난다. 학교교육에서 채워졌다고는 하지만, 사회가 끊임없이 진보하고 복잡해짐에 따라 시대에 뒤떨어지기 쉬운 지식능력은 여가를 통하여 다시 한번 자유로이 뻗어나갈 기회가 주어진다. 또한 옛것이나 새로운 것을 불문하고 여러 정보원(신문·잡지·라디오·TV)을 적극적으로 이용하는 태도도 키워나간다.

여가는 평생 계속하는 자발적인 학습의 형태를 낳게 하고, 새롭고 창조적인 태도의 형성을 돕는다. 의무적 노동으로부터 해방되어 개인은 스스로 선택한 자유로운 훈련을 통하여 개인적·사회적인 생활형태 가운데서 자아실현(自我實現)을 펼쳐 나가는 것이다. 이러한 여가이용은 기분전환적인 이용만큼 일반적인 것은 아니지만, 대중문화 일반에서 본다면 대단히 중요하다.

2. 레크리에이션

레크리에이션(recreation·위락)은 그것이 개인이나 집단에 의해서 여가 중에 영위되는 활동이고 그 활동으로 인하여 얻어지는 직·간접적 이득 때문에 강제되는 것은 아니며, 그 활동 자체에 의하여 직접적으로 동기가 주어진 자유롭고 즐거운 활동이다.

레크리에이션은 라틴어의 recreate에서 유래한 말로서 기분을 전환하다(refresh)와 저장하다(restore)의 의미를 가진 것으로 인간을 재(re)생(creation)시키고, 인생에 활력을 회복시키며, 또한 이것은 노동과 더 많은 관련이 있는 사회기능적이고 교육적인 것이다. 그라지아(Grazia)는 이를 "노동으로부터 인간이 휴식을 취하고 기분전환을 하고 노동 재생산을 위한 활동"으로 정의하고 있으며, "각 개인이 자발적으로 행하여 그 행위로부터 직접 만족감을 얻어 즐길 수 있는 모든 여가의 경험"으로 인식하고 있다.

따라서 여가와 레크리에이션의 관계는 전자를 시간개념으로 보고 후자를 활동개념으로 보려는 견해가 지배적인데, 레크리에이션은 사회적인 편익을 증진하고자 조직되는 자발적 활동으로서 다음과 같은 특징을 지닌다.[5]

① 레크리에이션은 육체, 정신 및 감정의 활동을 표현하기 때문에 단순한 휴식과 구별된다.

② 레크리에이션의 동기는 개인적 향락과 만족의 추구이므로 노동의 동기와 구별된다.

③ 레크리에이션은 선택의 범위가 무한정하기 때문에 수많은 형태로 나타난다.

④ 레크리에이션은 자발적 의사에 의해 참여한다.

---

5) 김광득, 여가와 현대사회(서울: 백산출판사, 2011), p.25.

⑤ 레크리에이션은 여가시간에 행해지는 활동이다.

⑥ 레크리에이션은 시간, 공간, 인원 등의 제한이 없고 실행과 탐색이라는 보편성을
　　지닌다.

⑦ 레크리에이션은 진지하며 목적을 가지고 행하여진다.

이러한 점에서 레크리에이션은 여가시간에 영위되는 자발적 활동의 총체로서 여가
의 하위개념이라 할 수 있다.

여가와 레크리에이션의 차이점을 좀 더 상세히 살펴보면, 여가는 포괄적이고 덜 조
직적이며 개인적인 동시에 내적 만족을 추구하는 데 반하여, 레크리에이션은 범위상
한정적이고 비교적 조직적이며 동시에 사회적 편익을 강조하고 있다. 또한 여가가 보
통 시간의 기간이나 마음의 상태를 말하는 데 비해 레크리에이션은 공간에서의 활동을
가리킨다. 나아가 여가가 쾌락과 자기표현을 위한 것이라면, 레크리에이션은 활동과
경험의 직접적 결과로써 발생한다.

레크리에이션과 관광의 차이점은 시간과 활동공간의 차이에 있다고 하겠다. 관광도
넓은 의미에서는 레크리에이션활동의 하나이지만, 그러나 관광은 일상거주지에서 멀리
떠나는 활동이라는 데에 차이점이 있다. 비교적 관광은 이동의 거리가 멀고 시간적으
로도 길지만, 레크리에이션은 일상공간의 주변에서도 일어난다. 물론 관광은 일상거주
지를 떠나 다시 일상생활권으로 돌아오기까지의 전 과정에서 일어나는 수많은 복합적
인 현상이며 그 영향이 크다는 특징을 가지고 있기도 하다.

3. 놀이

놀이(play)라는 개념도 여가 및 레크리에이션과 더불어 관광과 밀접한 관련성을 가
진다고 하겠다. 인간을 놀이하는 존재, 즉 '유희하는 인간(Homo Ludens)'으로 보는 호이
징아(John Huizinga, 1955)나 그 비판적 계승자라고 할 수 있는 카이요와(Roger Caillois,
1994)는 놀이를 인간의 본질이며 동시에 문화의 근원으로 파악하고 있다. 이들의 견해
에 따르면, 문화가 놀이의 성격을 상실하게 되면 마침내 문화는 붕괴의 길을 걷게 된다
고 한다. 특히 호이징아는 놀이를 인간의 본질, 나아가 문화의 근원으로 파악하고, 놀이

의 본질과 그 표현형태를 인류역사의 전 과정 속에서 파악한 후 놀이가 문화를 만들어내며 또한 그것을 지속시킨다고 결론짓고 있다. 호이징아는 놀이의 특성으로 다음의 네 가지를 들고 있다.6)

① 인간의 자발적 자유의사에 의해 행해진다.

② 일상생활의 막간에 이용되며 탈일상적이고 사심이 없다.

③ 전통화·반복화라는 지속성을 가지며, 놀이공간으로 미리 구획된 공간에서 행해진다.

④ 게임이 끝나면 놀이집단은 영구히 내집단화된다.

한편, 카이요와(Roger Caillois)는 놀이의 기준 또는 특성으로서 ① 참가의 자유, ② 일상생활로부터의 격리, ③ 과정과 결과의 불확실성, ④ 생산성을 목적으로 하지 않음, ⑤ 규칙의 지배, ⑥ 가상성 등의 6가지를 들고 있다. 이와 같은 놀이의 특성을 볼 때, 그것이 곧 여가의 한 형태로서 자유의사에 근거한 활동인 것은 틀림없지만, 질서·규칙·전통화 등의 관점에서 보면 레크리에이션 또는 관광과 개념적으로 다름을 알 수 있다.

그러나 놀이는 또한 관광과 여러 가지 공통적인 측면도 없지 않다. 그레번(Graburn, 1983: 15)은 그 공통속성을 다음과 같이 지적한다.

"인간의 놀이는 관광에서 말하는 여행이라는 요소를 갖고 있지는 않지만, 관광이 지닌 여러 속성을 공유한다. 즉 놀이가 지닌 정상규칙으로부터 이탈, 제한된 지속성, 독특한 사회관계, 그리고 터너(Turner)가 유동(flow)이라고 이름한 몰입과 열중성을 지닌다. 관광과 마찬가지로 놀이로써의 게임은 일상생활의 구조 및 가치관과는 다르면서도 그것을 강화시켜 주는 의례(rituals)인 것이다."

4. 여행

여행(travel)은 의미 그대로 어떤 수송수단을 통해서든 한 장소에서 다른 장소로 이동하는 행위로써 목적이나 동기에 관계없이 모든 이동행위를 일반적으로 지칭할 때 사용하는 포괄적인 개념이다. 여행은 그 본질이 이동이라는 점에서 다른 개념들보다 관광과 더욱 밀접한 관계를 가진다. 그래서 여행과 관광은 동의어로 착각될 만큼 현실사회

---

6) J. Huizinga, Homo Ludens(Boston: Beacon Press, 1955), p.13.

에서 혼용되기도 한다. 특히 우리나라에서는 통속적으로 관광의 의미를 이동, 즉 교통과 가장 밀접하게 관련시켜 보는 경향이 강하다.

관광은 본질적으로 여행의 한 형태라고 본다. 따라서 여행은 대체로 다음과 같이 정의된다. "여행자는 출발의 원점으로 되돌아오거나 그렇지 않아도 되며, 어떤 목적을 가지고 여하한 교통수단에 의존하여 한 장소에서 다른 장소로 이동하는 행위"로서 관광과는 관계없이, 뚜렷한 목적이나 동기에 관계없이도 행하여지는 것이다. 이와 같이 오늘날 이 'travel'은 단순형태의 여행을 가리킬 때 사용하는 개념이다.

제3절 관광의 구성요소

1. 관광의 구조

관광은 일반적으로 주변환경에 의해 영향을 주고받는 관광주체, 관광객체, 관광매체라는 3대 범주에서 이루어지고 있으며, 이들 세 가지의 요소들이 연속적·기능적으로 상호 의존관계를 통하여 발생하는 하나의 체계(system)라고 말할 수 있다. 이러한 관광체계는 정치적 환경, 경제적 환경, 사회적 환경 및 생태적 환경과 밀접한 상호작용관계에 있으며, 관광체계를 구성하는 관광매체인 관광시장, 관광교통, 관광기업, 그리고 관광행정 등 네 가지 요소 간의 연속적·기능적 통합을 통하여 현상화하는 것이다.

이와 같이 관광의 구성요소는 첫째, 관광수요의 유발자이자 이동의 주체인 관광객(관광주체)과, 둘째, 관광객의 욕구를 충족시키는 관광대상(관광객체), 셋째, 관광객과 관광대상을 연결해주는 각종 서비스(관광매체) 간의 상호작용인 관광활동의 체계라고 볼 수 있다. 그리고 이러한 관광체계는 상호 매우 밀접한 연관성을 지니고 있어 구성요소 중 한 가지라도 정상적이지 못할 경우 온전한 관광현상이 이루어질 수 없다.

관광주체, 관광객체, 관광매체를 일반적으로 관광의 3요소라 한다. 먼저 세 요소를 살펴보고 관광체계의 성격을 규명해 보도록 하겠다.

2. 관광주체

관광의 구성요소로서 가장 중요한 것은 말할 것도 없이 관광하는 사람으로, 관광을 행하는 주체(主體) 곧 관광주체를 관광객(觀光客)이라 한다. 관광은 관광객의 관광하고 싶어 하는 관광욕구와 관광동기로부터 시작된다. 관광객은 관광의 수요자인 동시에 소비자이며 관광시장(觀光市場)을 형성하는 최대의

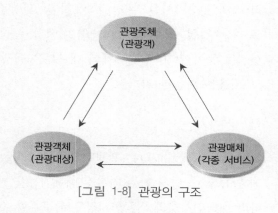

[그림 1-8] 관광의 구조

요소가 된다. 즉 관광주체가 가지는 사회경제적인 여건과 관광동기는 관광수요를 구성하는 중요한 결정요인이 되는 것이다.

3. 관광객체

관광의 주체인 관광객은 관광욕구나 동기에 따라 관광대상(觀光對象)을 찾게 된다. 이와 같이 관광욕구를 충족시켜 주는 역할을 하는 것이 관광대상이다. 관광대상은 관광목적물이며 관광의욕의 대상이 되고 관광행동의 목표가 되는 것이다. 그러므로 관광대상은 보는 것에만 한정되지 않으며, 보고, 듣고, 맛보고, 배우고, 행하고, 생각하는 모든 것을 포함한다. 관광대상은 관광자원(觀光資源)과 그 자원을 살려서 관광객의 욕구 충족에 직접적으로 기여하는 관광시설(觀光施設)로 대별된다.

전자인 관광자원은 유형적 자원(자연·인문), 무형적 자원(인적·비인적), 문화적 자원(유형문화재·무형문화재·기념물·민속자료) 등으로 구성되며, 후자인 관광시설은 하부시설(항만·공항·주차장·통신시설 등의 기반시설)과 상부시설(여행·행정·숙박시설·레크리에이션 시설 등)로 이루어진다.

4. 관광매체

관광의 주체와 객체를 연결시키는 역할, 즉 관광주체의 욕구와 관광대상을 결합시키

는 역할을 하는 것을 관광매체(觀光媒體)라고 한다. 이들 관광매체를 분류하면, ① 시간적 매체인 숙박시설·관광객이용시설·관광편의시설, ② 공간적 매체인 교통기관·도로·운수시설, ③ 기능적 매체인 여행업·통역안내·관광기념품판매업·관광정보와 선전물 등이 있다. 관광매체의 대부분은 관광시장 내의 사업에 의해 제공되고 있으며, 그 내용은 다음과 같다.

1) 관광시장

관광시장(觀光市場)은 관광수요를 창출하는 관광객(관광주체)의 행동체계가 원활하게 활동할 수 있게 하는 기본적 매체기능을 가지고 있다. 관광시장은 국적(國籍)구분에 따라 내국인시장과 외국인시장으로 구분할 수 있고, 활동공간의 측면에서는 외래시장, 해외시장, 국내시장으로 분류할 수 있다. 이 체계는 관광하려는 욕구와 동기·지각·학습·성격·태도 등의 심리적 요소뿐만 아니라, 문화·사회계층 및 집단과 준거집단 등의 사회적 요소에 따라 작용한다.

2) 관광교통

관광교통(觀光交通)은 관광행동의 주체를 관광자원과 시설에 직접 연결시켜 주는 이동체계를 말한다. 관광은 관광객의 이동(회귀이동)이 전제되기 때문에 교통수단에 대한 논의 없이 관광체계를 거론하기는 힘들다. 그리고 교통은 보통 목적지까지 도달하는 수단인 동시에 목적지에서 이동수단으로 정의된다. 따라서 관광교통에는 공간적 차원의 이동체계와 국내외 교통수단 그리고 하드·소프트웨어적 교통체계, 영리적·비영리적 교통수단도 모두 고려할 수 있다.

3) 관광기업

관광기업(觀光企業)은 관광객에게 관광대상에 대한 정보를 제공하거나 상품화하여 이윤을 추구하는 기업체계를 말한다. 관광기업은 대개 관광의 준비와 숙박 및 활동과 관련된 여행업, 관광숙박업, 관광안내업, 관광시설업 등으로 구성되어 있다. 그리고 이 체계는 관광객의 행동을 유도하고 관광대상의 개발을 담당하며, 주로 제품·가격·유통·촉진 등의 요소로 구성되어 있다.

4) 관광정책과 관광행정

관광정책(觀光政策)과 관광행정(觀光行政)도 관광성립에 필요한 요소로써 결정적인 역할을 한다. 여기서 정책이란 관광에 대한 국가의 방침을 뜻하며 행정이라는 방침에 의거한 구체적인 시책을 의미한다. 따라서 관광행정은 관광체계의 핵심적 요소들이 원활한 상호작용을 할 수 있도록 조정 또는 규제하는 체계인 것이다.

이 체계는 관광체계의 기능적 발전을 위한 지원적·보조적 역할을 수행하며 행정목표, 행정조직, 행정기능, 행정인력, 행정예산, 행정정보 등으로 구성되어 있다. 따라서 현대의 관광은 관광시장, 관광교통, 관광대상, 관광기업 간의 핵심적 상호작용관계 속에서 성장하고 있으며, 특히 개발도상국과 같이 관광이 아직 충분히 발전하지 않은 국가에서는 관광행정체계의 지원적 역할이 필수적이다.

제4절 관광학의 학문적 성격 및 연구방법

1. 관광학의 성격

관광학이 어떤 내용을 가지고 있으며, 어떤 역할을 담당하고 있는 것인가의 성격론(Charakteristik)에 관해서는 관광학이 성립된 때부터 논의되어져 왔다. 그와 같은 논의를 통해서 명백해진 것은 관광학이 언제나 실천적 의식(實踐的 意識)과 결부되어 있다는 점이다. 이는 관광 특히 국제관광이 한 나라에 가져다 주는 경제적 이익이 강하게 의식되어, 그와 같은 이익의 증대를 위한 여러 가지 정책을 추구하는 것이 관광학에 부과된 과제였다는 점으로 미루어 보아도 명백하다. 이와 같이 관광학을 필요로 하는 목적이 뚜렷했었다는 것이 관광학의 성격을 사변적(思辨的)이라기보다는 오히려 실천적(實踐的)인 것으로 만들었다고 할 수 있겠다.

오늘날 관광이라는 사회현상이 갖는 사회적 의의는 국내적으로나 국제적으로 옛날과는 비교도 할 수 없을 정도로 커졌고, 그 가치가 널리 인식되기에 이르렀으나, 관광학의 성격과 역할은 본질적으로 달라지지는 않았다. 그것은 오늘날에 와서도 관광현상을 건전하게 발달시키기 위한 여러 정책을 탐구하는 기초로서 기본적 이해를 얻기 위한 연구에 두고 있으므로, 그 의식(意識)은 단순한 지적 유희(知的 遊戲)가 아니라 실천적인 것이라 생각된다. 여기서 실천적인 것이라고 하는 것은 반드시 기술적이며 실용적인 것만을 의미하는 것이 아니라, 실증(實證)을 통한 과학적·객관적인 것이라야 한다는 것이다. 이와 같은 생각은 오늘날 관광학을 연구하고 있는 학자들 사이에서는 일치된 견해라고 할 수 있다.

관광의 연구는 화석(化石)을 연구하는 것이 아니며, 산이 그곳에 있기 때문에 올라가는 것도 아니다. 그것은 관광이 지니는 현대적 의의가 너무나 클 뿐만 아니라, 그 연구가 매우 급한 것이라서 하는 것이다. 관광은 유람이며 별로 생활에 긴요한 것이 아니라고 생각되었던 때도 있었지만, 오늘날에 와서는 관광은 국민의 정신위생과 건전한 육체를 유지하기 위해서, 한걸음 더 나아가서 항구적인 세계평화를 위해서도 그야말로 필요불가결한 생활요건이 되고 있다.

2. 최초의 관광연구

관광학은 관광과 관련한 모든 사상(事象) 즉 관광현상을 연구대상으로 하는 학문인데, 본격적으로 과학적인 연구가 시작된 것은 19세기 말부터라고 한다. 먼저 1899년 이탈리아 정부통계국장인 보데이오(L. Bodio)는 "이탈리아에 있어 외래객 이동 및 소비액에 대해서"라는 보고서를 작성하여 발표하였는데 이것이 관광연구의 효시로 알려져 있다.[7] 당시 이탈리아에서는 외화획득을 목적으로 외국인 관광객을 유치하는 일이 국가의 주요 사업이 돼 있었는데, 이는 외국인 관광객의 동태를 파악하고 국제관광의 진흥을 도모하기 위해서였다.

20세기에 들어오면서 유럽에서는 미국인 관광객을 유치하려는 움직임이 활발해지면서 국제관광통계 분야에서의 연구가 계속 진행되었는데, 보데이오에 이어 이탈리아의 니체훼로(A. Nicefero)가 1923년에 발표한 똑같은 논문인 "이탈리아에 있어서 외국인의 이동" 및 베니니(R. Benini)가 1926년에 발표한 논문인 "관광객 이동의 계산방법의 개량

---

7) 당시 이탈리아를 방문하는 미국인 관광객의 동태를 파악하여 대미(對美)선전을 강화할 목적으로 수행된 통계관련 보고서로서 관광객수, 체재기간, 소비액 등을 조사하였다.

에 관하여" 등 두 편이 발표되었다. 이 밖에도 관광통계에 관한 많은 논문이 유럽의 여러 나라, 특히 독일, 이탈리아, 스위스 등을 중심으로 발표되었으며, 경제학적인 전문 서적들이 출간되었다.

이와 같은 현상은 유럽대륙과 북미대륙 간의 관광객 이동의 증가가 그 배경이 되었으며, 그 중에서도 19세기 말엽부터 20세기의 1920년대까지의 미합중국으로부터의 관광객 증가는 유럽 각국으로 하여금 관심을 갖게끔 만들었으며, 그 동태를 분석해서 대미(對美)선전을 강화함으로써 달러를 벌자는 것이 목적이었다.

이들 관광통계에 관한 많은 논문들의 주된 내용은 ① 관광객의 수, ② 체재기간, ③ 소비액 등에 관한 것으로 이것들을 어떠한 방법으로 조사하는 것이 타당한가 하는 것이었다.

3. 관광학의 연구방법

1) 관광학 연구의 접근방법

관광학이 하나의 과학으로 성립하기 위해서는 필연적으로 과학적 문제가 제기된다. 일반적으로 과학의 특성은 그 대상에 있는 것이 아니라 어떠한 대상이든 간에 그 대상에 접근하는 방법에 있는 것이다. 여기서 과학적 방법이라 함은 일반적으로 연구하려는 대상을 객관적·체계적으로 정밀하게 관찰·검증·분류·해석함으로써 보편적인 이론을 도출하는 과정이라고 말할 수 있다.

관광을 체계적으로 연구하는 방법에는 두 가지가 있음을 알 수 있다. 하나는 관광현상이 매우 복잡한 현상이라는 이유로 관광을 연구하려는 관광학을 단순히 사회과학의 한두 가지 학문뿐만 아니라, 자연과학 등 다른 수많은 학문분야를 고르게 취급한 종합문화과학적인 것이 아니면 안된다는 입장이다. 즉 글릭스만(R. Glücksmann)의 견해는 이러한 입장을 대표하고 있다.

다른 하나는 관광현상의 복잡한 다양성을 인정하면서도 연구의 방법을 한정하지 않는 연구는 성립할 수 없다는 입장이다. 관광연구를 종합문화과학, 개별과학 가운데 어떤 방법으로 접근하느냐 하는 것에 관해서 후자의 입장을 취한다면, 그것은 이른바 기성과학(旣成科學)의 한 분야의 성과에 비추어 관광현상을 해명하고, 그러한 사실을 모아서 쌓은 후에 개별과학의 응용과학으로서 관광학을 수립하려는 입장이다.

즉 그것을 최초로 실천한 사람은 마리오티(A. Mariotti)교수이며, 그 마리오티의 입장을 이론적으로 뒷받침한 사람은 보르만(A. Bormann)이다. 훈지커(W. Hunziker)와 크라프(K. Krapf)는 이념적으로는 종합문화과학이 바람직하다고 인정은 하면서도 기술적인 어려움과 실용상의 가치에서 경제학에 기울어진 관광연구를 하였다는 점에서 개별과학의 응용학으로 관광학을 수립하려는 입장에 속한다.

2) 관광론에서 관광학으로

관광연구의 체계화는 순수이론으로서의 관광학이라기보다는 이론으로서의 관광학에 정책론을 포함한 보다 큰 범주, 말하자면 관광학으로서의 체계가 아직 정비되지 못한 단계의 관광론에서부터 시작되었다. 그것은 아마도 당시 관광연구자들이 스스로 관광의 학문체계가 불충분하다는 것을 인식했기 때문인 것 같다.

그래서 글릭스만은 자신의 저서를 『일반관광론』이라 불렀고, 또한 보르만도 『관광론』이라 불렀다. 여기에서 두 사람의 저서는 모두가 지식의 집합체로서의 '논(論)'이라는 점에서는 동일하다. 그런데 마리오티교수는 『관광경제학강의(Lezioni di Economica Turistica)』라는 명칭을 사용하고 있다. 이탈리아어의 economica에는 '경제'와 '경제학'의 두 가지 의미가 있으나, 여기에서는 '경제'의 의미로서 사용했음을 마리오티교수 자신이 인정하고 있다. 이상에서 보는 바와 같이 제2차 세계대전 이전까지는 '관광학'이라는 명칭은 전혀 사용하지 않았고, 오로지 '관광론'이라는 명칭만이 있었던 것이다.

훈지커도 1942년 이전에는 다른 사람처럼 '관광론'이란 용어법을 쓰고 있었지만, 1943년에 저술한 『과학적 관광론의 체계와 주요문제(System und Hauprobleme einer wissenschaftlichen Fremdenverkehrslehre)』란 책에서는 처음으로 '과학적인 관광론'이란 말을 사용하였고, 나아가서 그 후로는 계속하여 오늘날까지 '관광학'이란 말을 사용하고 있다.

4. 관광학의 금후 방향

지금까지의 관광연구에는 두 가지 접근방식이 존재해 왔음을 알고 있다. 즉 하나는 종합사회과학으로서의 관광학이며, 다른 하나는 개별과학의 응용학으로서의 관광학이다. 이와 같은 두 가지 입장이 오래도록 상치하며 지속되고 있다는 것은 그들 나름대로의 이유와 신념이 있었기 때문일 것이다.

개별과학의 응용학으로서의 관광학 연구는 상당한 수준까지 도달하여 전문화되었고, 그 분석기법도 매우 실용적인 것이 되었다. 그러나 이러한 경향은 "나무를 보고서도 숲 전체를 보지 못하는 위험성을 내포하고 있다"고 한 시오다 세이지(鹽田)의 지적은 적절한 표현이라 하겠다.

반면에 종합사회과학으로서의 관광학 즉 위로부터의 관광학이 지닌 문제점에 대해서도 역시 시오다(鹽田)가 다음과 같이 가장 잘 요약하고 있다. 즉 "…숲 전체의 모습을 파악하는 데는 좋을지 모르나, 이 방식은 지식의 집적(集積)은 있어도 법칙(法則)은 없고, 따라서 그것은 진실된 학문이라고 보기는 어려우며, 관광학이라는 호칭은 편의적인 것밖에는 안된다. 왜냐하면, 모든 분야의 여러 법칙들을 동일한 차원에서 파악할 수는 없기 때문이다. 엄밀한 법칙으로서 자연과학법칙과 대수법칙(大數法則)으로서 사회과학법칙을 하나의 과학의 이름아래 한 울타리 안에 둘 수는 없는 것이며, 또 사회과학의 법칙과 윤리학 같은 정신과학의 법칙을 동일시할 수도 없다.

관광학의 형성배경은 기존학문의 분화나 이론의 진화에 기인한다기보다는 새로운 삶의 문제의 출현에 더욱 근거하고 있음을 의미하며, 학문 자체의 자발적인 인식보다는 사회의 요구와 요청에 더욱 기초하고 있음을 보여준다. 이렇게 볼 때 오늘의 관광학이 소유하는 현실성과 실천성의 특징은 너무나 당연한 귀결이라고 할 수 있으며, 바로이 점에서 관광학의 존재이유를 찾을 수도 있다.

따라서 관광학의 연구자세로서는 철학적 이해와 사회과학적 연구방법을 병행시켜 나가야 할 것이며, 다방면의 교양과 지식을 바탕으로 하여 점차 독자적인 학문적 연구방법을 다져나가야 할 것으로 본다.

한편, 관광학은 학문의 성격상 종합학문에 속한다. 그러므로 어느 특정 학문적 연구에 의존하기보다는 다양한 학문분야로부터 다각적인 접근이 이루어지는 이른바 학제적 접근방법(interdisciplinary approach)이 시도되고 있다.

결론적으로 관광은 종합학문으로서 철학적인 관광학의 이해와 여러 학문으로부터의 응용을 통하여 연구해 나가야 관광학의 문제를 풀어갈 수 있다고 본다.

제2장

관광의 역사

제2장 │ 관광의 역사

역사는 현재와 과거와의 대화이며 그러한 대화과정을 통하여 현재의 의미가 떠오르는 것이다. 이러한 역사의 시점에서「현재」와「새로운」시대를 반영하는 중요한 사회현상인 관광의 과거와 현재를 되새겨 보고자 한다. 근대의 경제적인 풍요로움은「대중관광(大衆觀光)」이라는 관광형태를 잉태하였으며 이에 대체하는「새로운 관광」은「탈 근대(脫近代)」라는 새로운 시대의 도래와 깊은 관련성을 가지고 있다. 이러한 현대관광의 의미를 이해하기 위하여 관광의 역사에 대하여 고찰해 보고자 하는 것이다.

현대에 있어 하나의 사회현상으로 자리잡고 있는 관광현상은 그 시대의 사회모습을 대변해주는 대표적인 사회현상으로 볼 수 있으며, 따라서 관광의 역사를 되새겨 봄으로써 현대관광의 의미를 이해할 수 있는데, 여기에 관광의 역사를 배우는 목적이 있다. 이러한 목적을 달성하기 위해서는 먼저 관광의 역사에 대한 시각을 명백히 하고 이를 검토함으로써 관광의 역사를 배우는 의미가 보다 쉽게 이해될 것으로 본다.

제1절 관광의 발전단계

관광은 사람의 이동을 바탕으로 인류의 발전과 함께 다양한 형태로 발전되어 온 사회현상 중 하나이다. 이러한 의미에서 관광은 인류와 함께 오랜 역사를 갖고 있다고 말할 수 있다.

　그런데 사회현상의 한 부분이라고 할 수 있는 관광현상은 인류의 출현과 더불어 지속적으로 변화·발전되어 왔다고 볼 수 있기 때문에, 관광현상의 변천과정을 통한 관광의 발전과정을 살펴봄으로써 한층 더 관광의 본질에 접근할 수 있을 것이다.

　그러나 관광이 인류역사와 함께 오랜 세월 동안 지속되어 온 인간의 생활양식임에도 불구하고 역사적 자료의 양과 질적인 측면에서 많은 한계점을 드러내고 있기 때문에, 학자에 따라서는 관광의 역사를 나누는 시각이 약간의 차이를 보이고 있다.

　그럼에도 관광의 일반적인 발전단계를 관광내용, 즉 관광객층, 관광동기, 조직자, 조직의 동기 등의 특성에 따라 구분하면 다음과 같이 요약할 수 있다. 즉 여행(tour)의 시대, 관광(tourism)의 시대, 대중관광(mass tourism)의 시대, 신관광(new tourism)의 시대로 구분할 수 있다. 다만, 세계의 역사부분에서는 주로 유럽을 대상으로 했으며, 이러한 발전단계를 도표로 요약한 것이 〈표 2-1〉이다.

〈표 2-1〉 관광의 발전단계

단계구분	시기	관광객층	관광동기	조직자	조직동기
• 여행(tour)의 시대	고대부터 1830년대 말까지	귀족, 승려, 기사 등의 특권계급과 일부의 평민	종교심 향락	교회	신앙심의 향상
• 관광(tourism)의 시대	1840년대 초부터 제2차 세계대전 이전까지	특권계급과 일부의 부유한 평민(부르주아)	지적 욕구	기업	이윤의 추구
• 대중관광 (mass tourism) • 복지관광 (social tourism) • 국민관광 (national tourism)의 시대	제2차 세계대전 이후 근대까지	대중을 포함한 전 국민(장애인, 노약자, 근로자 포함)	보양과 오락	기업 공공단체 국가	이윤의 추구, 국민복지의 증대
• 신관광 (new tourism) 의 시대	1990년대 중반 이후 최근까지	일반대중과 전 국민	개성관광 의 생활화	개인 가족	개성추구와 특별한 주제 또는 문제해결

〈표 2-1〉은 일본의 관광학자인 시오다 세이지(鹽田正志) 교수가 유럽의 관광을 중심으로 관광의 발전단계를 그린 도표를 참고하여 최근의 신관광(new tourism)의 시대를 포함하여 재작성한 것이다.[1]

1. 여행(tour)의 시대

고대 이집트, 그리스와 로마 시대로부터 1830년대까지를 총칭하여 여행(tour)의 시대라고 할 수 있다. 이 시대의 특징은 귀족과 승려, 기사 등이 속하는 특수계층이 종교와 신앙심의 향상을 위한 교회중심의 개인활동으로써 여행을 하였고, 관광사업의 형태는 자연발생적인 특징을 지니고 있었다.

고대 그리스와 로마 시대의 경우, 올림피아(Olympia)에서 열렸던 경기대회 참가를 위한 여행행위나 신전참배 등의 종교활동을 위한 여행이 주류를 이루고 있었다. 로마 시대 후기에는 교통·학문의 발달로 지적 욕구의 증대에 따른 탐구여행, 종교 및 예술활동을 위한 여행, 식도락 관광 등의 형태로 발전하였다. 그리고 중세시대에는 십자군전쟁의 영향으로 일부 중간층도 관광에 참여하게 되고 가족단위의 관광형태도 생겨났으며, 주로 수도원이 숙박시설 기능을 담당하였다.

우리나라의 경우를 살펴보면, 신라시대의 화랑 등에 의한 집단심신수련이 있었고, 관리의 지방시찰, 과거시험, 종교활동 등에 의한 상류층 중심의 수련여행이 있었던 시기로서, 전반적으로 소규모의 개별적 여행이 주류를 이루고 있었으며 시대상에 따라 특별한 목적을 띤 일부계층의 특별한 여행이었다고 할 수 있다.

2. 관광(tourism)의 시대

관광(tourism)의 시대는 서비스를 통하여 관광사업의 토대를 마련한 시기로 1840년부터 제2차 세계대전 이전까지를 말한다. 이 시기의 관광은 귀족과 부유한 평민이 지적

---

1) 시오다 세이지(鹽田正志)는 일본 亞細亞大의 교수로서 그의 저작물로는 관광경제학서설(1960), 관광경제학, 관광학연구 I (1974) 등이 있다. 스즈키 타다요시(鈴木忠義)의 현대관광론(東京: 有斐閣, 1974)에 나오는 도표를 참고하여 new tourism시대를 추가하여 재작성하였다.

욕구를 충족시키기 위한 형태로 발전하여 단체여행이 생성되었으며, 이에 따라 이윤추구를 목적으로 하는 기업이 등장함으로써 중간매체적인 서비스사업이 태동하게 되었고, 영국의 토마스 쿡(Thomas Cook)이 도입한 여행알선업이 그 시초가 되었다.

르네상스(Renaissance) 이후 중세에서 근대로 접어들면서 순례(巡禮)를 중심으로 관광여행이 증가하고 여관이 등장했으며, 유럽대륙횡단여행이 성행하는 단계로 발전하였다. 이러한 발전을 거듭하던 관광이 19세기 산업혁명을 계기로 그랜드 투어(grand tour)시대가 대두되고 온천·휴양지를 중심으로 호텔이란 숙박시설이 등장하면서 더욱 성황을 누리게 되었다.

마침내 근대 '관광산업의 아버지'라 불리는 토마스 쿡이 1841년에 단체 전세열차를 운행하면서 처음으로 관광여행자를 모객(募客)한 것이 오늘날 여행사에 의하여 단체관광이 판매되는 효시가 되었다.

또한 이 시기에는 교통·통신의 발달로 기차, 자동차, 선박여행이 시작되었으며, 이는 향후 관광의 대중화를 구축하는 중요한 기초가 되었다.

3. 대중관광(mass tourism)의 시대

대중관광의 시대는 제2차 세계대전 이후 현대에 이르는 대량관광시대를 가리킨다. 이 시기는 조직적이고 대규모적인 관광사업의 시대로, 중산층 서민대중을 포함한 전 국민이 관광을 여가선용과 자기창조활동 등의 폭넓은 동기에 의해 이루어지는 사회현상으로 받아들이는 시대이다. 한편으로는 여행할 만한 여유가 없는 계층을 위해 정부나 공공기관이 적극 지원함으로써 국민복지 증진이라는 목적을 위해 '복지관광(social tourism)'운동의 이념을 확산·수용하여 적극적인 관광정책을 추진하기에 이르렀다.

이러한 복지관광의 실현 측면에서 건전한 여가활동을 위해 장애자, 노약자, 저소득층, 소외계층의 관광활동을 지원하는 관광정책이 많은 국가에서 시행되고 있다. 또한 관광활동을 국민의 기본권으로까지 인식하는 국민관광경향이 늘고 있다. 이에 따라 국민 모두가 관광에 참여할 수 있는 기회가 주어지고 생활화되어 대중적으로 참여하게 되는 국민관광(national tourism)의 붐이 일어나게 되며, 이에 따른 관련시설도 늘어나고 있다.

4. 신관광(new tourism)의 시대

1990년대 이후 관광의 개념은 다품종 소량생산의 신관광(new tourism)의 시대로서, 생산력의 증가로 잉여물이 생겼고 여가시간의 대폭적인 증대로 인해 인간의 욕구는 자아실현이나 문화를 향유하려는 보다 고차원적인 욕구로 변해왔다. 이러한 현상은 당연히 여가와 관광의 추구로 나타나 교통수단이라는 기술력의 뒷받침 아래 여가와 관광현상에서 비약적인 증가·발전을 가져오게 되었다.

이러한 시대적인 흐름을 반영하여 관광을 통한 자기표현을 추구하는 개성이 강한 계층이 주도하는 새로운 흐름의 관광형태가 등장하였다. 더 이상 값싼 관광상품, 표준화된 패키지여행을 원하지 않고 부단히 새로운 관광지, 색다른 관광상품을 탐색하며 개성을 추구하고 질적인 관광을 선호하는 관광객이 점증하는 추세인 이러한 현상을 독일의 푼(Auliana Poon)은 신관광혁명(new tourism revolution)이라 명명(命名)하고 있다.

이와 같은 탈(脫)대중관광시대는 신관광시대라고도 불렸는데, 신관광시대의 특징은 관광의 다양성과 개성추구에 따라 특별관심관광(special interest tourism)이 확대되고 있다는 것이다. 종래의 본능적인 욕구충족의 해결로 보았던 관광을 이제는 전형적으로 어떤 특수한 주제관광으로서 특별관심관광을 이루고 있으며, 문화관광이 이러한 영역을 대표하고 있고 종교관광, 민속관광, 생태관광, 문화유산관광, 요양관광 등 보다 차원이 높으면서도 다양한 형태의 관광을 추구하게 되었다.

제2절 세계관광의 발전과정

1. 고대·중세의 관광

1) 고대 이집트와 그리스

기원전 5세기에 태어난 그리스의 역사가인 헤로도투스(Herodotus)는 로마의 키케로

(Cicero)에 의해 '역사의 아버지'로 불렸으며, 고대 이집트와 그리스의 역사를 기술한 것으로 알려져 있다. 그는 또 '고대에 있어서 가장 위대한 여행자'로도 불렸고, 그리스를 중심으로 중근동(中近東)·유럽남부·북아프리카 각지로의 여행을 시도하여 각 시대, 각 지방에서 행해졌던 '여행'에 관해서도 기술했었다. 그에 의하면 관광적인 여행의 효시는 신앙(信仰) 때문에 행해진 것으로 보고 있다.

그러나 관광이 유럽에서 본격적인 형태로 나타난 것은 그리스 시대였다. 기원전 776년 이후 올림피아(Olympia)에서 열렸던 경기대회에는 많은 사람들이 여러 곳에서 참가하여 이를 즐겼다고 하며, 에게해(海)에 여기저기 흩어져 있는 여러 섬 중에서도 델로스(Delos)섬에는 반도로부터 많은 사람들이 찾아와 요양(療養)을 위하여 머물렀던 것으로 전해지고 있다.

또한 그리스 신들의 신전(神殿)이 건축되고 참배자가 많았던 것도 잘 알려져 있으며, 특히 델포이(Delphoi)에 있는 아폴로(Apollo)의 신전이나 아테네(Athenai)의 제우스(Zeus)나 헤파이스투스(Hephaestus)의 신전이 관광명소로 유명했다고 전해진다. 이처럼 그리스의 관광은 당시의 시대적 배경에서 판단하면 체육, 요양, 종교의 세 가지 동기에서 행해졌으며, 즐거움을 위한 여행의 목적이 된 최초의 것은 스포츠와 관람이었음을 알 수 있다.

이 시대의 여행자는 민가에서 숙박하는 것이 보통이었고, 숙박시키는 쪽에서는 외래자를 대신(大神) 제우스의 보호를 받는 '신성한 사람'으로 생각하고 후대하는 관습이 있었고, 이와 같은 환대(歡待)의 정신은 호스피탈리타스(Hospitalitas)라고 해서 당시에 최고의 미덕으로 여겼으며, 이 말이 오늘날의 '호스피탈리티(hospitality)'의 어원이 되었다고 한다. 영국의 역사가 토인비(A.J. Toynbee)도 말한 바와 같이 그리스 시대 가운데서도 기원전 4세기 중엽 이후의 이른바 헬레니즘(Hellenism) 시대는 '인간존중의 정신'이 지배했던 시대로서 호스피탈리타스도 여기에 그 근원을 갖는 것으로 생각된다.

2) 고대 로마

로마시대에 와서는 공화정(共和政)과 제정(帝政)의 양 시대를 통하여 관광이 한층 번성하였던 것이 기록으로 보아 명백하다. 고대 로마시대의 관광동기 내지 목적은 종교·요양(療養)·식도락(食道樂)·예술감상·등산(登山)이었던 것으로 보인다.

먼저 로마신화에서 여러 신(神)의 신전(神殿)은 본토는 물론 여러 섬의 곳곳에 세워졌으며, 사람들은 각각의 목적에 따라 주신(主神)인 주피터(Jupiter), 미(美)와 사랑의 여신인 비너스(Venus), 풍작(豊作)의 여신 케레스(Ceres) 등의 신전에 참배했다.

로마 사람들은 그리스 사람들보다 훨씬 미식가였으며, 그 내용은 당시의 조리교본인 '조리의 왕(De re Coquinaria)'을 보아도 알 수 있다. 그래서 그들이 각지의 포도주를 마셔가며 미식을 즐기는 식도락(食道樂)은 가스트로노미아(Gastronomia)라 불렸고, 하나의 관광형태가 되었다. 가을에는 술의 신(酒神) 바커스(Bacchus)를 주신(主神)으로 하는 제례가 행해져 많은 사람들이 몰려들었다고 한다.

이와 같은 미식으로 인해 많은 비만인(肥滿人)이 생겨났고, 그와 함께 온천요양을 필요로 하는 병자가 늘어났으며, 오늘날의 요양관광(療養觀光)이라는 새로운 관광형태를 낳게 하였다. 남부(南部) 이탈리아의 바이아(Baia)는 이와 같은 유형의 관광중심지 중 하나가 되었으며, 그에 따라 요양객을 위해 연극이 공연되었고, 또한 카지노(Casino)도 설치되었다. 또 예술관광이란 각지의 명승고적을 탐방하는 것을 말하는 것으로 가깝게는 카프리섬의 티베리우스(Tiberius) 황제의 별장으로부터, 멀리는 이집트의 피라미드 등이 그 대상이었다.

그리고 등산(登山)은 종교적 동기로 인한 것과 과학적 동기로 인한 것으로 나눌 수 있는데, 전자의 예로는 알프스의 산베르나르도(San Bernardo)에 있는 주피터(Jupiter)신전 참배 등이 있고, 후자의 예로는 시칠리아(Sicily)섬의 에트나(Etna)활화산을 찾는 등산 등이 널리 알려졌었다.

로마시대에 들어와서 이와 같은 관광이 가능했던 배경으로는 교통수단의 정비를 들 수 있다. 기원전 4세기에 건설되었다는 아피아가도(Appian Way)를 비롯하여 로마의 중심 훠로(Foro)로부터는 일곱 개의 가도(街道)가 동서남북으로 뻗었고, 남쪽은 멀리 그리스로 뻗어나가는 해상교통으로 연결되어 있었다. 고대 로마의 도로정비는 주로 전략상의 이유에서였다고는 하나, 그것이 관광의 발전에 기여했던 것은 명백한 사실이다.

당시 육상의 교통수단은 마차뿐이긴 하였으나, 사람의 수와 목적에 맞추어 2인승 단거리용의 2륜마차 키시움(Cisium), 3인용 2륜마차 칼레세(Calesse), 4인승 장거리용의 4륜마차 프레토리움(Praetorium)으로부터 포장과 침대가 붙은 4륜차 카루카 도르미토리아(Carruca Dormitoria) 등 여러 종류가 있었다.

한편, 해상교통도 소형의 트라게토(Traghetto)나 바르카(Barca)로부터 대형의 나베(Nave)에 이르기까지 여러 가지가 있었는데, 대형선으로 로마의 오스티아(Ostia)항구에서 스페인의 카티스(Catiz)까지는 7일, 나폴리 근처의 포추올리(Pozzuoli)항구에서 그리스의 코린투스(Corintus)까지는 5일이 걸렸다고 한다.

숙박시설은 처음에는 민가를 개조하는 정도의 것이었으나, 관광이 발전함에 따라 대형화되기 시작했으며, 오스티아(Ostia) 등지에서는 4층 건물로서 내부에 리셉션 데스크와 선물가게까지 갖춘 여관이 있었다는 것은 오늘날 오스티아의 유적에서도 확인되고 있다. 이 밖에 그리스에 있었던 것과 같은 간이식당 타베르나(Taverna)나 식당 겸 숙박시설인 포피나(Popina)가 각지에 건설되어 영업하고 있었다.

그러나 5세기에 이르러 로마제국이 붕괴되면서 치안은 문란해졌고 도로는 황폐해졌으며, 화폐경제는 다시 실물경제로 되돌아감으로써 관광에서는 악조건이 겹쳤기 때문에 오랜 관광의 공백시대(암흑기)로 빠져들게 되었다.

3) 중세 유럽

유럽에 있어서 관광부활(觀光復活)의 원인이 된 것은 십자군전쟁(十字軍戰爭)이었다. 11세기말(1096)부터 13세기말(1291)에 이르기까지 약 200년간 7회에 걸쳐 편성된 십자군원정은, 서유럽의 그리스도교도들이 성지 예루살렘을 이슬람교도들로부터 탈환할 목적으로 감행한 대원정이었다. 십자군원정이 열광적인 종교심과 함께 호기심·모험심의 산물이었다는 것은 일반적으로 널리 알려진 바이지만, 원정에서 귀국한 병사들이 들려준 동방의 풍물에 대한 정보는 유럽인들에게 동방세계에 대한 관심을 갖게 함으로써 동서 문화교류의 계기를 마련하게 되었다.

또한 동방과의 교섭의 결과 교통·무역이 발달하고 자유도시의 발생을 촉진하였으며, 동방의 비잔틴문화·회교문화가 유럽인의 견문에 자극을 주어 근세문명의 발달에 공헌한 바가 컸다.

비록 명분과 목적에서 예수의 묘(墓)가 있는 예루살렘을 회교도의 손에서 탈환하여 기독교도의 영토로 삼아 순례자의 편의를 꾀하려던 '성지 예루살렘(Jerusalem)의 탈환'은 끝내 달성하지 못했으나, 이슬람교도에게 그리스도교도의 예루살렘 순례(巡禮)를 인정하게 함으로써 중세를 통하여 예루살렘은 종교관광의 최고 목적지가 되었다.

중세 유럽의 관광은 중세세계가 로마법왕을 중심으로 한 기독교문화공동체였던 탓으로 종교관광이 성황을 이루었는데, 예루살렘에 이어 제2의 순례지는 로마였다. 여기에는 교황(教皇)이 있고 사도(使徒) 베드로나 바울 등이 순교(殉教)한 땅이기도 하다. 로마 교황이 7대에 걸쳐 프랑스 남부 아비뇽(Avignon)에 유폐당한 14세기와 신성 로마제국 황제 칼 5세가 로마를 약탈한 16세기 초에 일시적으로 황폐화되기는 하였으나 오랜 시기 중세를 통하여 로마는 신앙의 중심지였다.

　　중세 유럽의 제3의 순례지는 스페인의 산티아고 드 콤포스텔라(Santiago de Compostela)였다. 이곳에서 12사도의 한 사람인 야곱의 유골이 발견되었다고 해서 1082년에 대성당이 건립되었고, 또한 성지로 지정된 이래 프랑스와 스페인 각지로부터 많은 순례자가 모여들었다.

　　이와 같이 중세 유럽의 관광은 성지순례(聖地巡禮, Pilglim)의 형태를 취하였고, 그들은 수도원에서 숙박하고 승원 기사단(僧院騎士團)의 보호를 받으면서 가족단위로 장거리의 관광을 즐길 수 있게 되었다.

2. 근대관광의 발생과 발전

1) 근대관광의 생성조건

　　관광은 근대의 경제적 풍요로움을 근본적 원인으로 하여 발생한 사회현상이며, 근대를 구체화하는 전형적인 사회현상이라 할 수 있다.

　　여가활동의 일종인 관광을 실현하기 위해서는 먼저 돈과 시간이 필요하다. 그리고 또 하나의 조건으로 관광을 받아들이는 사회규범, 즉 관광을 즐길 수 있는 사회환경을 들 수 있으며, 관광을 유발시키는 이러한 조건은 경제적 풍요로움이 사회 전반에 걸쳐 확산됨으로써 비로소 성립하게 되는 것이다.

　　근대 이후 관광이 더욱 확대된 계기로 19세기 말 이후 여행조건의 비약적 향상을 들 수 있는데, ① 교통의 혁신적 발전, ② 숙박시설의 정비, ③ 관광관련 산업의 복합화와 발전, ④ 관광정보의 보급, 그리고 ⑤ 이동수단의 발달 등이 그것이다.

2) 근대 유럽의 관광

유럽에 있어 15세기에서 19세기 초까지는 르네상스, 대항해(大航海), 종교개혁, 미국의 독립, 그리고 계몽주의가 확산된 시기로 시대구분은 근세(近世)라고 부른다. 이와 같은 근세는 근대(近代)의 기초가 구축되는 시대이며 또한 여행(旅行)의 역사에서 관광(觀光)의 역사로 전환하는 시기라고도 할 수 있다.

유럽에 있어서의 관광은 위에서 언급한 바와 같이 일부에서는 대항해시대를 맞이하는 등 화려한 일면도 있었지만, 근세에 와서도 종교관광(宗敎觀光)의 기조는 달라지지 않았다. 그러던 것이 19세기에 들어서면서 커다란 변화가 나타났다. 이 시대에는 이미 중세 말기에 생긴 여관조합(inn guild)이 발전하여 여관의 수도 많아졌으며 여행이 쉬워진 데다, 문예부흥기(文藝復興期)를 맞아 괴테(J.W.v. Goethe), 셸리(P.B. Shelley) 그리고 바이런(G.G. Byron) 등 저명한 작가와 사상가가 대륙을 여행한 후 발표한 작품들이 또 다른 관광의 자극제가 되었다. 역사가(歷史家)는 이 시대를 가리켜 '교양관광(敎養觀光)의 시대' 또는 '그랜드 투어(Grand Tour)의 시대'라 부르고 있다.

이른바 산업혁명이 가져온 기술혁신의 하나인 철도의 발달은 특히 영국에서 두드러져서 1850년에는 주요 철도망이 거의 완성돼 있었다. 이와 같은 시대상황에서 등장한 사람이 토마스 쿡(T. Cook)인데, 그의 활약에 의하여 대중의 즐거움을 위한 여행은 새로운 형태로 전개되어 갔다.

영국인 목회자였던 토마스 쿡은 관광분야에서는 최초로 여행업을 창설한 인물로 다양한 아이디어 속에 단체관광(패키지 투어)을 처음으로 시도하였으며, 그 결과 관광의 대중화의 길이 열리게 된 것이다.

토마스 쿡에 의한 여행업의 창설은 처음에는 종교활동에서 시작되었다. 그는 인쇄업을 운영하면서 전도사 및 금주운동가로서 활동하고 있었는데, 당시 도시노동자의 음주습관을 없애기 위하여 관광이라는 건전한 레저활동을 노동자계층에 인식시키며 금주운동을 펼치고 있었던 것이다. 여행과 관련한 그의 특별한 업적은 금주운동 참가를 위한 단체여행의 주최였다. 그는 1841년에 철도회사와의 교섭을 통해 단체할인의 특별열차를 임대하여 570명 참가자들의 전 여정을 관리하여 성공적으로 끝마쳤는데, 이는 근대여행업의 첫걸음이라 할 수 있다.

그 후 토마스 쿡에게 여행수속의 대행을 의뢰하는 사람이 속출하여, 드디어 1845년 에는 단체여행을 조직화하고, 교통기관이나 숙박시설의 알선을 전업으로 하는 '여행대 리업(당시는 excursion agent)'을 경영하게 되었다. 그의 공적은 누가 무엇이라 하여도 대중의 여행을 손쉽게 한 것에 있으며, '즐거움을 위한' 여행에 참가할 수 있는 사람들 을 증대시켰다는 점이다. 이 점에서 토마스 쿡을 '근대관광산업의 아버지'라 부르고 있 으며, 또 그의 등장 이후를 '근대관광의 시대'라고 부른다.

한편, 숙박시설 면에서도 19세기가 되면서 온천지를 중심으로 호화로운 객실과 위락 시설을 갖춘 곳이 나타났는데 이를 호텔이라 부르게 되었다. 남부 독일의 바덴바덴 (Baden-Baden)의 바디셰 호프(Der Badische Hof)나 하이델베르크(Heidelberg)의 유로 페이셰호프(Der Europäische Hof), 파리의 그랑 호텔(Grand Hotel) 등이 그것이다.

3) 근대 미국의 관광

미국은 독립 이후 급속한 근대화를 이루어 19세기 말에는 영국을 제치고 세계경제를 주도하는 대국이 되었다. 경제발전으로 인한 중산층(中産層)의 탄생은 20세기 들어 관 광붐을 일으켜 1910~1920년에 걸쳐 미국인의 유럽여행 붐을 조성하였으며, 유럽에서도 미국관광이 유행하여 유럽대륙과 북미대륙 간의 왕래가 빈번하게 되었다.

이렇게 대서양을 사이에 두고 양 대륙 간의 교류가 증가하게 된 배경에는 대형화·고속화를 이룬 대형 호화여객선의 등장을 들 수 있다. 20세기 전반은 이러한 대형 호화 여객선의 시대라 할 수 있으며, 대형 여객선에 의한 관광은 하와이, 카리브해의 여러 섬, 아프리카, 아시아 등을 대상으로 하는 세계 주유관광의 확대를 실현시켰다. 또한 미국에서는 20세기 초반에 자동차 붐이 일어 경제적 풍요로움과 중산층 계급의 대두를 상징함과 동시에 국내관광의 발전에도 기여하게 되었다. 이것이 이른바 '유럽으로의 여 행시대'이다.

이와 때를 같이하여 스타틀러(E.M. Statler)와 같은 호텔경영자에 의해서 미국의 호텔 기업이 대형화·근대화되는 계기가 마련되었다. '근대호텔의 혁명왕'으로 일컬어지는 스타틀러는 1908년에 버펄로(Buffalo)에서 스타틀러 호텔(Statler Hotel)을 개관함으로써 미국 호텔산업에 새 역사를 창조한 인물이다.

영국에서도 근대적인 호텔기업을 발전시킬 수 있는 터전이 마련되기는 하였으나 크게 성장하지 못하였고, 미국에서 오히려 융성한 발전을 가져와 오늘날 호텔기업의 본 고장으로 평가되고 있다. 이와 같이 근대에 와서 미국의 호텔이 유럽의 호텔보다 더 발전하게 된 배경이 무엇인가를 다음과 같은 측면에서 살펴볼 수 있겠다.

첫째, 숙박업자들의 개성 면에서 미국의 숙박업자들은 유럽에 비해 보다 진취적이고 투기적이며 확장주의적 과감성이 있었던 결과이고, 둘째, 호텔기업의 개성 면에서 유럽 의 것이 귀족적 냄새를 풍기며 화려하고 안정적인 특성을 보이는 데 반하여, 미국의 호텔은 평등적 내지는 대중적 취향의 운영형태를 보여주었다는 점이다. 이의 주요한 요인은 미국인의 생활습관에서 기인함과 동시에 여행을 어느 나라에 비해서도 좋아하 는 사실에서 기인하고 있다. 이는 곧 오늘날까지 국내외를 막론하고 호텔산업의 발전 을 유도한 선도적 요소이기도 하다.

특히 20세기 초에, 스타틀러가 전혀 새로운 스타일의 버펄러 · 스타틀러 호텔(Buffalo Statler Hotel)을 설립함으로써 도시를 왕래하는 중산층의 여행자가 투숙할 수 있는 상 용호텔의 탄생을 가져옴과 동시에 미국 호텔산업의 새로운 시대를 열었다.

4) 일본의 근대화와 관광

일본의 근세(近世)라 하면 16세기 후반에서 에도(江戸)시대 말기까지를 말하는데, 이 시기에는 전국(戦國)시대가 종식되면서 경제활성화를 위한 교통의 발달과 치안유지 등 여행의 조건이 기본적으로 정비됨에 따라 여행활성화가 재개되었다. 특히 이 시대에는 주인(朱印)무역선에 의한 해외교역이 성행하였다. 주인무역선이란 허가서를 교부받은 상선으로 대외교역을 장려하는 국가시책에 힘입어 17세기 초까지 동남아시아를 중심 으로 성행하였는데 에도(江戸)시대로 접어들면서 쇄국정책에 밀려 약 200년에 걸쳐 대 외교역은 모습을 감추고 말았다.

하지만 에도(江戸)시대에는 근대화를 위한 경제적 · 사회문화적 기반이 형성되어 실 질적으로 "즐거움을 위한 여행"을 누릴 수 있었던 시기라 할 수 있다. 에도시대에 들어 오면서 여행을 위한 제반조건이 거의 갖추어지게 된다. 봉건제도가 정착된 에도시대에 는 각 지역을 관리 · 통제하는 영주나 무사들에게 순번제로 일정한 기간 동안 에도(江戸) 로 불러들여 정부 일을 담당케 하는「참근교대제(参勤交代制)」가 제도화되었는데, 이들 의 편의를 위해 전국에 걸쳐 도로 및 숙박시설이 정비되었으며, 농업경제 활성화로 인한 화폐경제의 발달과 치안향상 등은 일반 서민들까지 여행의 기회를 누릴 수 있는 촉매역할을 하였다.

에도(江戸)시대에 유일하게 서민들이 참가 가능한 여행은 바로 종교관련 여행이었다. 종교관련 여행이라 함은 주로 전국의 참배지(參拜地)를 순례하는 여행으로 당시 가장 인기 있는 참배지는 '이세신궁(伊勢神宮)'이었다. 이세신궁은 서민에게 있어 일생에 한번은 참배해야 되는 곳으로 인식될 만큼 종교적 흡인력이 강한 곳이었다. 이세신궁을 참배하는 형태에는 크게 두 가지 유형이 있었는데 '누케마이리'와 '오카게마이리'가 그것이다. 여기서 "마이리"란 신사참배를 위해 신궁을 방문하는 것을 뜻한다.

먼저 전자인 '누케마이리'란 일반적으로 여행허가서를 교부받지 않거나 집주인의 승낙 없이 집을 빠져나와 신사참배를 위해 몰래 여행하는 것을 가리키는 것으로 에도(江戸)시대 젊은이들 사이에서 유행하였으며, 하나의 풍습으로 받아들여져 여행 후 돌아와도 처벌받지 않았다고 한다. 여기서 "누케"란 일본어로 '빠져나오다'라는 말이다.

한편, 후자인 '오카게마이리'란 1638~1867년 사이에 약 60년을 주기로 3회 정도(1705년, 1771년, 1830년) 이세신궁으로 민중들이 대거 참배하였던 현상을 가리키는 말이다. 이러한 배경에는 이세신궁의 부적이 하늘에서 떨어진다는 기이한 현상을 직접 경험하기 위한 것이 원인이었는데, 남녀노소를 불문하고 모든 계층의 사람들이 참가하였다고 한다. 특히 이들의 여행을 위해 도로 주변에 대규모로 편의시설이 마련되었으며, 이러한 시설 덕분에 여행이 가능하였다는 뜻에서 오카게마이리라는 용어가 탄생되었다고 한다. "오카게"란 일본어로 '덕분에'라는 말이다.

서민들의 여행이 활성화된 것은 에도(江戸)시대이지만 여전히 저해(沮害)요소가 산재해 있었으며, 이러한 것이 완전히 제거되어 여행의 틀을 벗어나 하나의 '관광'으로 자리매김한 것은 일본의 근대화(近代化)가 시작된 메이지(明治)시대부터라고 할 수 있다.

1868년 메이지(明治)시대에 접어들면서 일본은 근대국가로서의 형태를 갖추었으며 근대화구조의 기반이 마련되면서 관광정책에도 영향을 미치게 된다. 특히 관광관련 분야 중 여행업에 관련한 정책을 펼치게 되는데, 이러한 정책 배경에는 무엇보다도 외국인 관광객을 유치하려는 정부의 의지 때문이었다. 1896년에는 「희빈회(喜賓會)」라는 여행알선단체를 설립하여 상류계층의 외국인 관광객을 접대하기도 하였다. 이후 20세기로 들어서면서 미국과 유럽에서 중산계층에까지 국제관광 붐이 일어나 이들 외국인 관광객을 전문적으로 대응하기 위하여 「Japan Tourist Bureau」가 설립되었는데, 이는 현재의 「日本交通公社」의 전신이다.

일본 근대관광의 특징으로 '단체여행(團體旅行)'을 빼놓을 수 없는데, 이 중 수학여행(修學旅行)은 일본 고유의 관광형태라 할 수 있다. 수학여행은 메이지(明治)시대에 근대학교제도가 정비되면서 1888년에 문부대신(文部大臣) 훈령(訓令)으로 탄생하였는데, 전쟁 중에 일단 폐지되었다가 종전(終戰) 이후인 1946년에 재개되어 오늘에 이르고 있다. 수학여행의 목적은 학생이 단체여행을 통하여 학교생활에서 얻을 수 없는 경험이나 지식 그리고 견문 등을 넓히기 위한 것으로 서양의 그랜드투어(Grand Tour)처럼 교육적 의의를 지닌 단체여행이라 하겠다.

제3절　우리나라 관광의 발전과정[2]

우리나라 관광의 발전과정을 논함에 있어 서양의 관광사를 논하는 것과 같이 여행(tour)의 시대, 관광(tourism)의 시대, 대중관광(mass tourism)의 시대, 신관광(new tourism)의 시대로 구분하는 데는 이론(異論)이 있을 수 있다. 그것은 우리나라의 여행이나 관광의 역사와 환경이 서양의 그것과는 많은 차이점을 보이기 때문이다.

물론 우리나라에도 삼국시대로 거슬러 올라가면 불교가 전래되면서 사찰의 참배나 유명사찰의 순례라는 형태의 관광이 있었으나, 여기에 참여할 수 있는 계층은 높은 지위에 있는 왕, 귀족, 승려 등과 경제적으로 여유가 있는 특수계층이었고, 이들의 관광현상은 주로 정치, 외교, 군사적 목적이었다.

특히 우리나라가 서양의 그것과 다른 점은 무엇보다도 관광발전의 기초가 되는 교통수단이나 숙박시설이 발달되지 못하였으며, 또한 국민의 소득수준이 매우 낮았기 때문에 관광현상이 일어나기 어려웠다고 할 수 있다.

---

2) 문화체육관광부, 2000~2016년 기준 관광동향에 관한 연차보고서 참조. 저자 정리함.

일반적으로 서양의 관광역사를 통해서 볼 때 관광의 시대는 산업혁명을 기점으로 하여 구분하고 있는 데 비하여, 우리나라의 경우는 본격적인 산업화가 1960년대부터 일어났으므로 60년대 이후를 관광의 시대라 명명할 수 있을 것으로 본다.

따라서 우리나라 관광의 발전과정을 논할 때에는 서양의 관광사를 논할 때와는 달리 크게 산업화 이전단계와 그 이후의 단계로 구분하여, 산업화 이전단계는 관광의 태동기로 인식하고, 산업화 이후는 60년대부터 각 10년 단위의 연대별로 관광의 기반조성기(1960년대), 관광의 성장기(1970년대), 관광의 도약기(1980년대), 관광의 재도약기(1990년대), 관광선진국으로의 도약기(2000년대)로 시기를 구분하는 것이 우리나라 관광사를 이해하는 데 유익할 것으로 생각한다.

1. 관광의 태동기

우리나라는 삼국시대부터 근대조선시대에 이르기까지 불교문화권을 유지하면서 우리 민족의 생활양식, 정치, 문화, 제도 등 모든 면에서 불교의 영향을 받아 왔다. 불교가 정착되면서 전국 각지에 사찰이 생겨남에 따라 여행이나 관광활동도 신도들을 중심으로 불교봉축행사 참가와 산중의 사찰을 찾는 여행의 형태가 생성되었다고 할 수 있다.

따라서 종교적 의미에서의 사찰 참배와 유명사찰의 순례는 고대 유럽에서의 신전(神殿) 및 성지(聖地) 순례와 유사한 성격을 갖는다고 볼 수 있겠다. 또한 대외적으로 유학생 및 승려들은 중국뿐만 아니라 인도, 일본 등 해외로의 빈번한 왕래가 있었다. 백제(百濟)는 중국의 남북조 문화와 교류가 있었고, 일본에 불교 및 문화를 전하는 과정에서 일본과의 교류도 있었다.

이후 통일신라(統一新羅)시대에는 불교가 크게 발전했으며, 이와 더불어 이른바 종교여행이 활발했던 것으로 전해진다. 많은 유학생과 승려들이 불교연구를 위해 중국뿐만 아니라 멀리 인도에까지 여행을 했는데, 그중에서 원효(元曉)와 의상(義湘)이 해로(海路)를 통해 당나라 유학을 했고, 혜초(慧超)는 인도에 들어가 여러 나라를 순례한 후 돌아와 여행기인 「왕오천축국전(往五天竺國傳)」을 남겼다.

고려(高麗)시대에는 신분제도가 철저했기 때문에 지배계층과 피지배계층의 구별이 뚜렷하여 신분에 따라 행동에 제약이 많았다. 따라서 여행은 지배계층인 귀족계급을 제외하고는 거의 이루어지지 않았으므로, 귀족계급을 중심으로 하는 중국으로의 유학이나 교역활동이 이 시대의 여행행동을 구성하는 대표적인 예였다. 당시 귀족계급의 자제들은 명산(名山)과 사찰(寺刹) 등의 국내여행은 물론 국외에까지 여행을 하였다.

근대조선(近代朝鮮) 이전까지의 관광성격을 띤 여행은 종교적·민속적인 내용이 많았다. 따라서 조선시대 초기의 관광유형은 이전의 삼국시대나 고려시대의 관광유형과 흡사하였으나, 조선시대 후기의 쇄국정책, 그리고 일본 및 구미(歐美) 열강들의 침략과 일본의 통치로 말미암아 관광의 발달은 이루어지지 못하였다. 또한 근대에 이르기까지 스스로 국제사회에서 활로를 개척하지 못하고 은둔의 나라로 감추어진 채 남아 있었기에 국제간의 교류는 활발하지 못하였으며, 구미(歐美)처럼 인접국가들과의 자유스러운 관광도 이루어지지 못하였다.

따라서 본격적인 우리나라 관광의 출발은 19세기 말부터라고 할 수 있겠다. 조선 말기에 발발한 운양호(雲揚號)사건으로 인한 문호개방시대를 맞이하여 1876년에 일본과의 강화조약(江華條約), 즉 병자수호조약(丙子修護條約) 체결을 계기로 부산항이 개항되었고, 이어서 원산 및 인천항이 개항되어 많은 해외열강과 통상 및 접촉을 함으로써 기존의 전통적인 여행에 많은 변화를 가져왔다.

개항(開港)과 더불어 외국과의 물물교환 등을 통한 경제적 침투와 함께 많은 외국인이 입국하게 되면서 이미 있었던 숙박시설의 변천을 가져왔고, 1910년 한일합방(韓日合邦)과 더불어 근대적인 여관이 서울을 비롯하여 부산 및 인천과 같은 개항지는 물론 철도역 부근을 중심으로 번창해 갔다.

또한 1899년 9월에는 제물포~노량진 간에 33.2km의 경인철도가 개통됨에 따라 근대적 여행시설이 확충되기 시작했으며, 이 밖에 1888년에는 인천에 대불(大佛)호텔(우리나라 최초의 서양식 개념의 호텔)이 세워지고, 1902년에는 서울 정동에 손탁(Sontag)호텔이 프랑스계 독일 태생인 Sontag에 의해 세워졌다. 하지만 이러한 시설들은 우리나라 사람들을 위한 것이 아니라 모두가 일본을 비롯한 외국인을 위한 것이었다.

2. 관광의 암흑기(일제강점기)

1910년 한일합방 이후 일본의 통치는 우리나라 관광산업에 커다란 변화를 초래하였다. 일본여행업협회(JTB) 조선지사가 1912년에 설치되었고, 일본이 만주대륙 진출을 위해 병참지원 목적으로 한반도에 철도를 부설함으로써 철도여행이 큰 비중을 차지하게 됨에 따라 1914년 서울에 조선호텔, 1915년 금강산에 금강산호텔, 장안사호텔이 각각 세워졌다. 그 후 1925년에는 평양철도호텔, 1938년에 당시 최대 규모를 자랑하던 서울의 반도호텔(현 롯데호텔 자리, 8층 111실)이 장안의 화제를 모으면서 개업하였다.

한편, 일본은 러·일전쟁의 승리로 인하여 대륙진출이 활발해지자 1914년에 재팬투어리스트 뷰로(JTB: Japan Tourist Bureau; 日本交通公社의 전신)의 한국지사를 개설하였고, 관광사업 및 국제경제상의 중요성을 알리고 일제 강점시대 동안 일본인의 여행 편의를 제공하였다.

그러나 이 시기에는 모든 관광시설이 일본인과 외국인을 위한 것이었다. 따라서 우리 국민의 관광여행은 극도로 제한되어 있었고, 관광사업 역시 일본인이 독점하고 있었기 때문에 진정한 의미에서 우리의 관광사업이라 할 수 없었으며, 따라서 일제치하에서의 관광은 일본인을 위한 것이었을 뿐, 우리로서는 관광의 암흑기였다고 하겠다.

3. 관광의 여명기(1950년대)

우리나라 사람이 관광사업을 경영한 것은 1945년 8월 15일 해방 이후부터이다. 해방되면서 곧바로 일본여행업협회 조선지사의 명칭을 재단법인 대한여행사(Korea Tourist Bureau)로 변경하였고, 1948년 우리나라를 방문한 최초의 외국인관광단(Royal Asiatic Society, 70명)이 2박 3일의 일정으로 경주를 비롯하여 국내 주요 관광지를 여행하였으며, 같은 해 미국의 노스웨스트 항공사(NWA)와 팬 아메리칸 항공사(PANAM) 등이 서울 영업소를 차리고 영업을 개시하였다. 뒤이어 1950년에는 온양·대구·설악산·무등산·해운대 등지에 교통부(당시) 직영 관광호텔을 개관하였다. 그런데 해방 직후의 대혼란을 거쳐 1948년에 정부가 수립되었으나 관광행정체계가 미처 확립되기도 전에 1950년 6·25전쟁이 발발하여 관광시설들은 파괴되고 문을 닫게 되었다.

부산으로 피난을 간 정부는 1950년 12월에 교통부 총무과 소속으로 관광계를 신설하여 철도호텔업무를 관장케 하였으며, 1953년에는 노동자들에게 연간 12일의 유급휴가를 실시하도록 보장한 「근로기준법」을 제정·공포하였다. 그 후 1954년 2월 10일 대통령령 제1005호로 교통부 육운국에 종전의 관광계를 관광과로 승격시킴으로써 관광사업에 대한 행정적인 체제를 마련하기 시작하였다. 이때의 관광행정의 당면과제는 전화(戰禍)로 파괴된 도로, 숙박시설 등의 관광시설을 복구·확장하는 데에만 주력하였을 뿐, 관광관련 법규가 미처 마련되지 않아 국가적인 관광정책은 형성되지 못하였다.

1957년 11월에는 교통부(당시)가 IUOTO(국제관설관광기구, UNWTO 전신)에 가입함으로써 국제관광기구와 최초로 유대를 갖게 되었으며, 1959년 10월에는 IUOTO 상임이사국으로 피선되었다. 1958년 3월에는 '관광위원회 규정'을 제정하여 교통부장관의 자문기관으로 중앙관광위원회를, 도지사의 자문기관으로 지방관광위원회를 각각 설치하여 관광행정기능을 다소나마 보강하였으나, 실질적으로 관광행정이 이루어지지는 못하였다.

한편, 1950년대 말에는 관광사업진흥 5개년계획을 수립하여 민간호텔 건설에 정부가 재정융자를 해주었으며 모범관광지 개발을 추진하였다. 이에 따라 국민들은 국가의 관광정책에 관심을 갖게 되었는데, 이렇게 볼 때 1950년대는 정부가 관광사업에 관심을 표명한 여명기라 할 수 있다.

4. 관광의 기반조성기(1960년대)

우리나라의 관광사업은 1960년대에 들어서 조직과 체제를 갖추고 정부의 강력한 정책적 뒷받침을 마련하는 등 관광사업 진흥을 위한 기반을 구축하기 시작하였다.

1961년 8월 22일 법률 제689호로 제정·공포된 「관광사업진흥법」은 우리나라 관광의 획기적인 발전을 위한 최초의 법률이다. 이 법은 관광질서의 확립, 관광행정조직의 정비, 관광지개발을 위한 지정관광지의 지정, 관광사업의 국제화 추진 등을 규정하였다. 1년 뒤인 1962년 7월과 11월에는 이 법의 시행령과 시행규칙이 제정되어 관광사업이 획기적으로 발전할 수 있는 계기를 마련하였다. 또한 문화재 자원의 체계적인 보호와 관리를 위해 「문화재보호법」을 1962년 1월에 제정·공포하였다.

1962년 4월에는 「국제관광공사법」이 제정되었고, 이 법에 의하여 국제관광공사(현 한국관광공사의 전신)가 설립되었는데, 이 공사는 관광홍보, 관광객에 대한 제반 편의 제공, 외국인 관광객의 유치와 관광사업 발전에 필요한 선도적 사업경영, 관광종사원의 양성과 훈련을 주된 임무로 하였다. 또한 동년에는 유능한 안내원을 확보하기 위하여 통역안내원 자격시험이 처음으로 실시되었다.

1963년 9월에는 교통부(당시)의 육운국 관광과가 관광국(기획과, 업무과)으로 승격되어 관광행정의 범위가 넓어지게 되었고, 동년 3월에는 특수법인인 대한관광협회중앙회(현 한국관광협회중앙회)가 설립되어 도쿄와 뉴욕에 최초로 해외선전사무소를 개설하였다.

1965년 3월에는 제14차 아시아·태평양관광협회(PATA) 연차총회 및 워크숍을 유치하였고, 같은 해에 국제관광공사, 세방여행사 등의 6개 단체가 ASTA(미주여행업협회)에 정회원으로, 교통부 등 18개 업체가 준회원으로 가입하였다.

또한 1965년 3월에는 대통령령 제2038호로 「관광정책심의위원회 규정」을 제정·공포하고, 이를 근거로 국무총리를 위원장으로 하는 '관광정책심의위원회'를 발족하고, 여기서 관광정책에 관한 주요 사항을 심의·의결케 함으로써 이 기구의 법적 지위를 높임과 동시에 기능을 강화하였다.

1967년 3월에는 「공원법(公園法)」이 제정·공포되어 국립공원위원회가 구성되고, 동년 12월에는 지리산(智異山)이 국내 최초로 국립공원으로 지정되었다.

그리고 1968년에는 '관광진흥을 위한 종합시책'이 교통부에 의하여 공표되었는데, 그 내용은 1971년까지의 관광시책으로서 ① 관광지역의 조성, ② 문화재의 관광자원화, ③ 고도(古都)보전의 제도 확립, ④ 온천장 및 해수욕장의 개발, ⑤ 산야개발과 여가이용 등을 설정하였다.

이상과 같이 1960년대의 한국관광은 발전과정의 기반조성시대로 볼 수 있으나, 1964년 도쿄올림픽과 그 이듬해 한국과 일본의 국교정상화로 많은 일본인이 방한하면서 한국의 관광시장은 종래의 미국으로부터 일본으로 바뀌는 전환점이 되었다. 따라서 1960년대는 관광사업이 정착·발전하기 시작하고, 종합산업으로 체계적인 발전의 초석을 놓은 시기라 할 수 있다.

5. 관광의 성장기(1970년대)

1970년대는 정부가 관광사업을 경제개발계획에 포함시켜 국가의 주요 전략산업의 하나로 육성함과 동시에 관광수용시설의 확충, 관광단지의 개발 및 관광시장의 다변화 등을 적극 추진하고, 이에 따른 관광행정조직의 보강 및 관광관련 법규를 재정비함으로써 우리나라 관광산업이 규모와 질적인 면에서 크게 성장한 시기였다고 하겠다. 이러한 시기에 관광진흥을 위해 시도되었던 주목할 만한 사항들을 살펴보면 다음과 같다.

1970년에는 국립공원과 도립공원이 지정되고, 한미합작투자로 조선호텔이 개관되었다. 또한 1971년에 경부고속도로의 개통을 계기로 전국적으로 관광지 개발이 촉진되었고, 청와대에 관광개발계획단이 설치되었으며, 전국의 관광지를 10대 관광권으로 설정하여 관광지 조성사업이 본격적으로 추진되기 시작하였다. 그리고 동년 11월에는 한국관광학회가 발족하였다.

1972년 12월 정부는 관광사업의 육성을 위해 「관광진흥개발기금법」을 제정하여 제도금융으로 관광기금을 설치·운용하도록 하였다. 그리고 1972년 하반기부터 우리나라 기업의 경제무대가 급속히 국제화되는 가운데 외국관광객이 급증하자 정부는 관광법규의 재정비에 착수하였다.

1975년 4월에는 「관광단지개발촉진법」이 제정되었다. 이 법은 경주보문관광단지와 제주중문관광단지 등과 같은 국제수준의 관광단지개발을 촉진케 함으로써 관광사업 발전의 기반을 조성하는 데 기여토록 하기 위해 제정되었으나, 1986년 12월 「관광진흥법」의 제정으로 이에 흡수되어 폐지되었다.

1975년 12월에는 우리나라 최초의 관광법규인 「관광사업진흥법」을 폐지하고, 동법의 성격을 고려하여 「관광기본법」과 「관광사업법」으로 분리 제정하였다. 여기서 「관광기본법」은 우리나라 관광법규의 모법(母法)이며 근본법(根本法)의 성격을 갖는다.

한편, 1973년부터 국제관광공사(현 한국관광공사의 전신)의 기구가 민영화되었고, 동년 4월에는 대한관광협회중앙회도 기구를 개편하고 조직을 강화하여 한국관광협회로 그 명칭을 바꾸었다.

1978년 12월에는 역사상 처음으로 외래관광객 100만명을 돌파하는 성과를 거두었고, 1979년에는 제28차 PATA총회가 서울에서 개최되었으며, UNWTO(세계관광기구)에서는 9월 27일을 '세계관광의 날'로 지정하였다.

6. 관광의 도약기(1980년대)

1980년대는 우리나라 관광이 도약한 시기라 할 수 있다. 1979년 6월 OPEC이 기준유가를 59% 인상함으로써 일어난 제2의 유류파동이 세계적인 경기침체를 가져와 1980년 초에는 우리나라 관광사업이 일시적으로 불황을 맞기도 하였으나, 이후 경제성장정책의 가속화는 다시 국민의 관심을 여가생활에 집중시켜 여가활동에 대한 관심과 만족이 확산되었던 시기이다. 따라서 1980년대에 들어서는 복지행정의 차원에서 국민복지를 향상시키고 건전국민관광을 정착시키기 위하여 국민관광진흥시책을 적극 펴나가게 되었고, 국제관광과 국민관광의 조화 있는 발전을 이루기 위한 정책이 추진되었다. 특히 1981년부터 해외여행의 부분적 허용과 50세 이상의 관광목적 해외여행에 대한 자유화(1981년 1월 1일)는 우리나라 관광의 대중화가 시작되는 분기점이라 할 수 있다.

그리고 1983년 ASTA총회, 1985년 IBRD/IMF총회, 1986년 ANOC총회와 아시안게임, 1988년 서울올림픽 개최와 같은 대규모 국제행사의 성공적 개최는 해외시장에서 한국여행에 대한 관심을 고조시키고 한국관광의 수요를 촉진시키는 데 크게 기여하였다. 또한 1989년 1월 1일부터는 내국인의 해외관광이 완전히 자유화됨으로써 관광분야에서도 양방향 관광(two-ways tourism)이 활발하게 이루어지게 되었다.

7. 관광의 재도약기(1990년대)

1980년대에 이어 1990년대는 우리나라 관광의 재도약기라 할 수 있다. 1990년 7월 13일 정부는 전국을 5대관광권 24개소권의 관광권역으로 설정한 정부계획을 확정함으로써 관광선진국 대열에 진입할 수 있도록 관광개발 및 보전에 힘을 기울이게 되었다.

1992년 4월에는 교통부가 관광정책심의위원회의 의결을 거쳐 '관광진흥중장기계획'을 정부계획으로 확정하였으며, 1992년 9월에는 '관광진흥탑' 제도를 신설하고 관광외화획득 우수업체를 선정하여 매년 관광의 날(9월 28일)에 수여했다.

1993년에는 제19차 EATA(동아시아관광협회)총회를 유치하였고, 동년 8월 7일부터 11월 7일까지 총 93일 동안 치러진 대전 엑스포(EXPO)는 세계에 우리나라의 저력을 과시한 전시이벤트였다.

1994년에는 우리나라 관광업무의 담당부처가 교통부 육운국에서 문화체육부 관광국
으로 이관되었으며, 특히 '94 한국방문의 해'는 외국인들의 방한을 촉진하고 한국의 역
사·문화를 비롯해 발전상을 외래객들에게 알리는 우리의 노력이 결실을 맺은 해이기
도 하다. 또 1994년 4월에는 PATA(아시아·태평양관광협회)의 연차총회, 관광교역전
및 세계지부회의 등 3대 행사가 성황리에 개최되었다. 그리고 종래「사행행위등 규제
및 처벌특례법」에서 사행행위영업(射倖行爲營業)으로 규정해오던 카지노업을 1994년 8월
3일「관광진흥법」개정 때 관광사업의 일종으로 전환 규정하였다. 또 1996년 12월 30일
에는「국제회의산업 육성에 관한 법률」을 제정·공포하였다.

　　1997년 1월 13일에는「관광숙박시설지원 등에 관한 특별법」이 제정되었는데, 이 법
은 2000년 ASEM회의, 2002년의 아시안게임 및 월드컵축구대회 등 대규모 국제행사에
대비하여 관광호텔시설의 부족을 해소하고 관광호텔업 기타 숙박업의 서비스 개선을
위하여 제정된 한시법(限時法)이었다.

　　1998년 5월에는 중국인 단체관광객에 대한 무비자 입국과 러시아 관광객에 대한 무
비자 입국 및 복수비자 허용 등을 실시함으로써 한국의 관광이 선진국으로 진입하는
계기가 되었다고 할 수 있다.

8. 관광선진국으로의 도약기(2000년대)

　　2000년대는 뉴밀레니엄을 맞이하여 21세기 관광선진국으로의 힘찬 도약을 준비하는
시기라고 할 수 있다.

　　2000년에는 국제관광교류의 증진과 국내관광수용태세 개선을 위해 주력했다. 제1회
APEC 관광장관회의와 제3차 ASEM회의를 성공적으로 개최하여 국제적 위상을 한층 제
고하였다. 특히 2000년 6월 15일 역사적인 첫 남북정상회담을 갖고 난 후 발표한 6·15
'남북공동선언'을 계기로 남측의 백두산, 평양, 묘향산 방문 등 남북관광교류의 확대를
위한 중요한 토대가 이루어진 해라고 할 수 있다.

　　2001년에는 동북아 중심의 허브공항 구축의 일환으로 인천국제공항이 개항하였으
며, '2001년 한국방문의 해' 사업을 통해 관광의 선진화를 위한 제반 사업이 수행되었고,
관광산업의 국제화를 위하여 제14차 세계관광기구(UNWTO) 총회를 성공적으로 개최

하였다.

2002년에는 '한국방문의 해'를 연장하고, 한·일월드컵 축구대회 및 부산 아시안게임의 성공적인 개최로 국가 이미지는 한층 높아져 외래관광객의 방한욕구를 증대시켰다. 또한 관광진흥확대회의의 정기적인 개최로 법제도 개선, 유관부처의 협력모델을 도출하고 관광수용태세 개선에 만전을 기하였다.

2003년도는 동북아경제중심국가 건설을 위한 원년으로 아시아 관광허브건설기반 구축과 개발중심의 관광정책에서 문화예술 및 생태적 가치지향의 관광정책으로의 전환과 국제적 관광인프라 확충을 추진하는 데 중점이 주어졌다. 그러나 연초부터 전 세계적으로 확산된 사스(SARS)와 이라크전쟁, 조류독감 등의 영향으로 전 세계적으로 관광시장이 위축된 한 해이기도 했다.

그러나 2004년에 들어서면서 국제환경의 악영향으로 큰 위기를 맞이했던 관광산업은 점차 회복세로 접어들었다. 2004년 방한 외래객수는 전년대비 22.4% 증가한 사상 최대치인 582만명을 기록했으며, 관광수입 또한 57억달러를 기록했다. 또 정부는 급증하는 국민관광수요를 선도·대비할 수 있는 관광진흥 5개년계획(2004~2008년)을 수립·추진하였으며, 2004년 4월 1일에 개통된 고속열차인 KTX는 전국을 2시간대 생활권으로 연결시켜 국민생활에 큰 변혁을 가져왔을 뿐만 아니라 국민관광부문에 대한 파급효과도 매우 큰 것으로 본다.

2005년도에 들어와 한국과 일본은 2005년을 '한·일 공동방문의 해'로 지정하고 관광교류 및 국제행사 공동개최 등의 국제친선의 노력을 기울였으나, 근래 일본의 독도 영유권 주장 및 역사교과서 왜곡 등이 문제화되면서 일본인 관광객의 증가폭이 둔화되었다.

2006년에 들어와서는 관광산업 경쟁력 강화대책으로 관광산업에 대한 조세부담 완화, 신규투자 및 창업촉진을 위한 제도개선, 해외 관광시장의 획기적 확대여건 조성, 국민 국내관광 활성화, 관광자원의 품격과 부가가치 제고 등 다섯 개 분야에 걸쳐 총 62개 과제 추진 등 획기적인 범정부적 대책을 발표하였다.

2007년 4월에는 한국 고유의 관광브랜드 'Korea, Sparkling'을 선포하고 홍보를 다각화하는 한편 중저가 숙박시설인 '굿스테이(Goodstay)'와 중저가 숙박시설 체인화 모델인 '베니키아(BENIKEA)' 체인화 사업 운영을 위한 기반을 구축하였다.

2008년도에 들어와서는 관광산업의 국제경쟁력 강화를 위해서 2008년을 '관광산업의 선진화 원년'으로 선포하고, '서비스산업 경쟁력 강화 종합대책' 등 범정부 차원의 대책을 본격적으로 추진하였다. 따라서 2008년 4월에는 서비스산업선진화(PROGRESS-I) 방안의 일환으로 「관광진흥법」, 「관광진흥개발기금법」, 「국제회의산업 육성에 관한 법률」 등 이른바 '관광3법'상의 권한사항을 제주자치도지사에게 일괄 이양하기로 결정하는 등 적극적이고 지속적인 노력이 추진되었다.

2009년도에는 전 세계 대다수 국가가 관광산업의 침체상태를 면치 못하였으나, 우리나라는 환율효과 등 외부적 환경을 바탕으로 하여 적극적인 관광정책 추진으로 관광객이 증가하여 9년 만에 관광수지의 흑자 전환에 성공하였다. 특히 가시적 성과로는 2011년 UNWTO 총회 유치(2009.10), 의료관광 활성화 법적 근거 마련(2009.3), MICE·의료·쇼핑 등 고부가가치 관광여건을 개선한 것 등이다.

2010년도는 환율하락, 신종플루 및 구제역 발생, 경기침체 지속이라는 대내외적인 위협요인을 극복하고 관광산업의 장기적인 경쟁력 확보에 주력하였다. 문화체육관광부는 '관광으로 행복한 국민, 활기찬 시장, 매력있는 나라 실현'이라는 비전 아래 외래관광객 1,000만명 유치목표 조기 달성을 위해 크게 4개 부문 즉 수요와 민간투자 확대로 내수진작, 창조적 관광콘텐츠 확충, 외래관광객 유치 마케팅 강화, 관광수용태세 개선방안 마련에 중점을 두었다.

2011년에는 외래관광객 1,000만명 시대 달성을 목전에 두고, 관광산업의 국제경쟁력 강화를 위한 대책 마련에 정책역량을 집중하였다. 2010~2012 한국방문의 해 사업을 계기로 외래관광객 유치 확대를 위한 대책을 모색하였으며, 관광인프라 확충을 위한 제도개선과 규제개혁을 통해 선진형 관광산업으로 도약하기 위한 제도적 기반을 마련하였다.

여기서 주목할 것은 2012년에 한국을 방문한 외국인 관광객이 1,114만명을 기록하면서 드디어 외국인 관광객 1,000만명 시대가 개막되었다. 외국인 관광객 1,000만명 달성은 우리나라가 세계 관광대국으로 진입하고 있음을 알리는 쾌거인 동시에, 우리나라 관광산업이 이제 양적 성장만이 아니라 질적 성장까지도 함께 이룩해야 한다는 과제를 안겨주었다.

2013년에 들어와서는 외국인 관광객 1,200만명을 돌파하였고, 2014년에는 전년대비 16.6%의 성장률을 보이며 1,400만명을 돌파하여 역대 최대 규모를 기록하였다.

그러나 2015년에 들어와서는 메르스(MERS, 중등호흡기증후군)의 영향 등으로 전년 대비 6.8% 감소한 1,323만명을 기록하여 한때 외래관광 유치에 위기를 맞기도 했으나, 2016년에 들어와 전년대비 31.2% 증가한 1,720만명을 유치함으로써 역대 최고치를 기록하였다. 이러한 성과는 더욱 수준 높은 서비스를 제공하기 위해 힘써온 관광업계의 노력과 관광분야를 5대 유망 서비스산업으로 선정하여 집중적으로 육성해온 정부의 지원이 어우러진 결과라 할 수 있다.

이에 문화체육관광부를 비롯한 관광관련 단체들은 외국인 관광객 2천만명 시대를 앞당기기 위해 이에 걸맞은 관광수용태세를 완비하고, 국민의 삶의 질을 높일 수 있는 여건을 조성하기 위해 다양한 정책과 사업을 추진하고 있다.

제**3**장

관광사업

제3장 | 관광사업

제1절 관광사업의 개요

1. 관광사업의 정의

관광사업(tourist industry)은 관광(tourism)현상과 더불어 발전하여 왔고, 또한 그 발전은 서로 깊은 상관관계를 형성하며 필요불가분의 관계에 놓여 있다.

관광사업은 다양한 관광현상에 대처하지 않으면 안되는 사업이다. 그렇기 때문에 관광사업은 관광의 효용과 관광사업에 따른 여러 가지 효과를 높이기 위하여 끊임없는 노력과 개발이 요구되며, 따라서 그 내용도 매우 다양하고 광범위하기 때문에, 관광사업의 개념도 다양하게 제시되고 있다.

관광사업의 개념 규정에 있어서 독일의 글릭스만(Glüksman)은 관광사업을 "일시적 체재지에 있어서 외래관광객들과 이를 수용한 지역의 주민들과의 제 관계의 총화"라고 정의하였다. 그리고 일본의 이노우에 마스조(井上万壽藏)는 "관광사업은 관광객의 욕구에 대응해서 이를 수용하고 촉진하기 위하여 이루어지는 모든 인간활동"이라고 정의하였다. 다나카 기이치(田中喜一)는 관광사업을 "관광왕래를 유발하는 각종 요소에 대해 조화적 발달을 도모함과 아울러 일반적 이용을 촉진함으로써 경제적·사회적 효과를 올리려고 하는 조직적인 활동"이라고 정의하였다. 스즈키 타다요시(鈴木忠義)는 관광사업을 "관광의 효용과 그 문화적·사회적·경제적 효과를 합목적적으로 촉진함을 목적으로 한 조직적 활동"이라고 정의하였다.

　우리나라 「관광진흥법」은 제2조 제1호에서 "관광사업이란 관광객을 위하여 운송·숙박·음식·운동·오락·휴양 또는 용역을 제공하거나 그 밖에 관광에 딸린 시설을 갖추어 이를 이용하게 하는 업(業)을 말한다"고 관광사업의 정의를 내리고 있다.

　이상의 여러 개념들을 종합해 보면 "관광사업이란 관광의 효용과 그 문화적·사회적·경제적 효과를 합목적적(合目的的)으로 촉진함을 목적으로 한 조직적 활동"이라고 정의하고자 한다.

2. 관광사업의 특성

1) 복합성

　관광사업의 복합성은 사업주체의 복합성과 사업내용의 복합성으로 나눌 수 있다. 사업주체의 복합성이란 관광사업은 그 주체가 공적기관 및 민간기업 등 다양하다는 것을 의미한다. 또한, 다른 산업과 비교할 때 공적기관과 민간기업이 서로 역할을 분담하여 추진하는 부분이 더 많다는 것을 의미한다. 일반적으로 관광지의 유지 및 관리는 공공기관이 담당하고 관광지의 숙박 및 여행관련 사업은 민간기업이 담당한다.

　사업내용의 복합성이란 관광사업의 내용이 여러 부분으로 나누어져 있는 것을 의미하는데, 여러 관련 업종이 모여져 하나의 관광사업을 존재시키고 있다는 의미이다. 즉 숙박업, 여행업, 음식업, 교통업, 기념품업 등 여러 사업이 모여서 하나의 관광사업을 성립시키고 있다고 할 수 있다.

2) 입지의존성

　관광사업은 관광자원에 대한 입지의존도가 절대적이기 때문에 입지의존성이 높은 산업이라고 할 수 있다.

　그렇기 때문에 모든 관광지는 유형과 무형의 관광자원을 소재로 각기 특색있는 관광지를 형성하고 있지만, 관광지의 유형, 기후조건, 관광자원의 우열, 개발추진 상황, 접근의 용이성 등과 같은 입지적 요인과 관광시장의 규모와 체재여부 등과 같은 경영적 환경, 관광객들의 소비성향과 계층 등과 같은 수요의 질에 의해서 많은 영향을 받는다고 할 수 있다. 특히 관광사업은 경영적·산업적 성격이 불연속 생산활동형, 생산과 소비의 동시완결형, 노동장비율의 상승이라는 특성을 가지고 있기 때문에 입지의존성은 더욱 높아진다고 할 수 있다.

3) 서비스성

관광사업을 서비스업이라 하는 것은 관광사업이 생산·판매하는 상품의 대부분이 눈에 보이지 않는 서비스이기 때문이다. 서비스는 관광객 심리에 지대한 영향을 미치고 있으므로 서비스의 질적 수준 여하에 따라 기업 자체는 물론이고 관광지 전체, 국가 전체 관광사업의 성패에 중대한 영향을 미치게 된다.

따라서 서비스의 제공은 비단 관광사업 종사자뿐만 아니라 지역주민이나 국민 전체의 친절한 서비스 제공도 필요하기 때문에, 일반국민에게 관광 및 서비스 마인드를 적극적으로 인식시킬 필요가 있다.

4) 공익성과 경제성

관광사업의 특성 중 공익성은 관광사업은 공적·사적 여러 관련사업으로 이루어진 복합체라는 관점에서 볼 때 민간기업들도 이윤추구만을 목적으로 할 것이 아니라 수익성과 공익성을 공동으로 추구할 것을 요구하고 있다는 것을 의미한다.

관광사업의 공익성은 사회·문화적인 측면과 경제적인 측면으로 나누어볼 수 있다.

먼저 사회·문화적인 측면을 살펴보면 국위선양, 국제친선 증진, 국제문화 교류, 세계평화에의 기여 등 국제관광부문과 국민보건향상, 근로의욕 고취, 교양의 향상 등과 같은 국민관광부문적인 측면이 있을 수 있다. 경제적인 측면을 살펴보면 외화획득, 경제발전, 기술협력과 국제무역증진효과 등의 국민경제적인 측면과 소득효과, 고용효과, 산업기반시설 정비효과, 지역개발효과 등의 지역경제적인 측면을 들 수 있다.

5) 변동성

관광객 욕구는 생활에 있어 필수적이라기보다는 임의적인 성격을 가지고 있기 때문에 관광사업은 외부환경의 변화에 민감하게 반응한다고 할 수 있다.

관광사업의 변동성은 사회적·경제적·자연적 요인으로 나눌 수 있다.

　사회적 요인은 사회정세의 변화, 국제정세의 변화, 정치불안, 폭동, 질병발생 등과 같이 신변의 안전에 불안을 주는 요인들이다. 경제적 요인은 경제불황, 소득상황, 환율의 등락, 운임의 변동, 외화사용제한조치 등의 요인을 말한다. 자연적 요인은 기후변화, 지진, 태풍, 해일, 혹서, 혹한 등이 있다.

제2절　관광사업의 분류

1. 사업주체에 의한 분류

　관광사업은 사업주체에 따라 공적 관광기관과 사적 관광기업으로 나눌 수 있다. 공적 관광기관은 정부나 지방자치단체 등의 관광행정기관과 관광협회나 업종별 협회 등 관광공익단체로 나누어지며, 영리목적인 사적 관광기업은 직접관련 관광기업과 간접적 관광관련 기업으로 나누어 볼 수 있다.

1) 관광행정기관

　공적 관광사업으로 관광정책 관련 기관을 의미하는데, 국가·정부·지방자치단체 등 관광행정기관을 가리킨다. 이는 관광객·관광기업·관광관련 기업들과 직간접적으로 영향을 주고받으며 관광개발업무와 관광진흥업무를 담당한다.

2) 관광공익단체

　공적 관광기관으로 관광공사, 관광협회 등의 공익법인과 관광인력을 양성하는 교육기관 및 관광관련 연구소 등이 있다.

　대표적인 공익단체로는 관광진흥, 관광자원개발, 관광사업의 연구개발 및 관광요원의 양성·훈련을 목적으로 설립된 한국관광공사(KNTO), 관광과 문화분야의 조사·연구를 통하여 체계적인 정책개발 및 정책대안을 제시하고 지원함으로써 국민의 복리증진 및 국가발전에 기여함을 목적으로 설립된 한국문화관광연구원(KCTI), 그리고 우리나라 관광업계를 대표하는 한국관광협회중앙회(KTA)와 업종별·지역별 관광협회 등이 있다.

3) 관광기업

관광객과 직접적으로 관계되어 영리를 목적으로 하는 기업들 즉 관광객의 소비활동을 주된 수입원으로 하는 기업들을 말한다. 여기에는 여행업, 숙박업, 교통업, 쇼핑업, 관광정보제공업, 관광개발업 등 대부분의 관광사업이 포함되며, 「관광진흥법」에 의한 자영업들도 여기에 포함된다.

4) 관광관련 기업

관광객과 직접 대면하지는 않으나 관광기업과 직접적인 관계를 가짐으로써 관광객과는 간접적(2차적)으로 관련을 갖는 간접관광사업 또는 2차 관광사업이라 지칭되는 기업을 말한다.

호텔에서 외주를 받은 세탁업자, 청소업자, 경비업자와 식품납품업자 등이 여기에 포함되며, 일반적인 소매상점, 요식업체, 오락업체 등도 관광객이 이용할 때에는 여기에 해당된다.

2. 관광법규에 따른 분류

2017년 12월 현재 「관광진흥법」에서 규정하고 있는 관광사업의 종류는 여행업, 관광숙박업, 관광객이용시설업, 국제회의업, 카지노업, 유원시설업, 관광편의시설업 등 크게 7개 업종으로 구분하고 있으며(동법 제3조 제1항), 동법 시행령에서는 이를 각각의 종류별로 다시 세분하고 있다(동법 시행령 제2조). 이를 도표화하면 다음의 〈표 3-1〉과 같다.

〈표 3-1〉「관광진흥법」에 따른 관광사업의 분류

종 류	세분류	
여행업	일반여행업, 국외여행업, 국내여행업	
관광숙박업	호텔업	관광호텔업, 수상관광호텔업, 한국전통호텔업, 가족호텔업, 호스텔업, 소형호텔업, 의료관광호텔업
	휴양콘도미니엄업	
관광객이용시설업	전문휴양업	민속촌, 해수욕장, 수렵장, 동물원, 식물원, 수족관, 온천장, 동굴자원, 수영장, 농어촌휴양시설, 활공장, 등록 및 신고 체육시설업시설, 산림휴양시설, 박물관, 미술관
	종합휴양업	제1종 종합휴양업, 제2종 종합휴양업
	야영장업(일반야영장업, 자동차야영장업)	
	관광유람선업(일반관광유람선업, 크루즈업)	
	관광공연장업	
	외국인관광 도시민박업	
국제회의업	국제회의시설업, 국제회의기획업	
카지노업		
유원시설업	종합유원시설업, 일반유원시설업, 기타유원시설업	
관광편의시설업	관광유흥음식점업, 관광극장유흥업, 외국인전용 유흥음식점업, 관광식당업, 관광순환버스업, 관광사진업, 여객자동차터미널시설업, 관광펜션업, 관광궤도업, 한옥체험업, 관광면세업	

자료: 조진호 · 우상철 공저, 최신관광법규론(서울: 백산출판사, 2018), p.121.

1) 여행업

현행 「관광진흥법」에서의 여행업이란 "여행자 또는 운송시설 · 숙박시설, 그 밖에 여행에 딸리는 시설의 경영자 등을 위하여 그 시설이용의 알선이나 계약체결의 대리, 여행에 관한 안내, 그 밖의 여행 편의를 제공하는 업"을 말한다.

여행업은 사업의 범위 및 취급대상에 따라 일반여행업, 국외여행업 및 국내여행업으로 구분하고 있다.

2) 관광숙박업

현행 「관광진흥법」은 관광숙박업을 호텔업과 휴양콘도미니엄업으로 나누고, 호텔업을 다시 세분하고 있다.

호텔업이란 관광객의 숙박에 적합한 시설을 갖추어 이를 관광객에게 제공하거나 숙박에 딸리는 음식·운동·오락·휴양·공연 또는 연수에 적합한 시설 등을 함께 갖추어 이를 이용하게 하는 업을 말한다.

호텔업은 운영형태, 이용방법 또는 시설구조에 따라 관광호텔업, 수상관광호텔업, 한국전통호텔업, 가족호텔업, 호스텔업, 소형호텔업, 의료관광호텔업 등으로 세분하고 있다.

휴양콘도미니엄업이란 관광객의 숙박과 취사에 적합한 시설을 갖추어 이를 그 시설의 회원이나 공유자, 그 밖의 관광객에게 제공하거나 숙박에 딸리는 음식·운동·오락·휴양·공연 또는 연수에 적합한 시설 등을 함께 갖추어 이를 이용하게 하는 업을 말한다.

3) 관광객이용시설업

관광객이용시설업이란 ① 관광객을 위하여 음식·운동·오락·휴양·문화·예술 또는 레저 등에 적합한 시설을 갖추어 이를 관광객에게 이용하게 하는 업 또는 ② 대통령령으로 정하는 2종 이상의 시설과 관광숙박업의 시설(이하 "관광숙박시설"이라 한다) 등을 함께 갖추어 이를 회원이나 그 밖의 관광객에게 이용하게 하는 업을 말하는데, 제주자치도에서는 '도조례'로 이에 대한 정의를 규정할 수 있게 하였다(제주특별법 제245조).

현행 「관광진흥법」은 관광객이용시설업의 종류를 전문휴양업, 종합휴양업(제1종, 제2종), 야영장업(일반야영장업, 자동차야영장업), 관광유람선업(일반관광유람선업, 크루즈업), 관광공연장업, 외국인관광 도시민박업 등으로 분류하고 있다.

4) 국제회의업

국제회의업은 대규모 관광수요를 유발하는 국제회의(세미나·토론회·전시회 등을 포함한다)를 개최할 수 있는 시설을 설치·운영하거나 국제회의의 계획·준비·진행 등의 업무를 위탁받아 대행하는 업을 말한다.

현행 「관광진흥법」에서 규정하고 있는 국제회의업은 국제회의시설업과 국제회의기획업으로 분류하고 있다.

5) 카지노업

카지노업이란 전문영업장을 갖추고 주사위·트럼프·슬롯머신 등 특정한 기구(機具) 등을 이용하여 우연의 결과에 따라 특정인에게 재산상의 이익을 주고 다른 참가자에게 손실을 주는 행위 등을 하는 업을 말한다.

현행 「관광진흥법」에 의거한 카지노업은 내국인 출입을 허용하지 않는 것을 기본으로 하고 있는데(제28조제1항제4호), 예외적으로 1995년 12월에 「폐광지역 개발지원에 관한 특별법」(이하 "폐광지역법"이라 한다)이 제정되면서 강원도 폐광지역에 내국인출입 카지노를 설치할 수 있는 법적 근거가 마련되었으며, 이에 따라 내국인이 출입할 수 있는 강원랜드 스몰카지노가 2000년 10월에 개관되었고, 2003년 3월 28일에는 메인카지노를 강원도 정선군 고한읍 현 위치로 이전 개장하였다.

6) 유원시설업

유원시설업(遊園施設業)은 유기시설(遊技施設)이나 유기기구(遊技機具)를 갖추어 이를 관광객에게 이용하게 하는 업(다른 영업을 경영하면서 관광객의 유치 또는 광고 등을 목적으로 유기시설이나 유기기구를 설치하여 이를 이용하게 하는 경우를 포함한다)을 말한다.

현행 「관광진흥법」상의 유원시설업은 종합유원시설업, 일반유원시설업, 기타유원시설업으로 분류하고 있다.

7) 관광편의시설업

관광편의시설업은 앞에서 설명한 관광사업(여행업, 관광숙박업, 관광객이용시설업, 국제회의업, 카지노업, 유원시설업) 외에 관광진흥에 이바지할 수 있다고 인정되는 사업이나 시설 등을 운영하는 업을 말한다(관광진흥법 제2조 제1항 제7호). 이는 비록 다른 관광사업보다 관광객의 이용도가 낮거나 시설규모는 작지만, 다른 사업 못지않게 관광진흥에 기여할 수 있다고 보아 인정된 사업이라고 하겠다.

관광편의시설업을 경영하려는 자는 문화체육관광부령으로 정하는 바에 따라 특별시장·광역시장·특별자치시장·도지사·특별자치도지사(이하 "시·도지사"라 한다) 또는 시장·군수·구청장의 지정을 받을 수 있는데(관광진흥법 제6조), 그 종류는 관광유흥음식점업, 관광극장유흥업, 외국인전용 유흥음식점업, 관광식당업, 관광순환버스업, 관광사진업, 여객자동차터미널시설업, 관광펜션업, 관광궤도업, 한옥체험업 및 관광면세업 등 11종이다.

제3절 여행업

1. 여행업의 역사

1) 세계여행업의 발전과정

근대 여행업은 1845년 영국인 Thomas Cook에 의해 토마스 쿡社(Thomas Cook & Son Co.)가 설립되어 광고에 의해 단체관광단을 모집한 데서 비롯되었다. 그 당시에는 이를 Excursion Agent라고 하였다. 그 후 미국에서 1850년에 아메리칸 익스프레스사(American Express Company)가 설립되었는데, 처음에는 운송업과 우편업무만을 취급하였으나 후에 금융업과 여행업으로 사업을 확장하면서 1891년에는 여행자수표(Traveler's Check; 약자로 T/C라 쓴다) 제도를 본격적으로 실시하였다. 또한 아메리칸 익스프레스사는 여행비용을 분할 지급하는 할부여행(Credit Tour) 제도를 실시하여 새로운 관광수요를 창출하고 이에 성공을 거둠으로써 여행업자로서의 입지를 굳혔다.

제2차 세계대전 전까지는 주로 철도와 선박 등의 교통기관을 이용한 여행업이 주종을 이루었으나, 제2차 세계대전 이후 항공기의 발달은 관광객의 대량수송과 장거리의 관광을 신속하게 만들었고 이로 인하여 여행업의 수가 급격히 증가하였다.

세계적으로 유명한 여행사로는 독일의 독일여행사(Deutsche Reiseburo), 이탈리아의 이탈리아여행사(Compagnia Italiana Turismo)와 러시아의 국영여행사 인투어리스트 (Intourist), 그리고 일본 최대의 여행사인 JTB(Japan Tourist Bureau; 일본교통공사) 등이 있다.

2) 우리나라 여행업의 발전과정

우리나라에서 여행사가 처음으로 설립된 것은 1910년에 압록강 가교공사의 준공개통으로 철도이용객이 증가함에 따라 일본의 JTB(Japan Tourist Bureau; 일본교통공사)가 1914년에 조선지사(현 대한여행사의 전신)를 설치한 것이 그 시초라고 하겠다.

광복 후 1950년을 전후로 하여 대한여행사가 새로이 창설되고, 온양, 서귀포, 설악산, 불국사, 해운대 등에 호텔이 개업함으로써 여행업도 본격적인 궤도에 오를 계기가 마련되었으나, 6·25전쟁으로 말미암아 1960년대 이전에는 발전하지 못하였다.

그러나 1961년에 우리나라 최초의 관광법규인 「관광사업진흥법」이 제정·공포됨으로써 제도 면의 체제정비가 이루어지고, 여행업에 대한 행정적인 뒷받침이 가능하게 되었는데, 1962년 4월에 제정된 「국제관광공사법」에 따라 설립된 국제관광공사(현 한국관광공사의 전신)가 1963년 2월에 대한여행사를 인수·합병하여 운영해오다가 1973년 6월 30일 민영화로 현재의 대한여행사(Korean Travel Bureau; KTB)라는 명칭으로 운영되고 있다.

그 후 1965년에는 서울에서 처음으로 제14차 아시아·태평양관광협회(PATA) 연차총회를 개최함으로써 우리나라의 관광사업을 국제시장에 진출시키는 새로운 계기를 마련하였고, 또한 홍콩에서 개최되는 미주여행업협회(ASTA)의 총회에 국제관광공사, 세방여행사 등 6개 단체가 참가하여 정회원으로 가입하게 됨으로써 이때부터 우리나라 여행업도 획기적으로 발전하게 되었다.

한편, 1977년에는 「관광사업법」의 개정에 의하여 일반여행업에서 국제여행알선업으로 개정되고 그동안의 등록제가 허가제로 바뀌었다. 1982년 4월에는 다시 「관광사업법」의 개정으로 종전의 허가제가 다시 등록제로 바뀌었고, 1989년에는 해외여행 완전자유화조치 및 자본주의의 시장경제원리에 입각한 제도의 운영으로 여행사의 수가 급증하여 격심한 경쟁시대가 되었다.

1990년대 중반 이후는 일반인, 신혼여행객의 해외여행뿐만 아니라 대학생들의 배낭

여행을 시발로 중·장년층의 배낭여행 등 다양한 형태의 여행이 각광받기 시작하여, 전 국민의 여행화·레저화로 인한 대중여행시대가 개막되기에 이르렀다.

2000년대에 들어와서는 2001년 '한국방문의 해'와 2002년 한·일 월드컵 축구대회 개최의 파급효과로 많은 외래관광객을 유치하여 관광업계의 모든 관련 산업들이 상승곡선을 그렸으며, 침체된 금강산 관광도 육로관광으로 재도약을 맞이하게 되었다. 2003년에는 SARS, 이라크전쟁, 조류독감 등 악재가 잇달아 발생하여 국제적으로 관광산업이 침체됨으로써 우리나라 여행업계도 잠시 위축된 시기도 있었지만, 대형 여행사들을 중심으로 한 적극적인 노력의 결과로 2005년에는 외래관광객 600만명을 돌파하였으며, 90년대 단체여행에서 탈피한 개별여행객의 증가, 여행구매 연령층의 확대, 생활수준의 향상에 따른 여가문화 정착 등으로 여행시장은 계속 확대되고 있다.

우리나라 여행업 발전에 있어서 특기할 만한 사실은 2012년에 들어와 한국을 방문한 외래관광객이 1,114만명을 기록하면서 드디어 외국인 관광객 1,000만명 시대가 개막되었다는 것이다. 외국인 관광객 1,000만명 달성은 우리나라가 세계 관광대국으로 진입하고 있음을 알리는 쾌거인 동시에, 우리나라 관광산업이 이제 양적 성장만이 아니라 질적 성장까지도 함께 이룩해야 한다는 과제를 안겨주었다.

2013년에 들어와서는 외국인 관광객 1,200만명을 돌파하여 역대 최대 규모를 기록하였으며, 2014년에는 전년대비 16.6%의 성장률을 보이며 1,400만명을 돌파하여 역대 최대 규모를 다시 한번 기록하였다. 외국인 관광객 1,400만명 돌파라는 성과는 더욱 수준 높은 서비스를 제공하기 위해 힘써온 관광업계의 노력과 관광분야를 5대 유망 서비스 산업으로 선정하여 집중적으로 육성해온 정부의 지원이 어우러진 결과라 할 수 있다.

그러나 2015년도에 들어와 방한 외국인 관광객은 메르스의 영향 등으로 전년대비 6.8% 감소한 약 1,320만명을 기록함으로써 한때 외래관광객 유치에 위기를 맞는 듯했으나, 2016년에 들어와서는 전년대비 31.2% 증가한 1,720만명을 유치함으로써 역대 최고치를 기록하였다.

이에 따라 문화체육관광부를 비롯한 관광관련 단체들은 외국인 관광객 2천만명 시대를 앞당기기 위해 이에 걸맞은 관광수용태세를 완비하고, 국민의 삶의 질을 높일 수 있는 여건을 조성하기 위해 다양한 정책과 사업을 계속 추진하고 있다.

2. 여행업의 의의와 특성

1) 여행업의 정의

여행업이란 여행객과 공급업자 사이에서 여행에 관한 시설의 예약·수배·알선 등의 여행서비스를 제공하고 공급자로부터 일정액의 수수료를 받는 것을 영업으로 하는 사업체를 말한다. 이 사업체를 영위하는 자를 여행업자라 부르고, 여기서 공급자는 여행업자 입장에서는 프린시펄(principal)이라 부르고 있다.

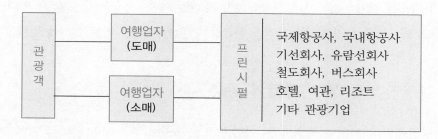

〈그림 3-1〉 중개자로서의 여행업자

따라서 여행업자는 하나 또는 복수의 프린시펄로부터 위탁받아 여행 및 여행에 관련된 서비스를 제공하는 개인 또는 회사를 말하고, 프린시펄이란 여행업자를 대리자로 하여 영업활동을 하는 개인 또는 회사로서 항공회사, 해운회사, 철도, 버스회사 등을 말한다.

현행 「관광진흥법」은 제3조 제1항 제1호에서 여행업을 "여행자 또는 운송시설·숙박시설, 그 밖에 여행에 딸리는 시설의 경영자 등을 위하여 그 시설 이용 알선이나 계약 체결의 대리, 여행에 관한 안내, 그 밖의 여행 편의를 제공하는 업"이라 규정하고 있다.

유통업자로서의 여행업자는 도매업자 및 소매업자의 기능을 담당한다. 여기서 여행자와 프린시펄의 관계를 도표로 나타낸 것이 위의 〈그림 3-1〉이다.

2) 여행업의 특성

첫째, 위험부담이 적은 사업이다. 즉 장치산업인 프린시펄로부터 소재(素材)를 구입하며 개업초기에는 주문생산에 주력하여 대규모 설비투자가 필요치 않는 사업이므로, 비교적 자금부담이 적고 또한 위험부담도 적은 사업이다. 이를테면 여행사가 예약된 항공좌석과 호텔객실을 취소하더라도 이에 대한 책임을 지는 경우가 거의 없어 상품구입(판매를 위한 구입)에 대한 위험부담이 거의 수반되지 않는다.

둘째, 노동집약적인 사업이다. 다시 말하면 여행업은 인적 산업이다. 이는 최근에 정보시스템의 발달로 인한 사무자동화로 내부업무의 인원삭감이 일부 이루어지고 있지만, 고객과의 접촉 및 안내에 있어서 인간을 대체할 방도는 거의 없다.

셋째, 운용자금을 활용할 여지가 있다. 여행업자는 여행대금을 수령한 후에 프린시펄에게 대금을 결제하기까지 시간적인 여유가 있어서 이 자금을 운용할 수 있다. 여행업자가 소액자본을 투자했으나 거액을 취급할 수 있는 이유는 바로 여기에 있다고 본다.

3. 「관광진흥법」상 여행업의 종류

「관광진흥법」에서의 여행업이란 "여행자 또는 운송시설·숙박시설, 그 밖에 여행에 딸리는 시설의 경영자 등을 위하여 그 시설 이용 알선이나 계약체결의 대리, 여행에 관한 안내, 그 밖의 여행 편의를 제공하는 업"을 말한다(동법 제3조 제1항 제1호).

이와 같은 여행업은 사업의 범위 및 취급대상에 따라 일반여행업, 국외여행업, 국내여행업으로 구분하고 있다(관광진흥법 시행령 제2조 제1항 제1호).

1) 일반여행업

일반여행업이라 함은 국내외를 여행하는 내국인 및 외국인을 대상으로 하는 여행업으로 사증(査證; 비자)을 받는 절차를 대행하는 행위를 포함한다. 따라서 일반여행업자는 외국인의 국내 또는 국외여행과 내국인의 국외 또는 국내여행에 대한 업무를 모두 취급할 수 있다.

2) 국외여행업

국외여행업이라 함은 국외를 여행하는 내국인을 대상으로 하는 여행업으로 사증(査證; 비자)을 받는 절차를 대행하는 행위를 포함한다. 국외여행업은 우리나라 국민의 아웃바운드(outbound) 여행(해외여행업무)만을 전담하도록 하기 위해 도입된 것이므로, 외국인을 대상으로 하거나 또는 내국인을 대상으로 한 국내여행업은 이를 허용하지 않고 있다.

3) 국내여행업

국내여행업은 국내를 여행하는 내국인을 대상으로 하는 여행업을 말한다. 즉 국내여행업은 내국인을 대상으로 한 국내여행에 국한하고 있어, 외국인을 대상으로 하거나 또는 내국인을 대상으로 한 국외여행업은 이를 허용하지 않고 있다.

4. 여행업의 등록 등

1) 여행업의 등록관청

여행업을 경영하려는 자는 특별자치도지사·특별자치시장·시장·군수·구청장(자치구의 구청장을 말한다)에게 등록하여야 한다(관광진흥법 제4조 제1항). 따라서 여행업의 등록관청은 특별자치도지사·특별자치시장·시장·군수·구청장(자치구의 구청장)이다.

2) 여행업의 등록절차

여행업의 등록을 하려는 자는 별지 제1호서식의 관광사업등록신청서에 공통의 구비서류와 사업별 필요서류를 첨부하여 특별자치도지사·특별자치시장·시장·군수·구청장(자치구의 구청장을 말함)에게 제출하여야 한다.

등록신청을 받은 특별자치도지사·특별자치시장·시장·군수·구청장은 신청한 사항이 등록기준에 맞으면 관광사업등록증을 신청인에게 발급하여야 한다.

3) 여행업의 등록기준

「관광진흥법 시행령」에서 규정하고 있는 여행업의 등록기준은 다음과 같다(관광진흥법 시행령 제5조 관련 [별표 1] 〈개정 2016.6.30.〉).

(가) 일반여행업의 등록기준

1. 자본금(개인의 경우에는 자산평가액): 2억원 이상일 것. 다만, 2016년 7월 1일 부터 2018년 6월 30일까지 제3조 제1항에 따라 등록 신청하는 경우에는 1억 원 이상으로 한다.
2. 사무실: 소유권이나 사용권이 있을 것

(나) 국외여행업의 등록기준

1. 자본금(개인의 경우에는 자산평가액): 6천만원 이상일 것. 다만, 2016년 7월 1일부터 2018년 6월 30일까지 제3조 제1항에 따라 등록 신청하는 경우에는 3 천만원 이상으로 한다.
2. 사무실: 소유권이나 사용권이 있을 것

(다) 국내여행업의 등록기준

1. 자본금(개인의 경우에는 자산평가액): 3천만원 이상일 것. 다만, 2016년 7월 1일부터 2018년 6월 30일까지 제3조 제1항에 따라 등록 신청하는 경우에는 1,500만원 이상으로 한다.
2. 사무실: 소유권이나 사용권이 있을 것

5. 유자격 국외여행 인솔자에 의한 인솔의무

1) 국외여행 인솔자의 자격요건

여행업자가 내국인의 국외여행을 실시할 경우 여행자의 안전 및 편의 제공을 위하여 그 여행을 인솔하는 자를 둘 때에는 문화체육관광부령으로 정하는 다음 각 호의 어느 하나에 해당하는 자격요건에 맞는 자를 두어야 한다(관광진흥법 제13조 제1항 및 동법 시행규칙 제22조 제1항). 다만, '제주자치도'에서는 이러한 자격요건을 「관광진흥법 시행규칙」이 아닌 '도조례'로 정할 수 있도록 규정하고 있다(제주특별법 제244조).

1. 관광통역안내사 자격을 취득할 것
2. 여행업체에서 6개월 이상 근무하고 국외여행 경험이 있는 자로서 문화체육관

광부장관이 정하는 소양교육을 이수할 것

3. 문화체육관광부장관이 지정하는 교육기관에서 국외여행인솔에 필요한 양성교육을 이수할 것

2) 국외여행 인솔자의 자격 등록

국외여행 인솔자의 자격요건을 갖춘 자가 내국인의 국외여행을 인솔하려면 문화체육관광부장관에게 등록하여야 한다. 이는 내국인 국외여행 인솔자에 대한 등록제도를 도입한 것이다.

국외여행인솔자의 자격요건을 갖춘 자로서 국외여행 인솔자로 등록하려는 사람은 국외여행 인솔자등록신청서(별지 제24호의2서식)에 다음 각 호의 어느 하나에 해당하는 서류 및 사진(최근 6개월 이내에 촬영한 탈모 상반신 반명함판) 2매를 첨부하여 관련 업종별 관광협회에 제출하여야 한다.

1. 관광통역안내사 자격증
2. 문화체육관광부장관이 지정하는 교육기관에서 국외여행 인솔에 필요한 소양교육 또는 양성교육을 이수하였음을 증명하는 서류

제4절 관광숙박업

1. 관광숙박업의 개념

숙박업(lodging industry)이란 숙박시설의 건설과 운영을 목적으로 하는 사업활동을 말하는 것으로, 일반대중을 대상으로 숙박과 음식에 관계되는 인적·물적 서비스를 제공함으로써 목적지에서 체재를 가능하게 하는 시설사업을 의미한다. 그런데 관광사업 분야의 하나인 이 숙박산업에도 호텔(hotel), 모텔(motel), 콘도미니엄(condominium) 그리고 공적 시설로서 유스호스텔(youth hostel), 국민숙사 등 다양한 시설이 존재하고 있

으나 그 대표적인 사업은 호텔이다.

호텔이란 일반적으로 "일정한 지급능력이 있는 사람에게 객실과 식사를 제공할 수 있는 시설을 갖추고 잘 훈련되고 예절이 바른 종사원이 조직적으로 봉사하여 그 대가를 받는 기업"이라 할 수 있다(김충호, 1992: 13). 또한 웹스터사전(Webster's dictionary)에 의하면 호텔은 대중을 위하여 숙박, 식사와 서비스를 제공하는 건물이나 시설물이라고 정의하고 있다. 우리나라 「관광진흥법」 제3조 제1항 제2호에서는 호텔업의 정의를 "관광객의 숙박에 적합한 시설을 갖추어 이를 관광객에게 제공하거나 숙박에 딸리는 음식·운동·오락·휴양·공연 또는 연수에 적합한 시설 등을 함께 갖추어 이를 이용하게 하는 업"으로 규정하여 호텔업을 관광숙박업의 한 형태로 구분하고 있다.

그러나 오늘날 호텔기업의 경쟁은 점점 심화되어지고 있으며, 호텔은 이러한 경쟁우위를 선점하기 위해 고객에게 숙박과 음식을 제공하는 것 외에 고객의 새로운 욕구를 충족시켜 줄 수 있는 다양한 서비스를 제공해야 한다.

2. 관광숙박업의 특성

1) 인적 서비스에 대한 의존성

호텔기업경영은 제일 먼저 고객에 대한 서비스를 강조하게 된다. 법률적 강제규정의 의무는 아니라 하더라도 호텔이 환대산업의 주인격인 역할을 감당하는 본래의 특성으로 미루어 볼 때 당연한 것이며, 고객에게 언제나 만족스럽고 예절바르며 정확성이 있고 세련되고 신속하게 서비스한다는 것은 훈련이 잘된 종사원으로서도 어려운 일이다.

또한 오늘날 고객의 욕구는 매우 다종다양하기 때문에 응변성 있고 재치있는 서비스는 규격화되고 자동화된 기계설비로는 제공할 수 없다(Lovelock, 1984: 31). 따라서 호텔기업에서 서비스의 기계화나 자동화는 경영합리화 측면에서 볼 때 제약을 받게 되며 인적 자원에 대한 의존도가 타기업에 비하여 크다고 볼 수 있다. 때문에 고객과 종사원의 접촉에 의한 만족은 고객의 욕구를 더욱 만족시켜 줄 수 있다(Vladimir, 1988: 149).

2) 부문간 협동체제의 긴밀성

호텔기업의 운영에 있어서의 특성은 각 부서간의 긴밀한 협동이다. 호텔은 각기 상이한 여러 부문의 기능을 가지고 있다. 상품형성과 판매는 조직적으로 공간적으로 폭넓게 공존해야 한다(최태광, 1992: 206). 곧, 현관을 비롯하여 각 서비스 및 객실 서비스에 이르기까지 다양한 서비스와 주어진 직무가 있다. 이러한 직무를 수행하는 것은 한 조직의 궁극적 목표, 곧 고객의 서비스에 귀착되는 것이다.

3) 연중무휴 영업

호텔은 집을 떠난 고객들의 가정생활 기능을 상품으로 판매하는 곳이므로 하루 24시간, 연중무휴 365일 계속적인 서비스가 제공되고 객실을 이용하는 고객은 특별한 대우와 관심을 받게 된다(Brown & Lefever, 1990: 23). 그러므로 고객의 활동시간에는 그 시한에 따라 고객의 요구에 만족할 만한 서비스를 제공해야 하고 호텔 주변의 위협적인 환경으로부터 고객을 보호해야 하며, 야간의 취침시에도 고객의 생명과 재산을 보호하여야 할 의무가 있다(Rutherford & McConnell, 1987: 63).

4) 계절성

호텔기업은 계절적 영향으로 성수기와 비수기의 수입격차가 심하고, 주말과 주중의 수요·공급의 조화가 이루어지지 못하고 있으며, 숙박업의 수입평가지표는 평균 투숙률, 평균 객실가격 등으로 결정된다(Wassenaar & Stafford, 1991: 18). 한국의 경우 일반적으로 도심지나 번화가에 위치한 호텔은 계절적 영향을 적게 받으나 휴양지에 위치한 호텔(resort hotel)은 비수기에는 경영상태가 매우 어려운 실정이다.

호텔기업에서는 자구책의 일환으로 각종 모임(세미나, 연수, 회의 등)의 적극적 유치, 부대시설 및 위락시설의 확대, 레스토랑과 클럽에서의 여흥, 각종 행사개최 등을 통하여 고객유치에 심혈을 기울이고 있다.

5) 시설 조기 노후화 및 개보수

호텔시설의 노후는 타기업에 있어서 일반적으로 유지되는 시설의 수명보다도 짧은

데, 이는 고객이 이용하든 이용하지 않든 간에 부단히 훼손·마모되어 결과적으로 경제적 가치 내지 제품으로서의 효용가치를 상실하게 됨을 의미한다. 일반적으로 다른 기업의 시설은 시설 자체가 부대적 성격을 갖고 있어 그 효용이 비교적 장기성을 갖는데 반하여, 호텔은 시설 자체가 하나의 제품으로서 고객에게 드러나기 때문에 결과적으로 노후화가 빠르다(Wanhill, 1987: 2). 일정기간이 지나면 시설개보수에 대한 경영진의 의사결정이 이루어진다. 또한 개보수에 대한 최초 및 최후의 의견은 고객의 목소리로부터 출발된다는 사실을 간과해서는 안되며 시설의 현대화 및 사용의 편리성은 고객선택 행동에 중요한 요소이다.

6) 공공장소 유지

비생산적 공공장소(public space)를 필연적으로 마련해야 하는 단점이 있는데 그 대표적인 예가 로비(lobby) 등의 공공장소이다.

호텔은 개인전용의 기본시설과 공공의 이용을 전제로 하는 공공장소로 크게 나눌 수 있다. 이때 후자의 레스토랑, 라운지, 커피숍 등은 생산적 요소인데 반하여 고액투자의 로비 등은 비생산적 요소로 값비싼 지대, 건축비를 감안한다면 달갑지 않은 요소임에는 틀림없다. 그러나 이는 호텔기업의 숙명적 특성으로 받아들일 수밖에 없다.

7) 고정자산 과다

일반기업은 대개가 상품과 현금의 유동자산으로 구성되어 있다. 하지만 호텔기업은 건물과 시설 자체가 하나의 상품으로 간주되기 때문에 고정자산의 점유율이 80~90%나 된다. 또한, 상품이 점점 고급화되어가고 건축비가 상승하는 관계로 고정자산의 투자비율이 높아지고 있고 특히 내·외부 장식, 기계설비, 기구 및 비품비가 또한 상당한 비중을 차지하고 있다.

이와 같이 호텔은 고정자산의 투자비율이 높기 때문에 유동자산의 활용이 극히 적어 자본의 회전율이 도매업이나 소매업에 비해 매우 낮다.

8) 비저장성과 비전매성 상품

호텔의 제품은 저장이 곤란하다. 호텔제품의 생산과 소비는 거의 동시에 이루어지므로 그날 생산된 객실상품은 그날 소비되어야 하며, 당일 판매하지 못한 상품은 자정이 지나면 그 가치가 소멸되고 만다. 호텔상품은 일반적인 상품과 판매면에서 비교했을 때, 장소와 시간의 제약을 많이 받고 또한 재고라는 개념이 거의 존재하지 않으므로 초과예약(over booking)이라든지 분할판매(day use sale)의 방법, 또는 항공사와 연계한 단골고객에 대한 특별대우를 통하여 수입극대화를 꾀하고 있다(Frank, 1989: 197).

3. 관광숙박업의 현황

현행 「관광진흥법」은 관광숙박업을 호텔업과 휴양콘도미니엄업으로 나누고, 호텔업을 다시 관광호텔업, 수상관광호텔업, 한국전통호텔업, 가족호텔업, 호스텔업, 소형호텔업, 의료관광호텔업으로 세분하고 있다.

관광숙박업(호텔업)을 경영하려는 자는 특별자치도지사·특별자치시장·시장·군수·구청장(자치구의 구청장을 말한다)에게 등록하여야 한다. 따라서 호텔업의 등록관청은 특별자치도지사·특별자치시장·시장·군수·구청장이다.

그런데 관광사업의 등록(登錄)은 관광사업의 허가(許可)나 지정(指定)과는 달리 등록에 앞서 선행행정절차(先行行政節次)를 거쳐야 하는 업종이 많다. 즉 관광숙박업(호텔업 및 휴양콘도미니엄업)을 경영하려는 자는 관광숙박업의 등록을 하기 전에 그 사업에 대한 사업계획을 작성하여 특별자치도지사·특별자치시장·시장·군수·구청장의 승인을 받아야 하고(사업계획의 사전승인제도), 또 관광숙박업 및 관광객이용시설업 등록심의위원회(이하 "등록심의위원회"라 한다)의 심의를 거쳐야 등록을 할 수 있다.

1) 호텔업의 분류

(1) 관광호텔업

관광호텔업은 관광객의 숙박에 적합한 시설을 갖추어 관광객에게 이용하게 하고 숙박에 딸린 음식·운동·오락·휴양·공연 또는 연수에 적합한 시설 등(이하 "부대시설"이라 한다)을 함께 갖추어 관광객에게 이용하게 하는 업(業)을 말한다. 한때는 관광호텔업을 종합관광호텔업과 일반관광호텔업으로 세분한 적도 있었으나, 2003년 8월 6일

「관광진흥법 시행령」을 개정하면서 이를 관광호텔업으로 단일화하였다.

(2) 수상관광호텔업

수상관광호텔업은 수상에 구조물 또는 선박을 고정하거나 매어 놓고 관광객의 숙박에 적합한 시설을 갖추거나 부대시설을 함께 갖추어 관광객에게 이용하게 하는 업으로서, 수려한 해상경관을 볼 수 있도록 해상에 구조물 또는 선박을 개조하여 설치한 숙박시설을 말한다. 만일 노후선박을 개조하여 숙박에 적합한 시설을 갖추고 있더라도 동력(動力)을 이용하여 선박이 이동할 경우에 이는 관광호텔이 아니라 선박으로 인정된다.

우리나라에는 2000년 7월 20일 최초로 부산 해운대구에 객실수 53실의 수상관광호텔이 등록된 바 있으나, 그 후 태풍으로 인해 멸실되어 현재는 존재하지 않는다.

(3) 한국전통호텔업

한국전통호텔업은 한국전통의 건축물에 관광객의 숙박에 적합한 시설을 갖추거나 부대시설을 함께 갖추어 관광객에게 이용하게 하는 업을 말한다.

우리나라에는 1991년 7월 26일 최초로 제주도 중문관광단지 내에 객실수 26실의 한국전통호텔(씨에스호텔앤리조트)이 등록된 이래 2003년 10월 전남 구례에 지리산가족호텔(124실), 2004년 5월에는 인천에 을왕관광호텔(44실)이 등록되었고, 2010년 7월 5일에는 경북 경주시에 (주)신라밀레니엄 라(羅)궁 16실, 2011년 10월에는 전남 영광에 한옥호텔 영산재 21실이 등록된 바 있어, 2016년 12월 말 현재 전국 8개소에 221실이 운영되고 있다.[1]

(4) 가족호텔업

가족호텔업은 가족단위 관광객의 숙박에 적합하도록 숙박시설 및 취사도구를 갖추어 관광객에게 이용하게 하거나 숙박에 딸린 음식·운동·휴양 또는 연수에 적합한 시설을 함께 갖추어 관광객에게 이용하게 하는 업을 말한다.

경제성장으로 인한 국민소득수준의 향상은 다수 국민으로 하여금 여가활동을 향유케 함으로써 가족단위 관광의 증가를 가져왔는데, 이에 따라 가족호텔이 급격히 증가하게 하였다. 이에 정부는 증가된 가족단위의 관광수요에 부응하여 국민복지 차원에서

---

1) 문화체육관광부, 전게 2016년 기준 연차보고서, p.295.

저렴한 비용으로 건전한 가족관광을 영위할 수 있게 하기 위하여 가족호텔 내에는 취사장, 운동·오락시설 및 위생설비를 겸비토록 하고 있다.

(5) 호스텔업

호스텔업은 배낭여행객 등 개별 관광객의 숙박에 적합한 시설로서 샤워장, 취사장 등의 편의시설과 외국인 및 내국인 관광객을 위한 문화·정보 교류시설 등을 함께 갖추어 이용하게 하는 업을 말한다. 이는 2009년 10월 7일「관광진흥법 시행령」개정 때 호텔업의 한 종류로 신설되었다.

2010년 12월 21일 최초로 제주도에 객실수 36실의 호스텔이 등록되었으며, 2011년도에 제주도 4개소 81실, 인천광역시 1개소 15실이 등록되는 등 2016년 12월 말 기준으로 전국 392개소에 7,410실이 운영되고 있다.

(6) 소형호텔업

관광객의 숙박에 적합한 시설을 소규모로 갖추고 숙박에 딸린 음식·운동·휴양 또는 연수에 적합한 시설을 함께 갖추어 관광객에게 이용하게 하는 업을 말한다. 이는 외국인 관광객을 맞이함에 있어 관광숙박서비스의 다양성을 제고하고 부가가치가 높은 고품격의 융·복합형 관광산업을 집중적으로 육성하기 위하여 2013년 11월「관광진흥법 시행령」개정 때 호텔업의 한 종류로 신설된 것이다.

(7) 의료관광호텔업

의료관광객의 숙박에 적합한 시설 및 취사도구를 갖추거나 숙박에 딸린 음식·운동 또는 휴양에 적합한 시설을 함께 갖추어 관광객에게 이용하게 하는 업을 말한다. 이는 외국인 관광객을 맞이함에 있어 관광숙박서비스의 다양성을 제고하고 부가가치가 높은 고품격의 융·복합형 관광산업을 집중적으로 육성하기 위하여 2013년 11월「관광진흥법 시행령」개정 때 호텔업의 한 종류로 신설된 것이다.

2) 휴양콘도미니엄업

휴양콘도미니엄업이란 관광객의 숙박과 취사에 적합한 시설을 갖추어 이를 그 시설의 회원이나 공유자, 그 밖의 관광객에게 제공하거나 숙박에 딸리는 음식·운동·오락·휴양·공연 또는 연수에 적합한 시설 등을 함께 갖추어 이를 이용하게 하는 업을 말한다(관광진흥법 제3조 제1항 제2호).

우리나라는 1981년 4월 (주)한국콘도에서 경주보문단지 내에 있는 25평형 108실을 분양한 것이 콘도미니엄의 시초인데, 1982년 12월 31일에는 휴양콘도미니엄업을 「관광진흥법」상의 관광숙박업종으로 신설한 후 오늘에 이르고 있다.

4. 관광숙박업 등의 등급[2]

1) 개요

문화체육관광부장관(제주자치도는 도지사)은 관광숙박시설 및 야영장 이용자의 편의를 돕고, 관광숙박시설·야영장 및 서비스의 수준을 효율적으로 유지·관리하기 위하여 관광숙박업자 및 야영장업자의 신청을 받아 관광숙박업 및 야영장업에 대한 등급을 정할 수 있다. 다만, 호텔업 등록을 한 자 중 대통령령으로 정하는 자는 등급결정을 신청하여야 한다. 또 문화체육관광부장관은 등급결정을 위하여 필요한 경우에는 관계전문가에게 관광숙박업 및 야영장업의 시설 및 운영 실태에 관한 조사를 의뢰할 수 있다. 이러한 등급결정권은 일정한 요건을 갖춘 법인으로서 문화체육관광부장관이 정하여 고시하는 법인에 위탁한다.

한편, 제주자치도에서는 관광숙박업 등의 등급결정에 관하여 문화체육관광부장관의 권한은 제주자치도지사의 권한으로 하고, 「관광진흥법 시행령」이나 「관광진흥법 시행규칙」에서 정하도록 되어 있는 것은 제주자치도 '도조례'로 정할 수 있게 하였다(제주특별법 제244조 제2항).

2) 등급결정대상 관광숙박업 및 등급구분

관광숙박업의 시설 및 서비스수준을 높이고 이용자의 편의를 돕기 위하여 의무적으로 등급결정을 신청하여야 하는 호텔업은 관광호텔업, 수상관광호텔업, 한국전통호텔업, 소형호텔업 및 의료관광호텔업에 한하고, 가족호텔업과 호스텔업은 제외된다. 그리

---

2) 조진호·우상철 공저, 최신관광법규론(서울: 백산출판사, 2018), pp.176~181.

고 호텔업의 등급은 5성급, 4성급, 3성급, 2성급 및 1성급으로 구분한다(관광진흥법시행령 제22조 제1항·제2항 〈개정 2014.11.28.〉).

종전의 특1등급, 특2등급, 1등급, 2등급 및 3등급으로 구분해 왔던 호텔업의 등급을 국제적으로 통용되는 별(星) 등급 체계로 정비함으로써 외국인 관광객들이 호텔을 선택함에 있어서의 편의를 도모하고자 한 것이다.

3) 호텔업 등급결정 권한의 위탁

(1) 문화체육관광부장관은 호텔업의 등급결정권을 다음 각 호의 요건을 모두 갖춘 법인으로서 문화체육관광부장관이 정하여 고시하는 법인에 위탁한다(관광진흥법 제80조 제3항 제2호, 동법시행령 제66조 제1항 〈개정 2014.11.28.〉). 이때 등급결정권을 위탁받은 법인(이하 "등급결정 수탁기관"이라 한다)은 기존의 한국관광호텔업협회 및 한국관광협회중앙회의 이원화 체계에서 객관성과 신뢰성을 높일 수 있는 한국관광공사로 일원화하였다.

1. 문화체육관광부장관의 허가를 받아 설립된 비영리법인이거나 「공공기관의 운영에 관한 법률」에 따른 공공기관일 것
2. 관광숙박업의 육성과 서비스 개선 등에 관한 연구 및 계몽활동 등을 하는 법인일 것
3. 문화체육관광부령으로 정하는 기준에 맞는 자격을 가진 평가요원을 50명 이상 확보하고 있을 것

(2) 문화체육관광부장관은 위탁업무 수행에 필요한 경비의 전부 또는 일부를 호텔업 등급결정권을 위탁받은 법인("등급결정 수탁기관")에 지원할 수 있다.

(3) 호텔업 등급결정권 위탁기준 등 호텔업 등급결정권의 위탁에 필요한 사항은 문화체육관광부장관이 정하여 고시한다.

4) 호텔업의 등급결정 절차

(1) 등급결정 신청

관광호텔업, 수상관광호텔업, 한국전통호텔업, 소형호텔업, 의료관광호텔업의 등록을 한 자는 다음 각 호의 구분에 따른 기간 이내에 문화체육관광부장관으로부터 등급결정권을 위탁받은 법인(이하 "등급결정 수탁기관"이라 한다)에 호텔업의 등급 중 희망하는

등급을 정하여 등급결정을 신청하여야 한다(관광진흥법 시행규칙 제25조제1항 〈개정 2017.6.7.〉).

1. 호텔을 신규 등록한 경우: 호텔업 등록을 한 날부터 60일
2. 호텔업 등급결정의 유효기간이 만료되는 경우: 유효기간 만료전 150일부터 90일까지
3. 시설의 증·개축 또는 서비스 및 운영실태 등의 변경에 따른 등급 조정사유가 발생한 경우: 등급 조정사유가 발생한 날부터 60일

(2) 등급평가기준

「관광진흥법 시행규칙」 제25조 제3항의 규정에 의한 호텔업 세부등급평가기준(이하 "등급평가기준"이라 한다)은 별표와 같다(등급결정요령 제7조).

■ 등급결정기준표

구분		5성	4성	3성	2성	1성
등급 평가 기준	현장평가	700점	585점	500점	400점	400점
	암행평가/ 불시평가	300점	265점	200점	200점	200점
	총배점	1,000점	850점	700점	600점	600점
결정 기준	공통기준	1. 등급별 등급평가기준 상의 필수항목을 충족할 것 2. 제11조 제1항에 따른 점검 또는 검사가 유효할 것				
	등급별 기준	평가점수가 총 배점의 90% 이상	평가점수가 총 배점의 80% 이상	평가점수가 총 배점의 70% 이상	평가점수가 총 배점의 60% 이상	평가점수가 총 배점의 50% 이상

(3) 등급결정을 위한 평가요소

등급결정 수탁기관이 등급결정을 하는 경우에는 다음 각 호의 요소를 평가하여야 하며, 그 세부적인 기준 및 절차는 문화체육관광부장관이 정하여 고시한다.

1. 서비스 상태
2. 객실 및 부대시설의 상태
3. 안전관리 등에 관한 법령 준수 여부

(4) 등급결정

① 등급결정 수탁기관은 등급결정 신청을 받은 경우에는 문화체육관광부장관이 정

하여 고시하는 호텔업 등급결정의 기준에 따라 신청일부터 90일 이내에 해당 호텔의 등급을 결정하여 신청인에게 통지하여야 한다. 다만, 부득이한 경우에는 60일의 범위에서 그 기간을 연장할 수 있다.

② 등급결정 수탁기관은 평가의 공정성을 위하여 필요하다고 인정하는 경우에는 평가를 마칠 때까지 평가의 일정 등을 신청인에게 알리지 아니할 수 있다.

③ 등급결정 수탁기관은 평가한 결과 등급결정 기준에 미달하는 경우에는 해당 호텔의 등급결정을 보류하여야 한다. 이 경우 보류사실을 신청인에게 통지하여야 한다.

(5) 등급결정의 유효기간 등

① 문화체육관광부장관은 등급결정을 하는 경우 유효기간을 정하여 등급을 정할 수 있는데, 호텔업 등급결정의 유효기간은 등급결정을 받은 날부터 3년으로 한다.

② 문화체육관광부장관은 등급결정 결과를 분기별로 문화체육관광부의 인터넷 홈페이지에 공표하여야 하고, 필요한 경우에는 그 밖의 효과적인 방법으로 공표할 수 있다.

③ 이 규칙에서 규정한 사항 외에 호텔업의 등급결정에 필요한 사항은 문화체육관광부장관이 정하여 고시한다.

제5절 외식사업

1. 외식사업의 이해[3]

1) 외식사업의 정의

외식사업이란 인간의 기본적인 욕구를 충족시켜 주는 음식과 관련된 산업으로 경제발전과 더불어 국민경제에서 차지하는 비중이 매우 높은 대표적 서비스산업이라 할 수

---

3) 정용주, 외식마케팅(서울: 백산출판사, 2012), pp.13~33.

있다. 또한 외식사업은 식사를 조리해서 제공하는 식품제조업, 소비자에게 직접 판매하는 소매업, 서비스를 중심으로 하는 서비스산업의 성격이 강한 복합산업이라 할 수 있다.

외식사업은 1940년대와 1950년대를 거치면서 미국에서 "Dining-out industry" 또는 "Foodservice industry" 등으로 불려졌으며, 이 용어를 1970년대 이후 일본에서 외식산업이라고 번역하여 사용하였다. 이후 우리나라에도 롯데리아를 시작으로 외식업이 본격화되면서 외식산업이라는 용어를 사용한 것으로 본다.

우리나라는 1980년대 이전만 해도 음식의 생산 및 판매와 관련된 사업들을 요식업, 식당업, 음식업 등으로 지칭하여 오다가 1979년도에 일본에서 패스트푸드 업체인 롯데리아가 상륙하면서 일반적으로 매스컴 등에서 "외식산업"이라는 용어가 본격적으로 사용되기 시작하였다.

이러한 외식사업에 대한 다양한 의견들을 종합해 정의하면 "외식사업은 서비스가 주된 상품이므로 그 명칭을 외식서비스산업으로 부르는 것이 옳다고 생각되지만, 일반적인 표현으로 외식사업이라고 정의한다면 가정 밖에서 식사 혹은 이에 따르는 서비스를 제공하는 외식업 상업시설의 총체"로 볼 수 있겠다. 또한 "외식사업은 식사를 조리해서 제공한다는 측면에서는 식품제조업에 가까우며, 최종 소비자와 직결되어 판매한다는 측면에서는 소매업의 특성을 갖추고 있다. 바꾸어 말하면 외식사업은 식품제조업, 소매업, 서비스업의 3가지 산업적 성격을 합한 복합산업"이라고 정의할 수 있겠다.

2) 외식사업의 기능

외식사업이란 인간의 기본적인 욕구를 충족시켜 주는 음식과 관련된 산업으로 경제발전과 더불어 국민경제에서 차지하는 비중이 매우 높은 대표적 서비스산업이라 할 수 있다. 이 같은 외식사업은 음식판매를 기본으로 하여 안락하고 편안한 분위기 속에서 고객의 수요에 맞춰 식음료서비스를 제공하며, 각종 모임을 위한 장소를 주선하고 주차시설을 확보하는 등 각종 편의를 제공하는 사회적 · 문화적 기능을 하고 있는데, 세부적인 기능을 살펴보면 다음과 같다.

첫째, 외식사업의 본질적 기능은 도시에서 생활하는 사람들에게 그들 생활의 전 영역, 예컨대 거주지에 가까운 곳, 근무지와 외출하는 곳에서 가까운 곳에 점포를 개설하고 그들의 생명유지에 필요한 식사수요의 발생을 기다리고 그것이 이루어졌을 때 식사를 제공하는 것이다.

둘째, 외식사업은 도시사회의 진화와 보조를 맞추어서 입지조건의 변화를 계속 발생시킴으로써 외식점포의 다산다사(多産多死) 현상을 되풀이하면서 식(食)의 다양화와 서비스 수준의 향상을 실현하는 기능을 갖고 있다.

셋째, 외식서비스산업의 3대 기능은 ① 식자재의 조달기능, ② 식사와 요리를 제공하는 조리·가공기능, ③ 판매와 서비스를 하는 기능이다. 외식서비스산업이 이러한 3개의 활동기능을 갖고 있는 면에서 보면 3가지 산업적 성격이 합쳐진 면에서 기능적인 면을 고려할 수 있다. 즉 조리·가공기능이란 구체적으로는 요리라는 상품을 만드는 것(제조기능), 식사 또는 요리를 상품으로 하여 최종 소비자에게 판매되는 외식서비스산업으로서의 소매업적 성격을 갖고 있다(소매기능). 제조기능과 소매기능에 병행한 또 하나의 기능은 서비스기능이다. 따라서 외식서비스산업은 서비스산업의 한 분야이다.

3) 외식사업의 특성

외식사업은 단순한 음식업의 개념에서 벗어나 식사는 물론 인적 서비스나 분위기를 소비자의 기호에 맞게 제조하여 판매하는 복합적인 산업으로 자리 잡고 있다. 이러한 외식사업은 사업적 측면에서 볼 때 점포의 위치를 중시하는 입지산업이며, 경영주, 종업원, 고객과의 관계가 중요하다.

외식사업의 특성은 크게 인적 서비스의 의존도가 높은 노동집약성, 생산과 소비의 동시성, 시간과 공간의 제약성, 식자재의 부패 용이성, 입지의존성 등을 들 수 있는데, 이외에도 외식사업은 고객의 기호가 강하게 영향을 미치는 산업이므로 고객지향적인 관점에서 운영방침을 설정하는 것이 중요하다. 이러한 외식사업의 독특한 특성을 살펴보면 다음과 같다.

(1) 노동집약성

타 산업이 기술·자본집약적인 데 비해 외식사업은 생산에 있어 자동화의 한계 때문에 인간에 의존하는 노동집약적인 특성이 있다. 이는 외식사업의 서비스 자체가 인적인 요소가 많다는 것을 의미한다. 따라서 총비용 중 인건비가 차지하는 비중이 높다. 외식업체 종사자의 대고객 서비스의 질은 고객이 인지하는 상품의 가치에 중요한 영향을 미치기 때문에 외식사업에 있어 인적 자원에 대한 관리는 특히 중요한 요소다.

(2) 생산 · 판매 · 소비의 동시성

제조산업은 일정한 유통경로에 의하여 상품을 고객에게 판매하는 데 비하여, 외식사업은 보통 유통경로 없이 소비자가 상품의 구매를 위해 외식업체를 방문하기 때문에 상품의 생산과 소비가 동시에 이루어진다. 물론 배달을 위주로 하는 음식점은 예외가 될 수 있지만, 대개는 같은 장소에서 유통경로 없이 상품이 생산되어 판매되는 것이 일반적이다. 따라서 상품의 재고가 불가능하다.

(3) 시간과 공간의 제약성

외식사업은 사람의 식사시간을 기준으로 일정한 공간에서 상품을 생산하여 판매하기 때문에 시간과 공간의 제약을 크게 받는 특성이 있다. 일정한 시간에 수요과잉이나 부족현상이 일어나며 수요가 많다 하더라도 공간이 없으면 상품의 판매가 이루어질 수 없다. 또한 소비자의 가처분소득, 기후, 요일 등의 변화에 민감하게 반응하는 산업이기 때문에 정확한 수요예측으로 계획적인 생산활동을 하기가 어렵다.

(4) 식자재의 부패 용이성

다른 상품의 자재는 상품의 저장 및 보존이 가능하다. 그러나 외식사업의 식자재는 상품의 저장에 있어 신선도의 저하 및 부패위험이 높아 그 관리와 보존에 어려움이 있다. 식재료의 신선도는 음식의 맛을 좌우하는 중요한 요인이다. 따라서 맛과 신선도의 유지를 위해 구매단계부터 신중한 선택이 요구되는데, 검수 시 주의하여 유효기간을 확인하고 저장 시에는 다른 식재료와 섞어서 보관해도 되는지의 여부, 냉동 또는 냉장에서의 보관 정도, 오염 · 환경 · 위해 등 제반적인 상황을 고려한 철저한 관리가 필요하다.

(5) 입지의존성

외식업체는 정해진 장소에 고객이 직접 방문해야만 상품의 생산과 소비가 이루어진다. 따라서 어디에 위치하느냐에 따라 매출실적이 크게 차이가 난다. 아무리 훌륭한 시설 및 서비스를 제공하는 외식업체라 하더라도 입지에 의해 그 성패가 좌우된다.

2. 외식사업의 범위[4)

1) 외식사업의 분류기준

외식사업은 사회·경제·문화적 생활패턴의 변화와 국민소득의 증가에 따른 소비자들의 외식형태의 변화에 따라 다양화·세분화되어 왔다. 외식사업의 분류는 시대별 사회·경제적 환경의 변화에 따라 혹은 관련법규의 변천에 따라 그 기준을 달리하고 있으며, 국가나 학자마다 분류체계가 다르다.

외식사업을 분류하기 위해서는 먼저 업종과 업태의 구분이 필요하다. 여기서 업종(type of business)이란 외식업체가 판매하고 있는 상품, 즉 어떤 메뉴를 제공하는가를 의미하는 것으로 예를 들어 한식, 양식, 일식, 중식 등을 말한다. 이에 대하여 업태(type of service)란 외식업체의 영업방식이나 서비스형태를 의미하는 것으로 커피숍, 패스트푸드(fast food), 패밀리 레스토랑(family restaurant) 등이라 볼 수 있다. 이러한 업태의 차이에 따라 메뉴와 가격, 점포 및 입지, 마케팅시스템 등이 다르다.

2) 우리나라 외식사업의 분류

우리나라의 외식사업 분류는 통계청에서 분류하는 '한국표준산업분류', '식품위생법상의 분류', '관광진흥법상의 분류'로 구분하고 있다.

(1) 한국표준산업분류

통계청의 한국표준산업분류(Korea Standard Industrial Classification)는 산업관련 통계자료의 정확성 및 비교성을 확보하기 위해 생산단위(사업체단위, 기업체단위)가 주로 수행하는 산업활동을 유사성에 따라 체계적으로 유형화한 것이다.

우리가 외식사업이라 칭하는 '음식점업'은 한국표준산업분류에서 구분하고 있는 대분류인 '숙박 및 음식점업'으로 되어 있으며, 그 하위개념인 중분류에서는 다시 '음식점

---

4) 정용주, 전게서, pp.23~33.

및 주점업(56)'으로 분류된다. 그리고 중분류의 하위체계인 소분류에는 '음식점업(561) 과 주점 및 비알코올음료점업(562)'으로 분류되고 있다.

그리고 소분류의 하위개념인 세분류에서, 음식점업(561)의 경우는 일반음식점업(5611), 기관구내식당업(5612), 출장 및 이동 음식업(5613), 기타 음식점업(5619)으로 분류한다. 그리고 비알코올음료점업(562)의 경우는 주점업(5621)과 비알코올음료점업(5622)으로 분류된다.

〈표 3-2〉 한국표준산업분류상의 음식점업 및 주점업

대분류	중분류	소분류	세분류	세세분류		비고
1 숙박 및 음식점업	56 음식점 및 주점업	561 음식점업	5611 일반음식점업	55211	한식점업	
				56111	한식 음식점업	
				56112	중식 음식점업	
				56113	일식 음식점업	
				56114	서양식 음식점업	
				56119	기타 외국식 음식점업	
			5612 기관 구내식당업	56120	기관구내식당업	
			5613 출장 및 이동 음식업	56131	출장 음식서비스업	
				56132	이동음식업	
			5619 기타 음식점업	56191	제과점업	
				56192	피자, 햄버거, 샌드위치 및 유사음식점업	
				56193	치킨전문점	
				56194	분식 및 김밥전문점	
				56199	그 외 기타음식점업	
		562 주점 및 비알코올 음료점업	5621 주점업	56211	일반유흥주점업	
				56212	무도유흥주점업	
				56219	기타 주점업	
			5622 비알코올 음료점업	56220	비알코올음료점업	

자료: 통계청, 한국표준산업분류(제9차개정), 2008.

세분류의 하위개념인 '세세분류'에서는 '세분류'를 기준으로 더욱 자세하게 분류되고 있다. 특히 소분류에서의 '음식점업(561)'은 "국내에서 직접 소비할 수 있도록 접객시설을 갖추고 조리된 음식을 제공하는 식당, 음식점, 간이식당, 카페, 다과점, 주점 및 음료점업 등을 운영하는 활동과 독립적인 식당차를 운영하는 산업활동"을 말한다. 또한 여기에는 접객시설을 갖추지 않고 고객이 주문한 특정 음식물을 조리하여 즉시 소비할 수 있는 상태로 주문자에게 직접 배달(제공)하거나 고객이 원하는 장소에 가서 직접 조리하여 음식물을 제공하는 경우가 포함된다. 위의 〈표 3-2〉는 한국표준산업분류에 따른 우리나라 외식업의 분류이다.

(2) 「식품위생법」상의 외식사업 분류

「식품위생법」은 제36조(시설기준) 제1항 제3호에서 '식품접객업'이라는 용어를 사용하여 외식업소를 표현하고 있으며, 「식품위생법 시행령」제21조(영업의 종류) 제8호에서는 식품접객업의 종류 및 영업내용을 명시하고 있다. 즉 휴게음식점영업, 일반음식점영업, 단란주점영업, 유흥주점영업, 위탁급식영업, 제과점영업으로 분류하고 있다.

(가) 휴게음식점영업

주로 다류(茶類), 아이스크림류 등을 조리·판매하거나 패스트푸드점, 분식점 형태의 영업 등 음식류를 조리·판매하는 영업으로서 음주행위가 허용되지 아니하는 영업을 말한다. 다만, 편의점, 슈퍼마켓, 휴게소, 그 밖에 음식류를 판매하는 장소에서 컵라면, 일회용 다류 또는 그 밖의 음식류에 뜨거운 물을 부어주는 경우는 제외한다.

(나) 일반음식점영업

음식류를 조리·판매하는 영업으로서 식사와 함께 부수적으로 음주행위가 허용되는 영업을 말한다.

(다) 단란주점영업

주로 주류를 조리·판매하는 영업으로서 손님이 노래를 부르는 행위가 허용되는 영업을 말한다.

(라) 유흥주점영업

주로 주류를 조리·판매하는 영업으로서 유흥종사자를 두거나 유흥시설을 설치할 수 있고 손님이 노래를 부르거나 춤을 추는 행위가 허용되는 영업을 말한다.

(마) 위탁급식영업

집단급식소를 설치·운영하는 자와의 계약에 따라 그 집단급식소에서 음식류를 조리하여 제공하는 영업을 말한다.

(바) 제과점영업

주로 빵, 떡, 과자 등을 제조·판매하는 영업으로서 음주행위가 허용되지 아니하는 영업을 말한다.

(3) 「관광진흥법」에 따른 외식사업 분류

관광과 외식사업은 불가분의 관계에 있다. 「관광진흥법」에서는 구체적으로 외식업소를 분류하고 있지는 않지만, 음식점 또는 식당이라는 표현으로 명시하고 있다. 외식사업과 관계가 있는 관광객이용시설업의 관광공연장업과 관광편의시설업에서의 관광유흥음식점업, 관광극장유흥업, 외국인전용 유흥음식점업, 관광식당업 등이 있다. 세부적인 사항은 다음과 같다.

(가) 관광공연장업

관광객을 위하여 공연시설을 갖추고 한국전통가무가 포함된 공연물을 공연하면서 관광객에게 식사와 주류를 판매하는 업을 말한다. 관광공연장업은 1999년 5월 10일 「관광진흥법 시행령」을 개정하여 신설한 업종으로서 실내관광공연장과 실외관광공연장을 설치·운영할 수 있다.

(나) 관광유흥음식점업

식품위생법령에 따른 유흥주점영업의 허가를 받은 자가 관광객이 이용하기 적합한 한국 전통분위기의 시설(서화·문갑·병풍 및 나전칠기 등으로 장식할 것)을 갖추어 그 시설을 이용하는 자에게 음식을 제공하고 노래와 춤을 감상하게 하거나 춤을 추게 하는 업을 말한다.

(다) 관광극장유흥업

식품위생법령에 따른 유흥주점 영업의 허가를 받은 자가 관광객이 이용하기 적합한 무도(舞蹈)시설을 갖추어 그 시설을 이용하는 자에게 음식을 제공하고 노래와 춤을 감상하게 하거나 춤을 추게 하는 업을 말한다.

(라) 외국인전용 유흥음식점업

식품위생법령에 따른 유흥주점영업의 허가를 받은 자가 외국인이 이용하기 적합한 시설을 갖추어 그 시설을 이용하는 자에게 주류나 그 밖의 음식을 제공하고 노래와 춤을 감상하게 하거나 춤을 추게 하는 업을 말한다.

(마) 관광식당업

식품위생법령에 따른 일반음식점영업의 허가를 받은 자가 관광객이 이용하기 적합한 음식 제공시설을 갖추고 관광객에게 특정 국가의 음식을 전문적으로 제공하는 업을 말한다.

3. 외식사업의 성장과 발전[5]

1) 외식사업의 발전요인

인류의 출현과 함께 생명유지를 위한 수단으로 이용되었던 음식 섭취는 오늘날 인간 삶의 질과 수준을 높여 풍요롭게 할 뿐만 아니라 개인적 · 사회적 욕구까지도 충족시키는 수단으로 이용되고 있다. 특히 산업화 · 국제화 등의 사회적 환경변화로 인해 외식사업도 양적인 성장과 함께 질적인 성장을 하게 되었다.

국내 외식사업이 성장 · 발전하게 된 배경으로는 경제발전에 따른 소득의 증가와 일자리 증가로 인한 여성의 사회진출 및 맞벌이 가정의 증가, 핵가족화와 독신자 증가, 고령화시대 도래로 인한 건강기능성 식품에 대한 관심 증가, 주5일 근무로 인한 여가시간의 증대 등을 들 수 있다. 외식사업의 발전요인을 구체적으로 살펴보면 다음과 같다.

(1) 경제적 요인

경제가 발전함에 따라 국민소득을 비롯한 가처분소득이 증가하여 가치소비가 증가하게 되었으며, 외식시장이 세분화 · 다양화되었다. 또한 세계화로 인한 경제교류 및 시

---

5) 함동철 · 강재희 공저, 창업과 경영(서울: 백산출판사, 2013), pp.21~32.

장개방으로 해외 외식기업의 국내 진출이 활발해졌을 뿐만 아니라 국내 대기업의 외식시장 참여율이 높아져 국내 외식기업의 해외시장 진출 또한 확대되고 있다.

(2) 사회적 요인

산업화로 인해 일자리가 증가하면서 여성의 사회진출로 인한 맞벌이 부부와 부모세대가 분리하여 생활하는 핵가족화 현상이 야기되었다. 특히 주5일 근무로 인한 여가시간의 증대로 외식에 대한 욕구가 고급화·다변화되었다. 또한 독신자와 신세대, 노령층, 여피족 등 새로운 세대의 출현은 외식의 증대뿐만 아니라 배달서비스, 테이크아웃, 인터넷 쇼핑몰, 홈쇼핑 등의 판매방식에도 영향을 미치게 되었다.

(3) 문화적 요인

현대인들이 항상 시간에 쫓기는 생활을 하다 보니 식생활 패턴이 밥과 반찬으로 구성된 전통적인 식습관에서 반조리식품, 패스트푸드 등 간편식을 추구하는 식생활로 바뀌고 있다. 또한 해외여행의 증가와 인터넷의 생활화는 식생활을 서구화·다양화하여 국내 외식시장에 글로벌음식과 퓨전음식을 취급하는 식당들이 증가하게 되었다. 그러나 최근 전통음식의 우수성이 입증되었을 뿐만 아니라 다양한 상품이 개발됨에 따라 전통음식에 대한 관심이 다시 증가하고 있다.

(4) 과학기술적 발전요인

주방시설의 과학화와 식품가공기술 등의 발달로 인해 식품이 다양화되고 포장기술의 발달로 장기보존이 가능해졌다. 또한 메뉴상품의 과학화·표준화를 통해 대량생산이 가능하게 되었으며, 이로 인한 자동화시스템 도입으로 생산성이 향상되어 원가절감에 크게 기여하게 되었다. 이러한 과학기술의 발달로 인해 외식프랜차이즈 산업이 보급·확산되어 해외 외식브랜드의 국내 보급과 국내 외식브랜드의 해외진출이 활발해지는 계기가 되었다.

(5) 고객요인

위의 경제적·사회적·문화적·과학기술적 요인은 고객 인식의 변화를 가져왔다. 기존의 식당이 단순히 배를 채우는 장소였다면, 오늘날 음식을 판매하는 외식업체는 만남의 장소, 여가와 휴식의 장소, 가치추구의 장소로 인식되는 등 고객의 인식이 변하고 있다. 또한 웰빙 트렌드로 건강기능성 음식, 저열량 음식 등에 대한 관심이 증가하고 있으며, 자신의 취향을 고려한 음식을 선호하는 등 변화하는 고객의 욕구 충족을 위해 다양한 메뉴상품을 개발함으로써 외식사업 발전에 기여하고 있다.

2) 외식사업의 문제점

국내 외식사업은 산업기반이 확고하게 정립되지 못한 상태에서 양적인 급성장 추세를 보여왔다. 따라서 미래의 유망산업으로 지속적인 성장이 기대되는 외식업계는 내외적으로 해결해야 할 몇 가지 과제를 안고 있는데, 이를 살펴보면 다음과 같다.

(1) 경영기법의 미축적

일찍이 외식사업을 발전시킨 선진국의 다국적 외식업체에 비해서 우리나라의 외식업체는 아직도 경영기법의 축적이 이루어지지 못하고 있는 것이 현실이다. 대기업들은 해외브랜드들과 제휴하여 선진경영기법을 습득하여 경영하고 있으나, 대부분 영세성을 면치 못하고 있는 외식사업체들은 체계적인 경영이 이루어지지 못하고 있는 실정이다.

(2) 영세한 생업형

대부분의 외식업소가 가족 노동력 중심의 영세한 생업형으로 운영하고 있기 때문에 직원교육, 서비스, 메뉴개발, 원가의식, 위생관리 등의 사항에 대하여는 힘을 쏟을 여력이 없다.

(3) 직업의식 결여

외식업이 발전한 선진국에서는 전문직종으로 분류되면서 사회적으로 각광받고 있는데 반해, 우리나라에서는 직업의식의 결여로 전문적인 직업의식을 통해 얻을 수 있는 경영기법의 축적이 이루어지지 못하고 전문인력의 부족난을 겪고 있는 실정이다.

(4) 외식관련 산업의 미발달

외식관련 산업의 미발달이 외식사업 발전에 장애요인이 되고 있다. 그중에서 가장 심각한 것이 주방기기 부문이다. 현재의 주방기기 회사들 대부분이 영세하고 기술수준이 낮기 때문에 외식업소에서는 품질관리와 대량생산에 어려움이 많다.

(5) 규제위주의 전근대적 법제도

다국적 외식기업의 국내진출이 본격화되고 새로운 개념의 신업종 및 업태출현이 가속화되고 있음에도 불구하고, 변화하는 사회·경제적 환경에 대처할 수 있는 법규 및 행정제도가 뒤따라 개선되지 못하고 규제위주의 전근대적인 법제도가 지배하고 있는 현실이다.

(6) 다국적 외식기업의 국내 진출

다국적 외식기업의 국내진출은 선진화된 경영노하우를 전수받아 국내 외식사업이 성장할 수 있는 긍정적인 면도 있으나, 막대한 자본력과 우수한 경영시스템으로 무장한 이들 기업이 대거 국내에 진출하여 시장을 잠식하고 있다. 뿐만 아니라 여기에 일부 재벌도 가세하여 자체개발보다는 손쉬운 방법으로 다국적 외식기업의 국내진출에 앞장서고 있어 막대한 로열티가 국외로 유출되는 현상이 나타나고 있다.

3) 외식사업의 발전방안

위에 예시한 문제점들은 단기간 내에 모두 해결하기는 불가능하지만, 이를 단계적으로 해결하는 방안으로 다음 사항을 제시하고자 한다.

(1) 현대적 대단위 시스템 구축

영세한 자영업체들이 연합회조직을 구성해 식재료 및 양념을 중앙공급식으로 배달하는 현대적인 대단위시스템을 구축하면 규모의 경제를 추구할 수 있게 될 것이다.

(2) 독자적인 브랜드 개발

외국브랜드의 라이선스 사업에는 한계가 있다. 따라서 외국업체와 대등한 입장에서 승부를 걸기 위해서는 그동안 외국체인점을 운영했던 노하우를 가지고 품질과 가격 면에서 외국브랜드와 충분한 경쟁력을 갖추어, 이제는 독자적인 브랜드를 개발하여 능력껏 외식사업을 전개해야 한다. 최근에는 외국브랜드와 제휴관계를 맺고 외식사업에 뛰어들었던 대기업들이 독자브랜드 사업을 활발하게 전개하면서 외국에 진출하고 있다.

(3) 전문인력 양성 및 교육훈련 강화

정기적인 교육프로그램 실행 및 각종 세미나 참석 등으로 종업원에게 전문기술을 습득하게 하고 직업의식을 고양시켜야 한다. 그리고 우수한 종업원에게는 해외연수의 기회를 부여하여 선진외국의 기술을 배워오도록 해야 한다. 또한 대학에도 정규과정을 개설하여 전문인력을 양성하고 체계적인 틀 속에서 연구도 병행하는 노력이 수반되어야 한다.

(4) 전통음식의 과학화 개발

한국특유의 입맛을 겨냥하는 이른바 신토불이 식품인 전통음식을 과학화한 식품으로 개발함으로써 소비자의 기호에 적극 부응해야 할 것이다. 건강식 등 전통음식의 관광상품화는 우리 고유의 전통문화를 세계에 알릴 뿐만 아니라 외화획득으로 국가경제발전에도 기여할 수 있다.

(5) 외식사업 관련 법제도의 정비

외식사업이 경쟁력을 갖추고 사회경제에 기여할 수 있는 산업으로 정착하기 위해서는 규제일변도의 법제도를 외식업계의 현실에 맞게 재정비되어야 한다. 이로써 외식업계가 능력껏 합리적 경영을 할 수 있도록 정부의 적극적인 지원이 필요하다고 본다.

4. 외식산업의 환경변화와 전망

1) 외식산업의 환경변화

(1) 국내 외식산업의 환경변화

현대 산업사회의 식생활 구조는 다양화, 세분화의 특성을 갖는다. 식생활의 글로벌화 추세, 식생활의 가공식품화, 외식기회의 증가 등 이러한 경향들이 상호보완적으로 작용하면서 외식의 새로운 개념을 형성하여 외식서비스 산업을 본격적으로 발전시키는 요인이 되고 있다.

특히 신세대층이 소비수요를 주도하고 가족중심의 생활패턴이 자리 잡으면서 패밀리 레스토랑, 피자, 햄버거 등 외래음식을 취급하는 체인브랜드들이 급성장하고 있는 추세다. 국내 외식산업의 환경변화를 사회·경제·문화·기술적 측면에서 살펴보면 다음과 같다.

(가) 경제적 환경변화

경제적 환경변화로서 국민소득의 증가에 따라 가처분소득과 생활수준의 향상이 외식의 기회를 증대시키고 있다. 가처분소득의 증대는 외식의 주된 요인이 된다. 특히 여가소비가 유한계층의 신분을 규정하는 표상으로 자리 잡으면서 외식문화의 발전이 가속화되고 있다.

또한 국경을 초월한 무한경쟁시대에 돌입함으로써 해외 유명브랜드가 국내로 유입되고, 막대한 자금력과 조직력을 갖고 있는 대기업의 외식시장 진출이 외식산업의 경제수준과 기술환경을 자극하고 있다.

(나) 사회적 환경변화

사회적 환경변화로서 대량생산, 대량판매에 뒤이어 대중소비사회가 정착되고 있으며 소비자의 라이프스타일(life style) 변화, 가치관의 변화, 소비의식구조의 변화가 일고 있다. 특히 여성의 사회진출 확대는 외식행위의 결정요인인 수입증대를 가져와 외식산업 발전에 기여하는 절대적 중요 요인으로 지적되고 있다. 맞벌이 부부의 증가, 독신가정의 증가 등 가정 개념의 변화와 소비자의 건강식에 대한 욕구, 신세대 출현, 레저패턴의 다양한 변화양상이 외식기회의 증가를 가져오는 요인으로 분석된다.

(다) 문화적 환경변화

문화적 환경변화로서 간편식 위주의 패스트푸드 수요의 증가와 식생활 패턴의 서구화 현상은 외식행태의 변화뿐만 아니라 외식시장 전반에 큰 영향을 미치고 있다. 경제가 발전하고 국민의 소득수준과 교육수준 등이 향상되면서 삶에 있어 의식주 문제의 해결이 아닌 인간으로서의 삶을 의미있게 살아가려고 하는 삶의 질과 행복의 추구를 고려하게 되었다.

가처분소득의 증가로 인해 문화생활의 향유를 갈구하게 되었으며, 여가에 대한 새로운 가치관의 정립과 더불어 다양한 문화 및 레저활동에 참여함으로써 외식의 참여기회가 증대되었다. 또한 세계화시대가 도래하면서 많은 사람들이 해외여행을 통하여 타국의 문화를 접할 수 있는 계기가 되었고, 선진 외국의 식생활 및 문화를 많이 받아들이게 되었다.

(라) 기술적 환경변화

공급 측에서의 변화, 즉 컴퓨터와 주방기기의 현대화 등 기술적 환경변화 요인은 외식산업을 공업화, 산업화시키는 계기가 되고 있다. 컴퓨터시스템의 일반화가 진행되면서 그간의 주먹구구식 경영에서 보다 합리적이고 신속한 경영관리가 이루어지게 되었으며, 해외 유명브랜드와의 기술제휴, 체인시스템의 보급·확산 등 선진 경영기법의 도입으로 국내 외식업계는 단기간 내에 급속도로 성장하게 되었다.

(2) 국외 외식산업의 환경변화

미국의 경우 1960년대에 프랜차이즈시스템(franchise system)의 도입으로 체인기업경영이 확립되었고, 1970년대에는 미국 외식기업의 해외진출로 외식기업의 국제화가 급속하게 행하여졌으며, 품목확대, 패스트푸드 점포의 이원화(소형화와 좌석을 도입한 대형화)가 이루어져 전 세계에 급속도로 보급되었다.

그 후 1980년대에 들어와서는 외식기업체에 매수, 합병, 시장점유율의 확대 등 자본력의 경쟁이 치열해졌고, 한편으로는 계열화가 진행되어 경영 면의 산업화가 합리적으로 이루어졌다. 또한 미국의 거대식품 메이커의 다수가 외식분야에 진출하고 있고, 유럽, 일본, 동남아시아의 자본이 미국의 외식산업에 참여하고 있음에 따라 미국의 외식메뉴는 급속하게 국제적 다양성을 띠어가고 있다.

특히 소비자의 건강욕구가 증대하고 일본식 외식풍이 상륙하면서 외식업체에서는 소비자의 욕구충족을 위한 건강과 미식을 강조하는 새로운 메뉴개발과 마케팅 전략을 도입하게 되었다. 또한 드라이브 스루(drive though)형의 점포가 유행하여 새로운 외식업태로서 관심을 끌게 되었다.

일본 외식산업의 본격적인 공업화 내지 기업화단계는 1960년대부터라고 볼 수 있는데, 1970년대에 접어들면서 패스트푸드나 패밀리 레스토랑과 같은 서양화의 신종업태가 출현해 체인조직을 갖추면서 새로운 영업과 광고 판촉이 매스컴에 등장해 사회적 관심과 소비자들의 욕구를 불러일으키게 되었다.

1980년대의 일본 외식산업은 주방시스템의 자동화, 식재공장 붐, 종합 네트워크 및 점포 종합관리시스템 구축 등 성숙한 외식산업으로 진입하게 되는데, 프랜차이즈 시스템의 가속화와 대기업의 신규진출이 두드러지고, 스카이락, 데니스 재팬 등이 증권거래소에 상장기업으로 등장하게 된다.

1990년대로 접어들면서 일본의 외식산업은 일본고유의 민속 민족요리점의 출현, 다른 업종과의 복합점포나 공동출점 형태의 영업, 외식업의 해외진출 등이 눈에 띄게 나타나고 있다.

2) 외식산업의 향후 전망

외식산업은 서비스산업이자 성장산업이며, 미래지향적인 21세기 최첨단산업이다. 아울러 식품·유통·서비스산업의 최종복합산물이며 첨단산업이기 때문에, 적응성장기에 있는 국내 외식산업은 이제부터 21세기 미래를 향한 변화와 발전을 모색해야 할 시점에 있는 것이다.

우리나라 외식산업은 해외 시장개방이 가시화되면서 강력한 자본력과 마케팅 능력을 갖춘 유명 해외브랜드들이 대거 국내시장에 진출하게 되었고, 그 결과 동일상권 내에서 동일업종, 유사업종 간의 다각화된 시장경쟁상태에 놓이게 되었다. 특히 UR 협상과 UNWTO 체제 출범 및 발전 등 세계 경제환경의 변화와 함께 막대한 자금력과 마케팅 능력을 갖춘 외국 유명브랜드의 국내시장 진출이 늘고 있는 실정이며, 향후에도 어떤 형태로든 외국 외식업체의 국내진출은 계속 증가할 것으로 전망된다.

소비자 라이프스타일의 변화와 식생활에 있어서의 국제화 추세, 개인이나 모임의 외식증가로 인해 다양한 형태의 고급식당 및 전문식당의 도입과 더불어 새로운 개념의 서비스와 맛의 차별화, 개성 있고 쾌적한 업장분위기 연출 등의 노력이 끊임없이 필요할 것이다.

한편, 대기업 계열 외식업체들의 잇단 진출은 주로 기존 대형음식점 등의 독립적 외식업체와 영세 프랜차이즈업체, 자영업체들의 시장을 잠식할 것이다. 그러나 미국의 예를 보면, 맥도날드(McDonald's)와 같은 대형업체들이 여전히 시장을 주도하고 있지만 성장은 더딘 반면, 중소업체 중 서비스 등을 차별화하여 고객에게 접근하는 중소체인이 급속한 성장을 보이는 사례가 많다. 이는 외식업체의 규모나 브랜드 이미지만큼이나 차별적인 서비스 전략이 필요함을 암시하는 것이라 할 수 있다.

장기적으로 보면 외식시장은 대기업과 일부 시스템이 완비된 중견기업들이 시장을 선도하는 가운데 기존의 외식업체들이 시장을 세분하는 형태의 이분적 시장개편이 이루어질 전망이다. 또한 소규모·자영 외식업체는 서비스 및 맛이 차별화된 기업, 혹은 일상생활자들에게 접근이 용이한 업체들을 중심으로 다이닝아웃(dining-out) 업체, 이팅아웃(eating-out) 업체의 두 부분으로 재편될 것으로 본다.

따라서 외식업이 경쟁력을 제고시키고 한층 더 성장하기 위해서는 자금력, 조직력, 전문성, 노하우(know-how) 등을 갖춘 업체가 전문화, 선진 서비스기법의 습득 등으로 고품질과 차별화된 서비스를 통하여 시장 전체의 신규 수요창출에 힘써야 할 것이다.

제6절   리조트사업

1. 리조트의 이해

1) 리조트의 개념

리조트(resort)의 사전적 의미는 "건강, 휴양 등과 관련하여 사람들이 자주 가는 장소" 또는 "대중적인 오락, 레크리에이션의 장소"로 해석되고 있는데, 우리나라의 경우에는 '휴양지', '관광단지' 또는 '종합휴양시설' 등의 개념으로 해석되고 있다.

우리나라에서 리조트란 아직까지 일반적으로 통용되는 용어가 아니고 현행 「관광진흥법」에서 규정하고 있는 관광객이용시설업 중 전문휴양업이나 종합휴양업(제1종·제2종)으로 분류되어 있을 따름이다.

일본에서는 '종합보양지역정비법(일명 "리조트법")'이 제정되어 있는데, 여기에서 리조트를 "양호한 자연조건을 가지고 있는 토지를 포함한 상당규모(15ha)의 지역에 있어서 국민이 여가 등을 이용하려고 체재하면서 스포츠, 레크리에이션, 교양문화활동, 휴양, 집회 등의 다양한 활동을 할 수 있도록 종합적인 기능이 정비된 지역(약 3ha)"으로 정의하고 있다. 이 정의에 따르면 리조트는 ① 체재성, ② 자연성, ③ 휴양성(보양성),

④ 다기능성, ⑤ 광역성 등의 요건을 모두 겸비하고 있어야 하는 것으로 해석하고 있다. 따라서 하나의 요건만 만족시켰다고 해서 모두 리조트라고 말할 수는 없다는 것이다.

이상의 리조트에 관한 정의들을 종합해 보면, 리조트는 사람들을 위해 휴양 및 휴식을 제공할 목적으로 일상생활권을 벗어나 자연경관이 좋은 지역에 위치하며, 레크리에이션 및 여가활동을 위한 다양한 시설을 갖춘 종합단지를 의미한다고 하겠다. 즉 리조트란 "자연경관이 수려한 일정규모의 지역에 관광객의 욕구를 충족시킬 수 있는 레크리에이션, 스포츠, 상업, 문화, 교양, 오락, 숙박 등을 위한 시설들이 복합적으로 갖추어져 재방문을 유도하고 심신의 휴양 및 에너지의 재충전을 목적으로 조성된 4계절 종합휴양지"라고 정의하고자 한다.

2) 리조트사업의 특성

(1) 리조트사업의 요건

현대는 스트레스사회라고 일컬어진다. 전후 일본은 경제적으로 눈부신 발전을 이루었고, 기술혁신이 진행되어 물질문명이 꽃을 피웠다. 반면 소비생활은 풍성해졌지만, 정신생활에 있어 마음의 피로와 갈증으로 고뇌하는 사람들이 증가하고 있다.

리조트는 현대사회가 부과하는 다양한 스트레스에서 벗어나 본래의 자기를 찾고 싶다는 사람들이 증가함에 따라 보급되어 온 기본적 성격을 갖고 있다.

그래서 사회가 점점 근대화하고, 경제적 가치와 합리성이 한층 중시될 것이 예상되면서부터 경쟁사회에 있어서 정신과 육체에 대한 정신적 압박감은 점차 커지고, 이로써 리조트에 대한 요구도 높아지게 된 것이다. 리조트사업은 이러한 인간의 정신과 관련되는 사업영역을 갖고 있기 때문에 리조트시설 등의 하드웨어적 요소만으로는 불충분하다. 서비스와 시스템, 사상, 혹은 리조트를 둘러싼 문화, 자연환경 등의 주변적 요소와 전체적 조화가 리조트로서의 성립에 중요한 의미를 갖고 있다.

정신과 육체의 피로를 푸는 것뿐만 아니라 내일의 활력을 배양하고, 가족 또는 친한 사람들과 즐거운 한때를 보내거나, 잃어버렸던 자연으로 회귀하거나, 혹은 창조적인 활동을 하기 위해서 많은 사람들이 리조트를 찾고 있다고 할 수 있다. 이러한 요구에 대응하는 것이 본래의 의미에서 '리조트'라 부르는 것이다.

(2) 리조트사업의 특성

리조트를 현실의 사업이라는 측면에서 보는 경우, 다른 산업과 비교해 어떠한 특색을 갖고 있는지 살펴보면 다음과 같다.

① 생산과 소비의 동시점(同時點)·동지점성(同地點性)

② 수요의 불안정성

③ 막대한 초기투자

이러한 특징의 하나하나를 보면 다른 산업에도 적합한 것이지만, 이러한 3가지 특징을 전부 갖는 것이 리조트사업의 특색이다.

첫째, 생산과 소비의 동시점·동지점성인데, 이것은 서비스업 전반에 걸친 공통적인 특징이다. 다시 말하면 재고(stock)가 없다는 표현이 가능하다. 예를 들면, 리조트지역의 개인용 풀장 주변공간에서 음료를 제공한다는 서비스 제공행위와 음료를 마시면서 일광욕을 하고 시간을 보낸다는 소비행위는 공유하는 시간(동시점)에 공유하는 장소(동지점)를 고려하지 않으면 안 된다. 이 때문에 이용자가 많아 의자의 수용량을 상회할 경우에는 자리가 빌 때까지 고객을 기다리게 하지 않으면 안 된다(하지만 기다리는 사이에 기후가 변화하든가, 저녁이 되어서 일광욕을 할 수 없다는 상황도 있을 수 있다). 기다리는 사람이 이용을 단념하지 않게 하기 위하여 공간을 확대한다면(풀 사이드를 넓혀 의자를 증설하고, 숙박시설의 수용량을 올리고, 음료수와 서비스맨의 수를 늘린다), 고객수가 적을 때에는 시설과 노동력이 유효화하게 된다. 이렇듯 리조트사업은 재고가 없기 때문에 안정적인 서비스 제공이 불가능하다. 이것이 경영을 압박하는 원인이 된다.

둘째, 수용의 불안정성이다. 이것은 수요자 측에서 볼 때, 리조트가 그들의 생활 가운데서 얼마만큼의 비중을 갖고 있는가라는 것과 리조트가 시간소비형의 행동이라는 것에 크게 유래하고 있다. 그렇기 때문에 리조트는 대부분의 사람들에게 생활필수는 아니다. 리조트에 대한 수요크기는 경기와 가계의 상황에 크게 좌우되는 것이라 생각한다. 더욱이 무슨 일이 있어도 리조트가 생활에 자리 잡지 않으면 안 된다고 생각하는 사람은 적다. 어차피 리조트에서 시간을 보낸다면, 가능한 한 지내기 쉬운 기후시기와 그 리조트지에서 특정계절에만 있는 것(스키·해수욕 등)이 가능한 시기를 선택하고 싫어 한다. 이 때문에 수요가 불안정하다는 것과 함께 전망도 불투명한 것이 리조트경영을 불안정하게 하는 하나의 요소로 존재한다.

셋째, 막대한 초기투자이다. 리조트사업은 일반적으로 거대한 토지취득과 시설건설 및 기반정비에 거액의 선행투자가 필요하다. 특히 일본처럼 지가가 높고 토지이용상의 각종 규제가 많은 나라에서는 넓은 용지를 확보하는 것만으로도 큰 비용이 발생하게 된다.

3) 한국 리조트의 유형

우리나라 리조트는 고원형이 주종을 이루었으나, 앞으로는 우리나라가 3면이 바다인 지리적 여건으로 해양형 리조트의 개발도 활기를 띨 것으로 전망된다. 관광객들의 휴가철 방문지 선호도에서 바닷가가 단연 1위를 차지하고 있다는 점에서도 개발가능성이 높다고 본다.

주5일제 근무와 조기 출퇴근제 등 탄력적 근무 분위기 확산에 따라 자유시간이 늘어났고, 국민소득 증가와 승용차 보급의 확대 및 가족단위의 레저생활 등으로 레저 패턴이 단순 숙박 관광형에서 체류·휴양형으로 변화함에 따라 다양한 시설을 구비한 대형 리조트의 필요성이 대두되고, 이러한 레저수요의 확대성향이 대기업들의 활발한 참여 현상으로 이어지고 있다.

리조트는 산악형, 수변형, 임해형, 건강·온천·스포츠형, 위락형으로 나눌 수 있다.

〈표 3-3〉 한국 리조트 유형

구분	종류	특징	사례지
규모	대규모 리조트	여러 리조트가 대상(帶上)으로 연결되어 하나의 대규모 리조트 형성	• 랑도크 루시옹(프랑스) • 코스타 델 솔(스페인)
	소규모 리조트	독특한 시설이나 환경을 갖추어 일부 계층의 이용자들에게 서비스 제공	• 바덴바덴(독일) • 마리나 델 레이(미국)
주기능	종합 리조트	여러 계층의 이용자들이 다양한 레저, 스포츠활동과 휴양활동을 즐길 수 있도록 다양한 리조트시설을 갖춤	• 디즈니월드, 매직마운틴(미국)
	스키 리조트	스키장을 중심으로 겨울철 레저활동에 적합한 시설을 제공	• 샤모니(프랑스), 알파도마무(일본) • 휘슬러 리조트(캐나다) • 무주리조트(한국)

구분	종류	특징	사례지
주기능	골프 리조트	골프 코스 주변에 각종 스포츠, 레크리에이션 시설 등을 갖추어 리조트로 개발	• 라코스타 호텔 앤드스파(미국)
	온천 리조트	온천수가 용출되는 지역에 휴식, 휴양 시설을 갖춤	• 바덴바덴(독일) • 바스, 브라이튼(영국)
	해안 리조트	해안을 따라 해수욕장 및 마리나 등을 개발하여 다양한 해상 레크리에이션활동이 가능하도록 함 유럽 남부 지중해 연안에 많이 개발됨	• 마리나 델 레이, 랑도크 루시옹, 그랑모뜨(프랑스)
이용계절	사계절형 리조트	연중이용, 기후가 온난한 지역에 위치한 종합리조트	• 브로즈 무억(미국), 코스타 델 솔, 디즈니월드(미국)
	여름형 리조트	하기휴양객을 대상으로 개발된 리조트로 대부분의 해안 리조트가 해당됨	• 마리나 델 레이, 랑도크 루시옹, 코스다주르
	겨울형 리조트	스키를 비롯해 동계 레크리에이션 활동이 가능하도록 개발된 리조트	• 샤모니, 아스펜(미국), 알파도마무, 르레노블 삿뽀로(일본)

자료: 이봉석 외 10인(2002), 관광사업론, 대왕사, 2002.

2. 주요 분야별 리조트사업

현재 우리나라에서 운영 중인 리조트는 산악고원형으로 스키장 중심으로 구성되어 있다. 따라서 다른 경쟁업체들과 비교해서 특별한 시설이나 콘셉트를 가지지 않고 차별화되지 못하고 있는데, 이는 좁은 국토에서 기후에 차이가 없고 산지가 많기 때문이다. 또한 운영 면에서도 초기투자자본의 조기회수를 위하여 콘도미니엄 분양을 중심으로 이루어지고 있다.

1) 스키리조트

스키리조트는 스키장을 기본으로 다른 레크리에이션시설을 갖춘 종합휴양지를 의미하는데, 특히 4계절이 뚜렷한 우리나라의 경우 비수기 기간이 너무 길어 스키장만을 운영하기보다는 골프장, 콘도미니엄 등을 복합적으로 갖추는 것이 일반적이다.

스키리조트는 눈이라고 하는 천연자원이 가장 핵심적인 상품으로 다른 리조트에 비해 계절성이 강하다. 또한 스키로 활강하기에 적합한 경사도를 확보하기 위해서는 산악지대에 위치하는 것이 가장 큰 특징이다.

'겨울철 스포츠의 꽃'으로 불리는 스키는 1990년대 중반 이후 국민소득 수준의 향상, 자유시간의 증가 등으로 빠르게 보급되고 있다. 1989년 이전까지는 용평리조트, 양지파인리조트, 스타힐리조트, 베어스타운리조트, 알프스리조트 등 5개소에 불과했으나, 1990년에 덕유산리조트와 이글벨리리조트가 개장해 총 7개소로 늘었다. 그 후 1993년에는 서울리조트, 비발리파크가 개장되었고, 1995년에는 웰리힐리파크, 휘닉스파크 등이 문을 열어 총 11개소로 늘어났다. 그리고 1996년에는 지산프레스트리조트가 문을 열었고, 2002년에는 엘리시안강촌이, 2006년에는 오크밸리 스키장, 하이원리조트, 에덴밸리리조트가 개장하였고, 2008년에는 오투리조트와 곤지암리조트가 개장하였으며, 2009년 12월에는 알펜시아리조트가 개장하였다.

2015년 12월 말 기준으로 국내에서 운영 중인 스키장은 총 19개소인데, 스키장의 대부분이 경기도(6개소)와 강원도(10개소)에 편중되어 있음을 알 수 있다. 이는 이들 지역이 눈이 많이 내리고 눈의 질이 좋은데다 수도권의 스키어를 유치하는 데 접근성이 유리하기 때문이다.

2) 골프리조트

골프리조트란 골프장을 기본으로 각종 레크리에이션시설이 부가적으로 설치되어 있는 리조트를 말한다. 일반적으로 골프장은 컨트리클럽과 골프클럽으로 나누고 있다. 컨트리클럽(country club)은 골프코스 외에 테니스장, 수영장, 사교장 등을 갖추고 있으며 회원중심의 폐쇄적인 사교클럽의 성격을 가지고 있다. 이에 대하여 골프클럽(golf club)은 부대시설은 다소 있을 수 있으나 골프코스가 중심이고 회원제이긴 하나 컨트리클럽에 비해 덜 폐쇄적이다.

〈표 3-4〉 전국의 골프장 현황(2014.12.31. 기준)

■ 총계

구분 \ 지역	지역	서울	부산	대구	인천	대전	광주	울산	세종	경기	강원	충북	충남	전북	전남	경북	경남	제주
합계	549	0	9	2	10	4	4	4	3	162	66	41	28	28	47	50	46	45
회원	250	0	6	1	3	1	1	2	1	85	30	19	10	6	16	21	22	26
대중	299	0	3	1	7	3	3	2	2	77	36	22	18	22	31	29	24	19

■ 운영 중

구분 \ 지역	계	서울	부산	대구	인천	대전	광주	울산	세종	경기	강원	충북	충남	전북	전남	경북	경남	제주
합계	473	0	8	2	8	3	4	4	2	146	57	37	21	25	38	45	33	40
회원	226		6	1	2	1	1	2	1	83	25	17	8	6	11	19	19	24
대중	247		2	1	6	2	3	2	1	63	32	20	13	19	27	26	14	16

■ 건설 중

구분 \ 지역	계	서울	부산	대구	인천	대전	광주	울산	세종	경기	강원	충북	충남	전북	전남	경북	경남	제주
합계	34	0	1	0	0	0	0	0	0	8	5	1	2	3	0	3	6	5
회원	8										3	1	1				1	2
대중	26		1							8	2		1	3		3	5	3

■ 미착공

구분 \ 지역	계	서울	부산	대구	인천	대전	광주	울산	세종	경기	강원	충북	충남	전북	전남	경북	경남	제주
합계	42	0	0	0	2	1	0	0	1	8	4	3	5	0	9	2	7	0
회원	16				1					2	2	1	1		5	2	2	
대중	26				1	1			1	6	2	2	4		4		5	3

자료: 한국골프장경영협회

　　이용형태에 따라서는 회원제 골프장과 퍼블릭 골프장으로 구분된다. 회원제 골프장 (membership course)은 회원을 모집하여 회원권을 발급하고 예약에 의해 이용하게 하는 골프장으로 회원권 분양에 의해 투자자금을 조기에 회수하는 것이 용이한 장점이 있다. 퍼블릭 골프장(public course)은 기업이 자기 자본으로 코스를 건설하고 방문객의 수입으로 골프장을 경영하는 형태로 누구나 이용할 수 있고 이용요금도 저렴한 편이지만, 투자비 회수에 장기간이 소요되는 단점이 있다.

　　현재 우리나라 지역별 골프장 현황은 서울에 인접한 북부지역의 경부고속도로 또는 중부고속도로 인접지역에 대부분 위치하고 있으며, 서울·인천·경기 등 대도시지역에 편중현상이 나타나고 있다. 새로 건설되는 골프장은 수도권이 어느 정도 포화상태를 보임에 따라 주로 강원도와 제주도에 집중될 것으로 예상된다.

3) 마리나리조트

(1) 마리나리조트의 개념

마리나(marina)에 관한 통일적인 정의는 없으나, 일반적인 의미로는 다양한 종류의 선박을 위한 외곽시설, 계류시설, 수역시설 및 이와 관련된 다양한 서비스를 갖춘 종합적인 해양레저시설을 말한다.

해양성 레크리에이션에 대한 수요가 점진적으로 더욱 다양화·전문화되고 있으므로 수상 및 레크리에이션의 중심시설인 마리나리조트에 대한 국민의 요청도 함께 증가하고 있다.

최근에는 여가활동이 진행되는 가운데 해양레저 레크리에이션도 다양화되어 해수욕, 선텐, 낚시, 해상유람 등 전통적인 것에 비하여 세일링요트, 모터요트, 수상오토바이, 수상스키, 서핑 등 해양 레저활동의 유형이 다양화되고 있다. 이와 같이 해수욕, 보트타기, 요트타기, 수상스키, 스킨다이빙, 낚시, 해저탐사 등과 같은 다양한 해변 레저활동을 즐길 수 있는 체제를 위한 종합적인 레저·레크리에이션 시설 또는 지역을 마리나리조트(marina resort)라고 말한다.

해양 레저스포츠의 발전을 위하여 마리나의 개발이 세계 각 도시에서 시작된 배경에는 지역에 따라 특성이 다르겠지만, 공통점은 마리나의 개발이 도시조성에 있어서 매력적인 요소가 매우 많다는 점과 대도시 주변에서는 항만의 재개발에 대한 요청이 높아지고 있다는 것이다.

마리나리조트 개발형태는 해변형, 마리나형, 종합휴양형, 기능전환형, 신규개발형으로 분류할 수 있는데, ① 해변형은 해수욕을 중심으로 하며, 주로 해변을 이용하는 해양 레크리에이션을 진흥하는 형태이고, ② 마리나형은 마리나를 중심으로 해양성 레크리에이션 기지화를 목표로 하는 형태이고, ③ 종합휴양형은 장기체재를 염두에 두고 종합적 휴양지 개발을 지향하는 형태이고, ④ 기능전환형은 어항·창고 등을 포함하여 기존기능을 전환시켜 새로운 레크리에이션적 수변이용을 촉구시키는 형태이며, ⑤ 신규개발형은 대규모 인공개발을 통하여 해양성 레크리에이션 공간을 새롭게 조성하는 형태로 타 기능도 포괄적으로 포함하여 개발을 전개하는 형태이다.

(2) 국내 주요 마리나리조트

우리나라에서는 선진 외국의 마리나의 형태와 비교하면 마리나리조트라고 할 만한 지역은 없으나, 요트를 계류할 수 있는 마리나의 형태를 갖춘 곳은 4개소가 있는데, 공공마리나의 형태를 갖춘 부산수영만 요트경기장과 민간마리나의 형태를 갖춘 충무마리나 리조트, 전곡 마리나, 목포 요트마리나가 있다. 아직까지는 네 곳에 불과하지만, 3면이 바다인 점과 해양스포츠에 대한 수요가 증가한다는 점을 감안한다면 앞으로 마리나 리조트의 개발가능성은 충분한 것으로 생각된다.

4) 온천리조트

온천(hot spring)이란 지열로 인해 높은 온도로 가열된 지하수가 분출하는 샘을 말하는 것으로 휴양, 요양의 효과가 크고 주변풍경과 결합되어 관광자원으로서의 가치를 구성한다. 대개 화산대와 일치하는 지역에 주로 분포하고 있는데, 화산국인 일본, 아이슬란드, 뉴질랜드를 비롯해 미국, 캐나다, 에콰도르, 콜롬비아 등 남북아메리카 화산대와 중부유럽 내륙국가에 많이 산재되어 있다. 이 중에서 세계적으로 유명한 온천은 독일의 바덴바덴(Baden Baden), 캐나다의 밴프(Banff), 미국의 옐로스톤 공원(Yellowstone Park), 일본의 아타미(熱海) 등을 꼽을 수 있다.

국내 온천의 이용형태는 여관, 호텔, 콘도 등과 같은 숙박시설과 밀접한 관련성을 맺고 있기 때문에 온천리조트는 숙박시설 중심의 관광지가 형성되는 것이 일반적이며, 1980년대 후반까지도 국내 국민관광시설의 상당수가 온천을 중심으로 발달했었다. 그러나 최근까지도 대부분의 국내 온천리조트의 개발유형은 가족단위 여행이나 편리한 교통수단으로 이용객들이 원하는 장소에 쉽게 접할 수 있는 곳으로 소규모 숙박시설 중심의 정체된 개발이 주를 이룬 것이 사실이다.

우리나라 온천리조트는 선진국의 그것에 비해 관광자원으로서 뒤떨어지지 않으며 그 이상의 효용을 가지고 있다. 하지만 온천리조트마다 특성이 없고 획일적인 개발방식과 단순한 이용시설로 인해 건강·보양을 목적으로 하는 체류형보다는 단순한 경유형 숙박관광지로서의 역할을 벗어나지 못하고 있는 곳이 대부분이라 할 수 있다.

〈표 3-5〉 시·도별 온천 현황

시·도	계	신고수리	보호지구지정			보호구역지정			개발계획수립(지구)	연간이용인원(천명)	지정면적	
			계	이용중	개발중	계	이용중	개발중			보호지구(천㎡)	보호구역(천㎡)
합계	439	118	137	70	67	194	141	53	105	60,627	182,245	2,476
서울	10	2	1	1	0	7	7	0	0	1,787	150	61
부산	35	0	3	2	1	32	25	7	3	7,292	2,967	270
대구	13	1	3	2	1	9	8	1	2	2,303	1,785	63
인천	15	6	4	0	4	5	0	5	0	0	4,655	93
광주	3	0	2	1	1	1	1	0	1	245	950	2
대전	3	0	1	1	0	2	1	1	0	2,415	939	8
울산	12	2	4	4	0	6	6	0	3	1,285	3,818	87
세종	2	1	0	0	0	1	1	0	0	169	0	23
경기	50	11	18	6	12	21	14	7	11	4,022	21,836	350
강원	55	17	14	8	6	24	13	11	13	3,554	17,278	412
충북	20	5	11	4	7	4	3	1	7	2,020	19,635	25
충남	28	13	12	9	3	3	2	1	9	12,978	11,936	79
전북	28	10	12	3	9	6	3	3	8	1,042	21,757	54
전남	13	2	8	5	3	3	2	1	8	1,829	6,411	113
경북	96	22	31	18	13	43	37	6	27	11,161	50,748	428
경남	52	19	10	5	5	23	16	7	12	7,921	12,879	318
제주	14	7	3	1	2	4	2	2	1	604	4,501	90

자료: 안전행정부, 2013년 12월 31일 기준

온천은 국민의 심신휴양 및 건강증진 등에 크게 기여하고 있는 귀중한 관광자원이다. 따라서 정부는 1981년에 일반 지하수와는 달리 온천자원에 대한 적절한 보호와 효율적인 개발·이용 및 관리를 도모함으로써 공공의 복리증진에 이바지하기 위하여 1981년에 「온천법」을 제정하였던 것이다.

동 법령의 규정에 따라 관할 지방자치단체로 하여금 온천발견 신고·수리, 온천원 보호지구 또는 온천공 보호구역 지정, 온천개발계획 수립·승인, 일일 적정 양수량에 의한 온천수이용허가 절차를 이행하게 하는 등 온천 개발·이용 및 관리 업무를 수행하고 있다.

제7절 국제회의업

1. 국제회의업의 이해

1) 국제회의의 정의

국제회의의 정의에 관하여는 이론상의 정의와 실정법상의 정의로 나누어 고찰해 볼수 있다.

이론상의 정의를 보면, 국제회의란 통상적으로 공인된 단체가 정기적 또는 부정기적으로 주최하며 3개국 이상의 대표가 참가하는 회의를 의미하는데, 회의는 그 성격에 따라 국가 간의 이해조정을 위한 교섭회의, 전문학술회의, 참가자 간의 우호증진이 목적인 친선회의, 국제기구의 사업결정을 위한 총회나 이사회 등 그 종류가 매우 다양하다.

한편, 실정법상의 정의로서 현행 「국제회의산업 육성에 관한 법률」(이하 "국제회의산업법"이라 한다)에 따르면, 국제회의란 첫째, 국제기구나 국제기구에 가입한 기관 또는 법인·단체가 개최하는 회의(세미나·토론회·전시회 등을 포함한다)로서 5개국 이상의 외국인이 참가하고, 회의 참가자가 300인 이상이고 그중 외국인이 100인 이상이며, 3일 이상 진행되는 회의일 것, 둘째, 국제기구에 가입하지 아니한 기관 또는 법인·단체가 개최하는 회의로서 회의 참가자 중 외국인이 150인 이상이고, 2일 이상 진행되는 회의를 국제회의로 규정하고 있다.

2) 국제회의의 기준

(1) 국제협회연합의 기준

국제회의에 관한 각종 통계를 작성하여 발표하고 있는 권위있는 국제기구인 국제협회연합(UIA: Union of International Associations)에서는 각종 국제회의 통계를 작성할 때 국제회의의 기준을 다음과 같이 제시하고 있다.

① 국제기구가 주최하거나 후원하는 회의

② 국제기구에 소속된 국내지부가 주최하는 국내 회의 가운데 다음 조건을 모두 만족하는 회의

    ⓐ 전체 참가자수가 300명 이상일 것

    ⓑ 참가자 중 외국인이 40% 이상일 것

    ⓒ 참가국수가 5개국 이상일 것

    ⓓ 회의기간이 3일 이상일 것

(2) 우리나라의 기준

우리나라의 '국제회의산업법'에서는 국제회의요건을 다음과 같이 규정하고 있다(동법 제2조 제1호, 동법 시행령 제2조 제1호 및 제2호).

① 국제기구나 국제기구에 가입한 기관 또는 법인·단체가 개최하는 회의로서 다음 요건을 모두 갖춘 회의

    ⓐ 해당 회의에 5개국 이상의 외국인이 참가할 것

    ⓑ 회의참가자가 300명 이상이고 그 중 외국인이 100명 이상일 것

    ⓒ 3일 이상 진행되는 회의일 것

② 국제기구에 가입하지 아니한 기관 또는 법인·단체가 개최하는 회의로서 다음 요건을 모두 갖춘 회의

    ⓐ 회의참가자 중 외국인이 150명 이상일 것

    ⓑ 2일 이상 진행되는 회의일 것

3) 국제회의의 개최효과

국제회의산업이 고부가가치의 신종산업으로 떠오르자 국제회의를 비롯한 전시회 또는 이벤트 등 국제행사의 개최건수가 해마다 증가추세를 보이고 있다. 이제 관광산업의 꽃으로 불리는 국제회의산업은 국가전략산업으로 각광을 받으면서 정착되어가고 있으며, 특히 그 효과는 다방면에 걸쳐 상승작용을 함으로써 개최국의 위상과 경제적인 부를 동시에 상승시켜 주고 있다.

(1) 정치적 효과

국제회의 개최는 국가 간의 인적교류와 국제회의 참가자 상호 간의 정보교환으로 인하여 국가 간 협력을 증진하는 데 필수적이다. 대부분의 국제회의는 대규모 인원이 참가한다는 점과 참가자들은 각 나라와 그들의 활동영역에서 어느 정도의 사회적 지위를 가진 사람들이라는 점에서 국가와 국가 사이의 관계를 증진시키는 효과를 기대할 수 있다.

국제회의는 인종·문화적 차이를 넘어 상호 간의 결합을 촉진시킬 수 있다는 정치사회화의 기능을 가지고 있으며, 참가하는 국가 간의 인적·문화적 커뮤니케이션을 통해 친선·우호 협력관계에서 상호교류를 통해 국가이익을 실현할 수 있다. 또한 국제회의는 개최국이 자국의 사회·문화적 특성을 홍보하는 계기가 되며, 참가자들 간의 증가된 상호접촉은 장벽을 허물게 하고, 불신을 감소시키며, 상호이해를 촉진시킨다.

(2) 사회·문화적 효과

국제회의는 외국과의 직접적인 교류를 통해 지식·정보의 교환, 참가자와 개최국 시민간의 접촉을 통한 시민의 국제감각 함양 등 국제화의 중요한 수단이 될 수 있다. 또한 국제회의 유치, 기획, 운영의 반복은 개최지의 기반시설뿐만 아니라 다양한 기능을 향상시키며 개최국의 이미지 향상, 국제사회에서의 위상확립 등 개최국의 지명도 향상에도 큰 기여를 한다. 또한 지방으로의 국제회의 분산 개최는 지방의 국제화와 지역균형발전에도 큰 몫을 하게 된다.

(3) 경제적 효과

국제회의산업은 종합 서비스산업으로 서비스업을 중심으로 사회 각 산업분야에 미치는 승수효과가 매우 크다. 국제회의는 개최국의 소득향상효과(회의참가자의 지출 → 서비스산업 등 수입증가 → 시민소득 창출), 고용효과(서비스업 인구 등 광범위한 인력흡수), 세수 증가효과(관련산업 발전 → 법인세 → 시민소득 증가 → 소득세) 등 경제전반의 활성화에 기여하게 된다. 그 밖에도 참가들이 직접 대면을 하게 되므로 상호이해 부족에서 올 수 있는 통상마찰 등을 피할 수 있게 될 뿐만 아니라, 선진국의 노하우를 직접 수용함으로써 관련분야의 국제경쟁력을 강화하는 등 산업발전에도 중요한 역할을 한다.

(4) 관광산업적 효과

국제회의 개최는 관광산업 측면에서 볼 때 관광 비수기 타개, 대량 관광객 유치 및 양질의 관광객 유치효과를 가져다 줄 뿐만 아니라, 국제회의는 계절에 구애받지 않고 개최가 가능하며, 참가자가 보통 100명에서 많게는 1,000명 이상에 이르므로 대량 관광객 유치의 첩경이 된다. 또한 국제회의 참가자는 대부분 개최지를 최종 목적지로 하기 때문에 체재일수가 길며 일반 관광객보다 1인당 소비액이 높아 관광수입 측면에서도 막대한 승수효과를 가져온다.

4) 국제회의 개최현황

국제협회연합(UIA)의 통계발표에 따르면, 2016년에 총 11,000건의 국제회의가 개최되었으며(2015년 12,350건), 이 중 한국은 총 997건의 국제회의를 개최하여 최초로 세계 1위를 달성하였다. 5개년 연속 세계 5위권 유지와 함께 세계 1위를 기록함으로써 국제회의 주요 개최국으로서의 입지를 굳혔다.

세계 주요 국가별 개최실적을 보면, 벨기에가 953건으로 세계 2위, 싱가포르가 888건으로 3위를 기록하였으며, 미국이 702건으로 4위, 프랑스와 일본이 각각 523건으로 공동 5위를 기록했다. 그리고 스페인과 오스트리아가 각각 423건, 404건으로 그 뒤를 이었다.

그 외 국내 도시별 개최실적을 보면, 부산이 152건으로 세계 14위를 기록하였으며, 제주도가 116건으로 전년 대비 두 단계 상승한 세계 17위를 기록하였다. 그 뒤를 인천이 53건으로 29위, 대구가 35건으로 36위를 기록하면서 새로운 개최지로서 두각을 나타냈다. 경주 또한 17건으로 전년 대비 증가세를 보였으며, 대전과 광주는 각각 15건을 기록한 것으로 발표되었다.

〈표 3-6〉 주요 국가별 국제회의 개최 현황

(단위: 건)

순위	국가명	개최건수	
		2015	2016
1	대한민국	891	997
2	벨기에	737	953
3	싱가포르	736	888
4	미국	930	702
5	프랑스	590	523
5	일본	634	523
6	스페인	480	423
7	오스트리아	383	404
8	독일	472	390
9	네덜란드	340	332

자료: 한국관광공사, UIA(국제협회연합), 2016년 통계보고서 기준
주): 순위는 2016년 개최건수 기준

〈표 3-7〉 주요 도시 국제회의 개최 현황

(단위: 건)

순위	도시명	개최건수	
		2015	2016
1	브뤼셀	665	906
2	싱가포르	736	888
3	서울	494	526
4	파리	362	342
5	빈	308	304
6	도쿄	249	225
7	방콕	242	211
8	베를린	215	197
9	바르셀로나	187	182
10	제네바	172	162

자료: 한국관광공사, UIA(국제협회연합), 2016년 통계보고서 기준
주): 순위는 2016년 개최건수 기준

〈표 3-8〉 국내 국제회의 개최시설 현황

(단위: 개)

구분	시설 수	회의실 수
전문회의시설	14	340
준회의시설	171	1,278
중소규모회의시설	416	924
호텔	498	1,914
휴양콘도미니엄	167	932
합계	1,266	5,388

자료: 한국관광공사, 2016년 12월 31일 기준

2. 국제회의산업 육성시책[6]

1) 국제회의산업의 의의

국제회의산업이라 함은 국제회의의 유치와 개최에 필요한 국제회의시설, 서비스 등과 관련된 산업을 말한다('국제회의산업법' 제2조 제2호). 즉 「관광진흥법」에서 규정하고 있는 국제회의시설업 및 국제회의기획업과 관련된 산업을 말한다.

국제회의시설업이란 대규모 관광수요를 유발하는 국제회의를 개최할 수 있는 시설을 설치·운영하는 업을 의미하며, 국제회의기획업이란 대규모 관광수요를 유발하는 국제회의의 계획·준비·진행 등의 업무를 위탁받아 대행하는 업을 말한다.

2) 국제회의산업 육성을 위한 국가 및 정부의 책무

「국제회의산업 육성에 관한 법률」(이하 "국제회의산업법"이라 한다)에서는 국제회의산업 육성을 위하여 국가나 정부의 책임과 지원 그리고 지방자치단체의 역할 등에 관하여 규정하고 있다(동법 제3조부터 제16조).

---

6) 조진호·우상철 공저, 최신관광법규론(서울: 백산출판사, 2018), pp.349~358.

(1) 행정상·재정상의 지원조치 강구

국가는 국제회의산업의 육성·진흥을 위하여 필요한 계획의 수립 등 행정상·재정 상의 지원조치를 강구하여야 하는데, 이 지원조치에는 국제회의 참가자가 이용할 숙박 시설·교통시설 및 관광편의시설 등의 설치·확충 또는 개선을 위하여 필요한 사항이 포함되어야 한다(국제회의산업법 제3조).

(2) 국제회의 전담조직의 지정 및 설치

국제회의 전담조직이라 함은 국제회의산업의 진흥을 위하여 각종 사업을 수행하는 조직을 말한다.

문화체육관광부장관은 국제회의산업의 육성을 위하여 필요하면 국제회의 전담조직 (이하 "전담조직"이라 한다)을 지정할 수 있다.

국제회의시설을 보유·관할하는 지방자치단체의 장은 국제회의 관련업무를 효율적 으로 추진하기 위하여 필요하다고 인정하면 전담조직을 설치할 수 있다.

(3) 국제회의산업 육성기본계획의 수립 등

문화체육관광부장관은 국제회의산업의 육성·진흥을 위하여 국제회의산업육성기본 계획(이하 "기본계획"이라 한다)을 수립·시행하여야 하는데, 기본계획의 내용은 ① 국 제회의의 유치와 촉진에 관한 사항, ② 국제회의의 원활한 개최에 관한 사항, ③ 국제회 의에 필요한 인력의 양성에 관한 사항, ④ 국제회의시설의 설치 및 확충에 관한 사항, ⑤ 그 밖에 국제회의산업의 육성·진흥에 관한 중요 사항 등이다.

(4) 국제회의 유치 및 개최 지원

문화체육관광부장관은 국제회의의 유치를 촉진하고 그 원활한 개최를 위하여 필요 하다고 인정하면 국제회의를 유치하거나 개최하는 자(국제회의개최자)에게 지원을 할 수 있다.

(5) 국제회의산업 육성기반의 조성

국제회의산업 육성기반이란 국제회의시설, 국제회의 전문인력, 전자국제회의체제, 국제회의 정보 등 국제회의 유치·개최를 지원하고 촉진하는 시설, 인력, 체제, 정보 등을 말하는데, 문화체육관광부장관은 국제회의산업육성기반을 조성하기 위하여 관계

중앙행정기관의 장과 협의하여 사업을 추진하여야 한다.

문화체육관광부장관은 관계 기관·법인 또는 단체(이하 "사업시행기관"이라 한다) 등으로 하여금 국제회의산업 육성기반의 조성을 위한 사업을 실시하게 할 수 있다.

(6) 국제회의 전문인력의 교육·훈련 등

문화체육관광부장관은 국제회의 전문인력의 양성 등을 위해 사업시행기관이 추진하는 다음 각 호의 사업을 지원할 수 있다.

1. 국제회의 전문인력의 교육·훈련
2. 국제회의 전문인력 교육과정의 개발·운영
3. 그 밖에 국제회의 전문인력의 교육·훈련과 관련하여 필요한 사업으로서 문화체육관광부령으로 정하는 사업

(7) 국제회의도시의 지정 및 지원

문화체육관광부장관은 국제회의산업의 육성·진흥을 위하여 국제회의도시 지정기준에 맞는 특별시·광역시 및 시를 국제회의도시로 지정할 수 있는데, 이 경우 지역 간의 균형적 발전을 고려하여야 한다. 그러나 「제주특별자치도 설치 및 국제자유도시 조성을 위한 특별법」(이하 "제주특별법"이라 약칭함)은 이러한 '국제회의산업법'의 규정에도 불구하고 제주특별자치도를 국제회의도시로 지정·고시할 수 있다(동법 제170조)고 규정하고 있다.

문화체육관광부장관은 지정된 국제회의도시에 대하여는 다음 각 호의 사업에 우선 지원할 수 있다.

1. 국제회의도시에서의 관광진흥개발기금('기금법' 제5조)의 용도에 해당하는 사업
2. '국제회의산업법'의 규정(제16조제2항 각 호)에 의한 재정지원에 해당하는 사업

(8) 국제회의산업 육성재원의 지원

문화체육관광부장관은 국제회의산업의 발전과 국민경제의 향상 등에 이바지하기 위하여 관광진흥개발기금의 재원 중 국외여행자의 출국납부금 총액의 100분의 10에 해당하는 금액의 범위에서 국제회의산업의 육성재원을 지원할 수 있다(국제회의산업법 제16조 제1항).

3. 국내 국제회의산업의 문제점

국내 국제회의산업은 해결되어야 할 여러 가지 과제를 안고 있다. 첫째, 국제회의의 수도권의 집중 현상이다. 앞의 개최현황에서도 살펴본 바와 같이 대부분의 국제회의 및 국제행사가 서울에서 집중되어 개최되고 있음을 알 수 있다. 이렇게 국제회의가 수도권으로 집중되는 원인 중 하나로 지방의 도로망, 회의 및 숙박시설, 관광지, 편의시설 등과 같은 국제회의 인프라가 아직 많이 부족하다는 점을 들 수 있다.

둘째, 국제회의 관련 정보수집 및 교류체계가 미흡하다. 국제회의산업의 규모와 가치, 시장동향에 대한 정확하고 신뢰할 만한 정보가 부족한 실정이다. 또한 과거의 행사기록이나 사례 등을 활용할 수 있는 정보교류체계가 전무하여 이 분야를 새로 접하는 학생이나 행사 담당자들이 참고할 수 있는 자료가 미비되어 있다.

셋째, 아직까지 국제회의 유치활동이 선진국과 비교해 부족한 상황이다. 홍콩, 싱가포르 등 아시아 주요 국가에서는 국제회의 유치 캠페인을 적극적으로 전개하고 있으며, 싱가포르의 경우 주요 국제회의 행사 입안자를 대상으로 약 50억원의 홍보비용을 투입하고 있다.

넷째, 국제회의산업에 대한 체계적인 연구, 개발이 아쉽다. 국제회의에 대한 개념, 용어정의, 시장규모 등과 같은 기초적인 데이터조차 갖추어져 있지 않아, 체계적인 산업의 육성·발전을 위해서는 이러한 연구조사가 선행되어야 할 것이다.

4. 국내 국제회의산업의 향후 추진 방안

이러한 문제점을 해결하고 지속적인 성장세를 유지하기 위해서 국제회의산업은 우선적으로 국제회의 틈새시장을 공략해야 할 것이다. 그 예로 지역산업과 연계한 국제회의 유치를 모색해 볼 수 있다. 즉 대구의 섬유산업, 울산의 조선·자동차산업, 부산의 신발산업, 광주의 光산업 등과 같은 지역의 특화산업과 연계하여 산업의 활성화를 기대할 수 있으며 여기에 지역축제 등 각종 지역행사를 연계하는 방안도 함께 고려할 수 있다.

두 번째로, 국제회의의 지역분산 개최로 균형발전을 도모해야 할 것이다. 지방의 국제회의 개최 지원 및 인센티브 제도를 도입하고 지역특성을 살릴 수 있는 국제회의시설을 확충하여 수도권 중심의 불균형 개최 현황을 해결해야 할 것이다.

세 번째는 지역 국제회의 전담기구(CVB)의 활성화를 지원해야 한다. 지역 CVB를 마케팅 및 민관협력 조정기구로 활용하고 국제회의시설(컨벤션센터)과 지역 CVB간의 협력촉진을 유도해야 할 것이다.

마지막으로 국제회의 관련 법과 제도 및 지원체계를 강화해야 한다. 서비스·시설·인력·민간참여 등에 대한 총괄적 정책이 요구되며 관련 부처간의 효율적 통합으로 시너지효과를 창출해야 할 것이다. 또한 국제회의기획업에 대한 교육·훈련지원 및 인센티브제도 도입 등을 통해 국제경쟁력을 갖춘 행사 품질을 확보해야 할 것이다.

제8절 관광교통업

1. 관광과 교통업

1) 관광과 교통의 관계

현행 관광관련 법규 특히 「관광진흥법」에 따르면 교통업은 관광사업으로 규정되어 있지는 않다. 그러나 관광과 교통은 그동안 불가분의 관계를 형성하면서 발전해 왔다. 관광은 이동을 본질적 요소로 하는데, 이동을 담당하는 것이 교통시설이며, 교통시설을 이용하여 사람이나 물건(재화) 및 정보를 장소적으로 이동하는 교통서비스를 파는 것은 교통업이기 때문이다.

사람이 관광을 하기 위해서는 관광지까지의 교통로와 어떤 교통수단이 필요하다. 교통수단을 계획적이고 조직적으로 제공하는 교통기관의 발달은 이동을 편리하게 하고, 즐거움을 위한 여행이 성립하는 기반을 만들었다. 교통기관의 발달은 관광지에 이르는 시간을 단축시키고, 또한 이동에 필요한 비용을 상대적으로 싸게 들게 했던 것이다.

어떻든 교통업은 관광왕래를 촉진하고 그 효과를 기대하는 데서 이용되었으며, 관광에 매개를 강화하면서 발전돼 왔다. 따라서 관광과 교통과의 관계는 교통업이 매개되지 않았던 관광으로부터 교통업의 매개를 전제로 한 관광으로 구조상의 일대 변혁을 가져온 것이다. 여기서 교통업은 관광에 편익기능을 다하기 위하여 매개된 것이며, 그러한 편익기능의 향상은 관광왕래의 증진을 가져온 것도 사실이다. 하지만 교통업의 발전이 반드시 관광의 효용을 높였다고 볼 수만은 없으며, 때로는 그것을 낮추는 경우도 있었음을 부인할 수 없다.

그러나 일상생활권으로부터의 탈출, 즉 이동이 관광을 성립시키고 또 그것을 가능하게 하는 것인데, 일상생활권은 행동범위의 확대와 도시권의 확대에 따라 점차 넓어지고 있고, 그곳으로부터의 탈출은 교통기관에 맡기지 않을 수 없게 되었다. 옛날처럼 걸어서 여행한다는 것은 좀처럼 생각할 수 없고, 자동차나 항공기 또는 선박을 이용해서만 탈출이 가능한 시대가 도래한 것이다. 다시 말하면 여행사나 호텔 또는 여관을 이용하지 않아도 관광여행은 가능하지만, 교통수단을 이용하지 않는 관광은 오늘날에는 생각할 수 없게 되었다고 해도 지나친 말이 아닐 것이다.

2) 관광교통의 개념

관광교통은 관광루트와 관광코스를 결정짓는 가장 중요한 요소이고, 인간의 이동이라는 대의를 가지고 있으면서도 그 자체가 인간의 만남과 문화의 발달을 동시에 추구하여, 관광대상으로서 기능한다는 점에서 인류에게는 매우 중요한 생활영위수단이고, 관광활동을 가치 있고 다양하게 하는 역할을 하게 된다.

이러한 관광교통의 개념정의에 관해 학자들의 견해가 다양하지만, 이들을 종합해 보면 "관광교통이란 관광객이 일상생활권을 떠나 반복적이면서 체계 있고 관광적 가치가 있는 교통수단을 이용하여 관광자원을 찾아가면서 이루어지는 경제적·사회적·문화적 현상이 내포된 이동행위의 총체"라고 정의할 수 있다.

3) 관광교통의 특성

(1) 무형재

관광교통은 흔히 즉시재(instantaneous goods) 또는 무형재(invisible goods)로 불린다. 일반적으로 유형재는 반드시 일정한 형상과 존속기간을 가지며, 그 생산과 소비는 각기 다른 장소에서 이루어지는 것이 보통이지만, 교통서비스는 생산되는 순간에 소비되지 않으면 소용이 없다. 다시 말하면 생산 곧 소비, 소비 곧 생산의 성격을 띠고 있기 때문에 교통서비스는 저장이 불가능하다. 이는 교통수요에 대하여 언제든지 이에 대처할 수 있는 적정한 규모의 수송시설이 사회적으로 존재하지 않으면 안 된다는 것을 의미한다.

(2) 수요의 편재성

교통은 기본적으로 휴가기간, 주말, 출퇴근 시간 등 특정기간이나 특정시간에 수요가 집중되는 수요의 편재성이 나타난다. 특히 관광교통은 통근 등과 같이 직장에 가기 위해 교통기관을 이용하는 파생수요와는 달라서 관광여행 그 자체가 목적으로 돼 있는 본원적 수요이기 때문에 수요의 탄력성이 매우 크다.

이와 같은 현상은 운임이 갑자기 인상되었다고 해서 통근 자체를 포기할 수는 없으나, 관광여행은 그 영향을 받기 쉬운 것이다. 따라서 관광교통은 소득의 탄력성도 크고 경기변동의 영향도 받기 쉽다.

(3) 자본의 유휴성

관광교통수요가 시간적·지역적으로 편재하기 때문에 성수기를 제외하면 자본의 유휴성이 높은 특징을 갖는다. 도로, 운반구, 동력이라는 교통수단을 구성하는 3대 요소를 생각해보면, 교통사업의 총비용 가운데서 차지하는 감가상각비, 고정인건비, 고정적 유지·관리비, 수리비 등의 이른바 고정비의 비율이 높고, 그 때문에 조업도의 증가에 따른 단위당 고정비의 감소가 강하게 작용하므로 조업률이 높은 만큼 평균비용이 감소된다. 따라서 가격을 내려서라도 좌석을 채우는 것이 효율적이기 때문에 특히 비수기에는 가격경쟁이 심해져 경영에 많은 어려움을 겪고 있다.

(4) 독점성

관광객과 관광자원의 매개적 역할을 수행하고 있는 관광교통은 이동을 전제로 하는 관광의 특성상 독점형태의 성격을 띠고 있으므로, 대체 교통수단이 없을 경우에 운임이 크게 인상되었다 하더라도 그 교통수단을 이용하지 않을 수 없다. 교통업은 이와 같은 독점에 따른 폐단이 크기 때문에 교통사업에 대한 통제는 사회문제로 논의돼 왔고, 정부의 통제하에 운행되는 경우가 많다.

2. 육상교통업

1) 철도교통

(1) 철도교통과 관광

조지 스티븐슨(George Stevenson)에 의해 발명된 증기기관차가 1825년 영국의 스톡턴(Stocton)에서 달링턴(Darlington)까지 운행을 시작한 후 1830~1930년대까지 철도는 약 100년간 관광사업 발전에 크게 기여해왔다. 그 당시 원거리 육상여행은 대부분 철도에 의해서 이루어졌으며, 관광지 또한 철도역을 중심으로 형성되기 시작했다.

그러나 제2차 세계대전 이후 원거리여행은 항공기에 밀리고, 단거리여행은 자동차에 밀려 그 성장세가 급격히 둔화되었다. 그렇지만 경제성, 안정성 면에서 다른 교통기관보다 우위에 있어 운행 여하에 따라서는 제2의 도약기를 맞이할 것으로 보인다. 선진제국들의 경우 철도주유권과 각종 쿠폰제가 잘 발달되어 있고 또한 철도의 속도와 운송서비스의 개선 등으로 철도교통의 새로운 전기를 맞이하고 있다. 유럽의 경우 운송서비스의 개선을 통해 철도산업이 여행교통수단으로서 이용률 1위를 점유하고 있다.

고속전철의 경우도 속도의 우위를 경쟁력으로 사업여행자에겐 큰 매력적인 교통수단이 되고 있다. 일본의 신칸센(新幹線), 독일의 ICE, 프랑스의 TGB, 스페인의 AVE는 관광자원화된 대표적인 교통수단의 한 형태다. 이외에도 특수한 형태로서 관광지 또는 관광지 내의 이동수단인 모노레일, 로프웨이 등도 관광자원화되어 위락여행자들에게 인기를 얻고 있다.

한편, 철도여행은 추억과 낭만을 가져다주는 여행으로 인식된 만큼 로맨스특급열차 여행이 인기를 끌고 있다. 몽골횡단 특급열차, 캐나다 특급열차, 오리엔트 특급열차, 스위스 특급열차, 뉴델리 자이살버 특급열차 등이 있으나, 캐나다 특급의 밴쿠버-토론토 구간은 가장 낭만적인 코스로써 각광받고 있다.

(2) 우리나라의 철도와 관광

(가) 철도관광의 개요

우리나라의 철도는 1899년 9월 18일 제물포~노량진 간에 33.2㎞의 경인철도를 개통한 이래 지속적으로 발전을 거듭하면서 국민의 안전하고 편리한 생활철도로서 널리 이용되었고, 건전한 국내 관광산업을 주도하는 중요한 교통수단으로 자리 잡았다. 최근에는 민간기업 경영기법을 도입하여 고객만족서비스 제공과 업무 프로세스 개선을 통한 경영효율화를 추구하고 있다.

철도를 이용한 관광은 안정성·정시성 등으로 관광객들에게 인기가 높다. 또한 최근에는 관광열차 프로그램이 기획되어 운행되고 있으며, 특히 안정성을 고려해야 하는 수학여행 등의 단체여행은 철도를 이용한 관광이 선호되고 있다. 또한 철도의 운행은 각 경유지의 관광자원에 대한 접근성을 확보하여 관광객들에게 편리성을 제공하고, 새로운 관광지를 만들어내기도 하며, 다른 교통수단과의 연계를 통하여 관광의 범위확대에 기여하고 있다.

철도를 다른 교통수단과 비교하면, 신속성 측면에서는 항공기, 대량수송의 경제성 측면에서는 선박, 편리성 측면에서는 자동차에 뒤지는 경향이 있으나, 교통기관의 가장 중요한 조건인 안정성·정시성이라는 측면에서는 타 교통기관에 비하여 매우 우수한 교통수단이다.

(나) 고속철도 관광

21세기에 들어와 우리 국토는 고속철도시대의 개막이라는 전환점을 맞이하게 되었다. 많은 국가적 관심과 더불어 추진돼온 경부고속철도 1단계 사업이 2004년 4월에 완료됨으로써 우리나라도 고속철도시대에 진입하게 된 것이다.

2004년 4월 1일 개통된 고속열차인 KTX는 1992년에 시작된 경부고속철도사업의 일환으로 서울과 부산 간 418.7km를 잇는 고속철도 건설 프로젝트 1단계에 해당하는 서울~대구 간의 신선건설을 2004년 4월에 완료하여 서울에서 부산까지의 소요시간을 2시간 40분대로 앞당겨 전국을 반나절 생활권으로 바꾸었고, 개통 5년 8개월 만인 2009년 12월 이용객이 2억명을 돌파하는 교통혁명을 이끌었다.

2010년 11월에는 대구~부산 간 경부고속철도 2단계 구간이 완전 개통되어 서울~부산 간을 2시간 8분에 주파하는 속도의 혁명을 이루어냈다. 경춘선 복선전철 개통(2010.12.21.), 전라선 KTX영업개시(2011.10.5.)를 통해 국가의 사회·경제에 미친 긍정적 파급효과는 형용하기 어려울 정도이다.

특히 2005년 1월 1일부터는 철도청이 한국철도공사로 전환되면서 기존의 틀에서 벗어난 경영개선과 각종 서비스의 제공 등 다양한 이벤트와 관광 활성화를 위하여 노력하고 있다. 그리고 KTX와 일반철도와의 상호보완적인 결합은 고객의 욕구에 맞는 열차의 운행으로 보다 편리하고 쉽게 철도에 접근할 수 있게 되었다. 또한 지방자치단체와 연계한 시티투어 상품개발은 물론 선박연계 및 해외상품, 계절요인을 반영한 상품, 문화예술축제와 연계한 상품 등을 개발하고 있으며, 지방자치단체와 여행업체가 참가하는 관광협력 세미나, 신상품 경진대회를 개최하는 등 지역의 축제와 연계관광 체제 구축 및 국내 관광 활성화를 위한 신상품 개발을 위한 노력을 계속하고 있다.

외국인 관광객의 수요창출과 문화관광진흥에 기여하고자 개발된 코레일패스(KR-PASS)는 외국인 전용으로 판매되고 있으며 외국인 관광객의 국내관광편의를 도모해 왔다. 코레일패스는 일정기간 동안 구간이나 횟수의 제한 없이 KTX, 새마을호의 특실과 수도권 전동열차 및 관광열차를 제외한 모든 열차의 이용이 가능한 상품으로 외국인 관광객의 이동편의를 증진시켜 수도권 중심의 인바운드 관광시장을 지역단위 관광으로 분산시켰다.

이와 같이 고속철도의 등장은 정치, 경제, 사회, 문화 모든 영역에 있어서 우리가 종전에 경험하지 못한 기회를 제공하고 있다. 직접적으로 나타나는 효과로는 여행시간의 단축이며, 이에 따라 여행 및 통행패턴에 많은 변화가 생길 것이다. 그리고 고속철도의 통과지역은 산업입지 및 거주여건이 향상되어 지역경제가 활성화되면서 인구의 흡인력이 커지게 될 것이다. 또한 국가적인 차원에서 생각해보면 고속철도로 인해 생활패턴의 변화, 지방도시로의 인구분산효과, 지역균형발전, 관광산업의 활성화, 화물수송능력 증가 등 국민생활경제에 크게 기여할 것으로 기대된다.

2) 전세버스운송사업

(1) 전세버스운송사업의 의의

전세버스운송사업이란 운행계통을 정하지 아니하고 전국을 사업구역으로 정하여 1개의 운송계약에 따라 국토교통부령으로 정하는 자동차를 사용하여 여객을 운송하는 사업을 말한다.

다만, 정부기관·지방자치단체와 그 출연기관·연구기관 등 공법인 및 회사·학교 또는 「영유아보육법」 제10조에 따르는 어린이집, 그리고 「산업집적활성화 및 공장설립에 관한 법률」에 따른 산업단지 중 국토교통부장관이 정하여 고시하는 산업단지의 관리기관의 장과의 1개의 운송계약(운임의 수령주체와 관계 없이 개별 탑승자로부터 현금이나 회수권 또는 카드결제 등의 방식으로 운임을 받는 경우는 제외한다)에 따라 그소속원(산업단지 관리기관의 경우에는 해당 산업단지 입주기업체의 소속원을 말한다)만의 통근·통학목적으로 자동차를 운행하는 경우에는 운행계통을 정하지 아니한 것으로 본다(여객자동차운수사업법 시행령 제3조 제2호).

(2) 전세버스 관광상품의 형태

(가) 전세버스관광

전세버스관광은 학교, 회사, 협회 또는 계모임, 친목단체 등과 같은 자생단체에서 전세버스 운송업체의 운송서비스를 제공받아 스포츠행사, 박람회, 쇼핑센터, 관광지 등을 여행하는 것을 말한다. 이 상품은 단일목적지의 여행으로 관광안내원은 동반하지 않는다.

(나) 단체관광

국내에서 가장 많이 이용하는 전세버스의 한 형태이다. 단체의 대표와 여행사(전세버스업자) 간의 상담을 통하여 여행일정 및 관광목적지를 결정하여 계획된 운송서비스를 제공하는 것이다. 모든 일정표에 숙박·식사·쇼핑·관광지 등이 포함되며, 전 여정기간 동안 전문 관광안내원이 동반하여 여행서비스를 제공한다.

(다) 개별 패키지관광

전세버스회사에서 특별한 이벤트나 계절상품, 유명관광지를 목적지로 한 특별기획 여행상품을 개별 여행자들이 모여 이용하는 운송관광상품이다.

(라) 도시 패키지관광

개별 패키지관광과 유사하나 일정한 도시 내의 주요 관광지, 호텔, 음식점, 쇼핑센터 등을 운행하며 운송서비스를 제공한다.

(마) 연계 교통관광

타 교통수단인 항공, 크루즈, 여객선, 철도와 전세버스를 연결하여 운송서비스를 제공하는 관광형태이다. 우리나라의 경우 관광열차와 연계하는 형태와 제주도 여행 시 항공기와 버스, 여객선과 버스를 이용하는 연계교통 관광형태가 가장 전형적으로 이루어지고 있다.

(3) 전세버스사업의 현황

우리나라는 1948년 서울~온양 간에 관광전세버스가 처음으로 운행되기 시작하였으나, 1950년 6·25전쟁의 발발로 사실상 중단되었다. 그 후 정부가 관광에 대한 관심이 높아지면서 1961년 8월 22일 우리나라 관광에 관한 최초의 법률인 「관광사업진흥법」을 제정·공포하였는데, 여기에 관광사업의 일종으로 전세버스업이 관광교통업으로 신설 규정되면서 많은 발전이 있었다.

그러나 1975년 12월 31일 「관광사업진흥법」이 폐지되고 「관광기본법」과 「관광사업법」으로 분리 제정되었는데, 새로운 「관광사업법」에서는 관광교통업이 관광사업의 종류에서 제외되었고, 1986년 12월 31일 「관광사업법」이 폐지됨과 동시에 동법의 내용을 거의 답습한 현행 「관광진흥법」에서도 관광교통업에 관한 규정은 없다. 전세버스운송사업은 현행 「여객자동차운수사업법 시행령」 제3조에서 규정하고 있는 '여객자동차운송사업' 중의 한 업종으로 발전하면서 오늘에 이르고 있다.

3) 자동차대여사업

(1) 자동차대여사업의 의의

자동차대여사업이란 렌터카(rent-a-car) 즉 자동차를 빌려주는 사업을 말한다. 광의의 개념으로 자동차를 이용하는 고객의 요구에 부응하여 자동차 자체의 대여와 이에 부과되는 다양한 서비스를 포함하여 고객에게 필요할 때 필요한 장소에서 필요한 만큼 빌린다는 점에서 서비스산업에 해당된다.

법적인 개념으로 자동차대여사업이란 다른 사람의 수요에 응하여 유상(有償)으로 자동차를 대여(貸與)하는 사업을 말한다.

(2) 자동차대여사업의 특성

관광교통수단을 크게 분류하면 철도·버스·항공기 등의 공공교통기관과 자가용 자동차로 대표되는 사적 교통기관으로 분류할 수 있는데, 자동차대여사업은 이 중간에 틈새시장을 파고드는 '제3의 교통기관'의 위치에 있다고 볼 수 있다.

자동차대여사업이 제3의 교통기관으로 불리는 이유는 첫째, 철도 · 항공기 · 버스 · 택시 등의 공공수송기관의 보완적 교통수단과 도시주변, 근교, 관광지 등에서 공공수송기관의 대체교통기관으로서의 기능을 발휘하고 있다는 점, 둘째, 유통부문 및 기업활동에서 업무용 자동차의 경비절감과 휴가철 자동차 선호 이용자들의 렌터카 사용이 증가하고 있다는 것이다.

또한 자동차대여업의 매력은 필요할 때마다 자동차를 빌릴 수 있어 자동차를 운전하여 드라이브를 즐기면서 비밀성을 보장받을 수 있다는 것이다. 특히 장거리 여행 시 자가용 자동차를 이용하지 않고도 신속하고 안전한 타 교통수단을 이용한 후 목적지에서 보조차의 기능을 담당함으로써 여행자들에게 기동성을 보장하여 줄 수 있다는 점이다.

3. 항공운송사업

1) 항공운송사업의 이해

(1) 항공운송의 중요성

항공운송은 가장 중요한 장거리 교통수단으로서 5대양 6대주를 연결하고 있어 국제관광 발전에 크게 이바지하고 있다. 그간 항공운송시장 환경은 '규제와 보호'가 중요시되었으나, 세계화 · 자유화 · 민영화의 큰 축을 중심으로 '경쟁과 협력'에 의한 시장원리가 강조되는 추세이며, 최근 항공자유화 및 항공사 간의 전략적 제휴, 지역 간 통합운송시장의 확산으로 다양한 형태의 경쟁구도가 형성됨에 따라, 당분간 이러한 시장원리가 강조되는 기조는 크게 변화하지 않을 것으로 전망된다.

(2) 항공운송사업의 개념

새로 제정된 「항공사업법」(제정: 2016.3.29.)[7] 제2조 제7호에 따르면 "항공운송사업이

---

7) 우리나라는 그동안 항공관련 법령이 「항공법」(제정: 1961년)이라는 단일 법률에 사업, 안전, 시설분야 등 많은 내용을 담고 있어, 그 내용이 너무 복잡하고 방대해 법을 효율적으로 운용하는 데 한계가 있었다. 이에 따라 종전의 「항공법」 및 관계법령을 각 분야별로 통합 · 일원화하고 체계적으로 구분하여, 「항공사업법」, 「항공안전법」, 「공항시설법」 등 3개의 법률로 분리 · 제정하였다(제정: 2016.3.29.).

란 국내항공운송사업, 국제항공운송사업 및 소형항공운송사업을 말한다"고 규정하고 있는데, 이를 구분하여 설명하면 다음과 같다.

(가) 국내항공운송사업

국내항공운송사업이란 타인의 수요에 맞추어 항공기를 사용하여 유상으로 여객이나 화물을 운송하는 사업으로서 국토교통부령으로 정하는 일정 규모 이상의 항공기를 이용하여 다음 각 목의 어느 하나에 해당하는 운항을 하는 사업을 말한다(동법 제2조 제9호).

㉮ **국내 정기편 운항**: 국내공항과 국내공항 사이에 일정한 노선을 정하고 정기적인 운항계획에 따라 운항하는 항공기 운항

㉯ **국내 부정기편 운항**: 국내에서 이루어지는 ㉮목 외의 항공기 운항

(나) 국제항공운송사업

국제항공운송사업이란 타인의 수요에 맞추어 항공기를 사용하여 유상으로 여객이나 화물을 운송하는 사업으로서 국토교통부령으로 정하는 일정 규모 이상의 항공기를 이용하여 다음 각 목의 어느 하나에 해당하는 운항을 하는 사업을 말한다(동법 제2조 제11호).

㉮ **국제 정기편 운항**: 국내공항과 외국공항 사이 또는 외국공항과 외국공항 사이에 일정한 노선을 정하고 정기적인 운항계획에 따라 운항하는 항공기 운항

㉯ **국제 부정기편 운항**: 국내공항과 외국공항 사이 또는 외국공항과 외국공항 사이에서 이루어지는 ㉮목 외의 항공기 운항

(다) 소형항공운송사업

소형항공운송사업이란 타인의 수요에 맞추어 항공기를 사용하여 유상으로 여객이나 화물을 운송하는 사업으로서 국내항공운송사업 및 국제항공운송사업 외의 항공운송사업을 말한다(동법 제2조 제13호).

(3) 항공운송사업의 특성

(가) 안전성

모든 교통기관이 안전성을 중요시하지만, 그중에서도 항공운송사업은 안전성을 지상과제로 삼고 그 지속적인 유지에 노력하고 있다. 초기에는 항공운송의 안전성이 우려되었으나, 과학기술의 발달과 더불어 모든 첨단기술의 집합체인 항공기의 출현으로

고도의 안전성을 확보하였지만, 아직도 항공기의 안전성 문제가 논의되고 있음은 부인할 수 없는 현실이기도 하다.

항공운송사업의 안전성은 항공기 제작 및 정비기술의 발전, 항공기의 운항 및 유도시스템의 진전, 공항 활주로의 개선 등에 힘입어 이제는 거의 완벽하리 만큼 안전성이 보장되고 있어 다른 교통수단의 추종을 불허하고 있다.

(나) 고속성

항공운송의 중요한 특성 중 하나는 고속성이다. 이 고속성이 고객을 유인하는 흡인요소이자 다른 기관의 추월을 불가능하게 만드는 요소이다. 이 고속성은 전 세계의 주요 도시를 서로 연결하는 항공노선망을 구축하여 시간적·거리적 장애를 극복함으로써 이용객의 증대를 가져와 국제교통체계를 항공 중심으로 이끌었다. 특히 항공운송의 고속성은 국내항공 운항보다는 일정한 고도에 올라서 운항하는 순항거리가 긴 국제노선에서 고속성의 진가가 발휘되고 있다.

(다) 쾌적성 및 편리성

항공기 이용객들은 비싼 요금을 지급하고 폐쇄된 공간에서 장거리여행을 하게 되므로, 기내 서비스 및 안전한 비행을 통한 쾌적성이 매우 중요하다. 최근 항공업계의 두드러진 경향은 항공사들이 동일한 기종(機種)을 보유·운항하기 때문에 항공기 자체만으로는 상품차별화가 어렵다고 보고 쾌적성과 안락감을 향상시킬 수 있는 각종 시설을 기내에 추가함으로써 서비스 경쟁에서 우위를 차지하려는 노력을 경주하고 있다.

(라) 정시성

항공기 이용객들은 항공사의 정시성 확보 여부를 항공사 선택기준으로 보는 경향이 있는데, 이는 운항정시성(運航定時性)이 항공사의 신뢰성과 직결됨을 의미한다. 그러나 항공운송은 타 교통수단에 비하여 항공기의 정비 및 기상조건 등에 의하여 크게 제약을 받는 특성이 있기 때문에 정시성(定時性) 확보에 많은 어려움이 있다. 따라서 항공운송사업에 있어 정시성의 확보 여부는 반드시 극복하여야 할 중요한 과제 중 하나이다.

(마) 경제성

항공운송의 경제성은 여객운임의 저렴성(低廉性)에 있다. 다른 교통수단과 비교하여 비싼 것은 사실이지만, 항공운송의 발전에 따라 타 교통수단에 비하여 상대적으로 저렴해지고 있으며, 항공운송으로 절약되는 시간의 가치를 감안한다면 항공운송의 경제성은 매우 높다고 할 수 있다.

(바) 공공성

정기항공운송사업은 특히 공공성(公共性)을 중시하고 이를 지켜야 한다. 이러한 공공성의 유지 필요성 때문에 어느 업종보다 정부의 규제와 간섭이 많을 뿐만 아니라 항공운송사업은 국제성(國際性)을 띠고 있어 국익과도 밀접한 관계가 있다.

(사) 노선개설의 용이성

항공운송은 육상교통과 같이 도로나 철도의 건설과 관계없이 공항이 있는 곳이면 항공노선의 개설이 용이하다는 것이다. 따라서 노선의 제약을 받지 않으면서도 수요에 부응하여 운항편수의 증감, 기종선정 등 공급을 탄력성 있게 조정해 나가면서 운항할 수 있다.

(아) 자본집약성

항공운송사업은 규모의 경제(economy of scale)가 발휘되는 사업이다. 특히 대량운송시대를 맞이하여 항공사 간의 경쟁은 막대한 자본을 투자하여 경쟁우위를 확보해야만 하는 자본집약적 사업이다. 이에 따라 항공운송사업의 출자형태도 정부가 전액 출자하는 국영기업 형태가 많이 나타나게 된다.

2) 관광과 항공교통

(1) 항공기의 발달과 여행내용의 변화

항공산업의 발달에 따른 항공기의 보급화와 대형화는 항공운송시장의 변화를 가져왔다. 특히 소득수준의 향상, 의식수준의 변화, 여가시간의 확대 등으로 관광시장의 수요가 확대되면서 관광객들의 항공기 이용은 급격히 증가하였다. 여행범위에 있어서도 국내여행 중심에서 국제여행 중심으로 변화되었고, 달나라를 여행목적지로 하는 초기의 우주여행을 예고하고 있다. 또한 여행사들은 항공기의 발달에 따라 다른 관광교통수단과 연계하여 관광객의 욕구에 맞는 다양한 주제관광상품 개발의 여건을 마련해주었다.

(2) 항공교통에 의한 관광지 개발

관광자원으로 가치는 우수하나 접근성이 양호하지 못하여 개발되지 못한 많은 섬이나 지역이 전적으로 항공운송 서비스의 개시로 여행시간의 단축, 항공요금의 하락 등으로 경제적 거리와 시간적 거리가 단축되면서 세계적인 관광휴양지로 개발된 사례를 많이 찾아볼 수 있다. 남태평양의 '괌과 싸이판', 태국의 '푸껫', 말레이시아의 '랑카위', 인도양의 공화국 '몰디브(Maldives)', 한국의 제주도 등이 항공운송 서비스의 개시로 대륙에서 수천마일 이상 떨어져 있던 오지의 섬이 유명한 관광지로 자리매김하게 된 것이다.

(3) 항공운송업과 관광사업체의 제휴

항공사는 매출액 증대와 이윤증대 및 안정된 수입원을 확보하기 위하여 다양한 사업을 수행하기도 한다. 화물수송과 여객수송에 의하여 벌어들이는 운임수입만으로는 기업확장과 안정된 기업경쟁을 바랄 수 없다. 오늘날 많은 항공사들이 기본업무인 운송사업 이외에 관련된 사업을 포함하는 다각적인 사업을 수행함으로써 기업계열화를 추구하고 있다. 항공사가 기업계열화, 기업결합, 협업체제형태로 영업신장과 수익증대를 도모하는 것은 오늘날의 추세이다.

3) 항공운송의 현황

우리나라의 항공산업은 1989년 해외여행 자유화 및 경제성장에 따른 생활수준 향상 등에 따라 항공운송수요 증가로 이어져 1993년 이후 10년간 여객 5.8%, 화물 7.0%의 높은 항공수요 증가율을 보이며 내실 있는 성장을 이룩해 왔다. 2003년 이후의 항공운송수요는 고유가 지속과 세계경제의 침체, 아시아의 SARS(중증급성호흡기증후군) 등 여러 가지 요인의 영향을 받아 감소와 증가를 되풀이하고 있다.

국내선의 경우 고속도로의 확충(서해안고속도로, 중앙고속도로, 대전~진주 간 고속도로) 및 고속철도 개통 등의 대체 육상교통수단의 고속화에 따른 영향으로 인하여 제주도 연계노선을 제외한 내륙을 연결하는 항공수요는 전년수준(2011년)을 유지하거나 마이너스 성장을 나타내고 있다.

한편, 국제선의 경우는 1952년 3월 자유중국과 최초로 항공협정을 체결한 데 이어 2016년 12월 말 기준으로 구주 25개국을 비롯하여 총 101개국과 항공협정을 체결하였으며, 이 중 52개국 175개 도시에 국제선 정기편이 운항되고 있다.

4. 해상운송사업

1) 해상운송의 개요

해상운송은 대외무역 증대에 따른 수출입 화물 운송수단뿐만 아니라 해상 관광자원 개발 및 해안도서 지방의 교통수요에 따라 여객 및 관광객 운송수단으로서도 그 수요가 날로 증가하고 있다.

최근 국민생활수준의 향상과 새로운 관광욕구, 삼면이 바다인 우리나라의 지리적 특성은 육지와 가까운 도서지역의 관광객 수요가 급증하고 있는 것은 물론, 멀리 백령도, 홍도, 거문도, 울릉도 등도 관광지화가 이루어지고 있어 경치가 수려한 도서지역에 대해서는 지역개발차원에서도 관광자원의 개발과 보존의 필요성이 강조되고 있다.

이에 따라 지금껏 도서주민의 교통수단으로 이용되어 왔던 여객선은 교육수준과 생활수준의 향상에 따른 여가선용의 방법으로서 미지의 바다에 대한 동경과 해양레포츠 활동 등이 급속히 확산되면서 해안관광을 겸한 연안여객선 운항이 활성화되고 있다. 또한 해양관광산업이 본격적으로 개발되면서 해양관광을 목적으로 해상유람을 즐기고자 하는 관광객들을 대상으로 특급호텔 수준의 시설과 서비스를 제공하면서 주요 항구 도시 및 해안관광자원을 운항하는 크루즈가 해양관광객의 교통수단으로써 그 가치가 날로 높아지고 있다.

2) 해상운송업의 종류

해상운송은 대외무역 증대에 따른 수출입 화물의 운송수단뿐만 아니라 해상 관광자원 개발 및 해안도서 지방의 교통수요에 따라 여객 및 관광객 운송수단으로써도 그 수요가 날로 증가하고 있다. 이에 따라 해상운송업도 연안여객선에서 카페리, 관광유람선으로 발전을 거듭하고 있다.

(1) 연안여객선

연안여객선은 육지와 인근 도서지방을 연결하는 선박으로 여행자를 비롯해 주로 서민들이 이용하는 선박이다. 최근의 여행패턴이 도서지방을 선호하는 점을 감안한다면 연안여객선을 이용한 여행상품 개발은 필수불가결한 것으로 인식하지 않으면 안 된다.

연안여객선은 국제화·지방화시대를 맞이하여 관광객을 끌어들여서 지역을 활성화하려는 지자체의 경우 지역발전에 기여하는 좋은 사업체로써 인식되고 있다.

(2) 카페리

카페리(car ferry)란 승객과 함께 자동차를 실어 나르는 배를 일컫는데, 한국과 일본(부산~시모노세키)을 오가는 부관(釜關)페리를 비롯해 국내항로에는 부산~제주, 인천~제주, 목포~제주, 완도~제주, 고흥~제주, 포항~울릉도, 부산~서귀포, 진해~거제 등의 노선에 카페리가 운행 중에 있다. 국제항로에는 부산~시모노세키 구간(227km)을 비롯해 부산~오사카(700km), 부산~하카타(214km), 인천~웨이하이(426km), 인천~칭다오(531km), 인천~톈진(926km), 부산~연태(1,000km), 인천~대련(533km) 등의 노선에 카페리가 취항 중이다. 카페리는 개별관광객 수송이나 대형단체의 행사에 주로 이용하며 승선권을 예매하거나 판매하는 여행사는 승객에 따른 수수료를 챙길 수 있는 장점이 있다.

(3) 관광유람선

여행 선진국인 서양은 물론 최근에 와서는 우리나라도 선박을 이용한 유람선여행에 많은 관심을 갖는 관광객들이 생겨나게 되었다. 관광유람선을 이용하는 유람선여행은 '생(生)의 최고의 낭만'이라 부르듯 관광의 극치라고 할 수 있겠다. 우리나라는 2008년 8월에 「관광진흥법 시행령」을 개정하여 종전의 관광유람선업을 일반관광유람선업과 크루즈(cruise)업으로 세분하여 규정하고 있다.

3) 해상여객운송사업

(1) 해상여객운송사업의 개념

해상여객운송사업이란 해상이나 해상과 접하여 있는 내륙수로(內陸水路)에서 여객선(여객 정원이 13명 이상인 선박을 말한다)으로 사람 또는 사람과 물건을 운송하거나 이에 따르는 업무를 처리하는 사업으로서 「항만운송사업법」 제2조 제4항에 따른 항만운송관련사업 외의 것을 말한다(해운법 제2조 제2호).

(2) 해상여객운송사업의 종류

(가) 내항 정기 여객운송사업

이는 국내항(해상이나 해상에 접하여 있는 내륙수로에 있는 장소로서 상시(常時) 선박에 사람이 타고 내리거나 물건을 싣고 내릴 수 있는 장소를 포함한다)과 국내항 사이를 일정한 항로와 일정표에 따라 운항하는 해상여객운송사업을 말한다.

(나) 내항 부정기 여객운송사업

이는 국내항과 국내항 사이를 일정한 일정표에 따르지 아니하고 운항하는 해상여객운송사업을 말한다.

(다) 외항 정기 여객운송사업

이는 국내항과 외국항 사이 또는 외국항과 외국항 사이를 일정한 항로와 일정표에 따라 운항하는 해상여객운송사업을 말한다.

(라) 외항 부정기 여객운송사업

이는 국내항과 외국항 사이 또는 외국항과 외국항 사이를 일정한 항로와 일정표에 따르지 아니하고 운항하는 해상여객운송사업을 말한다.

(마) 순항(巡航) 여객운송사업

이는 해당 선박 안에 숙박시설, 식음료시설, 위락시설 등 편의시설을 갖춘 대통령령으로 정하는 규모 이상의 여객선을 이용하여 관광을 목적으로 해상을 순회하며 운항(국내외의 관광지에 기항하는 경우를 포함한다)하는 해상여객운송사업을 말한다.

(바) 복합 해상여객운송사업

이는 위의 (가)부터 (라)까지의 규정 중 어느 하나의 사업과 (마)의 사업을 함께 수행하는 해상여객운송사업을 말한다.

4) 크루즈업

(1) 크루즈의 개념

해양관광산업이 본격적으로 개발되면서 해상유람을 즐기고자 하는 관광객들을 대상으로 선내에 객실·식당·스포츠 및 레크리에이션 시설 등 관광객의 편의를 위한 각종 서비스시설과 부대시설을 함께 갖추고 순수한 관광활동을 목적으로 관광자원이 수려한 지역을 순회하며 운항하는 선박을 크루즈(cruise)라고 한다.

일반적으로 크루즈여행이라고 할 때에는 크루즈 내에 숙박과 위락시설 등 관광객을 위한 각종 시설을 갖추고 여행자의 요구에 적합한 선상활동 및 유흥·오락프로그램 등의 행사와 최고의 서비스를 제공하는 것은 물론, 매력적인 지상 관광자원 및 관광지를 순회하면서 관광시키는 종합관광시스템을 의미한다.

(2) 크루즈관광의 유형

(가) 선박·거리·가격에 따른 분류

대중 크루즈(volume cruise)는 크게 2~5일의 단기 크루즈와 7일짜리 일반크루즈, 9~14일간의 장기 크루즈가 있다. 고급 크루즈(premium cruise)는 1주일 항해에서부터 2주~3개월간의 장기 항해까지 있다. 호화 크루즈(luxury cruise)는 최상의 서비스를 제공하고, 크루즈 중 가장 비싸고 긴 일정과 이국적인 관광지들이 포함되어 있다. 특수목적 크루즈(speciality cruise)는 고래구경·스쿠버 다이빙·고고학·생물학 연구 등의 크루즈를 포함한다.

(나) 장소·활동범위·운항 유형에 따른 분류

장소에 따라 호수나 하천을 운항하는 내륙 크루즈, 바다를 순항하는 해양 크루즈로 구분할 수 있다. 활동범위에 따라서는 해양법상 국내 영해를 순항하는 국내 크루즈와 자국과 자국 외의 지역을 함께 순항하는 국제크루즈, 주요 항구를 중심으로 순항하는 항만크루즈, 섬을 순회하는 도서순항 크루즈로 분류된다. 운항유형에 따라서는 특별한 파티나 이벤트가 펼쳐지는 파티크루즈와 식사를 중심으로 하는 레스토랑 크루즈, 장거리를 운항하는 장거리 크루즈, 외항 여객선으로 오락시설을 갖춘 외항 크루즈로 분류된다.

(3) 크루즈관광의 특성

크루즈와 타 해운교통과의 차이점은 첫째, 크루즈는 관광이 목적이고, 여객선은 수송이 목적이다. 둘째, 기간이 크루즈는 장기적이고, 카페리는 단기적이다. 셋째, 크루즈는 대규모이고, 쾌속선은 소규모의 고속성을 가진다.

따라서 크루즈관광의 특성은 첫째, 목적이 수송이 아닌 관광이다. 크루즈는 관광매력이 있는 곳을 연계하여 관광루트를 만든다. 둘째, 기간이 장기적이다. 셋째, 수려한 지역(경승지)을 관광한다. 넷째, 선내에 다양한 시설이 설치되어 있다. 다섯째, 선내 서비스가 최고급이다. 여섯째, 규모가 대형이다.

(4) 현행 「관광진흥법」에서의 크루즈업

(가) 개요

2008년에 개정된 「관광진흥법 시행령」은 관광객이용시설업의 일종인 '관광유람선업'에 크루즈업을 추가 신설하고 이를 일반관광유람선업과 크루즈업으로 구분하여 규정하고 있다(제2조 제1항 3호).

① 일반관광유람선업: 「해운법」에 따른 해상여객운송사업의 면허를 받은 자나 「유선(遊船) 및 도선사업법(渡船事業法)」에 따른 유선(遊船)사업의 면허를 받거나 신고한 자가 선박을 이용하여 관광객에게 관광을 할 수 있도록 하는 업(業)을 말한다.

② 크루즈업: 「해운법」에 따른 순항(巡航) 여객운송사업이나 복합 해상여객운송사업의 면허를 받은 자가 해당 선박 안에 숙박시설, 위락시설 등 편의시설을 갖춘 선박을 이용하여 관광객에게 관광을 할 수 있도록 하는 업을 말한다.

(나) 등록기준

① 일반관광유람선업의 등록기준

1. 「선박안전법」에 따른 구조 및 설비를 갖춘 선박일 것
2. 이용객의 숙박 또는 휴식에 적합한 시설을 갖추고 있을 것
3. 수세식화장실과 냉·난방 설비를 갖추고 있을 것
4. 식당·매점·휴게실을 갖추고 있을 것
5. 수질오염을 방지하기 위한 오수 저장·처리시설과 폐기물처리시설을 갖추고 있을 것

② 크루즈업의 등록기준

크루즈업의 등록기준은 일반관광유람선업의 등록기준에 일부를 추가하고 있다(동법 시행령 제5조 관련 〈별표 1〉 참조).

1. 「선박안전법」에 따른 구조 및 설비를 갖춘 선박일 것
2. 이용객의 숙박 또는 휴식에 적합한 시설을 갖추고 있을 것
3. 수세식화장실과 냉·난방 설비를 갖추고 있을 것
4. 식당·매점·휴게실을 갖추고 있을 것
5. 수질오염을 방지하기 위한 오수 저장·처리시설과 폐기물처리시설을 갖추고 있을 것
6. 욕실이나 샤워시설을 갖춘 객실을 20실 이상 갖추고 있을 것
7. 체육시설, 미용시설, 오락시설, 쇼핑시설 중 두 종류 이상의 시설을 갖추고 있을 것

제9절 카지노업

1. 카지노업의 이해[8]

1) 카지노의 정의

오늘날 미국을 비롯한 많은 국가들이 자국의 관광산업을 육성하기 위한 정책의 일환으로 카지노산업을 관광산업의 전략산업으로 부각시키고 있으나, 이론적 배경이 호텔산업 등 여타산업과는 달리 학문적 연구가 미흡하여 카지노에 대한 개념정의가 정립되지 않아서 일부 학자들의 논리(論理)와 사전(辭典)을 통해 전문용어를 해석하는 수준에서 정의(定義)되고 있다.

카지노란 갬블링(gambling), 음악, 쇼, 댄스 등 여러 가지 오락시설을 갖춘 연회장이라는 의미의 이탈리아어 카사(Casa)에서 유래한 것으로 르네상스(Renaissance)시대에 귀족들이 소유하고 있던 사교·오락용의 별장을 의미하였으나, 오늘날에 와서는 일반

8) 오수철 외 3인 공저, 카지노경영론(서울: 백산출판사, 2018), pp.69~72.

적인 사교 또는 여가선용을 위한 공간으로서 각종 게임기구를 설치하여 갬블링이 이루어지는 장소를 의미한다고 정의하고 있다.

그리고 웹스터사전(Webster's College Dictionary)에서는 카지노란 모임 · 춤 특히 전문 갬블링(professional gambling)을 위해 사용되는 건물이나 넓은 장소로 정의하고 있으며, 국어사전에서는 음악 · 댄스 · 쇼 등 여러 가지 오락시설을 갖춘 실내 도박장으로 정의하고 있다.

우리나라에서 카지노업은 종래 「사행행위등 규제 및 처벌특례법」에서 '사행행위영업'의 일환으로 규정되어 오던 것을 1994년 8월 3일 「관광진흥법」을 개정할 때 관광사업의 일종으로 전환 규정한 것이다. 그리고 「관광진흥법」은 제3조제1항 5호에서 카지노업이란 "전문영업장을 갖추고 주사위 · 트럼프 · 슬롯머신 등 특정한 기구 등을 이용하여 우연의 결과에 따라 특정인에게 재산상의 이익을 주고 다른 참가자에게 손실을 주는 행위 등을 하는 업"이라고 정의내리고 있다.

우리나라의 카지노업은 관광산업의 발전과 크게 연관되어 있다. 특히 카지노는 특급호텔 내에 위치하여 외래관광객에게 게임 · 오락 · 유흥 등 야간관광활동을 제공함으로써 체류기간을 연장시키고, 관광객의 소비를 증가시키는 주요한 관광산업 중의 하나로 발전되어 왔다. 또한 카지노업은 외래관광객으로부터 외화를 벌어들여 국제수지를 개선하는데 기여해 왔으며, 국가재정수입의 확대와 소득 · 고용창출 등 긍정적인 경제적 효과를 가져온 주요 수출산업이라고도 할 수 있다.

2) 카지노업의 특성

카지노업은 우선 외래관광객을 위해서 게임장소와 오락시설을 제공한다. 게임장소와 오락시설의 제공이라는 두 가지 서비스는 우리나라 카지노업의 기본적 기능이라고 할 수 있다. 이러한 카지노업의 특징을 살펴보면 다음과 같다.

첫째, 카지노업은 여타산업에 비하여 고용창출효과가 높다. 카지노업은 여타 관광관련 산업에 비해 규모나 시설은 적으나 카지노의 특수한 조직구조와 운영으로 인해 하루 24시간 게임테이블을 운영하기 위하여 많은 종사원을 필요로 하기 때문에 경영규모에 비해 많은 고용창출을 하고 있다. 카지노는 순수한 인적 서비스상품이며 노동집약적인 산업으로, 수출산업인 섬유 · 가죽업, TV부문, 반도체산업 및 자동차산업에 비해 고용승수가 훨씬 높게 나타나고 있다.

둘째, 카지노업은 전천후 관광상품이다. 카지노가 주로 실내공간에서 이루어지는 여가활동이므로 악천후에도 전혀 상관하지 않고 이용이 가능한 관광상품이다. 또한 24시간 영업함으로써 야간 관광상품으로도 이용될 수 있으며, 자연관광자원의 기후에 대한 한계성을 극복할 수 있는 훌륭한 대체관광산업이 된다.

셋째, 카지노업은 무공해 관광산업이라고 정의할 수 있는데, 카지노산업의 외화가득률은 우리나라 대표적 수출산업인 자동차산업, 섬유 · 가죽 등의 의류산업, 텔레비전 · 세탁기 등 가전제품산업 및 반도체산업에 비해 훨씬 높은 산업이다. 카지노이용객 한 사람을 유치하면 컬러TV 4대, 반도체 76개 수출한 것과 같으며, 카지노에 외국인 관광객 11명이 유치된다면 고급승용차 1대를 수출하는 것과 맞먹는 효과가 있다고 한다.

넷째, 카지노는 외래관광객의 소비액을 증가시키고 체류기간을 연장시킨다. 카지노이용객 1인당 소비액은 외래관광객 1인당 소비액의 약 48%를 차지할 정도로 단일지출항목으로는 상당히 높은 비중을 차지한다. 카지노는 외래관광객에게 게임장소와 오락시설을 제공하는 기능을 함으로써 체류기간 연장과 소비지출을 증가시키기 때문에 실제로 카지노가 없는 나라의 관광객의 체류 일수가 평균 1.5일인데 비해 카지노 게임을 하는 고객들의 체류 일수는 3.4일로 2일이나 차이가 나는 현상을 볼 수 있다.

다섯째, 카지노산업의 경제적 파급효과는 매우 크다고 하겠다. 정부의 강력한 규제와 도박산업이라는 사회적으로 부정적인 인식하에서도 각 지방자치단체에서 카지노를 유치하려는 치열한 경쟁에서 볼 수 있듯이 세수의 확보, 외래관광객 유치에 따른 외화가득효과(外貨稼得效果), 호텔 등 관광 관련 산업의 매출에 지대한 영향을 미치는 등 다양한 경제적 효과를 발생시킨다.

여섯째, 카지노는 양면성이 있다. 카지노가 여가선용을 위한 건전한 오락산업이며 세수확보, 외화유출방지, 고용창출 등 지역경제 활성화에 지대한 영향을 미치고 있어 국가 및 지방자치단체에서 적극적으로 카지노의 도입을 추진하려고 하는 긍정적인 사회경제적 측면이 있는가 하면, 카지노는 단순한 도박산업이며 범죄와 도박중독증, 가정파탄 및 도산, 과소비, 사행심 조장, 폭력조직과의 연루 등 각종 사회악의 온상이라는 부정적인 측면이 공존하고 있다.

2. 우리나라 카지노업 현황[9)]

1) 우리나라 카지노업의 발전과정

우리나라 카지노 설립의 법적 근거가 된 최초의 법률은 1961년 11월 1일에 제정된 「복표발행현상기타사행행위단속법」으로, 1962년 9월 동법의 개정된 사항에 외국인을 상대로 하는 오락시설로서 외화획득에 기여할 수 있다고 인정될 때에는 이를(외국인을 위한 카지노설립) 허가할 수 있게 함으로써 카지노 설립의 근거가 마련되었다.

이와 같은 법적 근거에 따라 외래관광객 유치를 위한 관광산업 진흥정책의 일환으로 카지노의 도입이 결정되어 1967년에 인천 올림포스호텔 카지노가 최초로 개설되었고, 그 다음해에 주한 외국인 및 외래관광객 전용의 위락시설(게임시설)로서 서울에 워커힐호텔 카지노가 개장되었다.

그런데 1969년 6월에는 「복표발행현상기타사행행위단속법」을 개정하여 이때까지 카지노에 내국인출입을 허용했던 것을, 이후로는 카지노 내에서 내국인을 상대로 사행행위를 하였을 경우 영업행위의 금지 또는 허가취소의 행정조치를 취할 수 있게 함으로써 카지노에 내국인 출입이 제한되고, 외국인만을 출입시키는 법적 근거가 마련되었다.

1970년대에 들어 카지노산업이 주요 관광지에 확산되어 4개소가 추가로 신설되었으며, 1980년대에는 2개소가 추가 신설되었고, 1990년대에는 5개소가 신설되면서 전국적으로 13개 업체가 운영되었다.

한편, 1991년 3월에는 「복표발행현상기타사행행위단속법」이 「사행행위등 규제 및 처벌특례법」으로 개정됨에 따라 계속적으로 '사행행위영업'의 일환으로 규정되어 오던 카지노를 1994년 8월 3일 「관광진흥법」을 개정할 때 관광사업의 일종으로 규정하고, 문화체육관광부장관이 허가권과 지도·감독권을 갖게 되었다. 다만, 제주도에는 2006년 7월부터 「제주특별자치도 설치 및 국제자유도시 조성을 위한 특별법」이 제정·시행됨에 따라 제주특별자치도에서 외국인전용 카지노업을 경영하려는 자는 제주도지사의 허가를 받도록 하였다.

이와 같이 외국인전용 카지노의 허가권을 갖게 된 문화체육관광부는 2005년 1월 28일

---

9) 오수철 외 3인 공저, 전게서, pp.97~107.

자로 한국관광공사 자회사인 (주)그랜드코리아레저에 3개소(서울 2개소, 부산 1개소)의 카지노를 신규 허가하여 2006년 상반기 모두 개장하였다.

한편, 1995년 12월에는「폐광지역개발지원에 관한 특별법」이 제정되면서 강원도 폐광지역에 내국인도 출입이 허용되는 카지노를 설치할 수 있는 법적 근거가 마련되었으며, 이에 따라 2000년 10월 28일 강원도 정선군에 강원랜드 스몰카지노가 개장되었고, 2003년 3월 28일에는 메인카지노를 개장하였다. 이로써 1969년 6월 이후 금지되었던 내국인도 출입이 가능한 내국인출입 카지노의 시대가 개막되었다.

2) 카지노업체 및 이용현황

(1) 카지노업체 현황

외국인전용 카지노는 1967년 인천 올림포스호텔 카지노 개설을 시작으로 2005년 한국관광공사에 신규 허가 3개소를 포함하여 2017년 12월 말 기준으로 전국에 16개 업체가 운영 중에 있으며, 지역별로는 서울 3개소, 부산 2개소, 인천 1개소, 강원 1개소, 경북 1개소, 제주 8개소이다. 내국인출입 카지노는 강원랜드카지노 1개소가 운영 중에 있다.

〈표 3-9〉 우리나라 카지노업체 현황

(단위 : 명, 백만원, ㎡)

시·도	업체명 (법인명)	허가일	운영형태 (등급)	종업원 수	2016 매출액	2016 입장객	허가증 면적
서 울	워커힐카지노 [(주)파라다이스]	'68.03.05	임대 (5성)	835	344,669	379,517	2,569.65
	세븐럭카지노 서울강남코엑스점 [그랜드코리아레저(주)]	'05.01.28	임대 (컨벤션)	897	234,553	524,970	2,110.35
	세븐럭카지노 서울강북힐튼점 [그랜드코리아레저(주)]	'05.01.28	임대 (5성)	572	220,061	763,060	1,728.42
부 산	세븐럭카지노 부산롯데점 [그랜드코리아레저(주)]	'05.01.28	임대 (특1)	372	86,211	231,025	1,583.73
	파라다이스카지노 부산지점 [(주)파라다이스]	'78.10.29	임대 (5성)	314	101,560	115,542	922.47

시·도	업체명 (법인명)	허가일	운영형태 (등급)	종업원 수	2016 매출액	2016 입장객	허가증 면적
인 천	인천카지노 [(주)파라다이스세가사미]	'67.08.10	임대 (5성)	337	95,881	58,376	1,061.88
강 원	알펜시아카지노 [(주)지바스]	'80.12.09	임대 (특1)	8	-0.6	506	518.23
대 구	인터불고대구카지노 [(주)골든크라운]	'79.04.11	임대 (특1)	167	16,733	75,228	1,504.56
제 주	라마다카지노 [길상창휘(유)]	'75.10.15	임대 (5성)	139	5,382	15,291	2,328.47
	파라다이스카지노 제주지점 [(주)파라다이스]	'90.09.01	임대 (특1)	264	55,233	62,124	2,756.76
	마제스타카지노 [(주)마제스타]	'91.07.31	임대 (특1)	210	25,386	33,307	2,886.89
	로얄팔레스카지노 [(주)건해]	'90.11.06	임대 (특1)	185	20,566	24,167	1,353.18
	파라다이스카지노 제주 롯데 [(주)두성]	'85.04.11	임대 (5성)	176	24,240	27,952	1,205.41
	제주썬카지노 [(주)지앤엘]	'90.09.01	직영 (특1)	131	2,594	15,355	2,802.09
	랜딩카지노 [람정엔터테인먼트코리아(주)]	'90.09.01	임대 (특1)	289	31,608	18,787	803.30
	메가럭카지노 [(주)메가럭]	'95.12.28	임대 (특1)	151	1,021	17,637	1,528.58
16개 업체(외국인 대상)			직영 : 1 임대 : 15	5,047	1,275,697	2,362,544	27,663.97
강 원	강원랜드 카지노 [(주)강원랜드]	'00.10.12	직영 (5성)	3,734	1,627,612	3,169,656	12,792.95
17개 업체(내·외국인 대상)			직영 : 2 임대 : 14	8,781	2,903,309	5,532,200	40,446.92

자료 : 문화체육관광부/관광기금 부과 대상 매출액 기준/2016년 기준 연차보고서, p.320.
주) 종사원수(수시변동) : 워커힐·세븐럭강남(본사 포함), 강원랜드(리조트 전체), 면적: 전용영업장 면적
   (제주 제외)

(2) 카지노시설 및 운영 현황[10)

① 외국인전용 카지노

2016년 12월 말 기준으로 외국인전용 카지노 기구는 총 9종 2,003대이며, 테이블게임 835대, 슬롯머신 72대, 비디오게임 1,043대를 보유하고 있다. 테이블게임은 바카라가 612대로 가장 높게 나타났으며, 블랙잭 85대, 룰렛 50대, 포커 63대, 다이사이 21대, 빅휠 3대, 카지노워 1대 등을 보유하고 있다.

2016년도 외국인전용 카지노 이용객은 236만 2,544명으로 전년 대비 10.7% 감소하였다.

2016년도 외국인전용 카지노 매출액은 1조 2,757억원으로 전년 대비 2.5% 증가하였으며, 2014년까지 증가추세를 보이다가 2015년부터 감소세에 접어들었다.

② 강원랜드카지노

강원랜드는 강원도 정선군 사북읍 사북리 및 고한읍 고한리 일원에 총 5,324,432m² 규모의 카지노 리조트를 조성하였다. 주요 시설물로는 강원랜드 호텔·카지노, 하이원 호텔·골프장, 하이원CC, 하이원 스키장 및 콘도, 하이원 고한사무실, 고한사옥 등을 포함하고 있다.

강원랜드의 카지노시설은 강원랜드 호텔 내 12,792.95m² 공간에 테이블게임 200대와 머신게임 1,360대로 구성되어 있다. 테이블게임 기구는 바카라 88대, 블랙잭 70대, 룰렛 14대, 다이사이 7대, 포커 16대, 빅휠 2대, 카지노워 3대 등이며, 머신게임 기구로는 슬롯머신 296대, 비디오게임 1,064대 등을 보유하고 있다.

2016년의 강원랜드 순매출액은 1조 6,277억원으로 전년 대비 4.3% 증가하였다. 강원랜드 회계매출액은 2000년 이후 지속적인 증가추세를 나타내고 있으며, 영업매출액은 2011년 일시 감소한 것을 제외하면 2013년까지 증가추세를 나타내고 있다. 2016년 강원랜드 1일 평균매출은 4,447백만원으로 전년 대비 4.0% 증가하였고, 지속적인 증가추세를 나타내고 있다.

2016년 강원랜드 카지노 입장객은 316만 9천명으로 전년 대비 1.1% 증가하였다. 입장객은 2006년과 2011년 일시적 감소하였으나, 전반적으로는 증가추세를 나타내고 있다. 2016년의 일평균 입장객은 8,658명으로 전년 대비 0.8% 증가하였다.

---

10) 사행산업통합감독위원회(2016), 「사행산업 관련 통계」

3. 카지노업의 허가 등[11]

1) 카지노업 허가의 개요

우리나라 카지노설립의 법적 근거가 된 최초의 법률은 1961년 11월 1일에 제정된 「복표발행현상기타사행행위단속법」으로, 이 법이 1991년 3월에 「사행행위등 규제 및 처벌특례법」으로 개정됨에 따라 계속적으로 사행행위영업의 일환으로 규정되어 오던 카지노를 1994년 8월 3일 「관광진흥법」을 개정할 때 관광사업의 일종으로 전환 규정하고, 문화체육관광부장관이 허가권과 지도·감독권을 갖게 되었다. 다만, 제주도에는 2006년 7월부터 「제주특별자치도 설치 및 국제자유도시 조성을 위한 특별법」이 제정·시행됨에 따라 제주특별자치도에서 외국인전용 카지노업을 경영하려는 자는 제주도지사의 허가를 받도록 하였다.

한편, 2005년에는 「기업도시개발특별법」 개정을 통하여 관광레저형 기업도시 조성 시 호텔업을 포함하여 관광사업 3종 이상, 카지노업 영업개시 신고시점까지 미화 3억 달러 이상 투자하고 영업개시 후 2년 이내 미화 총 5억달러 이상을 투자할 경우 외국인전용 카지노의 신규허가가 가능하도록 하였다.

또 2009년에는 「경제자유구역의 지정 및 운영에 관한 특별법」 개정을 통하여 경제자유구역에서 외국인 투자금액이 미화 5억달러 이상이고 호텔업을 포함한 관광사업 3종 이상, 카지노 신고시점까지 미화 3억달러 이상을 투자하고 영업개시 이후 2년 이내 총 5억달러를 투자할 경우 외국인전용 카지노 신규허가가 가능하도록 하였다.

2) 카지노업의 허가관청

관광사업 중 카지노업은 허가대상업종이다. 즉 카지노업을 경영하려는 자는 전용영업장 등 문화체육관광부령으로 정하는 시설과 기구를 갖추어 문화체육관광부장관의 허가(중요 사항의 변경허가를 포함한다)를 받아야 한다(관광진흥법 제5조 1항). 다만, 제주도는 2006년 7월부터 「제주특별자치도 설치 및 국제자유도시 조성을 위한 특별법」(이하 "제주특별법"이라 한다)이 제정·시행됨에 따라 제주특별자치도에서 외국인전용 카

---

11) 조진호·우상철 공저, 최신관광법규론(서울: 백산출판사, 2018), pp.188~199.

지노업을 경영하려는 자는 제주도지사의 허가를 받아야 한다(제주특별법 제244조).

3) 카지노업의 허가요건 등

(1) 허가대상시설

문화체육관광부장관(제주특별자치도는 도지사)은 카지노업의 허가신청을 받은 때에는 다음 요건의 어느 하나에 해당하는 경우에만 허가할 수 있다.

① 최상등급의 호텔업시설

첫째, 카지노업의 허가신청을 할 수 있는 시설은 관광숙박업 중 호텔업시설이어야 한다. 둘째, 호텔업시설의 위치는 국제공항 또는 국제여객선터미널이 있는 특별시·광역시·특별자치시·도·특별자치도(이하 "시·도"라 한다)에 있거나 관광특구에 있어야 한다. 셋째, 호텔업의 등급은 그 지역에서 최상등급의 호텔 즉 특1등급(5성급)이라야 한다. 다만, 시·도에 최상등급의 시설이 없는 경우에는 그 다음 등급(특2등급 즉 4성급)의 시설만 허가가 가능하다.

② 국제회의시설업의 부대시설

국제회의시설의 부대시설에서 카지노업을 하려면 대통령령으로 정하는 요건에 맞는 경우 허가를 받을 수 있다.

③ 우리나라와 외국을 왕래하는 여객선

우리나라와 외국을 왕래하는 2만톤급 이상의 여객선에서 카지노업을 하려면 대통령령으로 정하는 요건에 맞는 경우 허가를 받을 수 있다.

(2) 허가요건

① 관광호텔업이나 국제회의시설업의 부대시설에서 카지노업을 하려는 경우 허가요건은 다음과 같다. 〈개정 2015.8.4.〉

가. 삭제〈2015.8.4.〉

나. 외래관광객 유치계획 및 장기수지전망 등을 포함한 사업계획서가 적정할 것

다. 위의 '나.목'에 규정된 사업계획의 수행에 필요한 재정능력이 있을 것

라. 현금 및 칩의 관리 등 영업거래에 관한 내부통제방안이 수립되어 있을 것

마. 그 밖에 카지노업의 건전한 운영과 관광산업의 진흥을 위하여 문화체육
　　　관광부장관이 공고하는 기준에 맞을 것
　② 우리나라와 외국 간을 왕래하는 여객선에서 카지노업을 하려는 경우 허가요
　　건은 다음과 같다.
　　가. 여객선이 2만톤급 이상으로 문화체육관광부장관이 공고하는 총톤수 이
　　　　상일 것(개정 2012.11.20.)
　　나. 삭제〈2012.11.20.〉
　　다. 외래관광객 유치계획 및 장기수지전망 등을 포함한 사업계획서가 적정할 것
　　라. 위의 '다.목'에 규정된 사업계획의 수행에 필요한 재정능력이 있을 것
　　마. 현금 및 칩의 관리 등 영업거래에 관한 내부통제방안이 수립되어 있을 것
　　바. 그 밖에 카지노업의 건전한 육성을 위하여 문화체육관광부장관(제주도지
　　　　사)이 공고하는 기준에 맞을 것

(3) 허가제한

　카지노업의 허가관청(문화체육관광부장관 또는 제주도지사)은 공공의 안녕, 질서유
지 또는 카지노업의 건전한 발전을 위하여 필요하다고 인정하면 대통령령으로 정하는
바에 따라 카지노업의 허가를 제한할 수 있다.

　즉 카지노업에 대한 신규허가는 최근 신규허가를 한 날 이후에 전국 단위의 외래관
광객이 60만명 이상 증가한 경우에만 신규허가를 할 수 있되, 신규허가 업체의 수는
외래관광객 증가인원 60만명당 2개 사업 이하의 범위에서만 가능하다. 이때 허가관청
(문화체육관광부장관 또는 제주도지사)은 다음 각 호의 사항을 고려하여 결정한다.
〈개정 2015.8.4.〉

　1. 전국 단위의 외래관광객 증가 추세 및 지역의 외래관광객 증가 추세
　2. 카지노이용객의 증가 추세
　3. 기존 카지노사업자의 총 수용능력
　4. 기존 카지노사업자의 총 외화획득실적
　5. 그 밖에 카지노업의 건전한 운영과 관광산업의 진흥을 위하여 필요한 사항

4) 폐광지역에서의 카지노업 허가의 특례

(1) 개요

「폐광지역개발 지원에 관한 특별법」(제정 1995.12.29. 최종개정 2014.1.1.; 이하 "폐광지역법"이라 한다)의 규정에 의거 문화체육관광부장관은 폐광지역 중 경제사정이 특히 열악한 지역의 1개소에 한하여 「관광진흥법」 제21조에 따른 허가요건에 불구하고 카지노업의 허가를 할 수 있다. 이 경우 그 허가를 함에 있어서는 관광객을 위한 숙박시설·체육시설·오락시설 및 휴양시설 등(그 시설의 개발추진계획을 포함한다)과의 연계성을 고려하여야 한다.

그리고 문화체육관광부장관은 허가기간을 정하여 허가를 할 수 있는데, 허가기간은 3년이다. 그런데 이 '폐광지역법'은 2005년 12월 31일까지 효력을 가지는 한시법(限時法)으로 되어 있었으나, 그 시한을 10년간 연장하여 2015년 12월 31일까지 효력을 갖도록 하였던 것을, 다시 10년간 연장하여 2025년 12월 31일까지 효력을 갖도록 하였다(동법 부칙 제2조 개정 2012.1.26.).

이는 「폐광지역개발 지원에 관한 특별법」에 따른 카지노업 허가와 관련된 「관광진흥법」 적용의 특례라 할 수 있는데, 이 규정에 따라 2000년 10월 강원도 정선군 고한읍에 내국인도 출입이 허용되는 (주)강원랜드 카지노가 개관되었다.

(2) 내국인의 출입허용

"폐광지역법"에 따라 허가를 받은 카지노사업자에 대하여는 「관광진흥법」 제28조 제1항 제4호(내국인의 출입금지)의 규정을 적용하지 아니함으로써 폐광지역의 카지노영업소에는 내국인도 출입할 수 있도록 하였다. 다만, 문화체육관광부장관은 과도한 사행행위 등을 예방하기 위하여 필요한 경우에는 출입제한 등 카지노업의 영업에 관한 제한을 할 수 있다(폐광지역법 제11조 제3항, 동법시행령 제14조).

(3) 수익금의 사용제한

폐광지역의 카지노업과 당해 카지노업을 영위하기 위한 관광호텔업 및 종합유원시설업에서 발생되는 이익금 중 법인세차감전 당기순이익금의 100분의 25를 카지노영업소의 소재지 도(道) 즉 강원도 조례에 따라 설치하는 폐광지역개발기금에 내야 하는데, 이기금은 폐광지역과 관련된 관광진흥 및 지역개발을 위하여 사용하여야 한다(폐광지역법 제11조 제5항).

5) 제주특별자치도에서의 카지노업 허가의 특례

(1) 개요

「제주특별자치도 설치 및 국제자유도시 조성을 위한 특별법」(이하 "제주특별법"이라 한다)의 규정에 따라 제주자치도지사는 제주자치도에서 카지노업의 허가를 받고자 하는 외국인투자자가 허가요건을 갖춘 경우에는「관광진흥법」제21조(문화체육관광부장관의 카지노업 허가권)의 규정에도 불구하고 외국인전용의 카지노업을 허가할 수 있다. 이 경우 제주도지사는 필요한 경우 허가에 조건을 붙이거나 외국인투자의 금액 등을 고려하여 둘 이상의 카지노업 허가를 할 수 있다(제주특별법 제244조 제1항). 이에 따라 카지노업의 허가를 받은 자는 영업을 시작하기 전까지「관광진흥법」제23조 제1항의 시설 및 기구를 갖추어야 한다(제주특별법 제244조 제2항).

(2) 외국인투자자에 대한 카지노업 허가

① 허가요건

제주도지사는 제주자치도에 대한 외국인투자(「외국인투자촉진법」제2조제1항제4호의 규정에 의한 외국인투자를 말한다)를 촉진하기 위하여 카지노업의 허가를 받으려는 자가 외국인투자를 하려는 경우로서 다음 각 호의 요건을 모두 갖추었으면「관광진흥법」제21조(허가요건 등)에도 불구하고 카지노업(외국인전용의 카지노업으로 한정한다)의 허가를 할 수 있다(제주특별법 제244조 제1항).

1. 관광사업에 투자하려는 외국인투자의 금액이 미합중국화폐 5억달러 이상일 것
2. 투자자금이 형의 확정판결에 따라「범죄수익은닉의 규제 및 처벌 등에 관한 법률」제2조제4호에 따른 범죄수익 등에 해당하지 아니할 것
3. 투자자의 신용상태 등이 대통령령으로 정하는 사항을 충족할 것
   여기서 "대통령령으로 정하는 사항"이란 다음 각 호의 사항을 말한다(개정 2013.8.27.).
   가.「자본시장과 금융투자업에 관한 법률」제335조의3에 따라 신용평가업 인

가를 받은 둘 이상의 신용평가회사 또는 국제적으로 공인된 외국의 신용평가기관으로부터 받은 신용평가등급이 투자적격 이상일 것

나. '제주특별법' 제244조 제2항에 따른 투자계획서에 호텔업을 포함하여 「관광진흥법」 제3조에 따른 관광사업을 세 종류 이상 경영하는 내용이 포함되어 있을 것

② 허가취소

도지사는 카지노영업허가를 받은 외국인투자자가 다음 각 호의 어느 하나에 해당하는 경우에는 그 허가를 취소하여야 한다(제주특별법 제244조 제2항).

1. 미합중국화폐 5억달러 이상의 투자를 이행하지 아니하는 경우
2. 투자자금이 형의 확정판결에 따라 「범죄수익은닉의 규제 및 처벌 등에 관한 법률」 제2조제4호에 따른 범죄수익 등에 해당하게 된 경우
3. 허가조건을 위반한 경우

③ 카지노업 운영에 필요한 시설의 타인경영

외국인투자자로서 카지노영업 허가를 받은 자는 「관광진흥법」 제11조(관광시설의 타인경영 및 처분과 위탁경영)에도 불구하고 카지노업의 운영에 필요한 시설을 타인이 경영하게 할 수 있다. 이 경우 수탁경영자는 「관광진흥법」 제22조에 따른 '카지노사업자의 결격사유'에 해당되지 아니하여야 한다(제주특별법 제244조 제1항).

6) 관광레저형 기업도시에서의 카지노업허가의 특례

(1) 개요

「기업도시개발특별법」(이하 "기업도시법"이라 한다)의 규정에 따라 문화체육관광부장관은 「관광진흥법」 제21조(카지노업의 허가요건 등)에도 불구하고 '관광레저형 기업도시'의 개발사업 실시계획에 반영되어 있고, '기업도시' 내에서 카지노업을 하려는 자가 카지노업 허가요건을 모두 갖춘 경우에는 외국인전용 카지노업의 허가를 하여야 한다(기업도시법 제30조 제1항).

(2) 외국인전용 카지노업의 허가요건

관광레저형 기업도시에서 카지노업을 하려는 자는 다음의 요건을 모두 갖추어야 한다(기업도시법 시행령 제38조 제1항).

1. 신청인이 관광사업에 투자하는 금액이 총 5천억원 이상으로 카지노업의 허가 신청시에 이미 3천억원 이사을 투자한 사업시행자일 것
2. 신청내용이 실시계획에 부합할 것
3. 관광진흥법령에 따른 카지노업에 필요한 시설·기구 및 인력 등을 확보하였을 것 여기서 "카지노업에 필요한 시설·기구 등"은 관광레저형 기업도시 내에 운영되는 호텔업시설[특1등급(5성급)을 받은 시설로 한정하며, 특1등급(5성급)이 없는 경우에는 특2등급(4성급)을 받은 시설로 한정한다] 또는 국제회의업시설의 부대시설 안에 설치하여야 한다(기업도시법 시행령 제38조 제2항).

7) 경제자유구역에서의 카지노업허가의 특례

(1) 개요

「경제자유구역의 지정 및 운영에 관한 특별법」(이하 "경제자유구역법"이라 한다)의 규정에 따라 문화체육관광부장관은 경제자유구역에서 카지노업의 허가를 받으려는 자가 외국인투자를 하려는 경우로서 외국인투자자에 대한 카지노업의 허가요건을 모두 갖춘 경우에는 「관광진흥법」 제21조(카지노업의 허가요건 등)에도 불구하고 카지노업(외국인전용 카지노업만 해당한다)의 허가를 할 수 있다(경제자유구역법 제23조의3 제1항).

(2) 외국인투자자에 대한 카지노업의 허가요건

경제자유구역에서 카지노업의 허가를 받으려는 자는 다음의 허가요건을 모두 갖추어야 한다(동법시행령 제20조의4).

1. 경제자유구역에서의 관광사업에 투자하려는 외국인 투자금액이 미합중국화폐 5억달러 이상일 것
2. 투자자금이 형의 확정판결에 따라 「범죄수익은닉의 규제 및 처벌 등에 관한 법률」 제2조 제4호에 따른 범죄수익 등에 해당하지 아니할 것
3. 그 밖에 투자자의 신용상태 등 대통령령으로 정하는 사항을 충족할 것 여기서

"투자자의 신용상태 등 대통령령으로 정하는 사항"이란 다음 각 호의 사항을 말한다(동법시행령 제20조의4).

가. 신용평가등급이 투자적격일 것

나. 투자계획서에 다음 각 목의 사항이 포함되어 있을 것

    a. 호텔업을 포함하여 관광사업을 세 종류 이상 경영하는 내용

    b. 카지노업 영업개시 신고시점까지 미합중국화폐 3억달러 이상을 투자하고, 영업개시 후 2년까지 미합중국화폐 총 5억달러 이상을 투자하는 내용

다. 카지노업 허가신청시 영업시설로 이용할 다음 각목의 어느 하나의 시설을 갖추고 있을 것

    a. 호텔업:「관광진흥법 시행령」제22조에 따라 특1등급(5성급)으로 결정을 받은 시설

    b. 국제회의시설업:「관광진흥법」제4조에 따라 등록한 시설

제10절 의료관광

1. 의료관광의 정의

1) 개요[12]

의료관광은 새로운 관광시장을 열어 줄 하나의 문이라고 생각된다. 사회·경제적 환경의 변화와 함께 삶의 질이 더욱 향상되고 사회가 고령화되어 감에 따라, 건강에 대한 관심이 높아지는 상황에서 전 세계적으로 의료·교육·관광 등의 접목이 이루어지고 있는 서비스 투어리즘이 확산되고 있으며, 이러한 새로운 관광패러다임의 중심에 의료관광이 주목을 받고 있다. 특히 의료관광산업은 고용창출효과가 높고, 고부가가치의

---

12) 이성태, 의료관광 활성화방안에 대한 연구(한국문화관광연구원, 2009), p.13.

성장잠재력을 지닌 미래 유망산업으로서 세계 각국은 의료관광산업을 국가 전략산업으로 육성하고, 경쟁적 우위를 선점하기 위해 치열한 경쟁을 벌이고 있다.

국내 관광산업의 주요 경쟁국인 싱가포르, 태국, 인도, 필리핀, 말레시아 등에서는 의료서비스와 휴양·레저·문화 등의 관광활동이 결합된 새로운 형태의 블루오션(blue ocean) 전략으로서 의료관광을 외화획득을 위한 21세기 국가전략산업으로 선정, 대규모의 예산과 정부차원의 적극적인 지원책을 펼치고 있으며, 미국을 비롯한 세계 각국에서도 민간주도로 의료서비스 및 건강증진 식품을 관광산업과 연계하여 발전시키는 등, 의료관광은 급격한 성장을 하고 있다.

2) 개념 정의13)

의료관광이란 다른 지방이나 외국으로 이동하여 현지 의료기관이나 요양기관, 휴양기관 등을 통해 진료, 치료, 수술 등 의료서비스를 받은 환자와 그 동반자가 의료서비스와 병행하여 관광하는 것을 말한다. 우리나라의 의료관광은 2009년 5월 의료법 개정으로 병원에서 외국인 환자 유치행위가 허용된 이래 유치기관 등록제, 메디컬 비자 도입, 의료기관의 숙박업 및 부대사업 인정 등의 의료관광 활성화를 위한 다양한 지원정책을 시행하고 있다.

우리나라 「관광진흥법」 제12조의2(의료관광 활성화)에서는 의료관광이란 국내 의료기관의 진료, 치료, 수술 등 의료서비스를 받는 환자와 그 동반자가 의료서비스와 병행하여 관광하는 것을 말한다"고 정의하고 있다. WTO(World Trade Organization; 세계무역기구)에서는 의료관광을 보건의료서비스(health services) 교역 중의 하나로서 해외 보건의료서비스의 소비라고 규정하고, 유학생에게 제공되는 보건의료교육서비스는 제외된다고 하였다.

우리나라 「관광진흥법」상의 의료관광 정의는 국내 의료기관에서 의료서비스를 강조하여 의료관광객 유치목적의 인바운드(inbound) 성격이 강한 반면에, WTO(세계무역기구)의 의료관광 정의는 단지 해외에서 이루어지는 보건의료서비스의 소비라고 강조하여 국제관광의 성격을 띠고 있는데, 결국 양자 모두 의료관광객은 외국인환자를 의미

---

13) 조진호 외 3인 공저, 관광법규론(서울: 현학사, 2017), p.165.

한다고 할 수 있다.

　따라서 의료관광이란 "개인이 자신의 거주지를 벗어나 다른 지방이나 외국으로 이동하여 현지의 의료기관, 요양기관 및 휴양기관 등을 통해 질병치료와 건강유지 및 회복 등의 활동을 하는 것으로, 본인의 건강상태에 따라 현지에서의 ① 요양, ② 관광, ③ 쇼핑, ④ 문화체험 등의 활동을 겸하는 것"으로 정의할 수 있다.

2. 의료관광 현황[14)

1) 세계의 의료관광 현황

　2005년 세계 의료관광시장의 규모는 2백억 달러에 달했으나, 이후 급격히 성장하여 2008년에는 6백억 달러에 이르렀다. 또한 2005년 이후부터는 연평균 44%의 성장을 보였고, 특히 2012년에는 1천억 달러, 2013년에는 1천889억 달러에 이르렀다.

　의료관광객 수를 살펴보면, 2009년에는 2천990만명으로서, 2007년 대비 16%가 증가하였고, 2014년에는 4천만명이 넘을 것으로 예측하고 있다. 향후 의료관광시장은 꾸준히 증가할 것이며, 21세기 새로운 新성장동력산업으로 각광받게 될 것이다.

2) 의료선진국의 현황

(1) 싱가포르

　의료관광의 선진국인 싱가포르는 타 국가에 비해 의료관광 수준이 우수한 것으로 평가받고 있다. 싱가포르는 ① 수준 높은 의료서비스, ② 영어의 공용화, ③ 서구적인 문화 및 사회적 규범, ④ 19개의 JCI 인증병원(JCI: 미국의 국내 의료기관평가 비영리법인 제이코가 미국과 동등한 기준으로 해외 의료기관을 평가하기 위해 발족한 평가기구) 등의 강점으로 인하여 일찍이 의료관광이 국제화되어 있다.

　2014년에는 의료관광객 1백20만명, 의료수익 40억 달러를 목표로 유치활동을 펼치고 있다.

---

14) 최기종, 관광학개론(서울: 백산출판사, 2014), pp.240~244.

특히 첨단의술을 활용해 전 세계의 의료관광객을 유치하고 있는 싱가포르는 의료관광에 대한 국비지원이 많아 국가 브랜드인 '싱가포르 메디슨(Singapore Medicine)'을 개발하여 운영하고 있다. 즉 선진 의료관광국가로 만들고자 하는 정부관련 기관으로 세계 의료관광객 유치를 계획하고 있다.

특히 싱가포르 메디슨은 3개 정부기관으로 이루어진 협의체로 부처 간 불필요한 경쟁과 비용 발생을 방지하기 위해 '협력과 경쟁의 조화' 전략을 시행하고 있다. 또한 관광청은 헬스케어(health care) 부서를 신설하여 의료관광객을 유치하는 병원에 대해 지원을 하고 있고, 의료 시스템과 각 여행사를 연계한 건강여행 패키지 상품도 개발하고 있다.

(2) 태국

태국의 의료 서비스산업은 1980년대 관광산업과 접목하면서 태동하였다. 동아시아 외환위기 직후 유휴설비를 활용하는 방안으로 고소득 국가의 고령층을 대상으로 한 간호·간병 서비스를 중심으로 발전하기 시작하였다. 그 후 태국 정부는 관광 및 의료관광의 잠재 가능성에 주목하여 2004년에 보건부에 의료관광국가계획(Medical Tourism National Plan)을 발표하면서 발전해 나갔다.

특히 태국은 ① 저렴한 병원비, ② 신속한 의료서비스, ③ 천혜의 자연 및 관광자원을 강점으로 내세워 외국인 환자를 적극적으로 유치함으로써 의료관광객 유치에 성공하였다. 의료자원에는 ① 지역거점병원(5백 병상 이상), ② 종합병원(69개), ③ 지역병원, ④ 1차 진료센터(간호사가 진료), ⑤ 보건소(자원봉사자가 운영) 등이 있다.

태국은 수출 진흥국·관광청·투자위원회 등의 정부기관과 민간병원협회의 치밀한 준비, 긴밀한 협조로 의료서비스와 건강관련 서비스(건강스파·전통타이 마사지 등), 허브상품 등의 부분에서 경쟁국가에 비해 서비스 및 가격 측면에서 비교우위를 가지고 있다. 특히 '아시아 의료 서비스의 중심지'가 되고자 하는 목표를 가지고 적극 추진하고 있다.

(3) 인도

2002년부터 보건정책개정(National Health Policy Reforms)을 통해 타국의 높은 비용우위를 자본화하기 위해 외국인 환자들의 치료비에 할인혜택을 주어 인도의 의료서비스 공급 확대를 유도하기 위해 노력하고 있다.

인도의 수술비용은 미국 등 주요 선진국에 비해 1/8 정도이며, 태국에 비해서도 30% 이상 저렴하다. 또한 인도 의료관광의 강점은 ① 세계적 수준의 인적 자원, ② 저렴한 진료비, ③ 네트워크 등을 들 수 있다. 특히 의사 · 간호 사 · 사무직원도 영어를 유창하게 구사하고 있어 의사소통이 자유롭고 수준 높은 의료기술을 확보하고 있다.

또한 정부는 의료여행을 전 세계적으로 홍보하기 위해 국가의 관광안내책자에 각종 의료여행 패키지에 대한 소개를 상세하게 추가시켰으며, 수입 의료장비에 대한 관세도 대폭 낮추어 세계적인 의료선진국으로서의 발전을 모색하고 있다.

의료관광객은 2005년 20만명, 2007년 27만 2천명, 2010년 73만 1천명이 방문한 것으로 나타났으며, 특히 인도 정부는 외국인 환자를 유치하는 병원에 수출장려금을 지급할 정도로 매우 적극적이다.

(4) 말레이시아 · 필리핀

말레이시아는 의료관광산업에 대해 적극적인 홍보와 지원을 하고 있다. 정부는 병원이 의료서비스에 대해 홍보할 수 없는 법 조항을 폐지하여 의료기관이 적극적으로 마케팅할 수 있도록 길을 열어주고 있다.

또한 보건관광부는 말레이시아의 대사관을 중심으로 의료관광에 대한 정보 제공과 책자를 배포하고 있으며, 주요 병원과의 연결도 대행해 주고 있다. 특히 싱가포르와 태국에 비해 20~50% 낮은 비용으로 의료관광객을 유치하고 있다.

필리핀은 '레저와 함께하는 보건(healthcare with leisure)'이라는 모토를 걸고 국가적 홍보를 펼치고 있는데, ① 웰빙과 ② 온천 아이템을 중심으로 의료 관광을 진행하고 있다. 필리핀의 의료관광 프로그램은 관광청을 중심으로 보건부와 필리핀 전통 대체의학협회 등과의 연계를 통해 최고의 의료관광 메카를 만들어내고 있다.

3) 한국의 현황

정부는 차세대 고부가가치 창출을 위해 글로벌헬스케어산업(global healthcare industry)인 의료관광사업 · 외국인 환자 유치사업을 선정하였고, 2009년 5월 1일 개정 의료법의 시행으로 의료관광을 적극 지원하고 있다.

2008년 11월 의료법이 국무회의 심의를 통과하였고, 2009년 1월 20일 의료법 일부 개정안을 공포하여, 2009년 4월부터 외국인 환자 유치·알선 행위가 합법화되었다.

정부는 의료시장에서 외국인 환자를 유치하고 관리하기 위한 구체적인 방법으로 ① 진료서비스 지원, ② 관광 지원, ③ 국내외 의료기관의 국가 간 진출을 지원할 수 있는 '국제의료관광 코디네이터'「국가기술자격법 시행규칙」제3조(국가기술자격의 직무분야 및 종목)를 2011년 11월 23일 법령개정으로 신설하여, 2013년 1월 1일 이후에 시행, 2013년 9월 28일 1차 필기시험이 처음 시행되었다.

2012년 우리나라를 방문한 외국인 환자 수는 16만명, 수익은 1억 4천650만 달러, 2013년에는 191개국에서 21만 1천218명의 외국인 환자가 의료서비스를 받았다. 수익은 전년보다 47% 증가한 3천934억원으로 집계됐다. 우리나라의 의료기술은 충분한 국제 경쟁력을 갖추고 있다. 특히 ① 심혈관질환, ② 성형, ③ 치과, ④ 위암, ⑤ 간암 등의 의술은 세계 최고의 수준이며, 의료가격 또한 미국의 30% 정도에 불과하다.

세계 의료관광시장은 지난 8년간 2.5배 성장하였다. 태국·인도·싱가포르 등 아시아의 의료관광 선진국들은 투자개방형 의료법인을 도입해 외국인 환자 유치에 박차를 가하고 있다. 우리나라도 투자개방형 의료법인을 도입하면, 부가가치 유발액은 국내총생산(GDP)의 최대 1%에 달하고, 일자리 창출 효과는 18만 개에 이를 것으로 예측하고 있다.

우리나라가 최고의 의료기술을 보유하고 있지만, 아직은 주요 경쟁국인 태국과 싱가포르 등 의료선진국에 비해 약 5~10년 정도 뒤져 있다. 그러나 의료관광의 중요성을 인식하면서부터 한국관광공사 내에 전담조직을 두고, 의료관광 및 의료타운 건설을 추진하고 있다. 지방자치단체도 의료산업화 정책의 일환으로 의료관광산업을 핵심전략 산업으로 추진하고 있고, 대학병원·종합병원·개인병원·의료기관도 외국인 환자 유치에 적극적으로 나서고 있다.

지난 2009년 이후 한국을 찾은 외국인 환자는 매년 큰 증가폭을 보여 2013년에는 21만 1천218명의 외국인이 한국의 의료행위 및 시설을 이용했다. 이를 통해 건강관련 여행수지도 흑자를 달성할 것으로 예측하고 있다. 또한 정부는 우리 의료기술에 ① 다양한 관광, ② 휴양 인프라, ③ 이용 서비스를 접목한 새로운 한국의료+관광 비즈니스 모델 개발을 추진하고 있고, 보건복지부도 지자체와 지역의료기관에서 지역의료와 관광자원을 활용한 특화모델을 실용화할 수 있도록 필요한 예산을 지원하고 있다.

2014년에 들어와서도 의료관광사업은 고부가가치 창출을 통한 국가경제 발전과 글로벌헬스케어(global healthcare) 산업 전문가 육성 등을 통한 고용창출에 대한 기대효과가 커 박근혜 정부의 핵심 국정목표인 창조경제를 더욱 활성화시킬 수 있는 주요 산업으로 평가받고 있다.

3. 의료관광의 유형[15)

1) 진료목적에 의한 유형

(1) 질병치료 목적의 의료관광

암을 비롯하여 각종 질병의 치료목적으로 입국하여 그 전후로 관광이 이루어지는 형태로서 비교적 장기간을 요한다.

(2) 미용성형 목적의 의료관광

얼굴성형, 쌍꺼풀 수술 등 미용성형의 목적으로 입국하여 그 전후로 관광이 이루어지는 형태로서 비교적 중기간을 요한다.

(3) 건강검진 목적의 의료관광

자신의 건강상태를 체크하고자 입국하여 그 전후로 관광이 이루어지는 형태로서 비교적 단기간을 요한다. 그러나 검진의 결과에 따라 재방문의 가능성이 높은 유형이라고 할 수 있다.

(4) 기타의료 목적의 의료관광

환자를 동행하거나 환자를 방문하고자 하는 목적으로 지인들이 입국하거나 기타 의료와 관련하여 입국하여 그 전후로 관광이 이루어지는 형태를 말한다.

---

15) 이정학·이은지 공저, 의료관광학개론(서울: 백산출판사, 2015), pp.29~30.

2) 순수와 복합에 의한 유형

(1) 순수 의료관광

치료 및 검진이나 진찰 등 진료의 목적으로 입국하여 의료기관에서 의료인으로부터 그에 대한 서비스를 받고, 그 전후로 관광하는 것을 말한다.

(2) 복합 의료관광

치료 및 검진이나 진찰 등 순수 의료관광의 목적에 건강관리(휴양·보양·웰니스·자연치유·보완대체의학 치료 등), 미용(피부관리·얼굴마사지 등) 등이 복합되어 그 전후로 관광하는 것을 말한다.

4. 외국인 의료관광의 활성화[16]

1) 의료관광 활성화의 법제도화

의료관광은 의료서비스와 관광이 결합된 융·복합 관광사업이라 할 수 있다. 그런데 「관광진흥법」(제12조의2)에서 정의하고 있는 의료관광이란 국내 의료기관의 진료·치료·수술 등 의료서비스를 받는 외국인 환자와 그 동반자가 의료서비스와 병행하여 관광하는 것을 말한다. 다시 말하면 의료서비스를 받는 환자와 그 동반자가 의료서비스를 받음과 동시에 주변 관광지와 연계하여 여행, 휴양, 문화체험 등 건강과 삶의 보람을 찾는 새로운 관광형태를 말한다.

이와 같이 치료와 관광을 겸하는 의료관광산업은 고용창출효과가 높을 뿐만 아니라, 일반관광객에 비해 체류기간은 2배 이상 길고 지출하는 비용 또한 수백만원에서 수천만원에 이르고 있기 때문에 성장잠재력을 가진 미래산업으로 주목받고 있다. 따라서 국가는 의료관광을 활성화함으로써 의료 및 관광산업의 발전은 물론, 국가의 위상 제고와 외화획득을 통한 경제의 향상을 기할 수 있게 됨에 따라 2009년 3월 25일 「관광진흥법」을 개정하면서 의료관광의 활성화를 제도화하게 된 것이다.

---

16) 조진호·우상철 공저, 전게서, pp.162~164.

2) 외국인 의료관광 활성화 대책

이와 같이 성장잠재력을 가진 의료관광산업을 활성화하기 위해서는 무엇보다도 ① 국제수준의 병원 설립과 의료서비스의 개선 및 의료관광 인프라 구축, ② 우수 전문인력 확보, ③ 의료사고 · 분쟁 대비 법적 · 제도적 장치 마련, ④ 의료관광시장 선점, ⑤ 한국형 의료관광 모델 및 고급화 · 특성화전략 마련, ⑥ 저가의 의료비용으로 의료관광 마케팅, ⑦ 병의원 간 과도한 경쟁지양 등이 강조되고 있다.

우리나라는 최근 한국의료서비스에 대한 인식의 변화로 피부성형, 미용, 치료목적의 외국인 의료관광객 입국이 날로 증가함에 따라 2009년 3월 25일 「관광진흥법」 개정 때 의료관광에 대한 관광진흥개발기금의 지원근거를 마련함으로써 해외 의료관광객의 국내 유치 활성화를 도모하고 있다(동법 제12조의2).

(1) 외국인의 의료관광 유치 · 지원 관련 기관

① 문화체육관광부장관은 외국인 의료관광의 활성화를 위하여 다음의 기준을 충족하는 외국인 의료관광 유치 · 지원 관련 기관에 관광진흥개발기금을 대여하거나 보조할 수 있다(관광진흥법 제12조의2 제1항 및 동법시행령 제8조의2 제1항).

1. 「의료법」(제27조의2 제1항)에 따라 등록한 외국인환자 유치 의료기관(이하 "의료기관"이라 한다) 또는 같은 법(제27조의2 제2항)에 따라 등록한 외국인환자 유치업자(이하 "유치업자"라 한다)
2. 「한국관광공사법」에 따른 한국관광공사
3. 그 밖에 '의료관광'의 활성화를 위한 사업의 추진실적이 있는 보건 · 의료 · 관광 관련 기관 중 문화체육관광부장관이 고시하는 기관

② 이상의 외국인 의료관광 유치 · 지원 관련 기관에 대한 관광진흥개발기금의 대여나 보조의 기준 및 절차는 「관광진흥개발기금법」에서 정하는 바에 따른다(관광진흥법 시행령 제8조의2 제2항).

(2) 외국인의 의료관광 지원

① 외국인 의료관광 우수전문기관 · 우수교육과정 선정

문화체육관광부장관은 외국인 의료관광을 지원하기 위하여 외국인 의료관광 전문인

력을 양성하는 전문교육기관 중에서 우수 전문교육기관이나 우수 교육과정을 선정하여 지원할 수 있다(동법 제12조의2 제2항 및 동법 시행령 제8조의3 제1항).

② 외국인 의료관광 유치 안내센터 설치·운영

문화체육관광부장관은 외국인 의료관광 안내에 대한 편의를 제공하기 위하여 국내외에 외국인 의료관광 유치 안내 센터를 설치·운영할 수 있다(동법 시행령 제8조의3 제2항).

③ 외국인 의료관광 유치 공동 해외마케팅사업 추진

문화체육관광부장관은 의료관광의 활성화를 위하여 지방자치단체의 장이나 의료기관 또는 유치업자와 공동으로 해외마케팅사업을 추진할 수 있다(동법 시행령 제8조의3 제3항). 한편, 제주자치도에서는 '제주특별법'에 따라 도지사가 제주자치도에 적합한 의료관광 모델 개발을 위한 연구 및 마케팅·홍보 등에 관한 지원을 할 수 있으며, 그 지원범위 및 방법 등에 관하여 필요한 사항은 도조례로 정하도록 하고 있다(제주특별법 제200조).

(3) 국제의료관광 코디네이터

국제의료관광 코디네이터는 국제화되는 의료시장에서 외국인환자를 유치하고 관리하기 위한 구체적인 ① 진료서비스 지원, ② 관광지원, 국내외 의료기관의 국가간 진출 등을 지원할 수 있는 ③ 의료관광 마케팅, ④ 리스크관리 및 ⑤ 행정업무 등을 담당함으로써 우리나라의 '글로벌헬스케어산업' 발전 및 대외경쟁력을 향상시키는 데 기여할 수 있는 자격제도이다.

이 자격 역시 컨벤션기획사 자격처럼 「국가기술자격법」으로 규정하여 「관광진흥법」으로 규정한 관광종사원 국가자격(관광통역안내사, 호텔관리사 등)과는 별개의 자격인 국가기술자격으로 제도화한 것으로, 2011년 11월 23일 개정된 「국가기술자격법 시행규칙」 제3조 관련 별표 2에 의하여 보건·의료계통의 서비스분야자격으로 분류하여 신설된 것이다.

관광객의 행동연구

제4장 | 관광객의 행동연구

산업의 고도화로 인하여 물질적인 풍요를 가져왔으나, 이에 따른 급속한 사회구조의 변화는 현대인에게 긴장감을 유발하는 요소가 되고 정체성의 혼란, 무력감과 고독감을 느끼게 하는 요인이 되고 있다.

따라서 일상에서 끊임없이 이어지는 긴장감과 무력감을 극복하고 인간성 회복과 활력을 유지하는 방안을 모색하며 즐거움을 찾기 위해 노력하게 된다. 이러한 행동양식 중 하나가 관광행동이다. 이것은 인간으로서 삶의 가치와 존재를 확인하고자 하는 기본적인 욕구라고 할 수 있다.

관광행동은 여행을 하기 위하여 계획을 세우는 단계부터 시작하여 목적지로의 이동과 체재행위, 여행이 종료될 때까지의 모든 활동과 행동을 포함하는 개념이다. 관광행동의 세부적인 요소를 파악하면 관광객의 심리과정과 동향을 이해할 수 있다.

1. 관광행동의 개념

관광은 관광객의 소비행동에서 비롯되는 사회·문화적 현상이다. 그리고 관광행동
은 근본적으로 경제생활을 위한 소비활동으로 간주할 수 있다. 인간은 누구나 소비자
로서 자신의 욕구충족을 위해 제품 및 서비스를 소유 및 이용하기 위해 시간, 금전, 노
력을 투입한다. 이와 같은 관광객의 소비행동은 무엇보다 동기에서 비롯되는 것으로,
넓은 의미에서 소비자는 어떤 활동에 참여하는 모든 사람이다.

관광객은 여행을 통해 자신의 욕구를 충족시키는 관광소비자로서 관광의 실용적 가
치뿐만 아니라 감각적 즐거움을 추구하기 위해 특정 목적지를 찾는다. 이들은 관광의
기능적 유용성뿐만 아니라 정신적인 쾌락을 경험하기 위해 여행을 한다. 그러므로 관
광기업은 관광객의 소비행동을 이해함으로써 이들의 욕구충족을 통해 조직의 목적을
달성할 수 있다.

중세의 순례여행이나 십자군 원정이 종교나 전쟁을 위한 이동이었지만, 이들 역시
소비자로서 여행자들이었다. 그러나 순수관광은 영국 귀족의 자녀들이 현장교육을 위
한 그랜드투어에서 발견할 수 있다. 그랜드투어는 18세기 말에 이르기까지 청소년교육
을 완성하는 이상적인 학습수단으로 활발하게 이루어진 여행이다.

19세기 중반에 산업화, 도시화, 그리고 교통수단의 발전은 중산층의 여행을 가능하
게 해 주었다. 당시에 중산층의 많은 사람들이 주로 온천을 찾는 리조트 여행을 즐겼
다. 오늘날에도 많은 사람들이 휴식, 자녀교육, 건강, 경관감상, 문화의 이해, 모험을 위
해 관광에 참여한다.

관광객은 문제해결을 위한 목표지향적인 의사결정자이다. 그러므로 관광기업은 관
광객의 목표지향적인 정보처리과정을 이해함으로써 그들의 욕구와 기대를 효과적으로
충족시켜 줄 수 있다. 한편, 관광객은 관광행동의 특성에 따라 유사한 하위집단으로 세

1) 김원인·김수경 공저, 관광학원론(서울: 백산출판사, 2015), pp.103~104.

분되기 때문에 관광기업은 세분시장의 유사한 관광소비행동에 소구할 수 있어야 한다.

정부는 관광객의 소비활동을 이해함으로써 사회복지를 위한 건전관광을 촉진하는 한편, 관광수용지역의 주민과 관광객의 이해관계를 조정하기 위한 바람직한 관광정책을 수립해야 한다.

2. 관광행동의 연구

인간의 소비행동으로서 관광행동에 대한 연구는 심리학 · 사회학 · 사회심리학 · 문화인류학 · 경제학 등 기초학문의 성과에 의존하는 종합 학문으로서의 특성을 띤다.

심리학(psychology)은 개인행동의 심리적 기제(psychology mechanism)를 탐구하는 학문으로 동기 · 지각 · 태도와 같은 개인의 내면적 상태를 다루는 학문이다. 그러므로 심리학은 관광객의 심리적 상태로써 관광의사결정에 영향을 미치는 심리적 기제(機制)에 대한 연구에 도움을 준다.

사회학(sociology)은 사회집단에 대한 학문으로 사회적 집단으로서 관광행동에 대한 연구에 도움을 준다. 이는 관광이 흔히 가족이나 동호인 집단으로 이루어지는 경우가 많기 때문이다. 한편, 사회심리학(social psychology)은 사회학과 심리학의 합성학문으로, 사회집단 내 개인의 행동을 연구하는 학문이다. 이는 개인이 준거집단으로부터 영향을 받는 한편, 사회집단에 순응하기 위한 관광의사결정을 하기 때문이다.

문화인류학(cultural anthropology)은 종족의 문화적 관점에서 인간에 대한 탐구로 개인의 신념, 가치, 의사결정에 영향을 미치는 종족문화의 관습과 인종학적 관광의 특성을 비교 연구하는 데 도움을 준다.

경제학(economics)은 소득과 소비에 관한 연구는 물론 산출의 극대화를 위한 경제적 의사결정에 대한 연구에 도움을 준다. 관광객은 경제적 소비자로서 자신의 경제적인 효용가치를 극대화하기 위한 최적의 의사결정자인 정보처리자로 가정할 수 있다.

3. 관광행동에 영향을 미치는 요인(변수)[2]

관광행동은 기본적으로 관광욕구를 원동력으로 하여 발생되는 것이다. 그러나 이러한 관광욕구가 실제로 관광행동으로 이어지기 위해서는 많은 변수들이 영향을 미치게된다. 행동에 영향을 미치는 요인(변수)으로는 크게 개인적 차원에서 통제가능한 개인적 요인(변수)과 개인을 둘러싼 사회와 환경여건을 포함하는 환경적 요인(변수)을 들수 있다.

특히 관광행동은 행동주체의 심리적·사회적 요인, 개인의 내적·심리적 요인(지각, 학습, 성격, 동기, 태도, 라이프스타일 등)과 사회·문화적 요인(가족, 준거집단, 문화, 사회계층, 하위문화 등)은 관광객 관광행동을 설명하는데 중요한 변수들이라 하겠으며, 관광행동에 영향을 미치는 요인이다.

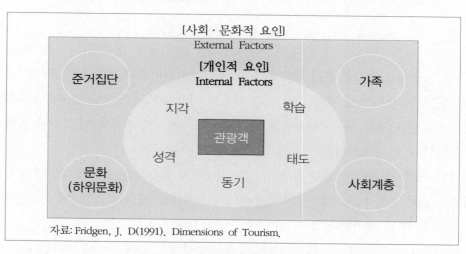

자료: Fridgen, J. D(1991). Dimensions of Tourism.

〈그림 4-1〉 관광객행동에 영향을 미치는 요인

1) 개인적 요인과 관광행동

관광객의 개인에 국한되어 관광행동에 영향을 주는 요인에는 지각, 학습, 성격, 동기, 태도 등이 있다.

---

2) 김광근 외 5인 공저, 관광학의 이해(서울: 백산출판사, 2017), pp.102~113.

(1) 지각과 관광행동

심리학자들은 지각과정이 모든 형태의 행동을 이해하는데 가장 중요한 변수로 인식하고 있는데, 지각(perception)이란 우리가 주변세계를 이해하는 과정으로 간주할 수 있다. 아울러 정보를 처리하는 과정으로 "감각기관을 통해 두뇌로 유입된 자극을 개인의 주관적 기준으로 해석하고 이해하는 과정"이라 할 수 있다. 여기서 중요한 관점은 '사실 있는 그대로'가 아니라 '주관적 기준'이라는 점이며, 주관적 기준은 개인의 경험, 성격, 욕구, 관심정도, 동기 등에 따라 다를 수 있다. 아울러 자극이 하나의 지각으로 형성되는 과정을 지각과정이라 하며 지각의 과정은 〈그림 4-2〉와 같다.

〈그림 4-2〉 지각의 과정

관광행동에 있어서도 관광객이 원하는 것과 관광서비스 제공자가 제공하는 서비스는 상황에 따라 다르게 나타날 수 있기 때문에 지각에 대한 인식은 필요하며, 또한 지각은 동일한 관광욕구나 관광동기를 가지고 있는 사람들일지라도 서로 다른 방법으로 그들이 욕구를 충족시키는 이유를 설명해 준다.

특히 지각과정은 관광객의 관광의사결정과정에서 필수적인 것이기 때문에 관광객의 지각을 변화시킬 수 있다는 것은 관광객의 선호형태를 보다 유리한 쪽으로 변화시킬 수 있다는 것을 의미한다.

관광과 관련된 지각 중 거리에 대한 지각은 관광객의 참여 여부에 현격한 차이가 나기 때문에 중요한 부문을 형성한다. 관광객들은 많은 경험을 가능하게 해주는 일정한 거리를 관광하려 한다. 거리는 관광객들이 어떻게 지각하느냐에 따라 긍정적 또는 부정적 영향을 미친다. 거리가 멀수록 관광비용의 부담은 증대되고 지루함과 집으로부터 멀리 떨어진다는 불안감 때문에 거리는 제약요소로 작용한다. 반대로 장거리 관광을 위해 기울이는 노력이 즐거움으로 전환될 수도 있으며 미지의 세계에 대한 기대감은 관광욕구를 더 강하게 할 수 있다.

(2) 학습과 관광행동

심리학자들은 인간의 모든 행동이 어떤 형태의 학습(learning)과 관련이 있다는 견해를 가지고 있다. 시간이 지남에 따라 인간의 행동은 변화하며 이러한 변화는 학습과정에서 기인하는 경우가 있다.

인간의 자신과 주변 환경의 변화에 적응하는 학습과정은 관광행동을 결정하는데 중요한 영향을 미칠 수 있다. 즉 관광행동에 있어서 쉽고 빠른 의사결정이 이루어지는 것은 이미 경험에 의한 학습의 반복으로 볼 수 있기 때문이다. 이와 같은 학습의 연구방법에는 사고과정 측면의 인지적 접근방법과 자극과 반응의 연결에 의해 일어난다는 행동주의적 접근방법이 있다.

학습은 동태적 과정이므로 독서·관찰·사고 등을 통해 새롭게 획득되는 지식이나 실제경험의 결과로서 계속적으로 진화되고 발전한다. 이처럼 새롭게 획득된 지식과 경험은 자신에게 반추되어 미래에 유사한 상황에서 행위를 시작·유지·수정하는 기초가 된다.

(3) 성격과 관광행동

성격(personality)이란 어떤 개인의 특징을 이루는 행동 또는 체험의 기반이 되는 특성으로서 학습, 지각, 동기, 감정과 역할의 복합적 현상이라고 할 수 있으며, 타인과 구별되는 개인의 고정적 행동특성이라 할 수 있다. 성격은 복잡한 심리적 현상이다. 그러나 분석방법을 잘 이용하면 관광행동에 어떤 형태로 영향을 미치는가에 대해 잘 알 수 있다.

개인이 나타내는 일상적인 행동, 가치, 관심, 욕구와 지각은 성격의 반영으로 볼 수 있고, 이것을 가리켜 라이프 스타일(life style) 또는 사이코그래픽스(psychographics)라 한다.

성격에 관한 이론에는 정신분석이론, 사회심리이론, 자질론, 자아개념이론 등이 있으며, 관광행동에 있어서도 성격에 대한 전반적 연구와 적용은 예외일 수 없다.

개개인의 성격에 따라 관광객은 유형화되며, 유형별 특성에 따라 마케팅활동의 전개에 유용한 자료가 되고, 또한 관광행동에 실제적으로 영향을 미친다.

(4) 동기와 관광행동

동기(motive)란 사람의 마음을 움직여 무엇인가 하도록 한다는 의미를 담고 있다. 그러므로 동적인 의미를 갖는 개념으로 사람을 활성화(energizing)하고, 한 방향으로 나가도록(directing) 하며, 끝까지 지속시키는(maintaining) 것까지 포함하고 있다.

관광행동은 기본적으로 인간의 관광욕구로부터 기인된 결과이며, 관광은 관광욕구와 관광동기로부터 발생된다. 즉 관광객의 관광활동을 일으키게 하는 심리적 원동력을 일반적으로 관광욕구라 부르며, 관광욕구가 관광활동으로 나타나게 하는 힘을 관광동기라 칭한다.

따라서 인간의 본질적이고 기본적인 욕구에다 사회화된 관광욕구가 추가되고 여기에 관광동기가 부여되면 구체적인 관광행동이 일어나게 된다. 물론 여기에는 시간적, 경제적 조건과 관광사업체로부터 미디어를 통한 자극도 포함되어야 한다.

특히 관광활동이 관광객의 사회화된 욕구에서 일어나는 것이고 경제적 · 시간적 조건, 관광사업자로부터 받는 각종 정보의 자극, 기타 사회 · 문화적 영향 등은 관광객의 관광활동을 구체적으로 성립시키기 위한 기본적인 조건이며, 관광욕구의 그 자체가 관광활동과 관계된 관광행동을 결정하는 것이 아니고, 각종 자극과 결부되어서 관광활동이 구체화되기 위한 조건이 정비되고 여기에 동기가 부여됨으로써 관광행동이 일어나게 되는 것이다.

① 관광욕구

욕구(wants)란 "사람이 추구하는 바람직한 상태와 실제 상태와의 차이"라고 할 수 있으며, '바람직한 상태'와 '실제상태'와의 차이(사회적 또는 심리적)에 따라 욕구의 강도가 결정되며, 이것은 행동을 유발하는 동기에 영향을 미친다.

관광욕구는 관광행동을 하고 싶어 하는 심리적 원동력이라 할 수 있으며, 특히 관광욕구에 따라 관광선호도 다르게 나타날 수 있다.

매슬로우(Maslow)는 인간의 욕구는 생리욕구, 안전욕구, 소속 · 애정 욕구, 존경욕구, 자아실현 욕구 등 5단계의 계층을 이루고 있음을 제시하였고, 이러한 욕구는 생리적 수준의 욕구(생리적 욕구, 안전의 욕구)가 충족되면 보다 고차적인 사회적 수준의 욕구(소속과 애정의 욕구, 존경의 욕구)가 현재화되고, 최종적으로 '자아실현의 욕구'수준의 욕구가 가장 강한 힘을 가지게 된다고 설명하고 있다. 하지만 매슬로우의 욕구이론에 따르면 낮은 단계의 욕구가 먼저 만족되어야 한다. 그러나 여행 장면에서는 예외인 경우가 많다. 대다수 사람에게 있어서 여행은 일상생활을 벗어나고자 하는 수단이다. 이 때문에 여행자들은 그들의 기본적인 욕구구조를 변화시키게 된다. 즉 집을 떠나 여행을 할 때에는 낮은 단계의 욕구가 충족되지 않더라도 일시적으로는 시급하지 않다. 지적 욕구가 중요하게 되어 다른 낮은 단계의 욕구보다도 우선하게 된다. 여행자들은 전에 보지 못한 것들을 보고 자기가 살고 있는 세상을 더 잘 이해하며 미적 욕구를 만족시키며 무언가를 배우고자 애쓴다. 사실 어떤 때는 미지의 세계를 여행하며 탐험하고자 하는 욕구가 생겨나 안전, 사랑 그리고 존경의 욕구만큼 기본적이고 강력한 경우도 있을 것이다. 다시 말해 모든 여행동기가 자아실현욕구에서 나온다는 것을 의미하지는 않는다. 즉 욕구는 일부의 여행자만을 동기화시킨다는 믿을 만한 근거가 있다. 하지만 관광은 욕구의 각 단계에서 발생하며, 한 개인이 여러 개의 욕구를 동시에 가지고 있을 가능성이 높으며, 욕구수준도 개인에 따라 차이가 있다.

골드(Gold)는 매슬로우의 욕구 5단계설을 발전시켜 인간의 욕구를 생리, 안전, 귀속, 자존, 창조, 심미성, 자아실현 등 7단계로 구분하고 있으며, 또한 밀과 모리슨(Mill & Morrison)은 매슬로우의 욕구 5단계설에 기초하여 생리, 안전, 소속 및 애정, 자존, 자아실현, 지식, 심미성 등 7가지 욕구로 세분화하고 있다.

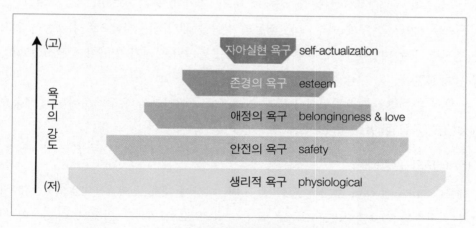

〈그림 4-3〉 매슬로우의 욕구 5단계설

② 관광동기

동기(motivation)란 인간의 내부적 긴장을 줄이기 위한 적극적이고 강력한 추진력이라고 정의할 수 있다. 여기서 '내부적 긴장상태'는 개인에 따라 달라질 수 있으며, 욕구로 인해 유발된 긴장을 해소하기 위한 행동을 유도하는 추진력이라 할 수 있다. 따라서 관광동기는 관광행동을 생기게 하는 심리적 원동력으로 욕구에 의거하여 특정한 행동에로 향하게 하는 심리적 에너지를 말한다.

이러한 관광동기는 관광객의 행동방향과 기준설정에 영향을 미치며, 관광객의 지각, 학습, 태도, 성격에 따라 다른 양상을 나타내기도 한다. 이러한 관광동기는 욕구, 기회, 능력, 노력 등으로 구성되고, 관광을 하고자 하는 욕구는 누구나 가지고 있으나 시간적 여유와 경제적 능력, 신체적 조건이 충족되어야 하며, 또한 이러한 조건이 충족되더라도 본인의 노력이 뒤따라야 한다.

이러한 관광동기를 매킨토시(McIntosh)는 신체적 동기(휴식, 스포츠, 해변 등지에서의 오락 등), 문화적 동기(문화, 예술, 언어, 종교 등), 대인적·사회적 동기(친지방문, 일상생활에서 탈피 등), 명예·지위·자존을 위한 동기(자기만족, 연수 등) 등으로 분류하고 있으며, 토마스(Thomas)는 교육·문화적 동기(명소감상, 특별행상 등), 휴식과 즐거움의 동기(일상 탈피, 낭만적 경험 추구 등), 종족지향적 동기(친지방문 등), 기타 동기(기후, 건강, 경제적·종교적 동기 등) 등으로 구분하고 있으며, 다나카 기이치(田中喜一)는 심정적 동기, 정신적 동기, 신체적 동기, 경제적 동기 등으로 세분화하고 있다.

동기는 개인적 욕구에 따라 모든 행동의 방향을 제시하는 개념으로서 행동을 일으키는 추진력 또는 마음의 상태로써 관광객이 욕구를 충족시키기 위하여 선택하는 행동유형을 제시한다.

관광객 관광행동분야에 있어서 널리 알려진 동기이론에는 욕구계층이론과 배출요인(push factor)과 흡인요인(pull factor), 추동이론 등이 있다.

(5) 태도와 관광행동

태도(attitude)에 대한 수많은 정의 중 "어떤 대상에 대해 호의적·비호의적으로 반응하려는 학습된 선호경향(learned predisposition)"으로 정의하는 알포트(Allport)의 정의가 많이 인용되고 있다. 즉 태도란 학습되는 것이며, 어떠한 방법으로 행동하려는 성향이나 경향을 말한다.

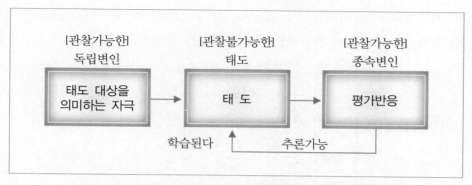

〈그림 4-4〉 자극에 대한 평가적 반응으로 추론된 태도

　그러나 태도가 분명히 심리적 과정의 결과이기는 하지만 그것은 직접적인 관찰이 불가능하기 때문에 개인의 말이나 행동으로부터 유추될 수밖에 없다. 이와 같은 태도의 정의를 내리는데 있어서 모든 사회심리학자들이 완전히 일치하고 있지는 않으나, 일정 대상이나 사건에 대해 전반적이고 지속적으로 갖게 되는 긍정적 또는 부정적 느낌으로 보는 데는 대체로 이론의 여지가 없는 것 같다. 이러한 태도의 정의에 비추어 볼 때, 태도는 다음과 같은 중요한 특성을 가지고 있다.

　첫째, 어떤 대상에 대한 태도는 직접 관찰할 수 없다. 태도는 겉으로 드러나는 것이 아니므로 적절한 방법에 의해서 추론되어야 한다.

　둘째, 태도는 학습을 통하여 형성된다는 것이다. 즉 태도는 가족, 동료집단, 친구나 이웃, 대중매체로부터 정보와 개인적 경험, 성격에 대한 영향을 받는 학습과정을 통해 시간이 경과함에 따라 형성된다. 따라서 태도를 창조하거나 변화시킬 수 있다.

　셋째, 태도로부터 행동을 예측할 수 있다.

　넷째, 특정 대상에 대한 태도는 여러 상황에서 일관성을 가진다.

　이와 같은 태도는 두 가지 관점에서 개념화되었는데, 하나는 태도 그 자체는 여러 가지 구성요소로 이루어진다고 하였다. 즉 개인이 자신의 환경 내에 있는 다른 사람, 장소, 사건, 생각, 상황, 경험 가운데 어떤 측면에 대해 가지고 있는 신념이나 의견인 지식요소(knowledge component), 어떤 대상물에 대한 개인의 정서적인 판단인 감정요소(feeling component), 대상, 사람 혹은 상황에 대해 호의 내지 비호의적으로 반응하는

경향인 선입관요소(predisposition component)로 구성된다. 이 세 가지 요소들은 상호
일치성을 가지면서 태도의 전반적인 결정에 영향을 주게 된다.

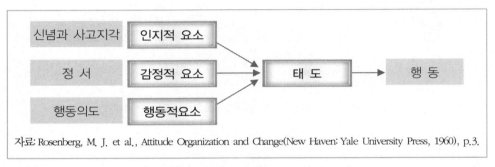

자료: Rosenberg, M. J. et al., Attitude Organization and Change(New Haven: Yale University Press, 1960), p.3.

〈그림 4-5〉 태도의 구성요소

태도에 대한 이 견해는 개인이 대상에 대해 갖는 태도는 어떤 경우에도 이러한 세
가지 요소들로 구성된다고 개념화한다. 더욱이 이 견해는 태도 대상에 대한 개인의 호
의성 혹은 비호의성은 일관성을 갖는 것으로 간주한다.

다른 하나는 세 가지 차원의 태도에서 오직 감정적인 요소만이 태도로 간주되며, 인
지적 요소와 행동적 요소는 태도로부터 이탈되어 각각 신념(beliefs)과 행동의도
(behavioral intentions)로 개념화되는 것이다. 그러므로 이 견해에 의하면, 태도는 감정
적인 요소만으로 구성되는 단일차원으로 간주되며, 인지적 요소와 행동적 요소는 태도
의 구성요소가 아니라 각각 태도의 선행요인(antecedents)과 결과요인(consequences)이
다. 따라서 〈그림 4-6〉과 같이 신념(인지적 요소)은 태도의 선행요인이며, 태도는 행동
의도와 나아가 행동에 영향을 미치는 것으로 보는 것이다.

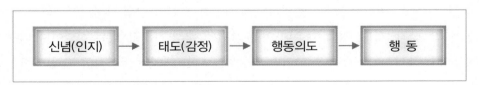

〈그림 4-6〉 단일요소 태도모델

2) 사회·문화적 요인과 관광행동

관광행동에 영향을 미치는 사회·문화적 요인에는 가족, 사회계층, 준거집단, 문화, 하위문화 등이 있다.

(1) 가족과 관광행동

가족은 인간사회에서 가장 기본적인 사회단위로서 관광행동에 가장 광범위하고 지속적으로 영향을 주는 소집단이다. 가족의 의사결정과정에서는 부부의 상대적 영향력에 따라 다르게 나타나며, 의사결정의 단계도 다르게 나타난다. 또한 가족의 생활주기 (family lifecycle)에 따라서도 다르게 나타날 수 있다.

(2) 사회계층과 관광행동

사회계층은 소득이나 사회적 지위와 관련하여 어떤 사회에 작용하는 생활양식의 광범위한 차이이다. 즉 동일한 계층내의 구성원들은 서로 유사한 사고, 행동, 신념, 태도, 가치관 등을 지니게 된다. 따라서 행동양식도 유사한 형태를 띠게 된다.

사회계층에 따른 관광행동과의 관련성은 사회계층에 따라 관광할 수 있는 기반이 다르며, 동일한 계층내 구성원의 관광활동 지각에 강력한 영향을 미치고, 사회계층에 따라 관광경험에 대한 가치부여 정도가 다르다는 점이다.

또한 사회계층에 따라 관광태도에 차이가 발생되며, 관광동기도 다르다고 할 수 있다.

이와 같이 사회계층을 관광행동과 관련지어 생각할 때에는 동일한 사회계층에 속해 있는 사람들은 그 집단이 가치를 부여하는 것에 유의하여야 한다. 왜냐하면 동일한 가치, 태도, 규범 등은 같은 형태의 상품과 서비스에 대한 매력으로 이어지기 때문이다.

(3) 준거집단과 관광행동

준거집단은 인간의 행동에 가장 강하게 미치는 집단으로서 개인이 비록 그 구성원은 아니더라도 그가 귀속의식을 갖거나 귀속하기를 희망하는 집단을 말한다. 즉 일반적인 혹은 특정의 가치, 태도, 행동의 형성에 있어 개인의 비교점이 되는 개인이나 집단을 의미한다.

특히 관광객은 사회적 환경 속에서 준거집단을 통해 관광객으로서의 역할과 행동을 학습하게 되고, 관광객의 관광의사결정과 행동 역시 직·간접적으로 준거집단의 영향을 받는다. 또한 관광객의 정보원으로서의 역할을 한다.

(4) 문화와 하위문화 관광행동

문화는 사회구성원들이 공유하고 따르는 생활양식이고, 그들이 사회생활을 통해 배운 행위의 유형이며, 전통의 묶음이요, 의식과 믿음의 총체이다. 따라서 문화는 관광행동에 광범위하게 영향을 미치는 요소로서 개인의 욕구와 행동의 가장 근본적으로 영향을 미치는 변수가 된다.

하위문화란 한 문화권의 인구가 증가되어 그 가운데도 이질적 특성을 가진 세분화된 문화집단으로 국적, 종교, 인종, 지역 등의 요인에 의한 하위문화에 속해 있는 사람은 공통된 신념, 가치 태도, 습관, 전통 및 행위규범을 가지게 된다. 따라서 관광객의 관광행동은 그가 속한 하위문화집단의 규범에 영향을 받게 된다.

4. 관광객의 심리적 특성

관광객의 행동은 매우 다양하며 각기 다른 이유나 동기에 의하여 이루어지는 심리적 특성을 가진다.

관광객에게서 볼 수 있는 심리적 특성은 관광을 통해 인간은 일상에서 벗어났다는 '해방감'과 아울러 미지의 세계를 여행한다는 '긴장감'이라고 하는 상반된 두 가지 요소가 강하게 나타난다고 할 수 있다.

일상생활에서 떠나는 것은 인간을 해방시키는 것이고, 이 해방감은 인간을 육체적으로 그리고 정신적으로 편안하게 해 준다. 즉 여행에 의해서 육체적 피로뿐 아니라 정신적 피로를 느끼는 것은 긴장감 때문이며, 즐거움이 수반되는 것은 거기에 해방감이 있기 때문이다.

특히 해방감은 사람을 명랑하게 하지만 여행자의 익명성(匿名性)과 무책임으로 결부되어 "여행지에서는 아는 사람이 없으니 부끄러운 행위도 무방하다"라는 형태의 행동이 되기 쉽다. 이러한 해방감의 부정적인 면이 표출되었을 때는 그 내면적인 가치나 효과와는 관계없이 관광행동 자체가 비판의 대상이 된다는 것에 유의할 필요가 있다.

또한 관광객의 행동 이면에 나타나는 각성수준(覺性水準)과의 관련한 심리적 상태에 따라 '안락감'과 '쾌락감'을 가지게 된다.

제2절　관광객의 의사결정과정3)

1. 관광객의 의사결정

소비자들이 상품을 구매할 때 행하는 구매결정과정은 문제를 해결하는 일련의 관정으로 인식된다.

첫째, 느끼는 결핍과 원하는 대상의 욕구를 인식한다.

둘째, 대체안의 탐색과정을 거친다.

셋째, 대체방안을 평가한다.

넷째, 구매를 결정한다.

마지막으로, 구매 후의 느낌이라는 다섯 단계를 거쳐 이루어진다.

이 과정은 개인에 따라서 각각의 개성과 자기 개념, 정보에 대한 지각이 다르고 제품과 구매상황에 따라 차이가 있을 수 있다. 때문에 구매행동의 상황을 묘사하기 위한 이론 중 하나의 모델을 보기로 한다.

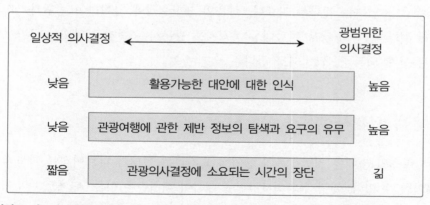

자료 : 정익준 외 3인, 관광학의 이해, 2000, p.168 ; E.J. Mayo, L.P. Jarvis, The Psychology of Leisure Travel, Boston : CBI Publishing, 1991, p.17.

〈그림 4-7〉 Mayo의 관광객의사결정

---

3) 함봉수 · 전약표 공저, 신관광학개론(서울: 백산출판사, 2013), pp.104~109.

이러한 원리는 관광객의 구매의사 결정과정에서도 동일하게 적용되어 관광객의 구매에 따른 의사결정도 여러 면에서 다양하게 나타난다.

관광객들은 대체로 일상적인 의사결정이나 자극적 의사결정, 그리고 광범위한 의사결정방법 등의 유형 중에서 하나를 선택하거나 복합된 관광행동 접근방법으로 관광행동을 구체화하게 된다.

이러한 관광이나 여행에 관련된 의사결정방법을 제시함으로써 관광기업을 경영하는 입장에서는 판매방안으로 활용하여 고객창조를 위한 방안으로 사용할 수 있다. 관광객이 관광상품을 구매할 때 다음과 같은 특성이 나타난다.

첫째, 관광상품의 구매는 상품이 갖는 서비스 특성으로 인하여 눈에 보이는 보상이 발생하지 않게 된다. 재화의 성격보다는 경험적 성격을 갖는다. 관광객이 여행 중에 가시적인 현상의 기념품이나 선물을 구입하며 느끼는 만족도나 비용도 전체 관광으로 느끼는 관광경험부분에서 보면 미미하다.

둘째, 관광을 위한 비용지출의 형태는 여러 방법과 절차에 따라 지급된다. 관광객이 패키지 투어에 참여하는 경우 여행사와 같은 유통기관을 통해 지급하므로 대리구매방식의 형태를 띠게 된다.

셋째, 소비자로서 관광객이 구매하는 관광상품은 일반적으로 진열되어 있는 제조기업의 상품을 구입하는 것과는 다르다. 상품의 생산현장에 참여하여 경험과 서비스를 구매하게 된다. 관광의 경우 관광대상 목적지를 방문하는 형태로 장소와 공간적인 거리를 이동하게 되는 것을 전제로 한다.

2. 관광객의 의사결정과정과 단계

관광서비스의 구매는 일반상품의 상업적 교환과는 형태가 다르며 행동과학적 관점에서 파악할 수 있다. 관광객의 의사결정에 대하여 매치슨은 이를 6단계로 나누어 의사결정에 영향을 주는 각 단계 요소들의 상관관계를 설명하고 있다.

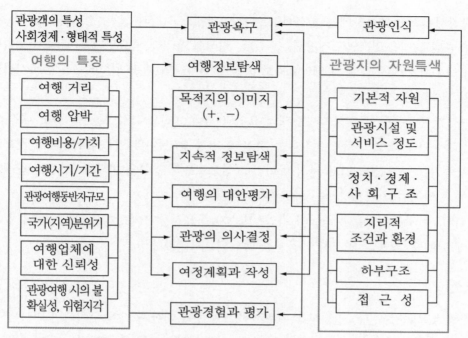

자료 : A. Mathieson and Geoffrey Wall, Tourism : Economic, Physical & Social Impact, NY : Longman, 1993.

〈그림 4-8〉 관광객의 의사결정과정

1) 관광욕구의 인식

첫 번째 단계에서는 관광욕구가 환기된다. 개인이 갖고 있는 다양한 욕구 가운데 관광을 하고 싶은 욕구에 대한 중요성을 인식하고 평가하게 된다.

자신이 처한 상황에서 현재의 상황과 원하는 바람직한 상태 사이에 상당한 차이를 지각하면 그 차이를 해소시켜 줄 수단·방법을 찾게 된다. 이러한 관광객의 행동은 욕구를 충족하는 방향으로 진행되므로 욕구의 인식은 관광객의 의사결정 시작점이 된다. 이와 같이 문제를 인식하였거나 지각된 욕구가 의사결정을 거쳐서 구매로 이어지려면 충분한 동기가 부여되어야 한다. 이 동기부여는 두 가지 요소로 설명할 수 있는데, 이때 실제 상황과 바람직한 상태 간의 차이와 문제의 중요성에 의존하게 된다. 이것은 일련의 욕구가 발생하더라도 욕구가 크지 않거나 비록 욕구가 상당히 크더라도 중요도가 낮으면 관광에 대한 동기부여는 후순위로 밀려나게 된다.

관광서비스 구매비용에는 금전적인 비용 이외에도 시간과 노력, 정보 등과 같은 사회적 규범도 비용요인으로 작용할 수 있다. 인식된 욕구의 중요도가 금전적 비용이나 기타 요인과 사회규범 등의 제약요인보다 높게 나타나면 관광객은 욕구를 충족시키려는 방향으로 동기가 발생된다.

이러한 관광욕구의 유발요인은 내적 요인과 외적 요인으로 설명할 수 있다. 내적 요인은 자신이 스스로 그것을 인식하는 것이고, 외적 요인은 외부적 자극에 의한 것으로서 가족이나 준거집단, 기타 사회적 여러 요인으로부터 영향을 받거나 광고 및 판매노력 등 관광기업의 마케팅 욕구로 인식하게 된다.

그러므로 관광기업은 자신들의 기업서비스가 목표시장에 해당하는 관광객에게 문제를 해결할 수 있음을 인식시켜 욕구를 유발할 수도 있다.

2) 정보의 탐색

관광객은 관광욕구를 인식하고 관광서비스 구매에 대한 동기가 부여되면 관련된 문제를 해결하기 위해 정보를 탐색하게 된다. 이때 관광정보를 회상해내는 내적 탐색을 거쳐 의사결정이 내려지면 구매하게 된다. 하지만 내적 탐색만으로 의사결정을 할 수 없을 때에는 보다 많은 여행에 필요한 정보수집을 위해 여행사를 방문하거나 여행경험이 많은 친지들에게 여행경험을 듣고 여행관련 잡지를 구입해서 읽는 등 외부적 탐색을 하게 된다. 이와 같이 관광객은 관광기업이나 관광경험자, 매체 등으로부터 정보를 얻게 된다. 관광객은 대체로 의사결정과정에서 자신이 이용할 수 있는 기회와 대상에 대하여 부응할 수 있는 수단에 대해서 지속적인 정보를 탐색하고 수집한다.

관광객은 정보탐색으로 관광지와 관광지의 각종 편의시설 그리고 관광기업의 서비스 수준을 이해하거나 평가할 수 있다. 이러한 탐색을 통하여 목적지를 선택하거나 이용할 교통수단을 선정하고 숙박시설의 결정 등과 같은 관광행동에 관련된 의사결정을 하게 된다.

3) 대안의 평가

관광객은 기억으로부터 회상하거나 외부로부터 수집한 정보를 통해 선택한 대안을 평가하게 된다. 평가기준과 평가방식을 결정하여 상품들을 비교한다.

4) 관광의사결정

관광객은 대안들을 비교·평가하는 과정을 거친 후에 관광목적지와 이용교통편 등을 결정하고 관광지에서의 활동 등을 계획한다. 관광서비스의 구매는 의사결정 이후 곧바로 이루어지는 경우도 있지만 시간이 경과한 후에 이루어지는 경우도 있다.

5) 여행계획과 여정작성

교통편에 해당하는 항공예약과 숙박시설에 대한 검토, 여행소요 비용 계획을 수립하고 필요한 준비물을 갖춰 관광행동에 옮기게 된다.

6) 관광경험의 평가

관광객은 여행 이동과 체재과정 또는 관광여행을 마친 후에 관광경험을 평가하게 된다. 이 평가결과에 따라 후속적으로 발생할 자신의 관광의사결정은 물론 타인의 관광구매결정에도 영향을 주게 된다.

관광객은 관광경험 후 자신이 지각하는 성과가 관광경험 이전의 기대수준과 같거나 더 큰 경우에는 자신의 관광경험에 대해 만족하게 되지만, 자신의 기대치보다 낮을 경우에는 만족하지 못하게 되는 것이다. 따라서 관광객의 기대와 경험의 차이에 따라 만족과 불만족이 발생하며 관광기업에 의해 제시되는 관광정보는 정확성을 요구하게 된다.

여기에서 불만이 있는 고객은 관광기업에 불만이나 불평을 토로하지 않고 해당 관광기업의 서비스를 재구매하지 않거나 타인에게 해당 기업의 단점과 서비스의 불량을 구전하여 부정적인 영향을 주게 된다.

불만족한 고객 중의 일부는 해당 관광기업에 불만과 불평을 토로한다. 이때 관광기업은 이를 적극적으로 수용하여 대응해야 한다. 그 불만과 불평을 주의 깊게 인식하고 받아들여 서비스를 개선하고, 고객의 문제를 해결함으로써 재구매와 긍정적인 구전을 형성할 수 있도록 노력해야 한다. 고객의 불만과 불평은 해당 기업의 서비스 개선과 마케팅 업무에 반영할 수 있는 중요한 자료가 되므로 관광기업은 관광객의 만족도를 반영할 수 있는 시스템을 구축하여야 한다.

제5장

관광과 사회

제5장 | 관광과 사회

1. 관광사회학의 의의

관광사회학이 무엇인지 알기에 앞서 사회학이 무엇인지 알아 볼 필요가 있다. 사실 우리가 일상생활에서 겪는 수많은 현상과 사건들이 대부분 사회학 연구의 논제라고 해도 과언이 아니다. 따라서 사회학은 "우리가 사회의 구성원으로서 인간관계를 맺고 살아가는 과정에서 일어나는 모든 일들을 해석하고 설명하는 학문"(민경배, 1994: 5)이라고 할 수 있다. 곧, 사회행위와 인간집단에 관한 것을 체계적으로 연구하는 학문이라고 볼 수 있다.

사회과학으로 독립된 학문영역을 갖추기 위한 조건은 그 학문을 연구하는 대상과 영역이 어디까지이고, 어떤 연구방법에 의해 이루어지는가에 달려 있다.

관광사회학은 '사회란 무엇인가'하는 질문에 대하여 관광학이라는 학문세계를 통하여 그 고유의 해답을 찾을 수 있는 사회과학의 한 영역으로서 최근 20~30년 동안 사회학적 응용을 강하게 시도해온 영역 중의 하나이다(Cohen, 1972: 64~82). 따라서 관광사회학은 관광학을 연구하는 관광학자와 사회학을 연구하는 사회학자를 연결해 주는 가교역할을 한다고 하겠다.

많은 학자들의 일치된 견해로 관광사회학은 관광을 둘러싼 환경들과 연계적인 맥락 속에서 포괄적인 사회현상으로 파악해야 한다는 것이다.

따라서 관광사회학은 관광의 주체가 되는 관광객집단, 그리고 관광행위와 사회환경 간에 미치는 영향에 대한 상호관계를 체계적으로 연구하는 학문분야라 할 수 있다.

코헨(Cohen)은 관광사회학에 관한 연구영역을 관광객, 지역주민과 관광객 간의 상호 작용, 관광시스템, 그리고 관광이 미치는 사회·문화적 효과 등 크게 네 가지로 구분하고 있다(Cohen, 1984: 373~392). 관광학분야에서는 이 네 영역에 대하여 많은 단편적인 연구들이 이루어지고 있으나, 이론적인 통찰이 부족하여 체계적이고 경험적인 연구에 의해 실증분석되지 못하기 때문에 관광학분야에서 지속적인 중요한 연구과제로 남아 있다.

2. 관광사회학의 성격

체계화와 미래 예측력은 사회과학의 생명과 같다. 이 두 가지 측면에서 경제학, 정치학, 인류학, 역사학 등보다 더 정확한 과학은 많다. 그럼에도 불구하고 관광사회학이 독립된 학문영역으로서 자리잡아가고 있는 것은 다음 네 가지의 학문적 성격을 내포하고 있기 때문으로 보는 학자들이 있다(이장현 외, 1982: 41~42 참조).

첫째, 관광사회학은 경험적(經驗的·empirical)인 학문이다. 경험적이란 초자연적인 신의 역할에 대한 해석보다는 관찰과 추리에 기초하여 경험적으로 사회현상의 인과관계를 파악한다는 것이다. 물론 관광사회학자의 창의적인 연구활동은 직관을 통해 통찰력을 얻는 과정에서 이루어지지만 과학적인 연구의 결과 앞에서는 승복해야 한다.

둘째, 관광사회학은 이론적(理論的·theoretical)인 학문이다. 관광사회학은 복잡한 사회적 관광현상에 대한 과학적 관찰을 종합하고 체계화하여 사회적 관광현상의 인과관계를 설명하기 위하여 논리적이고 보편 타당적인 이론의 전제를 이용한다.

셋째, 관광사회학은 축적적(蓄積的·cumulative)인 학문이다. 관광사회학이 30~40년의 짧은 학문적 연륜을 가지고 있어서 학문적 이론체계가 부족한 것은 주지의 사실이다. 관광사회학적 이론들은 절대 불변한 것이 아니고, 새로운 이론을 가지고 변화하는 사회적 관광현상을 해석하고 이해함으로써 모순되는 이론은 교정 또는 대체하고, 새로운 관광현상을 과학적·논리적으로 설명할 수 있도록 확장하고 다듬어 나아가야 한다.

넷째, 관광사회학은 윤리배타적(倫理排他的 · nonethical)인 학문이다. 관광사회학은 어떤 특정한 사회적 현상에 대하여 좋은 점, 나쁜 점이라는 선악의 선입관을 가지지 않고 있는 그대로 정확하게 설명하고 해석하는 노력을 기울이는데, 그 예는 '매춘과 관광', '범죄와 관광' 등과 같은 부정적 영향에 대한 연구에서도 찾아 볼 수 있다.

3. 관광사회학의 영역

모든 사회과학이 사회행위와 그 결과를 체계적으로 연구하는 학문세계라면 관광사회학은 인류학, 정치학, 역사학, 심리학, 지리학, 경제학, 경영학 등과 같이 사회과학의 한 분야를 이루면서 관광학과 사회학의 접목을 통하여 공동연구대상을 체계적으로 연구하고자 하는 파생학문이다.

〈표 5-1〉 사회분석의 차원

차 원	관광사회학자의 관심영역	관련 다른 사회과학 분야
행위의 물리적 · 생물학적 기반	인종 · 성비 · 인구구조와 관광, 인구의 관광지리적 분포	심리학, 보건학, 지리학, 사회학 생태학, 관광학
개인행위	관광객 행동에 미치는 사회의 영향, 집단과 사회체계에 미치는 관광객의 영향	심리학, 관광학, 사회학
집단과정	집단과 조직 성원들에게 미치는 각 소집단의 영향과 더 큰 사회체계들과 관광과의 관계	심리학, 사회심리학, 관광학 사회학
사회체계	가족, 교육, 종교, 경제, 정부 등 사회제도와 관광과의 관계	인류학, 경제학, 경영학, 정치학 관광학
문 화	민족문화, 대중문화, 엘리트문화, 그리고 하위문화와 관광과의 관계	문화인류학, 관광학, 사회학

자료: 이장현 외(1982), 사회학의 이해, 서울: 법문사.

오늘날 관광객의 행동과 이를 둘러싼 관광환경이 복잡한 현상으로 나타나면서 학문 간의 협력이나 공동연구가 필수 불가결한 시점에 이르고 있다.

관광사회학과 다른 사회과학을 구분하는 명백한 한계선이 모호하다고 해도 관광사회학과 다른 사회과학을 구분하는 연구영역을 설정하는 것은 독립된 학문분야를 구축하는 기본 전제조건이다.

볼드릿지(J. Baldrige)는 사회행위를 인간생활의 물리적 및 생물학적 측면, 개인행위, 집단과정들, 사회체계, 문화 등 다섯 가지의 사회분석차원을 설정하여 각 차원에서 사회학과 다른 사회과학이 구분되는 연구의 관점을 설명하고 있는데, 이 기준을 적용하여 관광사회학자의 관심 연구영역을 정리하면 〈표 5-1〉과 같다.

제2절 관광의 사회적 시각과 효과

1. 관광을 바라보는 사회적 시각

관광은 보는 시각에 따라 다양한 관점을 가지고 있다. 정치적 관점, 경제적 관점, 사회적 관점, 문화적 관점 등 여러 가지 관점으로 해석하여 모든 분야에 걸쳐서 긍정적·부정적 영향을 미치고 있다.

그러므로 많은 학자들은 관광을 보는 시각에 따라 관광은 평화의 여권(tourism is passport to peace), 평화를 위한 유력한 수단(a vital force for peace), 선택된 정책(a chosen policy), 자선이 아닌 사업(a business, not charity), 필요악(a necessary evil)이라는 다양한 견해를 피력하고 있다.

이러한 관점들은 크게 관광을 긍정적인 시각에서 바라보는 관광옹호론적(prot-ourism) 견해와 부정적 시각에서 바라보는 관광비판론적(anti-tourism) 견해로 구분할 수 있다 (Boyley and Var, 1989: 578).

관광옹호론적(pro-tourism) 시각은 대긍정-소부정으로써 관광이 미치는 부정적 영향을 인정하면서도 관광이 가져오는 편익이 비용보다 크다는 견해를 분명히 하고 있다. 관광은 국제관계에 있어서 국가와 지역, 집단과 개인간의 상호의존을 깊게 하고 크게 하여 인류평화와 상호우의를 돈독히 하는 유력한 수단으로서 주목받고 있다.

이러한 관광의 사회적 시각을 아주 간결하게 표현하고 있는 교황 요한 바오로 2세의 어록을 발췌하여 제시하면 다음과 같다(Edgell, 1990: 1).

"세계는 지구촌화 되어가고 있으며, 이 지구촌 세계에서 서로 다른 대륙으로부터 온 사람들은 이웃과 같은 감정을 느끼고 있습니다. 개인과 개인간의 진정한 사회적 관계를 촉진함에 있어서, 관광은 많은 현실사회의 편견을 극복하고 새로이 형제애를 결속시켜 주는 수단이 될 수 있습니다. 이러한 의미에서 관광은 세계평화를 구현하는 진정한 힘인 것입니다."

한편, 관광비판론적(anti-tourism) 시각은 대부정·소긍정으로써 관광이 미치는 긍정적 영향을 인정하면서도 관광이 가져오는 비용이 편익보다는 크다는 견해를 분명히 하면서 관광이 미치는 영향을 급진주의적 종속이론으로 설명하고 있다.

이들은 관광과 종속이론을 연계하여 제3세계에서 관광현상을 지배와 착취라는 연구시각으로 남·북관계(southnorth relations)를 바라보고 있다. 제3세계의 관광현상을 종속이론 차원에서 보는 경향이 대두된 것은 처음에는 정치·경제적 동기에서라기보다는 관광이 초래하는 사회·문화적 비용에 대한 저개발국들의 인식에서 비롯되었다.

결국 중심부(선진국) 국가들의 기술과 자본의 투자와 관광객의 유입은 주변부(후진국) 국가들에게는 편익은 얻지 못하고 착취만 당하여 종속이라는 어두운 터널 속으로 빠져들어 간다는 것이다. 즉 관광이 평화와 국제적 이해를 증진시키기는 커녕 편견과 민족차별을 강화시킴으로써 부유한 중심부가 관광을 매개로 하여 힘없고 가난한 제3세계 국민을 착취하는 신식민지 확보 수단으로 역할을 하고 있다는 것이다.

이러한 관광의 사회적 시각은 말레이시아의 가장 유명한 관광지인 페낭도에 사는 저항시인 라젠드라(Cecil Rajendra)의 시구 내용에서 잘 나타나고 있는데, 이를 간결하게 소개하면 다음과 같다(론 오그라디 지음, 한국기독교사회문제연구소, 1985: 20~21).

"관광객이 날아들면 우리 섬주민은 2주일간의 대여흥인(大餘興人) 기괴한 사육제 속으로 탈바꿈한다. 관광객이 날아들면 남자들은 그물을 버리고 웨이터가 되고 여자들은 매춘부가 된다. 관광객들이 날아들면 우리가 갖고 있던 문화는 창문 밖으로 날아가 버리고 우리의 관습은 선글라스와 팝송으로 교환되어 성스러운 의식을 10센트의 쇼로 만든다. 관광객들이 날아들면 향토음식이 모자라게 되고 가격이 뛰어 오르고 우리의 임금은 낮은 그대로다. 관광객들이 날아들면 우리들의 해안에 더이상 갈 수 없다. 호텔지배인은 말한다. '현지인은 해안을 오염시킨다'라고. 관광객들이 날아들면 굶주림과 누추함은 그대로 보존된다. 카메라와 셔터를 위해 현장야외극으로서, 생생한 풍경으로서…. 관광객들이 날아들면 우리는 '길가의 외교관'이 되라고 요구받는다. 미소를 띠고 예의바르게 길을 헤매는 관광객을 언제든지 안내해주고…, 제기랄 그들이 어디로 가기를 우리가 진정으로 바라는지 그들에게 말해 줄 수만 있다면!"

결국 관광옹호론의 시각이 관광이 미치는 부정적 영향을 인정하면서도 관광이 가져오는 편익이 비용보다 크다는 견해로서 경제적 관점에 비중을 둔 시각이라면, 관광비판론적 시각은 관광이 미치는 긍정적 영향을 인정하면서도 관광이 가져오는 비용이 편익보다 크다는 견해를 분명히 하는 사회학자들이 사회학적 관점에서 설명하고 있는 것이다.

그 동안 관광학의 학문적 연구과정이 경제적 관점에 치우쳐 이루어졌고, 많은 대학에서 학과명칭이나 교과과정도 이러한 시각에서 출발하고 있음을 부정하기 어려우며, 정부 당국과 관광사업자들도 경제논리로 관광을 바라보았던 것은 사실이다. 그러나 '94 한국방문의 해를 계기로 관광의 가치를 경제적으로 인식하는 수준에서 벗어나 국민의 삶의 질을 향상시키는 유력한 수단으로 인식하기 시작하였다. 또한 1994년 12월 「정부조직법」 개정을 계기로 관광 주관부서가 경제관련 부처인 건설교통부에서 문화체육관광부로 이관되면서 관광정책을 사회·문화적인 시각으로 바라보려는 노력이 일어나 문화관광, 환경친화적 관광이라는 새로운 관광형태로 변화되었다.

또한 일부 사회학자, 문화인류학자들에 의하여 부분적으로 연구되어오던 관광의 사회적 현상들도 이제는 관광학자들에게도 중요한 관광학의 학문적 영역으로 인식되면서 관광을 사회학적 관점에서 분석·연구하려는 시도들이 나타나고 있으며, 관광관련 대학의 석·박사학위 논문에서도 관광이 미치는 사회·문화적 영향과 관광이 사회현상 속에 어떤 모습으로 투영되고 있는지를 찾고자 하는 연구들이 많이 나타나고 있다.

2. 관광의 사회적 효과

관광은 지역주민과 관광객 간의 교류를 통해 사회적 변화(social change)를 달성시키는 매체로서의 역할을 수행하고 있다. 이와 같이 매체로서의 관광은 지역적으로 떨어져 있는 사람들 간의 이동과 교류에 관련되어 있어 관광이 미치는 사회적 영향은 긍정적인 측면과 부정적인 측면 등 양면성을 가지고 있다.

관광의 긍정적인 측면으로는 지역예술의 진흥, 새로운 사고를 접할 수 있는 기회의 확보, 교육기회의 증가, 여성지위의 향상과 역할변화, 지역문화의 계승과 발전, 주민들의 안목확대와 외지인에 대한 편견의 해소 등을 열거할 수 있고, 부정적인 영향으로는 소득격차에 따른 지역주민의 양극화, 이혼율의 증가와 성개방 등에 따른 가족구조의 파괴, 소비지향사회, 토착문화의 소멸, 인간미의 상실, 전통적인 건축양식과 현대적인 건축양식의 부조화 등으로 요약할 수 있다(Mill and Morrison, 정익준 역, 1994: 337).

이를 구체적으로 살펴보면 아래 〈표 5-2〉와 같다.

〈표 5-2〉 관광의 사회적 제반 효과

긍정적 효과	부정적 효과
• 문화발전과 교류 - 관광객에 의한 문화지식 증대 • 사회적 변화와 선택 - 사회적 접촉의 증가 - 새로운 생활방식과 관심의 다양화 - 상품과 활동유형 선택의 증가 - 여성참여 기회 증가 - 다양한 직업 창출로 전직 기회 증가 - 식생활의 변화와 개선 • 자국(지역) 이미지 쇄신 - 관광지 경관과 미풍양속의 전파 • 문화의 발달 - 전통오락, 전통예술, 건축, 공예품 등의 수요 증가로 보존 및 개발 촉진 - 타문화의 사회문화적 요소들과의 접촉 및 이해증진 • 보건위생 - 새로운 건강법과 공중위생 개선 - 하수, 오물처리 등 환경서비스 개선 및 사회적 위락시설의 향상	• 문화의 가치상실 - 관광지 문화파괴와 저질화 - 문화적 갈등과 자원의 훼손 - 전통문화, 예술, 사회관습의 상품화로 본질 훼손 - 관광객 사용언어로 인한 갈등(지역방언 및 소수 민족언어 소실) - 관광객의 규범, 가치관, 행태 무조건 모방 • 사회적 유대감 변화 - 원시 및 향토마을 소실 - 문화적 자부심 상실 및 지역애의 감소 - 혈족관계의 변화와 전통규범 상실 - 이익집단의 발생 • 소비주의 - 낭비와 소비풍조 만연으로 인한 물질만능주의 - 도박, 매춘, 마약, 도둑 등 범죄 증가 - 빈부갈등 - 물가상승과 생활비용 증대 • 보건위생

긍정적 효과	부정적 효과
- 관광지 서비스 시설과 위락시설 개발 - 여가공간의 확충 • 교육과 보존 - 교육 및 지식의 증대 - 문화유산의 보호와 관리의식 향상 • 상호이해의 증진 - 평화와 이해 증진 - 언어장벽의 제거 - 사회계층, 종교, 인종간의 장벽 제거 - 민족과 지역갈등 해소 • 정치적 변화 - 통제된 정치제도의 변화 - 변화를 수용하는 젊은층 등장	- 새로운 질병 유입, 풍토병 전파, 가치관의 변화 - 종교의식의 상업화와 전통적 종교 쇠퇴 - 가치관, 의상, 도덕, 관습 등의 행태 변화에 대한 압박감 증대 - 사회가치 변화에 대한 갈등 • 정치변화 - 신식민주의로서 관광현상으로 인한 정치적 갈등 야기 - 새로 유입된 노동자(이민자)들로 인한 정치적 갈등으로 사회불안 - 테러, 인종갈등 등

제3절 현대사회의 특성과 관광

1. 대중사회와 관광

1920년에 발표된 톨러(Ernst Toller)의 희곡 「대중인간(Mass Mensch)」에서 나오는 대중인간은 새 시대를 여는 영웅이면서 이름 없는 인간이다(Giner, 1976: 76). 곧, 현대사회는 와트(증기기관차), 벨(전화), 에디슨(전구) 등과 같은 영웅이 사라지고 이름없는 인간들이 중심이 되는 사회로 접어들었다.

기술혁신과 기계공업의 발달로 산업은 대량공업 생산중심으로 옮겨지고 기업도 대규모화되었으며, 그 결과 분업과 자동화로 대량생산이 가능해졌다. 대량생산은 대량소비를 필요로 하며, 이것은 교통·정보통신의 발전과 더불어 대중매체를 통한 광고·선전을 통해 촉진되었다. 그리고 대량생산과 대량소비는 거대한 사회조직의 등장, 거대도시의 출현, 표준화되고 획일적인 대중교육과 결합되면서 대중사회로 진입한 것이다.

이러한 대중들의 중심부로의 접근은 소수 왕족이나, 귀족 등 유한계층들만의 전유물이었던 관광상품의 소비에 있어서도 대중들의 차지가 이루어진 것이다. 항공기, 자가용, 열차를 이용한 국내·외 관광활동은 모든 국민들이 향유할 수 있는 국민관광이 되었고, 국외여행 한 번 다녀 온 것이 자랑일 수는 없게 되었다.

그러나 대중사회 도래는 이러한 긍정적인 측면뿐만 아니라 시민정신과 인간 상호간의 원초적인 유대와 공동체의식을 사라지게 하고, 개인은 개성을 상실한 채 집단 속에 원자화되어 무력감과 소외감을 느끼게 만들었고, 불안정하고 절망적인 이기주의만 존재하는 '고독한 군중'으로서 심한 좌절감과 고독감을 느낄 수밖에 없게 되었다. 또한 대량생산과 대량소비, 대량교육으로 인한 상품의 규격화와 획일적 교육은 현대인을 동질화시켜 획일화된 대중사회에 길들여지고 있다.

이러한 대중사회의 부정적 현실을 극복하기 위한 인간의 노력은 계속되고 있는데, 그 수단으로서 관광의 가치가 날로 증대되고 있다. 곧, '고독한 군중'에서 탈피하여 자신을 새롭게 발견하기 위한 인간성 회복과 자유를 찾고자 하는 인간의 욕구는 관광활동으로 이어짐으로써 관광은 의식주와 더불어 인간이 삶을 유지하는 필수 불가결한 요소로 현대사회의 대중들에게 인식되어가고 있다.

2. 탈공업사회(후기산업사회)와 관광

현대사회의 발전은 농업이나 목축과 같은 1차산업을 기반으로 하여 마을과 같은 지역공동체가 개인생활의 중심이었던 전통사회에서 출발하여, 산업혁명·시민혁명·시민국가 형성을 거친 이후 공업화·도시화·조직의 체계화와 거대화 그리고 인구변천 등이 이루어지면서 사회가 새로운 모습으로 완전히 탈바꿈한 산업사회를 거쳐서, 현재는 과학적·기술적 혁명시대 또는 탈공업화 사회라고 불려지는 시대로 진입하고 있다(민경배, 1994: 331~332).

이러한 과학과 기술의 급속한 발전을 통한 생산력의 증대로 인간의 모든 물질적 수요가 충족될 가능성이 높아지면서 여가시간의 증대와 더불어 새로운 정신적인 욕구충족에 대한 요구가 증가하고 있다. 이는 바로 관광욕구로 표출되어서 현대인의 관광활동은 내일의 생활과 삶의 질 향상을 위한 필수적인 요소로 인식되기에 이르렀다.

다니엘 벨(D. Bell)은 탈공업화 사회의 특징을 다음과 같이 설명하고 있는데, 이를 관광과 연관시켜 보면 다음과 같다.

첫째, 공업과 같은 제조업 중심의 2차산업이 약화되고 산업구조가 관광산업과 같은 서비스업 중심의 3차산업 중심으로 바뀐다. 곧 관광, 여가, 레크리에이션, 건강, 교육 등 인간의 삶의 질과 관련된 서비스업의 발달과 더불어 산업구조도 서비스 생산위주로 조직되고 운영되면서 관광 · 레저 · 외식업 등의 산업은 최대 유망산업으로 부상하고 있다.

둘째, 직업분포에 있어서 제조업의 반숙련 노동자와 기술자의 비중이 줄어들고 전문직 및 기술관료, 그리고 연구직의 비율이 증대된다. 곧, 블루칼라가 감소하는 대신 고급인력으로 이루어진 전문직, 기술직, 과학자, 연구원, 엔지니어 등의 화이트칼라가 중요한 직업군단으로 부상하고 있다. 이러한 화이트칼라 집단의 부상은 관광활동에 있어서도 영향을 미쳐 「보는 관광」, 「단순히 휴식하는 관광」에서 벗어나 자신이 관심을 갖는 분야에 초점을 맞추어 직접 경험하고 참여할 수 있는 교육관광, 예술 및 유적관광, 종족생활체험관광, 자연관광, 건강관광, 모험관광 등과 같은 「특정관심분야관광(SIT: Special Interest Tourism)」 형태가 각광을 받고 있다.

셋째, 자본과 노동이 핵심이었던 산업사회에 비하여 탈공업사회에서는 정보와 같은 지적소유가 가장 핵심적인 자원으로 등장한다. 곧, 산업사회에서는 재산의 소유관계에 따라 권력이 결정되었다면 탈공업화사회에서는 지식의 소유 여부가 권력의 바탕이 되는 것이다.

노동이 중심이었던 전통사회와 산업사회에서의 관광동기는 피로회복 · 휴식 등과 같이 일하기 위해서 사는 노동지향적 관광시장과 쾌락 · 스트레스 해소, 놀이 등과 같이 즐겁게 살기 위하여 일을 하는 쾌락추구적 생활양식을 지향하였으나, 탈공업화 사회는 일과 여가의 양극성이 축소되면서 가격보다는 품질, 표준화되고 획일적인 패키지상품보다는 개성화되고 다양한 관광활동을 통하여 많은 지식과 정보를 획득할 수 있는 창조적 관광상품을 요구하고 있다. 이는 이제까지의 관광양식과는 전혀 다른 관광시장 특성을 나타내고 있어 새로운 관광혁명(New Tourism Revolution)을 야기하기에 이르렀다.

3. 정보화사회와 관광

현대 사회를 살아가는 우리 인간은 시시각각으로 밀려오는 정보의 홍수 속에 살고 있다. 우리가 의식하거나 의식하지 못하는 가운데 정보는 모든 시간, 공간 속에서 항상 주변을 맴돌고 있다. 요즘 신세대들에게 있어 휴대폰 휴대는 기본이며, 길거리에서는 많은 사람들이 자연스럽게 휴대폰을 사용하고 있으며, 컴퓨터는 가정생활에 필수품으로 자리잡아가고 있다.

교통과 연계하여 생각할 수 있는 고속도로란 말이 정보화시대에 걸맞게 정보고속도로라는 말을 낳았으며, 범사회적 운동으로 확산되어가고 있는 어린이에게 인터넷을 가르치자는 「KidNet 운동」은 산업화에 뒤진 우리지만 정보화에서는 선진국을 앞서야 한다는 인식에서 출발하고 있는 것을 보면 정보의 수준이 그 개인, 사회, 국가수준을 평가하는 잣대가 되고 있는 것이다.

미국의 유명한 미래학자 앨빈 토플러(A. Toffler)는 농업혁명(제1의 물결)과 산업혁명(제2의 물결)에 이어 정보혁명이라 할 수 있는 제3의 물결이 밀려올 것이라고 하였다(앨빈 토플러, 유재천 역, 1996). 제3의 물결에서의 토플러가 지적한 바와 같이 정보화사회는 일상생활 속에 자리잡아 개인의 창조성과 개성을 중시함에 따라 여가생활이 증가되면서 사회전반의 삶의 질이 향상되어 가고 있다.

일반적으로 정보화사회란 특정사회 내의 정보유통량이 많아짐에 따라 정보를 효율적으로 처리, 전달할 수 있는 정보기술의 고도화가 불가피해지며 이에 따른 정보의 사회·경제적 가치가 높게 부여되는 사회라고 정의할 수 있다.

이러한 정보화사회는 정보전달의 쌍방향성이라는 특징으로 인하여 관광정보를 제공하는 관광사업자와 수신자인 관광객 간의 의견의 교환을 도모할 수 있다. 관광사업은 관광상품의 무형성, 서비스의 다양성, 비저장성, 모방의 용이성 등과 같은 특성으로 비추어 볼 때, 관광객들의 상품선택 행동은 관광사업자가 제공하는 각종 관광정보에서 결정적인 영향을 받는다.

특히 우리나라는 아웃바운드시장의 대중화에 따라 여행사 간에 치열한 시장점유율 경쟁과 유사한 국외여행 브랜드 상품의 홍수시대를 맞이하고 있다. 따라서 관광객 입장에서는 특정 상품을 선택하기에 어려움이 있고, 상품구입과정에서도 일반상품과는 달리 신중한 결정과정을 거치는 고몰입수준에 의하여 이루어지기 때문에 관광객이 평소에 그 기업에서 제공한 관광정보에 대한 신뢰도와 상품에 대한 이미지가 중요한 변수로 작용하고 있다(김창수, 1998: 10).

또한 정보화사회는 관광을 희망하는 잠재관광객에게는 교통, 숙박, 관광자원, 시설, 날씨 등과 같은 다양한 최신 관광정보를 신속하게 제공하여 관광편의를 도모하고, 관광지의 집중현상을 사전에 방지함으로써 쾌적한 관광활동을 보장해주는 역할을 할 수 있다. 또한 개인이나 소그룹, 가족단위의 관광이 증가하면서 자신들의 힘으로 관광을 하고자 할 때 정보의 수집을 용이하게 하고, 그 판단기준을 제공하는 것은 잠재관광객에게 선택의 폭을 넓혀 줄 수 있는 기회를 제공할 것이며, 지금까지 잘 알려지지 않은 관광정보와 관광지 이벤트 등의 상세한 정보를 제공함으로써 새로운 관광수요를 야기시킴과 동시에 행정당국의 합리적인 관광정책 수립에 기초적인 자료로서 가치를 가지고 있는 모든 것 등이 정보화사회 도래에 따른 것이다.

4. 21세기 트랜드: 부의 미래

현대사회를 살아가는 많은 사람들은 과연 어떤 부분을 삶의 가장 중요한 부분으로 생각하는지에 대해 명확한 해답을 내리지 못한다. 이유는 현실과 이상에서 오는 차이 때문인데, 이 모든 것을 떠나서 현대사회, 문명사회를 살아가는데 가장 강력한 힘을 가진 것 중에 하나가 바로 돈(money)일 것이다.

제3의 물결, 미래의 충격 등 전작에서 우리에게 기술의 발달이 가져올 삶의 변화를 설득력 있게 보여준 앨빈 토플러(앨빈 토플러, 김중웅 역, 2006)는 그의 저서 『부의 미래』에서 '부'의 창출과 분배과정에서 일어나고 있는 근본적인 변화와 그 영향을 다루고 있다. 그가 말하는 새로운 부의 창출 시스템은 두 가지 개념을 사용하고 있는데 하나는 현상이고 다른 하나는 심층 기반이다.

주식시장의 붕괴, 정권의 변화, 테러 위협, 신기술 발명 등과 같은 사실은 그것 자체만으로 미래를 내다보는 데 도움을 주지 못한다. 그런 복잡하고 다양한 현상 저변에는 근본 즉 심층 기반에 대한 충분한 이해가 있을 때 미래를 내다볼 수 있다는 것이다.

혁명적 부란 시간, 공간, 지식의 근본적인 구조 변화로 인하여 일어나게 된다는 점이다. 산업화시대에 잘 맞추어진 조직은, 지식경제가 요구하는 가속도와 동시화하는데 성공하느냐 실패하느냐에 따라 성장과 몰락이 결정되게 될 것이라 한다. 공간 역시 세계화가 가져온 공간의 재구축 문제와 나날이 쓸모없어져가는 지식의 문제 등은 이미 현실에서 일어나고 있는 일이고 미래에는 다만 더 가속화될 뿐이다.

현대사회의 개인 또는 집단이 스스로 생산하거나 동시에 소비하는 행위를 프로슈밍이라고 정의한다. 흔히 부 창출 시스템이라고 하면 화폐경제만을 의미하지만, 큰 비중을 차지하는 부분은 이른바 비화폐의 프로슈머 경제로부터 오게 될 것임을 강조하고 있다. 다가오는 프로슈머의 폭발은 혁명적 부를 향한 또다른 가능성의 문을 열 것이다. 최근의 여행경험이 많은 개인이나 집단들이 생겨나면서 여행상품을 스스로 생산하고 소비하는 여행프로슈머들이 증가함에 따라 이에 맞는 여행콘텐츠 개발과 정보제공사업이 필요할 것이다.

5. 4차 산업혁명

4차 산업혁명은 다보스 포럼에서 '제4차 산업혁명의 이해'를 주제로 논의하면서 세계적으로 주요 화두로 등장하였다. '3차 산업혁명을 기반으로 한 디지털과 바이오산업, 물리학 등 3개 분야의 융합된 기술들이 경제체제와 사회구조를 급격히 변화시키는 기술혁명'이다. 클라우스 슈밥은 4차 산업혁명을 디지털 혁명에 기반을 두고 디지털, 물리, 생물학적인 기존 영역의 경계가 사라지면서 융합되는 '사이버물리시스템(cyber-physical system)'으로 정의하였다.

4차 산업혁명은 '초연결성(Cyper-Connected)', '초지능화(Hyper-Intelligent)'의 특성을 가지고 있으며, 사물인터넷(IoT), 클라우드 등 정보통신기술(ICT)을 통해 인간과 인간, 사물과 사물, 인간과 사물이 상호 연결되고 빅데이터와 인공지능 등으로 보다 지능화된 사회로 변화시킬 것이다.

공급 측면에서는 서비스 산업으로서 문화 · 관광 산업의 변화와 수요 측면에서는 경험으로서 문화 · 관광의 변화로서 모바일앱 여행서비스와 스마트관광, 호텔 로봇서비스, 관광객 빅데이터 분석, VR 여행경험 서비스 시대가 도래하고 있다.

사회제도와 관광

1. 가족과 관광

가족은 모든 사회에서 공통적으로 발견되고 있는 보편적인 제도로서 한 사회 내에서는 가장 기본적인 단위가 된다.

일반적으로 가족이란 집단과 제도의 관점에서 규정할 수 있는데, 집단으로서 가족의 개념은 부부를 중심으로 하여 근친의 혈연자가 거주와 생활을 같이하는 소집단으로 정의할 수 있고, 제도로서의 가족은 자식을 출산하여 양육해 나가는 획일적이고 형체화된 과정이라고 정의할 수 있다(이흥탁, 1981: 152).

가족의 기능은 크게 네 가지로 축약할 수 있는데, ① 경제적 욕구를 충족시켜 준다. ② 가족구성원에게 심리적·신체적·사회적 안정을 제공해 준다. ③ 어린이를 양육하고 사회화의 기회를 제공하여 그 사회의 문화와 일치하는 가치관이나 행동양식을 학습하게 한다. ④ 가족은 라이프스타일(life style)을 형성한다(한경수, 1994: 462).

그러나 이러한 전통적인 가족의 기능도 현대사회에서는 산업의 세분화, 생활양식의 변화, 가치관, 관습, 가족생활에도 큰 변화를 주고 있다. 곧, 핵가족의 출현과 보편화, 가정붕괴 현상, 독신증가, 주말부부가족, 노부부가족 등 전통적인 가족제도를 부정하거나 동화되지 않고 있는 신 가족(new family)이 등장하고 있다(이장춘, 1995: 93).

신가족(new family)은 '바깥일－남편, 집안일－아내'라는 전통적 역할(role) 중심 가치관이 깨어지고 근로와 노동 즉 임무(task)가 우선시되는 가족개념이다. 즉 신가족 개념은 아버지의 역할, 어머니의 역할 등 성에 따른 전통적인 역할분담 대신 각 가정의 상황에 따라 가사노동 자식돌보기 등으로 업무가 나누어져 임무 위주로 기능하는 유연한 가족관계를 특징으로 하고 있다.

이러한 신가족(new family)의 등장은 독자적인 레저문화를 형성하면서 서구화되는 경향이 높아지고, 단란한 가족의 휴가여행, 주말여행, 휴양관광, 식도락관광 등 국내·외 관광이 발전해 가는 경향을 나타내고 있다. 이러한 관광문화의 출현은 기존의 문화와 분리되면서 전통적으로 전해 내려온 기성세대문화인 전통적 가치관과 서구적 가치관이 공존하는 현상으로 나타나고 있다.

한편, 관광지와 인접한 지역사회는 관광성장으로 인하여 가족의 전통적 가치를 포기하게 될지도 모르며, 이러한 결과는 가정파탄과 이혼증가를 야기하여 가족의 혈연관계와 사회적 기능을 붕괴시키고 있다는 연구결과들이 제시되고 있다.

보이세베인(J. Boissevain)과 잉글로트(P. S. Inglott)의 몰타관광지에 대한 연구에 의하면(Boissevain and Inglott, 1979), 관광은 몰타인 가족의 밀접한 전통적 유대관계를 느슨하게 했다고 지적하면서 그 원인을 세 가지로 요약하고 있는 사실을 주목할 필요가 있다.

첫째, 디스코장, 오락실, 술집 등 기타 여가활동센터의 증가는 청소년을 가족의 세력권에서 나오게 했다.

둘째, 관광으로 인한 여성의 고용기회 증가는 전통적인 어머니의 통제가정으로부터 미혼여성 및 기혼여성을 집으로부터 탈출시켜 경제적 활동기반을 제공하였다.

셋째, 외국인 또는 지역외부인과의 접촉증가는 결혼의 범위를 확대시켰으며 다문화가정을 확대시켰다. 곧, 몰타인과 외국인과의 결혼이 증가함에 따라 신혼부부가 해외에 거주함으로써 문화적 차이와 거리에 의해서 가족 간의 유대는 약화되었다.

2. 종교와 관광

종교는 확실히 문화적으로 보편적인 현상이다. 종교제도는 모든 사회가 명백하게 가지고 있다. 현재 대략 26억 명이 9개의 다양한 종교를 믿고 있다(선한승, 1986: 238).

종교는 왜 존재하며, 왜 성공하거나 실패하며, 왜 죽는가에 대한 궁극적인 문제에 대해 해답을 제공하기 때문에 전세계에서 활발하게 전파되고 있다.

그러나 종교행위가 언제부터 시작했는지에 대해서 확실하게 파악할 수 없으나, 인류학적 증거는 적어도 10만년 전에 종교행위가 있었음을 암시한다.

이러한 오랜 역사와 더불어 각 종교들의 주요성지는 종교지도자들이나 신도들이 신앙심의 발로로 성지순례 차원에서 관광이 전통적으로 이루어졌으나, 이제는 일반 관광객들에게도 관광자원의 매력과 역사적 가치, 종교적 경외심 등으로 인하여 주요한 관광지로 자리잡은 지 오래되었다.

결국 종교는 관광과 접목되어 21세기 국제문화규범을 창출할 수 있는 힘을 가질 것이다. 지구촌 문화의 다양성 속에서 종교의식, 종교 발상지의 순례, 종교행사 등은 관광상품화되어 관광객에게 관광매력상품으로 각광받고 있다.

그 대표적인 예로서 유태교와 기독교 그리고 이슬람교의 무대가 되는 최대성지로 순례자가 가장 많이 찾는 문화적·종교적 관광도시인 예루살렘, 가톨릭의 총본산으로서 로마 서쪽에 있는 성베드로 대성당과 전세계의 5억 명 가까운 신도를 이끄는 교황청이 있는 바티칸시티, 불교의 성지로 대탑과 녹야원터가 있는 종교관광도시인 부다가야, 갠지스강 남안에 있는 힌두교 최대의 성지인 비나레스, 유교에서 산둥반도 남쪽에 위치한 공자의 출생지 쥬후 등은 종교관광목적지로서 역할을 수행하고 있다(김홍운·권충희, 1991: 38, 66~67, 109~110, 243).

우리나라에서도 삼국시대 이후 종교의 중심이 된 불교문화는 우리나라 국보급 문화재의 대부분을 차지하고 있으며, 유명한 자연관광지와 연계된 산지가람(山地伽藍)의 형태를 대부분 유지하고 있어, 이들이 한국의 관광자원 매력에 지대한 역할을 하고 있는 것이 현실이다. 우리나라의 찬란한 불교문화를 대변하고 있는 사찰은 전국에 약 850여 개가 산재해 있으며, '98년 5월 현재 정부가 지정한 국보와 보물의 문화재 1,566점 중 불교문화재는 총 900점 이상으로 이러한 수치는 불교문화가 우리 전통문화에서 차지한 역할과 비중이 얼마나 큰지를 보여준다. 또한 세계문화유산 목록에 불국사와 석굴암, 해인사가 지정된 사실만 보더라도 불교유산이 세계문화에서 차지하는 역할과 가치가 얼마나 큰지를 가늠할 수 있다.

조선시대의 중심이 된 유교문화는 안동의 도산서원, 향교 등을 중심으로한 유교문화유적, 고산 윤선도, 추사 김정희 생가 등을 중심으로 양반 가옥문화와 전통 관혼상제 등은 유교문화의 관광적 가치로서 자리잡고 있으며, 농민혁명으로서 재평가 받고 있는 동학교도들의 성지와 전적지 문화는 오늘날 중요한 역사적 관광자원으로서 관광객을 불러모으고 있다.

최근 민중들의 삶과 연계된 산신령, 용신, 장승, 솟대, 서낭당과 같은 무속신앙과 단군신앙과 같은 한민족 신앙의 문화적 가치는 우리 것을 찾고자 하는 의식과 외국인 관광객들에 의한 관광문화적인 독특한 매력이 매우 높아지면서 종교 관광자원으로서 그 가치를 높이 평가하고 있다.

3. 교육과 관광

어떤 의미에서 교육은 사회화의 한 측면이다. 사회화(socialization)란 개별적인 문화의 성원으로서 개인에게 적절한 태도, 가치, 행위를 학습하는 인생과정인 것이다(선한승, 1986: 238). 사회학자들은 교육을 지식, 기술, 해당 문화의 가치를 가르치는 공식적·비공식적 노력이라고 정의하고 있다(라이트·켈러 지음, 노치준·길태근 옮김, 1987: 347).

교육과 관광의 접목은 교육관광(Educational Tourism)과 교양관광(Grand Tour)의 형태로 나타나고 있다.

교육관광은 특정분야에 대한 배움의 목적을 충족시켜 줄 수 있는 경험여행으로 어학연수여행, 음악연수여행, 디자인연수여행 등과 같은 사례를 볼 수 있다.

교양관광은 신이 인간에게 준 자연자원과 선조님이 남긴 정신적·물질적 문화유산을 직접 보고 체험하여 견문확대, 교양함양을 도모하는 여행으로 초등학교·중학교·고등학교의 야외소풍, 야영활동, 수학여행과 대학교에서의 답사여행, 졸업여행, MT활동 등의 사례에서 찾아볼 수 있다.

또한 역사적인 예에서도 찾아볼 수 있는데, 18세기부터 19세기에 걸쳐 관광에 있어커다란 변화는 교양관광시대의 등장이었다. 유럽의 귀족·시인·문호들이 지식과 견문을 넓히기 위하여 유럽의 여러 나라를 순례하였고(김진섭, 1993: 102~103), 그들의 자녀들에게도 자연탐방과 타국의 문화를 접하고 공부하게 함으로써 교양향상을 위해 여행시켰다. 이러한 예는 신라시대의 화랑도들이 명산대천을 찾아 심신수련을 하고 호연지기를 길렀던 역사적 기술에서도 청소년들의 교양함양을 찾아볼 수 있는데, 이는 과거나 현재나 관광의 교육적 효과로서 그 가치를 인정할 수 있다.

제5절 일탈과 관광

1. 일탈행위와 관광

일탈(deviant) 또는 일탈행위란 사회규범을 위반하는 행위로 사회적 관용을 넘어서는 행동을 말한다(김경동, 1998: 389~391). 일탈행위를 어떻게 규정하는가는 지역·문화에 따라 다를 뿐만 아니라, 동일한 지역에서도 시대에 따라 각각 상이하다. 곧, 일탈이란 상대적 개념일 뿐 절대적인 개념은 아니다. 예를 들면, 동성연애, 매춘, 알코올중독 등의 행위는 오늘날 국가에 따라서는 범죄 또는 일탈행위로 취급되지 않는 곳도 있다.

일탈행위(deviant behavior)라 함은 일반적으로 받아들여지는 사회·문화적 규범의 허용한계를 벗어나는 모든 행위로 사회적 규범과 기대를 파괴하는 행위를 말한다. 그러나 사회학적 관점에서는 사회일탈의 행위를 긍정적 일탈과 부정적 일탈로 구분하여 설명하고 있다(이흥탁, 1981: 428). 긍정적 일탈행위의 대표적인 예는 사회적으로 어느 정도 용인되는 비범한 천재의 비범한 행위, 영웅이나 성자들의 행위, 뛰어난 지도력을 소유하고 있는 자들의 독특한 행위 등을 들 수 있다. 부정적 일탈행위는 법적 규제 한계를 포함하여 사회적으로 용인되지 않는 범죄성 일탈행위를 모두 포함한다.

이러한 부정적 일탈행위는 일상생활에서 벗어난 관광객들의 관광지에서의 관광객 행동에서도 많이 발견되고 있다. 사회조직 속에서의 욕구불만, 사회적 피로, 정신적 스트레스로부터 벗어난 해방감과 관광지에서의 상황이 관광객들에게는 일탈행위로 이어짐으로써 관광지에서의 지나친 음주, 매춘, 도박, 청소년비행, 성폭력 등의 범죄발생 건수가 타지역에 비해서 많이 발생하고 있다. 이러한 부정적인 사회적 일탈행위는 지역 전통문화의 붕괴, 사회미풍양속의 파괴, 소비풍조의 확산, 가진 자와 갖지 못한 자 간의 갈등조장 등과 같은 지역사회 문제가 되고 있는 실정이다.

2. 성매매와 관광

이탈리아에서 포르노 배우가 국회의원이 된 것이 해외토픽으로 기사화된 적이 있다.

또한 우리는 신문이나 잡지의 사진과 글 속에서 성의 개방화와 상품화를 실감하는 가운데 매춘관광, 기생관광, 섹스관광이라는 용어를 볼 수 있었다. 또한 세계 최고 권위를 자랑하는 영국 옥스퍼드 대사전에도 70년 만에 개정판을 발간하면서 최근 2,000여 단어 중 하나에 "sex tourism"이 수록되었다(한국일보, 1998). 관광의 근본적인 참뜻과 전혀 어울리지 않는 단어의 조합은 사회학자들에게 주요한 연구대상으로 자리잡고 있으나, 관광학자들에게는 또 하나의 별난 고민으로 자리잡고 있다.

먼저 성매매의 개념을 규정짓는 기준은 첫째, 성적교섭이 이루어지면서, 둘째, 금전 혹은 유가물의 대가가 성적교섭의 조건으로 제시되고, 셋째, 그 상대방이 불특정 개인이라는 것이다.

성매매는 인류의 역사와 더불어 시작된 가장 오래된 직업이다. 일부 고대사회에서는 여행과 똑같을 정도로 존재하였다. 세계대백과사전에 보면 성매매는 고대 인도의 무희가 사원의 참배자에게 전 여성의 대표로서 몸을 맡기고 그 보수를 받은 풍습에서 비롯되었는데 이를 사원매춘(temple prostitution)이라고 불렀다. 고대 이집트, 페니키아, 앗시리아, 페르시아 등지에도 이런 풍습이 있었다(김용상, 1989: 29).

섹스관광으로 불리는 성매매관광은 여러 나라에서 행해지고 있지만, 아시아권에서도 성매매관광이 활발하게 벌어지고 있다. 국내에도 성매매 특별법 시행과 주5일근무제 확산으로 주말을 이용해 중국과 동남아 등지로 성매매관광을 떠나는 여행객이 일부분 늘고있는 추세이다.

한편 성매매를 한 외국인에 대해 여권에 '호색한'이라는 도장을 찍어온 중국이 최근 이들을 적발 즉시 국외 추방하기로 한 데 이어 우리나라에서도 '성매매관광'을 오는 외국인들은 쫓겨나게 됐다. 법무부는 "성매매나 학살 등에 연루된 외국인을 추방할 수 있는 법적 근거를 마련하는 등 강제퇴출의 대상이 세분화될 것"이라고 밝혔다. 외국인 성매매자 외에 일제시대 한국인의 학살과 관련된 외국인과 우리 해역을 침범하는 외국인 선원들도 추방대상이다.

하지만 정부와 민간단체의 성매매관광을 막으려는 노력에도 불구하고 전국에서 수십만 명의 여성 가입자를 확보한 뒤 국내와 해외 원정 성매매를 알선하는 신종 인터넷 성매매 사이트가 독버섯처럼 확산되고 있는 것도 작금의 현실이다.

3. 카지노와 관광

1) 카지노의 정의

세계 도처에서 카지노에 대한 금기가 무너지고 있다. 미국의 도박산업이 갈수록 번창하고[1] 있음에 따라 미의회에서는 도박산업 성장의 선악(善惡)을 따지고 있다.

이와 같이 미국의 예에서 보듯이 카지노는 일탈행위의 하나로서 사회 저변층 뿐만 아니라 모든 계층의 구성원들에게 보편적으로 일어나는 행위로서 파악되고 있다. 한국 사람은 어디를 가던 간에 고스톱(gostop)을 치고 있다. 그래서 고스톱 망국론을 주장하는 학자도 있지만, 사회문화 규범의 허용한계를 벗어나는 행위이냐 여부는 시대·지역·문화에 따라서 서로 다르게 나타날 수 있다.

일반적으로 카지노(Casino)란 도박·음악·쇼·댄스 등 여러 가지 오락시설을 갖춘 연회장이라는 의미의 이탈리아어 카자(Casa)가 어원으로 르네상스시대 귀족이 소유하고 있었던 사교오락용 별관을 뜻하였으나, 지금은 해변·온천휴양지 등에 있는 일반 실내 도박장을 의미한다(한국관광진흥연구원, 1995: 38). 법률적으로는 「관광진흥법」 제3조 1항 5호에서 관광사업의 종류로서 카지노를 "전문영업장을 갖추고 주사위·트럼프·슬롯머신 등 특정한 사행성 기구 등을 이용하여 우연의 결과에 따라 특정인에게 재산상의 이익을 주고 다른 참가자에게 손실을 주는 행위 등을 하는 업"으로 규정하고 있으며, 카지노 영업소에 입장하는 자는 외국인(해외이주법 제2조의 규정에 의한 해외이주자를 포함한다)에 한하도록 되어 있다.

그러나 「폐광지역개발 지원에 관한 특별법(이하 "폐광지역법"이라 한다)」(제정 1995.12.29. 법률 제5089호)의 규정에 의거 폐광지역의 경제활성화를 위하여 2000년 10월 강원도 정선군 일원에 개장한 (주)강원랜드 카지노만은 내국인의 출입을 허용하고 있다. 그런데 이 '폐광지역법'은 2005년 12월 31일까지 효력을 가지는 한시법으로 되어 있었으나, 그 시한을 10년간 연장하여 2015년 12월 31일까지 효력을 갖도록 하였던 것을(개정 2005.3.31.), 다시 10년간 연장하여(개정 2012.1.26.) 2025년 12월 31일까지 효력을 갖도록 하였다.

---

1) ① '94년 미국인의 여가지출 비용 중 도박비용: 4백억달러(약 31조 2천억원), 영화관람: 54억달러, 스포츠 구경: 59억달러, 위락시설이용: 61억달러 ② 카지노 영업허가 10개주 허용

　　카지노는 관광사업의 발전과 연관되어 있으며, 특히 관광호텔 내에 부대시설로서 외래관광객에게 게임, 오락, 유흥을 제공하여 체재기간을 연장하고 소비지출을 증대시키는 사업 중의 하나다. 또한 카지노는 외래관광객을 대상으로 외화획득을 하며 국제수지 개선, 국가 재정수입 확대, 지역경제활성화, 고용창출 등의 효과를 가져오는 관광사업의 일부분이다.

　　오늘날 세계 모든 국가들은 세원확보 및 경제활성화, 또한 국민소득이 높아져 외화유출이 높아지는 추세에 있어서 외화유출을 방지하기 위한 수단으로 카지노 도입 및 활성화에 적극적인 정책을 보이고 있어서 새로운 카지노산업의 전환기가 되고 있다.

　　그러나 카지노는 인간들의 승부적 · 사행적 본능과 열정이 치열하게 경합하는 유기, 오락 부문의 최고 물적 복합체로서 카지노가 제공하는 흥미로움은 단순한 오락 그 자체에 그치지 않고, 개인의 무절제와 사회에 물의를 일으킬 위험성이 아주 높다. 그러므로 우리나라는 내국인의 출입을 규제하는 등 엄격한 법적 규제를 하고 있으며, 아직도 우리나라 국민들의 정서에는 부정적인 인식이 많이 존재하고 있다.

2) 카지노의 제효과

　　카지노관광은 긍정적인 얼굴과 부정적인 얼굴을 동시에 가진 야누스의 얼굴을 가지고 있다.

　　먼저 긍정적인 측면에서 많은 국가들은 자본주의 사회에서 수요를 쫓아 이윤을 창출하는 서비스산업으로 인식하고 있다. 따라서 국민정서와 미풍양속을 거스르지 않는 가운데 안정장치가 갖추어진다면, 다음과 같은 긍정적인 효과로 인하여 카지노 관광사업은 국가전략사업으로서 위치를 확보해 나갈 수 있다.

　　첫째, 카지노업은 무공해산업으로 관광자원의 다양화에 기여도가 높다.

　　둘째, 카지노업은 일정한 시설만을 갖추고 연중무휴로 영업하는 순수한 인적 서비스 상품이다. 따라서 카지노업의 고용효과는 수출산업인 섬유가죽업, TV부문, 반도체산업, 승용차산업 등 타산업에 비하여 훨씬 높다.

　　셋째, 카지노업은 건물내유기장에서 이루어지는 영업으로 악천후시에 야기되는 옥외관광상품의 대체상품으로서 상품의 한계가 거의 없고, 또한 24시간 영업이 가능하므로 야간관광상품으로도 이용될 수 있다는 강점을 가지는 등 천연관광자원개발 한계성의 극복이 가능하다.

넷째, 카지노업은 연관관광산업의 전후방 파급효과가 지대하다. 카지노에서 발생한 관광소비는 종사원의 임금 외에 정부의 세금 등 다양한 명목으로 지출이 되며, 이로 인한 직·간접적 파급효과는 생산·소득·고용·부가가치 면에서 타산업에 비해 훨씬 높다.

다섯째, 외래관광객의 1인당 소비액을 늘리고 체재기간을 연장시킨다. 카지노 이용자의 1인당 소비액은 외래관광객 1인당 평균소비액의 약 38%를 차지할 정도로 단일 소비지출로는 큰 비중을 차지하고 있으며, 카지노의 고객은 호텔의 시설을 이용함에 있어 할인의 혜택을 받고 있어 간접적으로 체재기간을 연장시키는 등 관광유발 효과를 가지고 있다.

여섯째, 카지노 고객은 호텔경영성과에 기여도가 높다. 세계 유수한 호텔의 주요한 부대시설로 정착되어 호텔투숙객의 고급 사교장 기능을 하는 카지노는 고정적인 외래객을 통해 외화 획득을 지속적으로 가능하게 해주고, 호텔의 수입을 객실, 식음료, 카지노, 기타 수입으로 나눌 경우 카지노 수입은 타수입에 비해 월등히 높아 호텔의 경영성과에 크게 기여한다.

반면에 카지노 관광을 부정적인 측면에서 살펴보면, 내국인의 홍콩, 마카오 등의 도박관광은 많은 건전한 사업가 및 직장인들이 도박에 빠져 모든 재산을 탕진하고 국제 미아로 전락되고 결국 죽음에 이르는 사례를 볼 수 있다(한국일보, 1996.4.1; 중앙일보, 1997.5.1).

이러한 카지노가 국가 및 지역사회에 미치는 부정적인 영향은 다음과 같다.

첫째, 카지노관광은 범죄, 타락, 혼잡 등 3C(Crime, Corruption, Confusion)를 불러온다. 결국 지역주민이 염려하는 바와 같이 지역의 성격이 부정적으로 악화될 수 있다는 것이다. 도박은 환상의 상태에서 이루어지므로 결국 범죄, 마약, 매춘, 절도, 폭력범죄, 조직폭력 등을 가져올 수 있다.

둘째, 카지노관광은 성격상 사행심을 조장함으로 내국인들의 가치관의 혼란을 조성하고 물질만능주의 사고에 빠져들게 한다. 결국 도덕심을 버리고 돈을 택하는 것이라고 지적할 수 있다.

셋째, 카지노 관광사업은 지하경제의 검은 돈이 오가고 세금포탈의 산실, 조직폭력배들의 직·간접적인 연루가 되는 사각지대로 인식되어 사회에 미치는 부정적 효과가 매우 크다.

제6절 사회복지관광(Social Tourism)

1. 사회복지관광의 개념

사회복지관광에 대해서는 아직까지 관광학자들 사이에서 정의에 대한 의견이 분분하여 정확한 일치를 보지 못하고 있으나, 이에 관한 많은 연구가 국내·외적으로 진행되고 있다.

먼저 사회복지관광에 대한 여러 학자들 및 국제기구들의 정의내용을 요약하면 다음 〈표 5-3〉과 같다.

〈표 5-3〉 사회복지관광의 정의

학자와 기구	정 의
훈지커 (W. Hunziker)	저소득 계층들이 하는 관광의 한 형태로서 저소득층으로 하여금 관광을 할 수 있게 하고, 그들 각자에게 관광을 장려시킴으로써 누구나 쉽게 인지할 수 있는 사회체제이다.
폽리몽 (M.A.Poplimont)	사회보조금 없이는 여행을 할 수 없는 사람들을 위한 관광, 즉 각 개인이 소속되어 있는 사회단체의 도움 없이는 자력으로 여행을 할 수 없는 사람들을 위한 관광
룬드버그 (D.E.Lundberg)	정부 또는 기타 조직들이 여러 가지 방법으로 휴가를 지원하거나 노동계층을 위하여 휴가시설에 대해 보조하는 것
메타카 (C. J. Metalka)	경제적 혹은 신체적 이유 때문에 관광에 참여하지 못하는 사람들에게 비상업적 관광의 경험을 갖게 하기 위하여 정부가 보조금을 지급하여 관광에 참여하게 하는 것
맥킨토시 (R. W. McIntosh)	여행비나 숙박비를 마련할 수 없는 저소득계층 또는 단순노동자들을 위한 관광으로서 주정부, 지방당국, 고용주, 노동조합이나 사회단체에서 보조금을 지원 받는 것
마에다이사무 (前田勇)	관광이 국민후생에 큰 효과가 있음을 주목하여 정부나 지방공공단체가 관광을 활성화시키기 위한 여러 시책을 취하는 것과 관광을 일반에게까지 넓혀나가는 것

학자와 기구	정 의
시오다세이지 (鹽田正志)	원래 소셜 투어리즘의 social이라는 말은 사회주의의 소시얼리즘과 같은 뜻으로서 소셜 투어리즘이란 socialism in tourism, 즉 관광분야에 있어 사회주의이다. 이것은 최근 계급사회가 존재하던 동유럽에서 노동력 재생산만이 아닌 계급투쟁 완화라는 목적에서 대중노동자의 관광을 추진하면서 발생한 용어이다.
이장춘	경제적 · 신체적 · 건강상의 이유로 관광에 참여하지 못하는 계층을 위하여 국가, 지방자치단체, 공기업, 민간단체, 노동조합 등에서 정책적 · 제도적 · 인위적으로 관광활동을 지원해주는 것
안종윤	저소득층에 대한 관광의 편리를 도모하는 조치
김상훈	자국민중 관광의 기회가 여러 면에서 제약받고 있는 사람들의 관광복지를 위해 지원되어지는 관광
세계관광기구 (UNWTO)	휴식권 행사가 극히 어려운 시민들을 위하여 사회가 추구해야 할 목표
국제소셜 투어리즘기구 (BITS)	명백한 사회적 성격의 조치를 통해 저소득층의 관광참여를 가능하게 하거나 참여를 촉진시키는 것과 그렇게 이루어진 관광으로 인해 발생하는 관계와 현상 총체

이상의 여러 학자들 및 국제기구들의 정의 내용을 토대로 살펴보면, 사회복지관광의 몇 가지 특성을 도출해 낼 수 있다.

첫째, 사회복지관광은 관광할 권리(Tourism Rights)를 국민의 기본권으로 인식하고 관광할 수 있는 실제적인 기회를 주어야 한다는 것이다.

둘째, 사회복지관광은 국가, 지방정부, 공기업, 사회단체, 노동조합이 경제적 · 신체적 · 정신적 등 여러 가지 이유로 인하여 관광행위에 제약을 받는 계층을 대상으로 하고 있다.

셋째, 사회복지관광은 정책적 · 제도적 · 인위적으로 이루어지는 사회정책지원 활동이며, 이러한 조치로 인하여 이루어지는 관광현상의 총체이다.

따라서 사회복지관광은 국내에 일반적으로 알려져 있는 것처럼 '제3자의 지원을 받아서 참여하는 저소득층 관광'이라고 하기보다는 '관광의 권리를 행사하기 어려운 계층에 대한 사회정책적 지원'이라고 하는 쪽이 더 타당할 것으로 보인다. 곧, 사회복지관광은 하나의 관광유형이기에 앞서 사회정책적 조치(measures of a clearly defined social character)라고 할 수 있다.

2. 사회복지관광의 대상

여가시간 증대와 소득증가로 여가수요가 지속적으로 증가함에 따라 국민의 관광레저 활동 또한 활발해지고 있다. 이러한 추세는 관광을 단순한 휴양 및 위락활동이 아니라 개인의 자아실현과 삶의 질 향상을 위한 기본권으로 보는 인식변화와 맞물리면서 사회 취약계층을 위한 복지관광정책의 중요성이 더욱 강조되고 있다.

이에 정부는 소년소녀 가장, 노약자, 장애인 등 소외계층을 대상으로 정부차원의 여행경비 보조 등 효율적인 지원을 통하여 '소외계층의 국내 관광진흥을 통한 관광복지 실현 및 국민관광 활성화'를 도모하고자 복지시설 단체 등과 상호 유기적인 협조체제를 구축하여 공동으로 사업을 추진하고, 교육 프로그램 및 재활 프로그램 등을 동시에 수행하여 취약계층의 복지관광사업이 소모적인 일회성 사업이 아닌 지속적이고 유익한 사업으로 정착하고자 유도하고 있다.

취약계층을 위한 초청관광 프로그램은 '80년대 후반부터 사랑의 관광단 등의 이름으로 실시되어 왔으나 프로그램별 대상이 100명 내외의 소규모로 지원대상이 극히 일부에 제한된 것이 사실이다. 이후 「관광진흥개발기금법」상의 복지관광 활성화를 위한 근거를 마련하고, 2005년부터 취약계층 대상 복지관광사업을 본격화하여 장애인, 복지시설 아동 및 한부모 가정 아동, 노약자, 외국인 근로자, 국제결혼이주여성 등 총 660명을 대상으로 복지관광 프로그램을 실시하였다.

2006년에는 실시대상을 1,000명 이상으로 확대하고 보건복지부 등 관계부처 · 기관과의 협력강화를 통해 최저 지원대상 선정 및 우수관광 프로그램 '오감오행(五感五行)'과 연계를 통한 대상별 특성화 프로그램 개발 지원 등 사업효과 제고를 위해 노력하였다.

2007~2009년에는 취약계층을 지원하는 중심기관이라 할 수 있는 복지관 단위로 지원신청을 받아 전국적으로 선정 · 지원하고 있을 뿐만 아니라, 민간업체 및 관련기관의 참여를 독려하고 사회적 지원분위기를 유도하기 위하여 외부기관(지자체 및 민간기업 등)의 지원 또는 후원을 적극 유치한 복지관을 우선 지원하는 등 외부 기관과의 협력을 적극 장려하고 있다.

이러한 노력과 기존 사업에 대한 높은 만족도 등이 관계기관 등에 적극 홍보되어 점차적으로 복지관광사업이 정착단계에 돌입하고 있다(문화체육관광부, 2009: 49~50).

최근 문재인 정부는 '쉼표가 있는 삶, 사람이 있는 관광'을 위하여, 생애주기별 관광 지원체계를 구축하고, 청소년 교과서학습 진로체험여행지, 청년출발 청년원정대, 중장년 근로자휴가지원제도, 노년은 실버여행학교 시스템을 마련하였다.

또한 사회복지관광정책으로서 장애우를 위한 열린관광지사업, 무장애 여행코스 개발, 관광환경 개선사업을 추진하고 있다.

3. 외국의 사회복지관광

외국의 사회복지관광은 경제발전과 더불어 관광활동으로부터 소외받고 있는 계층을 대상으로 이루어지고 있다. 특히 저소득층·근로자·어린이·노인층 등을 위하여 공공기관이나 노동조합, 정부에서 각종 재정적·제도적 지원을 통하여 이루어지고 있는 것이 대표적인 사례이다.

〈표 5-4〉 외국의 사회복지관광 현황

국 가	사회복지관광의 재정지원 형태
아르헨티나	• 저소득층의 근로자들을 위한 숙박시설에 재정지원 • 대중 관광요금의 저렴화
벨 기 에	• 노동조합 저축과 보조금 지원
체코슬로바키아	• 휴가기간에 무료철도 티켓 사용 허용
덴 마 크	• 휴가지(국민관광지)개발에 재정지원
프 랑 스	• 노동조합저축, 보조금 지원 • 어린이를 위한 휴가촌 • 특정 숙박시설에 대한 세금감면
헝 가 리	• 휴가인 근로자들에게 철도요금 할인
멕 시 코	• 저소득 근로자들을 위한 관광숙박시설에 재정지원
네덜란드	• 특정 근로자들에게 휴가보너스 지급
뉴질랜드	• 특정 계층의 근로자들에게 호텔 사용요금 할인
노르웨이	• 휴가지 개발에 들어가는 자금을 무이자로 또는 저리로 국가대출
폴 란 드	• 근로자의 휴가비용 보조
러 시 아	• 노동조합이 전부 또는 일부 근로자에게 휴가비용 지급
스 위 스	• 휴가철에 사용가능한 할인 전표 • 노동조합의 보조금
영 국	• 특정 근로자들을 대상으로 휴가비 지원
미 국	• 노인층을 대상으로 할인 혜택과 무료 입장

자료: R. W. McIntosh & C. R. Goeldner(1990), Tourism: Principles, Practices, Philosophies, John Wiley & Sons, p.191.

　유럽국가는 사회복지관광의 개념이 가장 먼저 태동한 지역으로서 관광지 휴가촌이 각종 단체, 노동조합, 캠핑클럽이나 청년단체들에 의해 캠프로 운영되면서 대표적인 사회복지 관광시설로 자리잡아 가고 있음에 따라 프랑스 등 여러 유럽국가에서는 이들 캠프에 대해 재정지원을 아끼지 않고 있다. 특히 그리스에서는 기업들이 자사에 근무하는 사원들을 위해 별도로 회사를 설립하여 캠프를 운영하고 있다.

관광과 스포츠

제6장 | 관광과 스포츠

1. 관광과 스포츠의 중요성

산업화와 과학화는 사회·경제적 성장을 이끌어 내며, 인간에게 각종 편의를 제공하고 있어 생활상의 일대 전환기를 초래하고 있다. 또한, 도시로의 산업과 인구집중은 자연으로 회귀하려는 인간의 욕구를 강하게 하고 있다. 이러한 욕구는 오늘날 레저산업 발달과 관광의 대중화를 초래하는 원동력이 되고 있다.

21세기의 관광스포츠 레저산업은 정보통신(IT)산업, 환경산업과 더불어 '세계 주요 3대산업'으로 불리며 성장의 잠재성을 인정받고 있다. 관광산업은 과학기술, 자연자원, 문화, 정보통신, 교통수단이 망라된 레저산업의 일부로 오늘날 세계 각국은 관광과 각종 이벤트를 접목시켜 관광의 다양화를 모색하고 있다.

세계 관광변화의 가장 큰 추세는 자연이나 역사적인 유적을 단지 보기만 하는 정적인 관광에서 스포츠에 참여하거나, 주제공원, 축제 및 이벤트 등에서 생동감 있는 것들을 체험하는 동적인 관광으로의 전환이다(정강환, 1995). 기존의 관광은 주로 수동적이고 의존적이었으며, 소비·향락적 이미지가 컸다면, 현대의 관광은 적극적이며 주체적이고 활동적인 체험지향적 이미지를 갖춰가고 있다.

우리나라는 1986년 아시안게임과 1988년 서울올림픽이라는 세계적 스포츠이벤트를 계기로 외래관광객 유치와 관광산업의 육성에 관심을 가졌으며, 특히 관광과 스포츠가 접목된 형태인 스포츠이벤트 개최를 통해 관광산업에서 스포츠이벤트의 중요성을 인식하기 시작했다. 1988년을 계기로 200만명이 넘는 외래관광객을 유치했으며, 이후 계속적인 상승세를 보여 2016년에는 방한 외래관광객 수가 1,724만명으로 집계됨으로써 역대 최고치를 기록했다는 것이다. 관광이 내포된 스포츠가 점점 활성화되고 있는 이유는 올림픽이나 월드컵과 같은 스포츠이벤트가 전 세계적으로 인기를 얻고 있으며, 사람들은 자신이 좋아하는 스타들을 직접 따라다니는 경향(Kurtzman and Zauhar, 1993)과, 현대인이 가지고 있는 일상생활에서 벗어나려는 해방감과 같은 욕구에서 기인된다.

인간의 기본욕구와 사회의 요구에 의해 나타나는 관광과 스포츠는 관광욕구 충족뿐만 아니라 그 사회의 고용기회 창출과 소득증대, 경제구조의 다변화 등의 효과를 가져오며 나아가 국가이미지 상승에 일조를 하고 있다. 곧, 관광과 스포츠를 통합한 스포츠관광은 현대의 대중관광시대에 관광활동 결정에 중요한 동기와 요인이 되어 가고 있다.

스포츠관광은 스포츠를 즐기기 위해 관람하거나 참여하기 위한 관광의 한 형태이다. 스포츠관광은 새로이 부상하는 관광산업의 한 분야로서, 특수목적 관광 또는 휴가의 일종인 스포츠이벤트, 스포츠캠프, 스포츠휴가 및 스포츠 유람선(이경희·최영희, 2003: 455~468) 등을 그 범주에 포함하고 있다. 따라서 스포츠관광은 최근 새로이 부상하는 관광산업의 한 분야로서 성장 가능성과 잠재력은 향후 관광산업을 선도할 만한 충분한 강점 및 기회요인을 가지고 있다. 이것은 관광산업의 활성화에 관광과 스포츠가 혼합된 스포츠관광이 차지하는 비중이 상대적으로 높아졌다는 것을 의미한다. 특히 지방자치 시대를 맞아 관광산업의 시너지효과를 상승시키는 시대적 배경 및 제반환경의 조성(김홍태, 2004: 1431)을 통해 더욱 가속화될 것으로 전망된다.

또한 관광과 스포츠를 접목시켜 창출될 수 있는 효과의 대부분은 스포츠산업과 관광산업을 통한 경제적 측면이 가장 크다. 스포츠관광을 육성시킴으로써 지역개발의 효과, 지역소득의 증대, 지역산업의 국제화 기반 확대, 고용기회의 확대, 지방세수증대, 지역 PR을 통한 이미지 제고 등의 지역의 경제파급효과가 대단히 클 것으로 판단된다. 거시적으로는 스포츠의 대중화와 국가경제의 초석을 이끌어 국가경쟁력을 강화할 것으로 보인다.

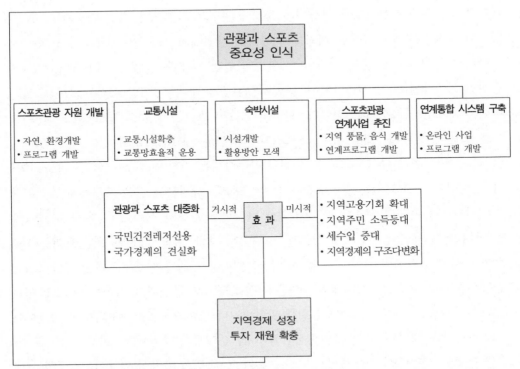

자료: 김선기·이미혜(1992), "관광개발의 지역경제적 편익효과에 관한 고찰," 지방행정연구 제7권 제2호(통권 24호), 한국지방행정연구원.

〈그림 6-1〉 관광과 스포츠 중심으로 한 지역관광개발 편익

사회·경제적인 효과뿐만 아니라 개인적인 측면에서도 기대효과는 크다. 관광과 스포츠를 연계시켜 관광활동을 하게 되면, 현대인의 육체적·심리적·사회적 욕구를 충족시켜줄 뿐만 아니라 운동부족과 스트레스·사회병리적 현상·인간소외 등의 현대인의 문제를 해결해 나갈 수 있을 것으로 기대된다.

2. 관광과 스포츠의 매력

1) 관광매력의 개념

관광객의 경험이나 체험의 추구는 관광객이 가진 욕구(wants)나 동기(motive)와 관련

된다. 따라서 관광매력은 관광객이 가진 욕구나 동기를 충족시키도록 활동을 이끌어내는 자원을 의미한다. 스워브루크(Swarbrooke, 1995)도 매력과 활동과의 관계를 설명하면서 매력은 특정활동이 가능하도록 원재료를 제공하는 자원이라고 하였다. 예를 들어, 햇빛에 몸을 그을리는 일광욕은 해변을 이용하게 만들고, 배를 타기 위해 마리나를 이용한다. 그리고 음악팬들이 토속음악축제에 참가하는 관계들이다.

관광객들은 활동을 통해 심리적으로 즐겁고, 신나고, 재미있는 경험이나 일체감 또는 공동체의식 등을 추구한다. 문화적으로는 특정 스포츠 자체나 스포츠역사 또는 문화에 대한 지식과 이해를 얻으려 한다. 또한 신체적으로 스포츠관광에 참여함으로써 건강한 신체나 몸매를 얻으려하고, 사회적으로 동질적 관심을 갖고 있는 사람들이나 다른 지역과 문화권의 사람들과 교류를 추구한다.

군(Gunn, 1994)은 관광지 기획의 관점에서 관광매력 개념을 공급의 측면에서 매력물은 관광동기 중 주된 유인요인으로 보고, 주요 기능으로 매력물은 흥미를 이끌고 자극하며, 관광으로부터 방문자 만족과 보상을 제공한다고 설명하였다.

레이퍼(Leiper, 1990: 367~384)는 관광매력을 관광객 또는 인적 요인, 핵심 또는 중심요인, 정보요인이 포함된 3가지 영역으로 구분한 후 관광매력시스템 모형을 제시하였다.

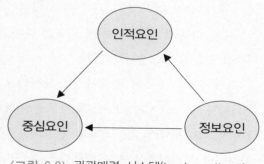

〈그림 6-2〉 관광매력 시스템(tourism attraction systems)

일반적으로 관광매력은 주로 관광기획과 개발의 관점에서 분류된다. 스워브루크(Swarbrooke, 1995)는 네 가지 주요한 관광매력 유형을 분류하였다. 해변, 동굴, 산림과 같은 자연환경, 주제공원·마리나·카지노·박물관 등 관광객에게 매력을 주기 위한 목적의 인공구조물, 성당이나 교회·역사유적지·고고학적 장소 등 방문자의 매력을 고려하지 않은 인공구조물, 그리고 스포츠이벤트·예술축제·역사적 축하행사 등 스페셜이벤트이다.

관광공급의 기능적 구성요소에서 군(Gunn, 1994)은 매력물을 세 가지로 분류하였다. 우선 소유권에 따라서 정부기관·공공기관·상업적 기업의 매력물로 구분된다. 두 번째는 자원에 따라 해변 관광지·스키리조트·골프코스 등 자연자원에 근거한 매력물과 역사적 유적지, 축제, 극장 등의 문화자원에 근거한 매력물로 구분된다. 마지막으로 체류시간에 따라 도로변 경치감상지역, 역사적 건물이나 장소, 동물원 등 잠깐 구경하는 주유형과 리조트, 조직된 캠프장소·휴가촌·컨벤션센터 등 장기체류형으로 구분된다.

고드프레이와 클라크(Godfrey and Clarke, 2000)는 관광자원의 유형으로 본질적 자원과 지원자원으로 나누고 구체적으로 식물군·경치·동물군·기후·수자원 등의 자연자원·종교·유적, 그 밖의 관련 자원을 포함한 문화자원·축제·토나먼트·사업 그 밖의 관련자원을 포함한 이벤트자원·레크리에이션·서비스·시설 등의 활동자원, 교통·숙박·연회·케이터링 등을 포함한 서비스자원으로 구분된다. 특히 이벤트 자원간 경쟁에는 스포츠가 대표적인 매력자원으로 구성하였다.

리치에와 진스(Ritchie and Zins, 1978: 252~268)는 관광지의 매력에 영향을 미치는 요인들로 자연적 미와 기후, 문화와 사회적인 특성, 스포츠나 레크리에이션 그리고 교육적 시설, 쇼핑과 상업적 시설, 지역의 하부구조, 가격수준, 관광객에 의한 태도, 관광지의 접근성 등으로 분류하였다.

관광매력을 가능성 매트릭스로 표현하고 있는 마틴과 마슨(Martin and Mason, 1993: 34~40)은 Leisure Consultants의 자료를 이용하여, 횡적인 분면에서 재미와 학습으로 구분하였으며, 종적인 분면으로는 활동적·수동적인 활동으로 분류하였다. 예를 들어 활동적이며 재미매력을 지닌 영역에 어뮤즈먼트 파크와 같은 것들이 포함되고, 수동적이며 재미매력을 지닌 영역에는 엔터테인먼트 센터가 있다. 활동적이며 학습가능성을 지닌 영역에는 과학센터, 새로운 야생매력 등이 포함된다. 수동적이며 학습가능성을 지닌 영역에는 전통적 박물관과 고택 등이 있다.

2) 스포츠의 관광매력

관광은 경험중심 활동이고 스포츠는 실행중심 활동으로 볼 수 있다. 따라서 스포츠관광은 관광객이 경험 또는 체험을 얻기 위한 실행활동으로 규정될 수 있다. 스포츠관광매력은 이러한 스포츠관광의 활동을 이끌어 내는 요인 또는 자원들로 구성된다. 대부분의 관광학 연구에서 스포츠와 매력과의 관계는 스포츠 자체보다는 스포츠활동이 일어날 수 있는 공간이나 시설 또는 이벤트를 관광매력물로 인정하는 추세를 보인다.

또한 스포츠활동의 적극성 정도에 따라서 참가자와 관람자로 구분할 수 있고, 재미중심이냐 경쟁중심이냐에 따라 이벤트나 스포츠경기로 분류될 수 있다.

〈표 6-1〉 스포츠관광 활동과 매력

	FUN	COMPETITION
ACTIVE: Participants	Recreational Players: 리조트의 테니스, 골프 번지점프, 등산, 취미관련 스포츠이벤트, 시민마라톤 등	Players: 각종 프로 또는 국제적 스포츠 대회, 전문 조직적 스포츠 경기 프로골프 대회, 월드컵, 올림픽 등
PASSIVE: Spectators	Recreational Spectators: 아마추어 경기나 가족참가 경기 등 비조직적 스포츠 경기	Spectators: 각종 프로 또는 국제적 스포츠 대회, 전문 조직적 스포츠 경기, 메가이벤트 프로골프 대회, 월드컵, 올림픽 등

레이퍼(Leiper, 1990)의 관광매력 시스템 중 중심요인과 깁슨(Gibson, 1999: 36~45)이 제시한 스포츠관광의 유형을 고려하여 이를 스포츠관광에 적용하면 스포츠이벤트 매력, 스포츠목적지 매력, 그리고 스포츠시설 매력의 세 가지로 분류되며, 〈그림 6-3〉과 같다.

첫째, 우선 스포츠 이벤트매력은 올림픽과 월드컵 같은 조직적이고, 규모가 큰 홀마크이벤트나 메가이벤트에서부터 친선경기나 동호회 중심으로 구성된 아마추어

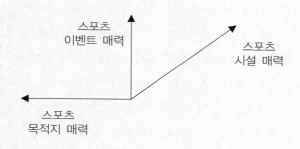

$$STA = f(EA, DA, FA)$$

*STA = 스포츠관광매력(Sports Tourism Attractions)
EA = 이벤트매력(Event Attractions)
DA = 목적지매력(Destination Attractions)
FA = 시설매력(Facility Attractions)

〈그림 6-3〉 스포츠의 관광매력모형

스포츠 이벤트와 비조직적인 사적 소규모 이벤트까지를 포함한다. 예를 들어, 월드컵 경기의 경우 어디서 하든 그 경기가 월드컵 이벤트이기 때문에 관광객에게 매력을 주는 측면이다. 스포츠이벤트는 관람자에게 개회식과

폐막식에서 공연 등의 볼거리를 제공하고, 골프나 테니스대회 등 전문적인 선수들의 경기를 통해 경기기술과 경기력을 배울 수 있다. 또한 국가 간 지역 간 대회에 참가하여 애국심이나 지역의식을 고취하기 위한 기회가 된다. 하계·동계올림픽이나 월드컵 등 세계적인 경기 등을 직접 관람했다는 성취감을 맛볼 수 있다.

시민 마라톤행사나 전국 동호회 축구대회 등 활동적인 참가자에게는 자신의 능력을 시험해 볼 수 있는 기회가 된다. 특히 노가와 야마구치 및 하기(Nogawa, Yamaguch and Hagi, 1996: 46~54)의 스포츠관광객 분류 중 스포츠 러버와 같이 특정 스포츠매니아들의 경우 관심 스포츠이벤트에 직접 참가했다는 성취감과 함께 같은 관심사를 가진 다른 참가자들을 만나고 사귈 수 있는 교류의 장을 제공한다.

둘째, 스포츠 목적지매력으로 여러 월드컵경기 중 경치가 좋은 서귀포에서 열리는 경기이기 때문에 매력을 주는 경우이다. 스포츠목적지 매력에는 자연환경이 주는 매력과 문화환경이 주는 매력으로 나눌 수 있다. 자연환경이 주는 매력으로 깨끗하고 아름다운 바다는 워터스킹·윈드서핑·낚시·다이빙 등 해안 스포츠를 즐기기 위한 관광객들에게 매력요인이 된다. 또한 울창한 산림과 경치 좋은 산악 등은 하이킹이나 스포츠 중심 모험관광을 즐기기 위한 관광객들에게 매력을 준다. 문화환경이 주는 매력으로는 영국에서의 축구, 우리나라에서의 태권도, 그리고 일본의 유도 등 역사적으로 특정 스포츠의 원조가 된 목적지나 뉴욕 양키스의 야구, 시카고 불스의 농구나 윔블던 테니스 등 특정 목적지가 스포츠문화와 결합되어 매력으로 작용하는 경우이다.

셋째, 인공적 스포츠시설이다. 골프나 스키관광에서 코스별 특징, 난이도, 규모 등의 시설적 요인이 스포츠관광객을 이끄는 유인력을 가진 매력물이 된다. 또한 깁슨(Gibson, 1999: 36~45)이 제시한 유형 중 노스탤지어 스포츠 관광의 경우와 같이 올림픽 스타디움이나 월드컵경기장 또는 오랜 스포츠 관련 건축물 등이 관광매력으로 작용한다. 이미 우리나라의 월드컵 개최도시들은 시티투어코스에 각 월드컵경기장 및 동계올림픽개최장소 등을 포함시키고 있다.

예를 들어, 스포츠시설이 또한 목적지의 매력으로 작용하기도 하며, 특정지역의 스포츠이벤트는 목적지 환경과 어우러져 그 지역의 문화관광자원이 되기도 한다. 독특한 스포츠시설은 스포츠이벤트의 배경이 되어 결합된 관광매력을 갖기도 한다. 따라서 이러한 세 가지 매력요인들은 서로 보완적이며 서로 영향을 미치는 밀접한 관계를 형성한다.

스포츠관광의 개요

1. 스포츠관광의 역사

스포츠관광은 분명히 20세기적인 현상이지만 이미 그 역사는 오래 전부터 이어져 왔다고 볼 수 있다. 단적인 예로 고대 그리스나 로마에서 활성화되었던 무수히 많은 복합 스포츠 축제들과 올림픽은 오랜기간 동안 많은 관광객들을 유인시켰다. 역사학자들은 대량관광의 시작은 18세기 중엽의 산업혁명기간 중 영국에서 등장한 중산층과 비교적 저렴한 교통시설 출현과 함께 시작되었다고 한다(한철언, 1998: 13). 영국인은 관광의 개척자들이었고 저렴한 휴가여행과 해외여행이란 개념에 있어서 확실히 선구자들이었다고 평가할 수 있다.

미국에서 교통산업은 스포츠이벤트에 투자한 첫 번째 사업이었다. 1852년 뉴잉글랜드 철도회사는 모험적인 사업으로서 스포츠경기를 최초로 후원했다. 이 철도회사는 이벤트 참가자들을 후원하는 것은 물론 하버드 대(對) 예일의 보트 경기장으로 여행했던 팬들에게 수천 매의 기차표를 팔았다. 이와 유사하게 1890년대 말 전차와 철도회사들은 다운타운에서 구장까지의 특별 서비스 제공을 위해 야구팀과 긴밀히 협력하였다(Delpy, 1998).

동서양의 역사적인 스포츠관광을 고찰해 보면 스포츠와 관광 간의 밀접한 상호관계를 가장 극단적으로 상징화하는 스포츠행사 중의 하나는 올림픽이라 할 수 있을 것이다. 올림픽은 '보는 자'와 '참가하는 자' 그리고 이와 관련된 자(방송관련 인사, 체육관련 인사) 등이 대규모로 참가하는 지상 최대의 역동적이고 활동적인 행사이어서 스포츠와 관광의 상관성을 평가하는데 가장 적합한 의제라 할 수 있다.

요즘은 신생 스포츠(스노보드, 제트 스키, 산악 자전거)와 상품(실내 암벽타기) 그리고 서비스(탁아·장애자시설)의 발전이 스포츠관광의 성장을 가속화시켰다. 이처럼 스포츠와 관광 그리고 경제가 어떻게 상호 관련되어 있는지에 대해서는 많은 연구가 있으며, 관광산업의 발전에 대한 스포츠의 공헌도는 아주 높다고 할 수 있다. 이미 스포츠는 세계에서 가장 큰 사회적 현상이며, 스포츠관광도 주목받는 관광산업의 하나로 부각되고 있다.

2. 스포츠관광의 개념

스포츠관광은 관광과 스포츠를 연계한 사업 추진에서 나타난 용어로 조합된 합성어이다. 일반적으로 관광의 의미는 '일상생활에서 벗어나 귀환예정으로 이동하여 정신적으로나 신체적으로 위안을 얻는 활동으로 여행기간 동안 보수를 목적으로 하지 않고 자유로이 여행하고 소비하는 행위'를 일컫는다. 이와 같은 관광개념과 스포츠를 연계시킬 때, 스포츠의 의미는 간접 참여형(관람형)과 직접 참여형(체험형)으로 나뉘는 스포츠참여의 의미이다.

스포츠관광은 현대 용어의 관점에서 보면 새로운 개념이긴 하지만 활동범위는 결코 최근의 현상이 아니다. 스포츠활동에 참여하기 위한 여행, 스포츠를 관람하기 위한 여행, 스포츠관광 대상을 찾아가는 여행을 포함하고 있다. 따라서 스포츠관광의 정의는 스포츠와 여행에 대한 여러 사람들의 해석에 따라 다양하게 나타난다.

한철언(1999)은 '스포츠를 관람하거나 직접 참여하여 즐기기 위한 목적을 가지고 거리공간을 이동하는 것으로 거리를 이동하여 그곳에서 24시간 이상 체류하면서 스포츠활동을 즐기는 것을 스포츠관광'이라고 정의하였다.

또한 "스포츠와 여행에 관한 여러 사람들의 해석에 따라 다양하게 나타나지만, 직접 스포츠에 참여, 관람하거나, 모든 경쟁적·비경쟁적 스포츠관광활동에 참여하기 위해 집을 떠나는 관광"이라고 정의(Lisa, 1998)하였다. 북미학계에서 말하는 스포츠관광이란 "개최지의 지역경제와 지역공동체의 이익도모를 목적으로 한 스포츠이벤트의 개발 및 마케팅과정"으로 보았다(Getz, 1998). 전자와 같이 참여자의 측면에서 바라보면 스포츠관람과 참여의 관광으로 정의할 수 있고, 후자처럼 스포츠관광을 개최자의 관점에서 바라본다면 경제활동의 한 형태로 지역 발전을 위한 마케팅 과정으로 파악할 수 있다.

스포츠관광은 관광과 스포츠가 결합된 형태로 개념에서도 이러한 현상을 반영한다. 우선 스포츠관광을 개인이 일시적으로 일상생활권을 벗어나 신체적 활동을 하거나 관람하거나 또는 그런 활동과 관련된 매력물을 좋아하는 레저 중심의 관광으로 정의(Gibson, 1999: 36~45)되며, 스포츠관광객은 관광을 하는 동안 좋아하는 스포츠활동을 하거나, 관람자로서 올림픽 같은 스포츠이벤트에 가거나, 호놀룰루 마라톤 같은 스포츠이벤트에 참가하는 사람들로 표현(Nogawa, Yamaguchi and Hagi, 1996: 46~54)된다. 스포츠관광은 제한된 시간동안 일상생활권을 벗어난 스포츠활동 중심 관광으로 독특한 규정, 신체적 능력에 관련된 경쟁, 그리고 놀이적 특성(Hinch and Higham, 2004)이 반영된다.

일반적으로 스포츠관광은 공간적 범위, 시간적 범위 그리고 활동영역으로 구분할 수 있다. 여기에 추가해야 할 부분은 관광의 동기나 목적이 상업적 또는 직업에만 관련되어 있는 일로서의 활동성격이 배제된 즐거움의 영역(Hinch and Higham, 2004)이 있어야 한다. 이러한 입장에서 스포츠관광을 일상생활권을 벗어나 비상업적으로 직접 참가하거나 관람하는 스포츠활동을 위한 관광으로 규정(Hall, 1992)할 수 있다.

이러한 내용을 바탕으로 스포츠관광은 활동영역, 경험영역, 시간범위, 공간범위를 통해 개념화할 수 있다. 우선 활동영역은 관광일정 동안 관련된 스포츠 레저 행위를 의미한다. 두 번째는 관광활동에서 추구하고자 하는 즐거움 등의 경험영역이다. 스포츠관광 역시 상업적이거나 일에만 관련되지 않은 경험을 추구한다. 세 번째는 시간적 범위로 일시적이며 24시간 이상 등의 여행을 의미한다. 네 번째는 공간적 범위로 거주지의 일상생활권을 벗어난 관광(Hinch and Higham, 2004)을 의미한다.

스포츠관광은 일반적으로 관광을 위해 스포츠를 이용하는 것이라고 정의할 수 있으며, 스포츠관광객란 참가객이 될 수도 있고 관람객이 될 수도 있는데, 스포츠관광은 관광에 직접적인 관계가 있는 활동들로 이루어진다고 할 수 있다. 따라서 스포츠관광이란 "관광활동 중 스포츠 매력을 향유하고자 하는 총체적 대상으로 직접 혹은 간접적으로 참여함으로써 육체적·정신적 만족감을 얻고자 하는 관광행위"로 볼 수 있다.

스포츠관광도 프로 스포츠와 같이 복합산업이 될 수 있다. 왜냐하면 관광이라고 함은 집을 떠나 제3의 장소에서 머물다가 다시 집으로 돌아간다는 공간이동의 개념이 있어 교통, 숙박, 음식 등과 같은 서비스 재화나 물건이 조합, 복합화됨으로써 관광객은 이럴 때에 발생하는 모든 여건과 환경을 자기의 고유한 상품으로 만들려는 성질을 구비하고 있기 때문이다.

스포츠관광에 대한 수요가 점점 증가할 것으로 예상된다. 현재도 스포츠관광에 대한 산업계의 대응은 신속하여, 가령 대형 스포츠용품 제조회사는 스포츠를 위한 장소·시설·교통수단·호텔, 스포츠용품 대여에 이르기까지 총체적인 스포츠 서비스를 제공하고 있다. 또 대형 스포츠클럽이나 운영 위탁회사가 회원 서비스의 일환으로 해외 골프

관광 등과 같은 스포츠관광과 관련된 대리점 업무를 직접 운영하고 있어 향후 스포츠 관광에 대한 활발한 전개가 기대되고 있다.

3. 스포츠관광객의 유인요인

21세기에 접어들면서 건강에 대한 관심도가 점차 높아지고, 가족과 함께 즐거운 시간을 보내는 것을, 보다 중요히 여기는 추세로 인하여 스포츠여행이 점차 증가하면서, 관광산업에서의 스포츠 관련 관광(스포츠 비즈니스, 1998)이 급성장하고 있다. 특히 주 5일근무 시행으로 여가활동이 증가하고 주말여행 문화 등이 정착돼 여행시장이 확대될 가능성이 높다. 따라서 스포츠의 경우 인구 고령화와 함께 건강에 대한 관심이 고조되는 것과 젊은 층을 중심으로 번지점프, 암벽등반 등 레포츠에 대한 수요 증대로 참여인구가 늘어날 것으로 보인다. 골프, 해양스포츠, 자전거 등 관련 인프라의 정비 여하에 따라서 수요확대(LG 주간경제, 2001: 7)가 기대되는 부문도 있다.

스포츠관광의 경우, 관광지에서 어떠한 스포츠행사가 행해지는가? 어떠한 이벤트가 개최되는가? 그리고 관광지의 매력 등이 스포츠 관광객을 유인하는 가장 중요한 요인이 된다.

4. 스포츠관광의 분류

스포츠관광은 크게 스포츠 참여형 관광과 스포츠 관전형 관광으로 나눌 수 있다. 스포츠 참여형 관광은 관람자가 관광지에서 스포츠에 직접 참여하여 체험하는 형태로써 스키 · 골프 · 요트 · 스쿠버다이빙 · 마라톤 등을 즐기기 위한 관광이다. 스포츠 참가형 관광의 경우 예를 들어 스키를 타러 가는 휴일, 스포츠 경기에 참가하기, 모험 여행 등의 스포츠가 여행의 주된 목적인 스포츠 휴가(the sport activity holiday)와 스포츠가 주된 목적이 아닌 휴가스포츠(the holiday sport activity)로 구분되는데 휴가스포츠는 여행 기간 동안 우연히 스포츠활동에 참여하게 되는 경우 등이 해당되는 것이다. 스포츠 관전형 관광은 스포츠관전을 통해 스포츠를 간접 체험하는 형태로 인지적 또는 정의적 참여형태로 볼 수 있다. 곧, 여행을 통해 올림픽경기나 월드컵, 각종 스포츠대회에 참관하는 행위이다. 이것은 여행 목적에 따라 분리할 수 있는 개념들이다.

또 다른 분류로는 스포츠관광을 5개 범주로 구분한 것으로 관광대상, 리조트, 크루즈, 투어 프로그램, 이벤트로 나눌 수 있다. 각각의 범주는 모험관광(adventure tourism), 건강관광(health tourism), 자연관광(nature tourism), 교육관광(educational tourism), 레저관광(leisure tourism) 등의 관광분야(Delpy, 1998)에서 나온 것이다.

〈표 6-2〉 스포츠관광의 기반

자연요소	서비스	오락시설	교 통	시설물	문화유산	관련단체
공원 (국립, 도립)	여행사	이벤트	철도망	공항	박물관	국가정부기관
산	투어운영자	시합	버스운행망	골프코스	고고학유적지	입법체
암벽	가이드, 코치, 교사	행사와 공연	승용차	아이스링크	역사적경기장	
온천	의류와 장비 구매	페스티벌	항공기	시합장	스타디움	스포츠 관리기관
해변가 및 바다		테마파크	선박	스타디움		
호수	시설 및 이벤트 담당자	유원시설	상선	수영장		관광관련기관 및 관광업체
강	마케팅		페리	스키슬로프		프로선수협회
황야	환전, 보험			인공암벽		자발적기구
	운영안내 시스템			레이싱코스		지방자치단체
	지도, 가이드북			육상트랙		법인체
	스포츠 부상 클리닉			산악 리프트		

자료: 한철언(1999), "21세기 한국 Sport관광의 정책방안 연구," 고려대학교 대학원 박사학위논문.

스포츠관광은 스포츠와 관광 각각의 부분에서 필요한 요소들의 결합에 의존하게 된다. 〈표 6-2〉에서는 스포츠관광의 기반요소들을 나타내 주고 있다. 스포츠와 관광에서의 공통분모, 즉 공유되는 시설과 흥미는 통합되어진 행정과 마케팅적 접근이라는 차원에서 스포츠관광의 범주를 이해할 수 있을 것이다.

스포츠관광을 구체적으로 분류하면, 우선 깁슨(Gibson, 1999: 36~45)은 행동을 중심으로 능동형, 이벤트형, 노스탤지어형으로 스포츠관광을 구분하였다. 또한 크놉(Knop, 1987)의 연구를 인용하여 활동형 스포츠 관광에는 스키나 골프 같이 참가자의 주된 목적인 순수 스포츠 관광, 부차적으로 스포츠에 참가하는 형태로 휴가지역의 스포츠시설을 이용하는 관광, 그리고 비치발리볼 같이 비공식적으로 행하는 사적 스포츠관광으로 분류하였다. 이러한 구분은 관여 유형, 관여 정도, 기술수준, 몰입과 투자 정도에 따른 특성을 고려한다. 이벤트형 스포츠관광은 올림픽에서부터 대학 농구대회 등 작은 단위를 포함한다. 노스탤지어형 스포츠관광은 이전 올림픽게임의 경기장이나 스포츠박물관 등을 관광하는 것을 말한다.

레드몬드(Redmond, 1991: 107~120)는 국립공원의 스포츠 매력물을 중심으로 리조트, 스포츠 박물관, 스포츠 축제와 스포츠시설로 분류하였다. 또한 스탠드벤과 크놉(Standeven and Knop, 1999)은 다양한 속성들을 제시하여 유형을 설명하였다. 휴일 대 비휴일, 수동적(관람자) 대 활동적(운동참가자), 조직된 스포츠경기 대 독립된 스포츠경기, 높은 동기 대 낮은 동기, 단일 스포츠 휴일 대 복합 스포츠 휴일 등이 분류의 속성이 된다고 보았다.

한철언(1998)은 스포츠관광을 참가형: 관전형, 숙박형: 당일형으로 분류하였다. 예를 들어 골프나 스키 같은 스포츠활동, 마라톤이나 철인 3종 경기대회의 참가나 혹은 출장을 목적으로 한 참가형, 그리고 올림픽이나 월드컵과 같은 이벤트 관전을 목적으로 한 관전형의 2 가지 타입으로 구분하였다. 또한 관광형태로 분류하여 관광목적지에서의 체재를 동반한 숙박형과 그날 안에 목적을 수행하는 당일형으로 제시하였다. 그리고 스포츠관광의 주체와 관광지에 따라 스포츠국민관광과 스포츠국제관광으로 분류하였다.

위에서 제시한 내용을 중심으로 스포츠관광을 분류하면, 관전형 스포츠관광은 스포츠관광을 통하여 즐거움, 오락, 교양 등을 얻고자 스포츠관광에 간접적으로 참여하는 것으로 각종 스포츠대회에 관전하는 것을 말하며, 참여형 스포츠관광은 특정 스포츠관광에 직접 참여하여 행동을 통해 자기 욕구를 충족시키는 형태로, 곧 일반인의 마라톤 대회 참여 등이 이에 해당한다. 강습형 스포츠관광은 관전형과 참여형 스포츠이벤트가 혼합된 형태로, 특정 스포츠에 대한 지식을 습득하는 것으로 강습회, 스포츠교실 등에 참여하는 형태를 말한다.

5. 스포츠관광의 영역

1) 관광의 영역

현재 널리 인정되고 있는 관광의 정의는 공간적 차원이다. 관광은 비거주자의 여행이다. 관광객이 되기 위해서는 일상생활권을 떠나야 하고, 다시 되돌아와야 한다. 이러한 공간적 차원이 관광의 필요조건이다. 관광의 두 번째 차원은 시간적 차원이다. 가정으로부터 최소한 1박(one night) 이상 떠나야 한다. UNWTO는 통계적 목적으로 24시간 이내 목적지를 방문하는 소풍객과 24시간 이상 목적지를 방문하는 관광객을 구분한다. 세 번째 차원은 관광을 하는 동안 관광객이 하는 목적 및 활동과 관계가 있다. 이는 Eco Tourism, Urban Tourism, Heritage Tourism 등의 기원과 관광객 자신이 직접참여에 의한 체험활동에 관심을 갖는 것을 의미한다. UNWTO는 관광을 여가활동의 하위영역으로 본다. 시간적 차원과 활동적 차원은 관광의 충분조건이 된다.

2) 스포츠의 영역

사전적 의미의 스포츠는 "가끔은 경쟁적 형태를 취하는 즐거움이나, 신체적 운동을 추구하는 개인 또는 집단의 활동"으로 정의한다. 스포츠는 육체적 활동과 단련을 포함하는 제도적 경기이다. 스포츠는 구조화되고, 목표지향적이고, 경쟁적이고, 겨루기 형태의 육체적 단련활동이다. 이러한 스포츠는 관광의 세 번째 영역인 체험적 활동영역과 밀접한 관련이 있다.

3) 스포츠관광의 4차원

스포츠와 관광 두 분야 모두에서 관광의 동태성에 대한 이해가 부족하였다. 아직까지도 스포츠와 관광의 관련성에 대한 이해는 관광분야뿐만 아니라 스포츠분야에서도 부족한 실정이다. 1990년대까지 관광학에서는 스포츠가 핵심 연구분야가 되지 못하고 관광연구를 위한 일시적 이벤트로 취급되었다. 올림픽과 같은 대규모 이벤트에 관련된 연구가 스포츠가 관광에 미치는 영향을 이해하는데 크게 도움이 되었다. 그러나 다른 유형의 이벤트와는 달리 스포츠관련 이벤트의 본질을 인식하려는 노력이 부족하였다. 홀(Hall, 1992)은 스포츠를 관광의 주요 특별한 관심영역으로 인식하고, 주요 이벤트(hallmark events), 야외 레크리에이션(outdoor recreation), 모험관광(adventure tourism), 건강관련 분야(health & fitness)와 관련된 관광을 유기적으로 연결하였다.

오늘날 스포츠와 관광을 연계하는 이른바 스포츠관광은 세계적으로 각광을 받고 있으며, 스포츠에 참여하거나 스포츠를 구경하기 위해 여행하는 사람의 숫자가 기하급수적으로 늘고 있다. 스포츠와 관광을 접목한 사례는 오랜 역사를 거슬러 올라가지만, 오늘날 세계가 하나의 지구촌이 되어 가면서 양자의 관계는 더욱 세계인의 관심을 끌고 있다. 물론 이러한 추세는 지구촌의 사람들이 스포츠와 관광이 제공하는 건강과 레저 효과에 더욱 관심을 갖도록 부추기는 미디어의 역할도 크다.

우리나라는 다양한 지역관광진흥을 위해 많은 스포츠관광 이벤트행사를 개최하고 있는데, 이러한 행사는 관광산업의 다양한 요소에 많은 영향을 끼친다. 특히 근래의 중요한 이벤트와 관광산업 형성의 대표적인 예로 박람회 등 갖가지 EXPO가 있으며 올림픽과 월드컵과 같은 대형 스포츠이벤트는 스포츠관광으로도 중요한 역할을 해 오고 있다. 이러한 스포츠관광은 지역의 관광산업 발전에 크게 기여할 것으로 기대된다.

스포츠관광은 스포츠에서 느끼는 모험적 경험뿐 아니라 다양한 단체들과의 색다른 사회적 경험도 제공한다. 최근에는 장애인 그룹과 같은 특수 단체들을 상대로 한 육체적·정신적 도전을 유도하는 스포츠프로그램이 인기를 끌고 있다. 오늘날 많은 국가 또는 대도시들은 국가적 이미지 제고와 경제적 이익의 달성을 위해 각종의 스포츠관광으로서 스포츠이벤트를 유치하고 있다. 그 중에는 올림픽, 월드컵 축구, 보스톤 마라톤과 같이 정기적으로 열리는 것도 있지만 일회성 이벤트도 많다. 스포츠관광 이벤트의 성공은 우선 사람들의 흥미와 관심을 끄는 행사의 독특성과 시기적절성도 중요하지만 조직과 홍보 등 철저한 사전 준비에 달려 있다. 한 도시에 프로스포츠 구단이 존재하는 경우는 관광산업과 마찬가지로 그 도시에 막대한 경제적 영향을 주지만 그 도시의 위상과 이미지 개선에도 특별한 역할을 한다.

(1) 공간적 차원(spatial dimension)

① 장소(location): 어디로 떠날 것인가?

② 지역(regions): 어떤 지역으로 떠날 것인가?

③ 경치(landscape): 무엇을 보러 떠날 것인가?

(2) 시간적 차원(temporal dimension)

① 체재기간(duration): 최소 1박 이상

② 계절성(seasonality): 스포츠관광을 위해 떠나는 시점의 계절

③ 변화(evolution): 관광목적지의 시간이 지남에 따른 변화되어 가는 모습, 곧 관광
목적지의 life-cycle, 시간의 경과에 따른 다양한 형태의 스포츠의 변화

(3) 관광차원(tourism dimension)

주된 목적의 일관성을 부여함과 동시에 관광과 스포츠의 영역을 포함하고 겸목적 관
광활동으로 삶의 질을 향상시키는 특성이 있다.

(4) 스포츠 차원(sports dimension)

하나의 매력성 및 유인력으로서의 스포츠는 규칙(rule structure), 육체적 경쟁(physical
competition), 즐거움(playfulness) 등의 특성을 지니고 있다.

제3절 스포츠관광의 효과

1. 경제적 효과

경제적인 측면에서 스포츠관광의 기대효과를 직접적인 경제효과, 소비관련효과, 관
광산업의 발전효과, 고용촉진의 효과로 크게 구분된다.

스포츠관광의 직접적 효과는 투자와 유치의 단계로 자원개발이나 환경개발을 통해 기간 설비의 효과이다. 곧, 건설 등 하부정비를 통해 지역의 각종 서비스 관련 설비를 강화하고 교통망 등의 정비로 지역기반 시설을 확충하게 한다. 또한 여가문화시설 등에 대한 정비가 이뤄진다. 지역마다 스포츠관광과 관련된 상품을 특화시킨다면, 먼저 시설에 대한 투자가 필요하고, 시설에 대한 투자는 부가가치를 생성시켜, 여기서 나오는 잉여자본을 다시 스포츠관광상품으로 개발하는 일련의 과정을 되풀이하면서 해당 지역의 기간시설을 확충 또는 발전시키게 된다. 일례로 올림픽이라는 스포츠관광을 통해 준비하는 과정에서 한강개발사업으로 한강 주변정리 및 한강을 잇는 도로(강변로)의 신설, 지하철망의 확대, 공항의 확장 등이 있었다. 곧, 우리나라에서 올림픽 투자로 인한 향상된 도시서비스, 쾌적성, 도시개발은 바람직한 결과를 남겼던 것이다.

또한, 지역환경 정비와 보전을 고려한 스포츠 관련 시설확충은 지역주민들의 스포츠 활동을 용이하게 하고 스포츠 관련 산업활동의 촉진을 불러일으켜 스포츠 산업발전의 근간을 마련하는 것이다. 아울러 스포츠관광을 통한 스포츠 관련 시설, 역사적 스포츠 현장, 스포츠 테마파크 등의 독특한 시설은 계속적 관광수입을 거둘 수 있는 중요한 자원이 된다.

스포츠관광의 직접적 효과를 극대화하기 위해서는 환경친화적인 스포츠시설 정비·확충과 함께 장기적 안목을 가진 체계적인 시설정비 및 관리운영에 대한 확고한 전략이 선행되어져야 한다.

다음 스포츠관광에서의 소비관련 효과는 스포츠관광사업을 통해 공공사업비, 이벤트 관련 시설운영비, 참가비, 입장료, 쇼핑, 음식비, 정보·렌털·보험 서비스 관련비, 숙박비, 교통비 등을 포함하는 재화의 거대한 시장을 형성시켜 지역경제에 이바지하게 되는 것이다.

또한 스포츠관광은 스포츠 관련 관광용품, 지역이미지 홍보, 관광정보기술, 관광교통체제 확립, 관광시너지효과, 새로운 관광벨트의 구축 등의 관광산업 전반의 발전에 크게 기여한다.

관광산업은 노동집약적인 산업으로 고용창출이 클 뿐만 아니라 간접적인 연계산업에서도 파생적 고용을 창출하게 한다. 스포츠관광개발은 관광지개발과 관련 이용시설 확충뿐만 아니라 새로운 고용기회를 창출하여 장·단기적 고용촉진과 운영의 노하우를 지닌 인재의 축적으로 장기적 효과를 얻을 수 있는 사회적 자원을 소유하게 한다. 인재의 발굴과 인재의 교육적 측면에서 스포츠관광에 필요한 이벤트 기획, 운영, 통제, 기술 등은 사회간접자본으로 영원히 승계되고 활용되어질 것이다.

2. 사회 · 문화적 효과

스포츠관광 활동은 지역사회의 유물을 계승한다는 차원의 폭넓은 발전과 개선과도 연결되는 것이며, 또다른 이익을 문화적 관습이나 이벤트, 그리고 놀이 등 오랫동안 사장되어 있을 만한 문화적 요소의 보존이나 재생과정에서도 드러날 수 있다. 하지만 사회 · 문화적인 영향은 보다 폭넓은 중요성을 지닌다(한철언, 2001).

스포츠관광의 사회 · 문화적 효과로는 첫째, 다양한 오락의 제공 및 여가기회의 증대를 들 수 있다. 여러 연구에서 우리 국민의 대다수가 여가시간에 주로 하는 활동이 수면이나 TV시청에 편중되어 있음을 지적하는 것은 레저 · 스포츠가 국민들에게 다양하고 흥미로운 프로그램을 제공해 주지 못하였다는 것을 의미한다.

둘째, 문화교류를 통한 상호 생활관습을 이해, 증진한다는 점이다. 외지에서 스포츠관광에 참여하면 그 지역의 문화를 수용하게 되고 전파하는 효과가 있다. 곧, 문화이식이나 문화전파의 개념이다. 이러한 문화교류는 대내외적으로 지역 문화예술 증진에 한몫을 담당하고 대중의 문화수준을 높이게 된다.

셋째, 외래 관광객이 그 지역의 문화에 관심을 표명하면서 지역주민 또는 자국민은 자긍심을 느끼게 되고 의식의 통합을 이룰 수 있다. 본래 스포츠는 민족의식, 애국심, 민족의 정체성 확립 등을 고취시키며 스포츠관람에 참여하는 관광객들에게도 일체감과 자긍심을 불러일으켜 사회를 통합시키는 기능을 한다. 스포츠관광도 지역주민들을 연대시키는 사회 · 심리적 효과가 있으며, 사회에 대한 긍정적 태도와 통합적 태도를 지니게 한다.

넷째, 지역주민들에게 전통문화 및 문화재 보호에 관심을 갖게 한다. 지역마다 존재하는 독특한 문화적 전통을 내포한 스포츠관광을 개발한다면, 지역주민들이나 외지인들에게 그 지역에 문화적 전통에 대한 관심을 불러일으킬 뿐만 아니라 지역적 상품이나 지역의 이미지에 대한 보호의 중요성을 인식하게 한다.

마지막으로는 향토 스포츠·문화이벤트 등에 지역주민들의 참여의욕을 고취시킨다. 스포츠관광에 관련된 각종 이벤트를 개최함으로써 결속력을 강화시키고 참여의욕을 고취시키는 효과가 있다.

이와 같은 사회·문화적 효과는 다시 지역과 국가 간의 이해증진에 크게 기여하고 궁극적으로 평화로운 세계를 건설하는 데 이바지할 것이다.

3. 정치적 효과

스포츠관광에 대한 정치적 효과분석도 극히 최근에 시작된 연구주제이다. 스포츠관광은 음으로 양으로 정치무대로 변질되고 도구화된다. 스포츠관광은 첫째, 지역사회나 특정개인의 정치적 이미지향상이나 이데올로기 고양과 부산물로 이용될 수 있고, 둘째, 지역사회의 권력구조 중 일부분을 차지하는 엘리트 정치적 지위를 강화시켜줄 수 있으며, 셋째, 특정 개인의 경제를 향상시키고, 넷째 스포츠활동 기회를 증대시킨다.

스포츠관광은 이미지 메카로서 움직인다. 스포츠관광의 상시 개최지인 프랜차이즈 도시는 높은 지명도와 평판으로 유지되는 일류도시로서의 이미지와 격을 가지고 있다.

일본의 프로스포츠에서 후발 J리그의 프랜차이즈 도시도 풍부한 매스컴보도를 타서 단기간 동안 지명도와 좋은 이미지를 누렸다. 스포츠 이벤트 특히 대형 스포츠관광 이벤트는 개최지의 존재와 능력을 세상에 널리 알려 지역의 지명도와 이미지 쇄신에 크게 공헌한다. 스포츠이벤트 개최지인 지역사회는 어느 특정의 이미지 테마를 강조하고 전달할 수 있다. 도쿄올림픽은 전후의 황폐에서 일본의 재생, LA올림픽은 아메리카 자본주의의 다이내믹, 모스크바올림픽은 공산주의 체제의 우위, 서울올림픽은 우리나라의 전통문화, 1990년 북경 아시아대회 개최는 천안문 사건의 어두운 이미지 불식 등에 사용되었다.

스포츠관광은 행정이나 특정 개인의 정치적 이익을 증진시킨다. 그것은 이벤트 추진자와 지지자, 여당의 권력을 높여 정당화하는 기회가 된다.

동시에 반대자나 야당의 정치력을 약하게 하는 효과도 있다. 정치가, 정부행정관계자, 엘리트층은 승리자로서 스스로를 살찌우기 위해 스포츠이벤트와 관계를 가지는 일이 많다. 또한 스포츠관광의 성공을 자신들의 이미지 제고에 사용한다.

4. 환경적 효과

스포츠관광은 사회·문화적 측면에서 문화교류를 통한 문화의 이해증진, 자긍심과 일체감을 형성하고 민속문화를 창조적으로 계승할 것으로 기대되며, 환경적 측면에서는 물리적 환경의 개선뿐만 아니라 자연환경의 정비 및 보전 등 스포츠관광을 위한 환경보호활동도 동시에 강화된다.

우리는 1988년 올림픽을 대비하여 환경미화사업을 국제수준으로 끌어올리기 위해 가로환경 정비, 거리문화 조성 등 물리적 환경개선에 총력을 기울였으며, 이로 인해 국민들이 환경의 중요성을 인식할 수 있는 계기를 마련했다. 그리고 소음방지를 위해서 올림픽 시설물 주변을 소음 규제지역으로 지정 관리하여 환경기준을 유지시켰으며, 자연환경 보호 측면에서 수질보전을 위해 대도시 주변의 하천수질을 2등급 상수도원수를 기준으로 행정을 추진하여 큰 성과를 거두었다.

우리나라에서는 골프장의 농약 및 화학비료 사용이 사회문제로 대두되면서 레저스포츠 시설이 자연환경을 파괴하고 있는 것으로 잘못 인식되고 있다. 도시에서 필요한 거주시설, 교통시설과 마찬가지로 레저스포츠시설은 인간 삶의 질에 가장 필수적인 시설임을 우리는 자각하여야 한다. 환경파괴는 스포츠관광시설을 무분별하고 무계획적이게 시행하는데 있어 발생하는 문제점인 것이다.

스포츠관광 시설이 아름다운 환경과 잘 어울릴 수 있을 때, 또는 계획부터 시공, 운영, 관리까지의 전 단계에 걸쳐 자연친화적인 배려가 선행될 때, 스포츠관광 시설은 세계적 명소로 자리잡을 수 있을 것이다.

5. 관광정보 제공효과

관광정보의 중요성을 이해하기 위해, 그리고 효과적인 관광정보 시스템 구축을 위해 이용자와 제공자의 관점(박현지, 1999: 79~88)에서 정보가 왜 중요한지를 파악하고 이해할 필요가 있다.

스포츠와 관련하여 인터넷 스포츠정보의 장점(권욱동·원영신, 1999)은 다음과 같다. 스포츠이벤트의 시간적·공간적 한계를 극복하여 보도할 수 있고, 스포츠정보의 데

이터베이스화 및 정보 접근이 용이하다. 또한, 인터넷을 매개체로 해서 신문과 방송의 벽이 허물어지고 모든 스포츠미디어가 컴퓨터네트워크를 바탕으로 한 미디어로 통합이 가능하게 되었으며, 정보제공자와 소비자가 일대일(1 : 1) 커뮤니케이션이 가능하게 되었다. 이러한 커뮤니케이션 패러다임이 현대의 컴퓨터 네트워크를 기반으로 한 인터넷에서 가능하게 된 것이다.

관광객들은 인터넷을 통하여 어떤 기회가 존재하는지, 또 어떻게 얻을 수 있는지를 알 수 있고, 의사결정을 하는데 있어서 위험요인을 줄여 줌으로써 올바른 판단을 내리게 하여 준다. 그리고 여행 준비·교통·숙박 등에 관련된 정보를 획득하고 쉽게 예약을 할 수 있으며, 직접 여행을 하지 않더라도 문화와 역사·거주민들의 생활모습을 체험할 수 있는 기회를 얻고, 관광지의 자원을 깊이 이해할 수 있다. 마지막으로 저렴한 비용으로 시간과 공간을 초월하여 권하는 어느 때나 필요한 정보를 획득할 수 있게 한다.

관광정보 제공자 입장에서 정보의 중요성을 살펴보면, 국내외의 관광시장의 치열한 경쟁환경에서 경쟁우위를 유지하기 위해서 관광객의 유치가 필수적인데(오익근, 1998: 47~69), 관광객에게 유익하고 흥미있는 관광정보를 제공함으로써 정보 자체가 경쟁력이 될 수 있다. 그리고 정보제공은 쌍방향으로 이루어지기 때문에 관광객들로부터 유익한 정보를 획득하여 관광시장의 특성을 알 수 있게 해 주며, 인터넷 관광정보는 적은 비용으로 구축할 수 있어 잠재관광객에게 다양하게 제공되어질 수 있다. 지역 관광매력물의 존재를 관광객들이 인식할 수 있는 기회를 제공할 수 있고, 지역 관광상품에 대하여 호의적 태도를 갖는 관광객의 수를 늘릴 수 있다(박종희·조재훈·문태수, 1999). 그리고 관광객들에게 다양하고 풍부한 자료를 제공함으로써 다양한 관광상품을 구매할 수 있도록 하고, 체재일수도 늘리게 할 수 있다.

스포츠관광시장

스포츠관광은 주요 스포츠이벤트 대중관광을 촉진하는 것과 같이 일반적으로 접근할 수 있는 하나의 시장이다. 실질적으로 스포츠관광은 광범위한 틈새시장으로 구성된다. 스포츠관광은 개별 틈새들의 집합체이지만 관광이 대형 스포츠이벤트와 관련성이 있기 때문에 주요 도시들에서는 하나의 관광틈새로써 잠재력을 가지며, 스포츠관광 시장은 능동적 스포츠관광 시장, 이벤트 스포츠관광 시장, 노스탤지어 스포츠관광 시장으로 구분된다.

1. 능동적 스포츠관광

능동적 스포츠관광 시장은 관광 중 경쟁적 또는 비경쟁적 스포츠에서 신체활동 참여를 추구하는 사람들로 구성된다. 곧, 신체적으로 능동적이며, 휴일에 신체활동을 즐기는 사람들로 대표되는 관광시장을 묘사하기 위하여 '스포츠 애호가(sport lover)'라는 용어를 도입하고, 능동적 스포츠관광객은 신체적으로 능동적이며, 대학교육을 받고 비교적 부유한 사람들로 프로파일화 하였다. 능동적 스포츠관광시장 세분화는 지리적, 사회·경제적, 인구학적 그리고 사이코 그래픽, 행동적 기법에 의한 시장으로 분류된다.

1) 지리

지리적 시장세분화는 방문자의 기원이나 시장위치에 기초한 것으로 능동적 스포츠관광 연구를 위한 효과적인 접근법 중의 하나이다. 스포츠 지정학은 거주지와 특정 목적지에서의 특정 스포츠 참여기회들 간의 연계를 설정한다. 자연자원(예: 서프비치), 인공자원(예: 스포츠구장) 또는 자연과 인공의 조합자원(예: 스키리조트)으로 구성되는 스포츠자원에의 근접성은 경쟁자, 참여자 및 관객으로 특정 스포츠를 소비하려는 성향을 만들어낸다.

최근 우리나라는 동남아시아 등지로 골프관광이나 해양스포츠 관광이 일반화되고 있는 추세이지만, 아직까지 국내 스포츠관광 시장은 선진국 수준과는 많은 차이를 보이고 있다. 또한 지리적 세분화는 능동적 스포츠관광 시장을 구성하는 사람들의 선호하는 목적지, 관광객활동, 소비패턴과 관광계절에서 나타나는 중요한 차이에 근거한다. 예를 들면, 독일인들은 여름휴가보다 산악휴가를 더 선호하고, 스키와 하이킹, 걷기는 겨울 스포츠 휴가객들과 산악등반 스포츠 관광객들에게 각각 가장 인기있는 활동들이다. 여름 스포츠 휴가인 경우에는 프랑스 관광객은 다이빙과 스노쿨링을 선호하는 반면, 네덜란드인과 독일인 관광객은 워킹과 하이킹을 더 좋아하는 편이다.

2) 사회 · 경제

사회 · 경제적 시장세분화는 직업, 수입과 같은 경제사회학적 요인에 기초한 미국과 쿠바의 경우에는 길거리 농구와 야구와 같은 저비용, 팀 기반의 접촉스포츠 참여는 전형적으로 낮은 사회 · 경제적 지위를 갖고 있는 도시 청소년들의 스포츠이다. 반면, 고가이며 개인적인 비접촉 스포츠는 상류계층들이 선호한다. 또한 골프, 테니스, 세일링(sailing), 점핑묘기 및 스키와 같은 스포츠들은 상류층의 독특한 미학적 · 윤리적 차원, 시 · 공간적 정위, 물질적 · 상징적 신분 표시를 반영한다. 이러한 스포츠 이용자들은 대낮, 주중 또는 계절에 관계없이 자유롭게 스포츠에 참여하며, 독점적이고 은둔적인 장소에서 놀이할 자원들을 가지고 있다. 곧 수도원, 컨트리클럽과 호텔 등에서 개인 게임 예약이 이루어진다.

3) 인구

인구학적 시장세분화는 인구학적 요인들에 입각하여 모집단을 분할하는 것으로서 능동적 스포츠참여가 성이나 연령과 같은 인구학적 요인들에 따라 달라진다. 예를 들어, 파워워킹, 트리드밀 운동, 스트레칭과 같은 활동들이나 골프, 낚시와 같은 스포츠들은 장년층들(55세 이상)이 선호하는 시장이며, 농구, 축구 및 야구는 청소년들(6~17세)이 선호하는 시장이다. 수명관점으로부터 능동적 스포츠관광 시장을 성인초기(17~39세), 성인중기(45~59세), 성인후기(60세 이상)의 생활단계로 구분(Gilson, 1999: 36~45)된다. 능동적 스포츠관광은 성인초기에 각별히 많이 추구하는 경향이 강하며, 남녀 모두 상당수가 중년과 노년기에도 스포츠 지향형의 휴가를 선택하여 스포츠 활동을 즐긴다.

4) 사이코 그래픽(psychographic)

사이코 그래픽에 따른 시장세분화는 라이프스타일, 태도, 의견과 성격이 스포츠활동을 결정한다는 가정에 기초를 둔다. 또한 경력, 근무시간, 거주지와 관광목적지 선호도와 같은 하위문화들이 레저생활의 중단이나 지속에 영향을 미치는 요인이 되며, 스포츠 가치들은 참여자들의 태도와 성격을 조형하는데 큰 역할을 하게 된다. 예를 들어, 생활체육(sports for all) 참여자들의 사이코 그래픽 프로파일은 능동적인 스포츠 참여를 통해 기술적 도전이나 경연을 추구하는 사람들과 차이가 나며, 생활체육의 기준은 출장자격, 우승상금 및 참여자들 간의 경쟁이 없는 조건을 충족해야 한다.

능동적 스포츠관광 시장은 경쟁적인 엘리트체육 참여자와 생활체육 참여가 간의 차이에 근거하여 효과적으로 세분화할 수 있다. 예를 들어, 우리나라 배구경기는 관람객의 라이프스타일에 따라서 진보적 사회참여 유행형, 계획적 행동형 및 합리적 생활만족형으로 시장을 형성하며, 진보적 사회참여 유행형은 여성, 30대, 대졸 이상의 집단에서, 계획적 행동형은 여성, 20대, 고졸집단에서, 그리고 합리적 생활만족형은 남성, 20대, 고졸집단에서 동질적인 특성을 가지며, 또한 주부는 낮은 스포츠활동과 소비를 행하는 반면, 회사원이나 사무직에 근무하는 사람들이 높은 스포츠활동과 소비행동(이세호, 2002: 195~203)을 보여 시장세분화를 위한 기초자료를 제공하고 있다.

5) 행동

행동주의적 시장세분화는 상품, 스포츠 참여자의 동기 또는 경험에 대한 결과와 행동적 관계에 바탕으로 시장세분화가 이루어지는 것을 의미한다. 예를 들어, 모험 관광객의 증가 추세는 모험스포츠(Milton, Locke and Locke, 2001: 65~97)에 기반을 두며, 이러한 모험스포츠는 참여자들의 행동에 기초하여 더 세부적인 시장세분화가 가능하게 된다. 산악자전거 타기와 급류 카약 타기는 스포츠관광 시장세분화에서 호감을 사는 모험 스포츠들이며, 이러한 시장들은 참여자의 동기와 행동들에 근거하여 세분화가 이루어지게 된다. 또한 마라톤대회 참여자들은 도전, 즐거움, 건강, 체력 등의 동기가 스포츠활동 참여행동 결과간 인과관계가 있으며, 특히 가족단위 참여자나 직장인이나 친구들과 같이 대회에 참여하는 사람들은 사회적 동기에 따른 만족도를 어떻게 느끼느냐에 따라서 미래의 참여를 결정(박태준·양명환, 2004: 171~186)하게 된다. 최근 동호인 클럽이 활성화되고 가족단위 관광객들이 증가하는 추세에 비추어 향후 동기와 관련된 스포츠관광 시장이 확대될 것으로 보인다.

2. 이벤트 스포츠관광

가장 두드러진 이벤트 스포츠관광의 예들은 올림픽게임, 월드컵, F-1(Formular-1) 그 랑프리 등으로 이벤트 스포츠 관광객들은 일반적으로 이벤트에 참여하는 소수의 엘리 트 선수들의 수를 능가한다. 이벤트 스포츠관광은 경연을 벌이는 선수들의 수가 대규 모이고, 관람객의 수는 적거나 거의 없는 비엘리트 스포츠이벤트가 포함된다. 엘리트 와 비엘리트 경쟁자들이 단일 이벤트에 수용되기도 하는데, 엘리트 선수, 관람객 및 비 엘리트 선수 등의 광범위한 층의 선수들의 집합을 유도하며, 이러한 이벤트의 대표적 인 성공사례는 런던, 뉴욕, 보스턴 마라톤이 해당된다.

최근 제주도에서 개최되는 각종 마라톤대회에서도 엘리트 선수뿐만 아니라 생활체 육이나 건강 달리기의 일환으로 참여하는 초보자들이 함께 어우러져 달리는데, 이것이 다양한 수준의 선수들을 단일 이벤트로 수용하여 시장을 구축하는 일례이다. 이러한 관점에서 이벤트 스포츠관광 시장을 엘리트와 비엘리트 이벤트 스포츠관광 시장으로 구분된다.

1) 엘리트 이벤트 스포츠관광

엘리트 이벤트 스포츠관광 시장은 대개 월드컵 축구대회, 올림픽, 각종 국제선수권 대회를 포함한 톱클래스(top class)의 선수들과 임원 그리고 개최지역에 거주하지 않는 사람들이 스포츠이벤트 관람과 참여를 목적으로 개최지역을 방문하는 시장을 의미한 다. 이러한 대규모 시장에서는 관광과 스포츠를 책임지고 있는 매니저들이 관광진흥의 잠재력을 신장시킬 수 있는 조건들을 어떻게 설정하느냐에 따라서 성공적인 고객확보 여부가 결정된다.

2000년 시드니 올림픽 경기 때 관광과 스포츠에 대한 강화 전략들을 수립하여 추진 한 결과 효과적인 목적지 판촉, 성공적인 사전 게임 훈련과 적응 캠프, 컨벤션과 유인

관광의 자극, 게임 전후 관광일정 판축 및 부정적 효과의 최소화가 성공적으로 이루어졌다.

스포츠이벤트에 참가하기 위하여 구체적으로 목적지를 방문하는 관광객들을 묘사하기 위하여 '스포츠 광(sports junkies)'이라는 용어를 사용하고 있으며, 오로지 스포츠이벤트 그 자체에만 초점을 두는 스포츠 관광객과 시장을 말한다. F-1(Formular-1) 그랑프리 레이싱 선수권 대회는 일반적으로 이 유형의 관광객 유인으로 간주할 수 있다. 이러한 맥락에서 국내에서도 경상남도 창원에서는 F3 대회가 2008년도까지 연장까지 개최되고 있으며, 아울러 전라남도에서는 국제자동차연맹(FIA)이 공인하는 세계 최대 규모의 경주대회이자 올림픽, 월드컵과 더불어 세계 3대 스포츠 이벤트 중 하나인 'F-1(Formular-1)' 국제자동차경주대회가 2009년에 개최되었다. 그러나 F-1 그랑프리 대회의 경제적 파급효과는 상당히 높게 평가할 수 있지만, 시설기반이 안되어 있는 전라남도의 경우 기반시설 건설 등 초기 투자비용이 3천500억원 정도가 소요된다는 점에서 큰 문제점으로 지적되고 있다. 따라서 지역적 특성과 인프라를 고려한 스포츠관광시장 개발(양명환·김덕진, 2005: 1~22)이 이루어져야 할 것으로 본다.

2) 비엘리트 이벤트 스포츠관광

비엘리트 이벤트 스포츠관광 시장은 스포츠를 사랑하는 애호가들을 중심으로 형성된 클럽대항전에서부터 전국스포츠동호인대회, 국제생활체육대회에 이르기까지 다양한 경쟁적, 비경쟁적인 스포츠이벤트에 참여하는 관광시장으로서 스포츠뿐만 아니라 이차적인 관광경험에도 매력을 갖는 시장을 의미한다.

평범하고 조용한 작은 스포츠이벤트가 개최 지역사회의 상당량의 경제적 이익을 유발할 수 있는 장점을 내포하고 있으나, 수용제약의 문제 때문에 대규모의 스포츠이벤트를 주최할 수 없는 도시들은 경쟁적인 비엘리트 스포츠 이벤트를 유치하려고 경합을 벌이는 현상이 일반적인 사안이 되어 버렸다. 일본의 전국 노인스포츠 페스티벌 참여자들은 폭넓은 관광활동, 곧 이벤트 참여 전·중·후에 온천관광과 유람관광을 즐기는 성향이 강하며, 특정 행선지에서 관광활동에 참여할 수 있는 기회들을 더 많이 활용하려는 경향이 높은 편(Chogahara and Yamaguchi, 1998: 277~289)이나, 비경쟁적인 이벤트 스포츠관광 시장을 형성하는 참여자들의 관광 선호도에 대한 정보는 거의 없어 이러한 틈새시장은 엘리트와 경쟁적 이벤트 참여자들과는 뚜렷하게 다른 관광동기들이 형성된다는 점이다. 이러한 비경쟁적인 이벤트 스포츠관광 시장은 이벤트를 매개로 특정 목적지 내의 다른 관광객들을 유인하고 서비스를 할 수 있는 사업기회를 제공하는 하나의 시장이 될 수 있다. 따라서 이벤트에 참가하는 사람들의 동기뿐만 아니라 만족에 대한 이해를 통해 이벤트 참여자들이 해당 지역을 재방문할 수 있도록 다각적인 노력들이 실행되어야 시장으로써 가치를 지니게 된다.

3. 노스탤지어 스포츠관광

노스탤지어 스포츠관광 시장은 아직까지 연구와 진행속도가 늦어 이해가 부족한 분야이다. 노스탤지어 스포츠관광 유형은 스포츠박물관, 영예의 전당, 테마 바와 레스토랑 방문과 같은 스포츠 유산을 찾아다니는 것을 의미한다. 노스탤지어 스포츠관광은 스포츠관광산업 중 급속하게 발전하는 분야 중의 하나이지만 거의 배타적으로 북미에서 발달된 시장이다. 예를 들어, 영국에서 스포츠에 기반을 둔 관광객들을 유인하기 위해서 맨체스터 유나이티드, 첼시, 리버풀, 볼튼, 아스톤 빌라, 아스날 축구팀에 있는 박물관, 그리고 프레스턴의 국립풋볼박물관, 윔블던 테니스 박물관, 뉴마켓 경마박물관, 1990년 성 앤드루에서 개관한 영국 골프박물관에 한정(Stevens, 2001: 59~73)되어 있으며, 국내에서는 2000년도에 구 대한체육회관 자리에 스포츠박물관을 마련하였고, 제주도 서귀포에 야구박물관이 있으나 규모나 내용면에서는 매우 미진한 실정이다.

노스탤지어 스포츠관광의 성장은 북미에서 스포츠 노스탤지어산업의 성숙과 관련되어 있으며, 자원토대는 영예의 전당과 스포츠박물관들에 초점을 맞추고 있다. 영예의 전당이 유명하고, 재능 있고, 비범한 사람들을 숭배하는 반면, 박물관은 특정 스포츠내의 개인이나 팀이 높은 성적보다는 특정 스포츠를 찬양하는 문화유물과 대기록들을 수집하여 전시한다. 노스탤지어 스포츠관광에 대한 수요증가는 아직도 연구정보를 발행하는 문헌에는 잘 반영되고 있지 않으며, 단지 노스탤지어는 유산관광과 필적할 만한 것으로 입증된 스포츠관광 수단 중의 하나로 보고 있다.

노스탤지어 스포츠관광객들 사이에서 인기를 끄는 스포츠 개최지의 예들은 윔블던 론 테니스클럽(런던), 아테네(1896)와 베를린(1936) 올림픽 스타디움, 홀멘콜렌 스키 점

프(오슬로) 등이다. 사람들이 왜 이러한 관광유형에 참여하는지, 그리고 노스탤지어가
어떻게 특정 목적지에서 다른 형태의 관광과 스포츠관광과 관계성에 대하여 이해할 필
요가 있다. 이러한 유형의 스포츠관광에 실제로 참여하는 사람들에 두기보다는 노스탤
지어 스포츠관광자원들을 고찰하는데 더 집중되어 있다. 노스탤지어 스포츠관광이 능
동적 스포츠관광과 이벤트 스포츠관광 수요들과 어떠한 상관이 있는지에 대한 이해가
부족하며, 능동적 스포츠관광, 이벤트 스포츠관광과의 경계선이 뚜렷하지 않다는 의미
이다. 예를 들어, 왕년의 유명스타 선수가 이끄는 스포츠 팀 국제원정경기 여행에 따라
가 관광패키지들은 이벤트 스포츠관광과 노스탤지어 스포츠관광이 중복되어 있음을
시사하며, 유사하게 스포츠 명사들을 만나거나 지도를 받는 기회를 제공하는 유람선
패키지들도 능동적 스포츠관광과 노스탤지어 스포츠관광 모두 요소들을 갖고 있다.

제 7 장

관광과 문화

제7장 | 관광과 문화

제1절 관광과 문화

관광은 타지역이나 타국을 방문하는 관광객들이 관광시설을 이용하는 것뿐만 아니라, 새로운 사실을 발견하고 경험하는 과정에서 서로 다른 문화가 교류된다는 점에서 현대인에게는 매우 중요한 생활양식이다. 특히, 관광객은 타지방을 관광하면서 그 지방의 오랜 세월에 걸쳐 형성된 독특한 문화를 접함으로 인해 새롭게 변화될 수 있다. 또한, 지역주민들도 그런 관광객들에 의해 여러 면에서 영향을 받게 된다.

다시 말하면, 세계화와 함께 국가의 경계는 희미해지고 문화는 국가 영역을 넘어서 향유되고 있다. 지금은 아마존 오지에서도 티셔츠를 입고 코카콜라를 마시며, 마돈나의 노래를 듣는다. 이렇게 해서 전통적인 문화표상은 한편으로는 단편화되어 가지만, 다른 한편으로는 특히, 관광이라는 맥락 안에서 재구축된다(황달기, 1997: 22~24).

이처럼 관광은 관광객에게 타문화에 대한 이해의 폭을 넓히는 행위일 뿐만 아니라 관광지의 지역주민에게도 새로운 문화를 접할 수 있는 기회를 제공하는 역할을 하기도 한다. 따라서 관광은 관광객과 관광지 지역주민의 접촉을 통해서 문화적인 이질감을 해소하기 위한 하나의 방법이며, 새로운 문화를 창출하는 과정이기도 하다(이선희, 1999: 157~158). 이러한 이유에서 관광은 세계 각국의 문화를 상호 전파하는 수단이라고 볼 수 있다.

하지만 관광이 타문화권 상호간의 이해증진을 기본으로 하고 있으나, 서로 다른 문화들끼리 갈등을 낳는 원인이 되기도 한다. 왜냐하면 관광이 경제개발, 사회, 정치 목적에서 긴요하다는 인식에서 발생하였기 때문이다. 이렇듯 관광이 국제평화에 이바지하기 위해 서로 다른 국가(주민, 민족)들이 서로의 관습을 이해하지 않는다면 관광을 통한 문화협력은 불가능하다.

다시 말해서, 다른 산업과는 달리 관광은 사람들의 교류를 의미하는 것이기 때문에 관광을 통하여 사람들은 서로 다른 문화들의 풍습에 대한 직접 지식을 습득할 수 있는 가능성을 갖게 된다. 이것은 문화에 대한 관심을 표현함으로써 다른 사람에 대한 개선된 지식을 얻고자 하는 인간의 욕구에서 비롯된다.

그리고 관광은 지식과 사고의 교환이라는 가치 있는 대상이다. 왜냐하면 관광은 학습과 연구 및 예술적인 활동 등에서 인간적인 경험과 성취감의 수준을 높여주게 되는 수단이 될 수 있기 때문이다.

결국, 관광은 문화교류와 국제협력을 촉진시키는 수단이며 관광시장 내에 거주하는 관광객들 사이에 자국에 대한 좋은 인상을 심기 위한 수단이다(McIntosh, Goeldner and Ritchie, 1995: 191).

이 점은 관광의 본질이 문화라는 말과 통한다. 문화는 인간에게만 있는 현상이며 인간만이 생존이 아닌 생활을 갖고 있다. 곧, 인간만이 문화를 가진다는 것은 인간만이 역사를 가지고 있다는 것을 동시에 의미하고 있는 것이다(김용상, 1991: 189).

그러므로 문화관광은 인간들이 타인의 생활양식이나 생각을 배우는 모든 여행이라고 할 수 있으며, 관광은 문화와 국제간 협력을 증진시키는 중요한 수단이다. 바꾸어 말하면, 한 나라의 문화요소 개발은 관광객의 관심을 끌 수 있는 중요한 자원이 된다.

그리고 관광이란 사람들끼리의 교류이므로 서로 다른 문화가 만남으로 인해 생길 수 있는 사람들간의 마찰, 그리고 관광객이 주민에게 주는 피해들도 그대로 넘어갈 수 없는 문제이다. 흔히 생각하기를 관광산업을 통하여 현지의 주민들에게는 외화획득, 고용촉진, 양질의 선진화된 문화를 체험함과 같은 실익만을 얻는다고 생각했기 때문이다.

관광이 단순한 놀이의 세계만 있는 것이 아니라 창조적 삶을 이끌어 내는 자아충전의 기회가 된다는 사실을 깨닫는 올바른 관광문화의 정착이 필요하다.

제2절 문화의 개요

우리가 살고 있는 사회 자체는 이미 "준비된 질서"를 마련해 놓고 있다. 한 사회의 성원으로 어떻게 세상을 지각해야 하는가를 우리는 태어날 때부터 배우게 된다. 이른바 사회화과정은 준비된 질서를 배우고 익히고 유지하려 하고 때에 따라서는 수정해 보려고도 하는 것이다(강신표, 1989: 8).

이 준비된 질서 또는 우리의 경험을 정리시켜 주는 일련의 모형이 다름 아닌 한 사회의 문화(culture)인 것이다. 따라서 문화는 인간행위를 규제하게 된다.

1. 문화의 개념

문화는 인간이 자연에서 벗어나 일정한 목적이나 이상을 실현하기 위한 활동 및 생활방식과 육체적 · 정신적 활동의 총체를 의미한다. 또한 문화는 각 사회의 환경요소에 의해 절대적 영향을 받으며, 이러한 환경에 따라 각 사회는 독특한 문화를 가지고 있다(이주형 외 3인, 2006: 45).

그런데 흔히 문화라 했을 때 우리는 다음과 같은 단어들을 연상하게 된다. 문화인, 문화민족, 문화계, 문화시설, 문화생활, 문화유산, 문화영화, 대중문화, 고급문화, 한국문화, 동양문화, 서구문화…. 이처럼 문화라는 용어는 좁은 의미로 또는 넓은 의미로 다양하게 사용되고 있을 뿐만 아니라, 그 모두가 동일한 개념에 기초한 복합어들도 아니다.[1]

클러콘(Kluckhohn, 1951: 86)은 문화를 "한 집단의 독특한 생활방식이며 그 집단의 완전한 생활설계"라고 정의하고 있는가 하면, 굳맨(Goodman, 1967: 32)은 "어떤 사회구성원들의 행동을 규제하는 학습된 신념, 가치, 관습의 총체"라고 규정하고 있다. 또한 문화를 "사회의 한 성원인 인간에 의해 획득된 갖가지 지식, 신념, 예술, 도덕, 법률, 관습

---

[1] 문화란 歐美風의 요소나 현대적 편리성(문화생활, 문화주택…)을 의미하기도 하고, 높은 교양과 깊은 지식, 세련된 생활, 우아함, 예술 등의 요소(문화인, 문화재, 문화국가…)를 지칭하기도 하며, 인류의 가치적 소산으로서의 철학, 종교, 예술, 과학 등 생활양식을 총괄해서 지칭하는 말로 사용되기도 한다.

및 기타의 능력이나 관습의 복합체"라고 정의하기도 한다(최병용, 1996: 76). 이처럼 문화에 대한 개념은 학자들마다 의견의 차이가 많으나, 일반적으로는 다음과 같이 대부분 총체론과 관념론의 두 가지 범주로 분류할 수 있다(한상복 외, 1985: 63~69).

1) 총체론

총체론적 입장에서 문화는 '한 인간집단의 생활양식의 총체'를 가리키는 말로 사용된다. 이 점은 상이한 두 나라의 생활양식을 비교함으로써 쉽게 이해될 수 있다.[2] 일반적으로 한 사회의 구성원들 간에 찾아볼 수 있는 관습적인 행위와 그런 행위산물을 문화라고 부르고 있다.

이 입장은 문화의 기능이 중요하다고 강조하고 있다. 곧, 인간은 문화수단을 통하여 그들을 둘러싸고 있는 환경에 적응하면서 삶을 영위한다. 그리고 생활과정에서 그들은 많은 효과가 큰 지식을 터득하고, 여러 세대를 거치면서 이런 지식들을 축적한다. 이렇게 환경에 적응하는 과정에서 축적된 지식, 신념, 예술, 도덕, 법, 관습과 더불어 그 사회의 성원들이 갖는 습관과 모든 가능성을 포함하는 복합적인 총체를 '문화'라고 부르고 있다. 이런 입장에서의 문화는 외계에 있는 사물과 사건들 곧, 관찰될 수 있는 현상의 영역을 가리키고 있다는 점에서 다음의 관념론과 다르다.

2) 관념론

관념론적인 입장에서 문화의 개념을 정의한 대표적인 학자인 구드이나프(W. H. Goodenough)에 의하면 문화란 "사람의 행위나 구체적인 사물 그 자체가 아니라 사람들의 마음 속에 있는 모델이요, 그 구체적인 현상으로부터 추출된 하나의 추상에 불과하다"라고 정의하면서, 한 사회의 성원들의 생활양식이 기초하고 있는 관념체계 또는 개념체계를 문화로 간주하고 있다.

결국 관념론에서 본 문화는 도구, 행동, 제도들을 포함하지 않고, 단지 우리가 관찰할 수 있는 행동으로 이르게끔 하는 기준, 표준 또는 규칙을 문화라 부르고 있다. 예컨

---

2) 한국사람과 인도사람의 일상 생활을 상상해 보자. 우선 그들이 쓰는 말에 뚜렷한 차이가 있을 것이고 주택, 의복, 음식의 종류, 요리방법, 음식을 먹는 방식, 신앙, 조상에 대한 태도 등 일상 생활의 모든 측면에서 분명한 차이를 발견할 것이다. 이와 같이 두 사람의 행동 및 사고에서 나타나는 상이한 양식을 우리는 문화라고 부른다.

대 한국사람들의 조상제사나 조선자기 그 자체는 한국문화가 아니지만, 그것을 가능하게 한 관념체계와 개념체계가 곧 한국문화라는 것이다. 이렇게 본다면 관념론에 선 사람들은 총체론에서 본 문화의 단지 한 부분만을 떼내어 문화라고 부르고 있음을 알 수 있다.

2. 문화의 의의

앞에서 우리는 문화의 개념에 관한 두 가지 입장을 간단히 살펴보았지만, 여기에는 그 어느 것이 옳고, 어느 것이 틀린 것이라는 주장은 있을 수 없다. 문화란 개개인이 사회로부터 배운 것으로 그 사회내에서 같은 유형의 행동을 일으키는 가치, 규범과 습관으로 설명된다.3) 습관이나 버릇이 개인이 살아가는 방법을 뜻한다면 문화는 큰 집단이 살아가는 방법을 뜻함을 알 수 있다.4)

인간은 사회적 동물이므로 사회조직의 규범에 순응하여 행동하여야 한다. 결혼을 한다면 그 사회의 결혼관습에 따라 결혼식을 올려야 사회에서 인정을 받게 된다. 이러한 예를 통하여 개인행동은 그 개인이 속한 문화가 허용하는 원칙과 범위내에서 나타나게 됨을 알 수 있다(임종원 외, 1994: 419). 따라서 한 나라의 문화요소 개발은 방문객의 관심을 끌 수 있는 중요한 자원이 되는 한편, 관광수요를 설명하고 예측하기 위해서는 그 관광객이 속한 문화특질이 무엇인가도 파악할 필요가 있는 것이다.

3. 문화의 특질

인류만이 문화를 가지며, 문화란 공통된 사회·경제 요인들 전체가 함께 진보해온 역사 결과들이고 연속으로 통합된 조직체로, 아무도 자신이 소속된 문화로부터 자유스러울 수 없다.

---

3) 한국문화란 한국인들의 공통적인 생활방법을 의미하고 있다. 청소년문화라고 한다면 청소년들의 생활방법을 뜻한다. 도시문화나 농촌문화도 한국인이라고 하는 큰 집단보다 더 작은 집단인 도시나 농촌에서 살아가는 사람들의 생활방법을 말한다.
4) 한국문화에 비교해 본다면 청소년문화, 도시문화, 농촌문화, 유교문화 등은 모두 한국이라는 큰 집단내의 소집단의 생활방법이므로 하위문화(subculture)라고도 한다(이광규, 1980: 38~39).

곧, 문화는 인간만이 만들어 내는 것이나 인간은 태어나면서부터 기존문화에 규제를 받으며, 어떤 사람도 기존 문화와 단절된 상태에서는 그가 지니는 가능성의 일부분마저도 발휘할 수 없다.

문화의 영향은 극히 자연스럽고 자동적이기 때문에 그것의 개인행동에 대한 영향은 흔히 당연한 것으로 받아들여지고 문화는 그 사회 내에 있는 사람들 욕구를 충족시키기 위해 존재하나 이러한 문화 특질들은 그 사회나 시대의 사상과 분위기에 따라 서서히 변화된다.5)

4. 문화의 구성요소

문화에는 그 사회집단 구성원들의 모든 것, 곧 지식, 관습, 신념, 종교, 사회 유산들이 용해되어 있으며, 전형문화(typical culture)와 일상문화(usual culture)로 설명할 수 있다.

전형문화란 사회집단의 생활양식(way of life)으로서 사회구성원인 사람들에 의한 지식, 신념, 예술, 법, 도덕, 관습들을 말하며, 일상문화란 예술이나 예절, 풍습과 생활양식들에서 뛰어난 것을 생각한다. 따라서 고전음악이나 시문, 미술들에 정통한 사람만이 문화인이 되는 것처럼 여기는 경향이 있다.

한 민족의 문화란 인류발전이 진행되기 위한 틀로서 중요한 것은 사람들이 자신들의 생활을 자유와 정의 속에서 창조적으로 발전시킬 수 있는 환경이므로 두 개의 문화내용이 보여주는 질(quality)에 대한 개인 판단보다는 두 개의 문화6)가 현실적으로 존재한다는 것이다.

왜냐하면 사람들은 자신들의 가치관이나 탐미 기준에 따라 문화내용을 선택하게 되고 선택하는 기준이나 가치는 바로 여가활동이나 관광을 추구하게 되는 취향문화(taste culture)의 근본을 이루기 때문이다.

이와 같은 문화는 다음과 같은 세 측면으로 정의될 수 있다(최병용, 1996: 83~84).

---

5) 문화에 대해서는 학자들에 따라 서로 다르게 정의하고 있으나, 문화가 가지는 특질 내지 속성에 대해서는 상당한 의견의 일치를 보이고 있다. 곧 ① 문화는 공유된다. ② 문화는 학습된다. ③ 문화는 축적적이다. ④ 문화는 하나의 전체를 이루고 있다. ⑤ 문화는 항상 변한다는 것이다(한상복 외, 1985: 69~76).
6) High culture(제한된 지적, 창조적 예술활동 등의 고급문화)와 Popular culture(극장, TV 등의 저급문화).

1) 문화신념

한 사회의 신념체계는 그 대부분 성원들에 의해 공유되고 있는 관념, 지식, 전설, 미신, 학문 등 모든 인지분야를 포괄한다. 그와 같이 널리 공유된 신념에는 건강을 위해서는 충분한 휴식과 영양섭취가 중요하다는 관념수용에서 하루 세끼를 반드시 먹어야 한다는 다소 애매한 관념에 이르기까지 여러 가지가 포함되어 있다. 신념은 선호에서 기인되는데, 그러한 선호는 종교, 취미, 연구, 스포츠, 직업, 음식, 의상처럼 여러 분야에 걸쳐 형성될 수 있다. 그리하여 개인들의 신념체계는 ① 일반 가치(추구하는 존재상태에 대해 계속되는 신념으로서 궁극적 가치와 유사), ② 영역특수 가치(보다 자세한 소비활동에 속한 신념으로서 회사가 즉각 서비스, 품질보증, 공해방지들과 같은 것을 해야만 하는 신념), ③ 제품속성의 평가와 같이 세 가지로 구성되어 있다.

2) 문화가치

문화가치를 사회학 관점에서 정의한다면 "어떤 활동, 감정, 목표가 그 사회의 정체나 복리에 중요하다고 널리 받아들여진 신념이나 생각"이라 할 수 있다(Broom, 1968: 54). 이에 반해 심리학에서는 그것을 "각 상황에 걸쳐서 그리고 임박한 목적이 아니라 보다 궁극의 존재목적 행위와 판단을 지시하는 일관되고 지속적인 신념"이라고 정의하고 있다(Rokeach, 1968: 161). 그러므로 문화가치는 개인들에게 구체적인 자극에 대해 표준화된 방법으로 반응하도록 하는 성향을 지니게 해 준다. 그러나 그것은 특정 대상이나 상황에 대한 평가반응을 나타내는 태도와는 다르다. 가치란 특정의 대상이나 상황을 초월하여 일반 행동양식이나 최종 존재상태를 일컫고 있기 때문이다.

3) 문화규범

문화규범은 적합하고 적합하지 않은 행동이 어떤 것인지를 구체적으로 밝혀 주는 등 그 사회구성원들에 의해 수용된 각종 규칙이나 표준들을 말한다. 그러한 규범은 가까이는 가족이나 친구로부터 멀리는 직장, 학교, 교회에 이르기까지 다양한 원천을 지니고 있으면서 그 사회의 가치를 반영해 주고 있다. 그들 규범은 행동의 지침이 되고 있으나 개인행동을 정확히 예측해 주지는 못한다. 규범은 벌과 보상으로 강화되는데, 보상에는 경제에 관계된 것도 있고 사회로부터 승인이나 마음에서 오는 이득과 같은 것도 있다.

제3절 문화관광의 개요

1. 문화관광의 개념

관광은 자발적으로 행동하는 심리적 실체로서의 인간을 세속적이고 일상적인 삶에서부터 탈출시키는 일종의 현대적 의례이다. 그것은 사람과 사람의 직접적인 만남을 통해 이루어지는 의례라는 점에서 사회·문화 현상의 하나이다. 인간이 동물과 다른 점은 문화를 창조할 수 있는 능력을 갖고 있다는 점이다. 그래서 문화창조의 과정을 통해 인간생활은 꾸준히 발전하여 왔으며, 동·서양을 막론하고 멀건 가깝건 또는 전통적이든 현대적이든 문화교류가 관광이라는 비공식경로를 통해 수없이 많이 이루어지고 있기 때문에 특히, 현대의 관광은 인간의 사회·문화 현상으로서 인간생활을 규명하는 중요한 문화활동의 일부분으로 인식하고 있다.

현대사회에서 관광의 한 유형으로 분류되는 문화관광(cultural tourism)은 그 뜻이 매우 다양하다. '문화관광'이라는 말은 이전부터 사용되고 있었지만, 그 의미·내용에 대하여서 많은 사람들이 공통적으로 이해하고 있는 단계에는 이르지 못하고 있다(이선희외 2인. 2001: 161~162).

진정한 관광발전을 위해서는 인간과 문화 차원에서 관광사업의 중요성이 표출되고 강조되어야 한다.[7] 따라서 서민사회의 희로애락, 미풍양속, 농경사회의 관습 등을 잘 나타내는 우리 문화의 근원을 잘 살펴봄으로써, 아름다운 우리 문화를 우리들이 다시 발견하여 계승·발전시켜 나가고, 외국인들에게는 우리 문화 우수성을 보여주는 의미

---

7) 관광이 단순히 상업, 오락과 같은 욕구충족을 위한 것이 아니고, 지역의 향토문화를 활성화시켜 관광객들이 전통문화와 접할 수 있는 기회를 제공해 주고 나아가서는 고유문화의 자원가치를 높이기 때문에 국제관광에 있어서도 그 경쟁력을 제고해야 할 것이다.

에서, 값진 문화유산을 발굴해서 이를 활성화시키는 것이 문화관광의 입장에서 주된 관심사이다.8)

역사의 입장에서 볼 때 한 나라의 문화는 그 나라를 찾아온 모든 관광객에게 관심대상이 되거나 표적이 되며 그것은 직·간접으로 관광이라는 이문화(異文化) 체험을 통해 그 나라의 정치·사회·문화·예술 등 사회 전반에 관한 폭넓은 식견과 상호이해의 바탕을 구축하는데 매우 유용한 수단이 된다. 따라서 문화는 오늘에 이르기까지 관광의 본질로서 그리고 관광활동 그 자체가 문화의 중요한 한 부분으로 우리들에게 주는 의미는 매우 크다(이광진, 2000: 16).

문화관광에 대한 학자들의 견해는 다음과 같다.

"유적, 유물, 전통공예, 예술 등이 보존되거나 스며있는 지역 또는 사람의 풍요로웠던 과거에 초점을 두고 관광하는 행위이다. 계획적인 전략으로서 문화관광은 지방과 국가복지, 기업체, 그리고 환경요건과 관광객의 욕구와 균형을 맞추면서 그 지방 주민과 방문객을 위해 풍요로운 환경을 창출하기 위해서 시도되기도 한다"(안종윤, 1985: 82).

"문화관광은 다른 지방의 문화에 대한 지식을 습득하고 동시에 그 고장의 문물의 참뜻을 음미하는데 목적을 두고 여행하는 것이다"(김상무, 1995: 20).

"문화관광이란 인간의 정신과 물질세계 전반을 포함하는 총체적 개념으로 이해할 수 있다"(이선희, 1996: 8).

"문화관광은 좁은 의미에서는 연구관광, 무대예술, 문화여행, 축제와 그 외의 문화행사, 역사적인 장소와 유적, 자연과 민속, 예술을 배우는 여행, 순례 등의 문화적인 동기에 의한 인간행위가 포함된다. 광의로 볼 때 문화관광에는 인간의 움직임 모두가 포함되는지도 모른다. 왜냐하면 모든 인간의 움직임은 인간의 다양한 요구를 충족하고 그에 따라 많은 경우 문화수준을 높이고 지식과 경험 및 만남의 기회를 넓히는 것이 되기 때문이다"(WTO, 1985 ; Tighe, 1991: 106).

"사적, 유적, 역사적 건조물, 공예, 박물관, 미술관 등의 시각예술, 무대예술을 보거나

---

8) 예를 들어 오늘날 국민적 차원에서 삶의 질이 상당히 높아질 때 산업화 자체에 예술적인 요소를 집어넣어 생활의 예술화에 공헌할 수 있도록 산업을 변화시키려는 움직임도 나타난다. 다시 말해 지역사회에 존재하는 고유가치를 어떻게든지 살려가면서 생활을 예술화하는 방향으로 지역을 만들어 가느냐 하는 것으로서 고려·조선왕조 이래의 문화전통을 살려 문화산업과 관광산업을 발전시켜 나간다고 하는 방향으로서 문화를 키워드화한 창조적 도시형성이라는 이미지를 키우는 일이다(김문환, 1997: 51~60).

경험하기 위한 여행을 문화관광이라 정의하고 싶다. 이러한 여행목적 가운데 여행지 문화(향토문화 혹은 특정한 민족문화를 체험하는 것이 포함되는 경우가 많다), 사적과 역사적 건조물, 박물관, 미술관 등이 문화관광의 기본이다"(Tighe, 1991: 106).

"문화관광은 문화에 의해서 형성되고 문화가 관광객의 경험을 유도하는 상황에 따라 규명되어지는 것이다"(문화발전연구소, 1989: 13).[9]

〈표 7-1〉 문화관광에 대한 개념

연구자	개 념	비 고
안종윤(1985)	유적, 유물, 전통공예, 예술 등이 보존되거나 스며있는 지역 또는 사람의 풍요로왔던 과거에 초점을 두고 관광하는 행위	전통문화만을 문화관광의 대상으로 봄
세계관광기구 (1985)	좁은 의미에서는 연구관광, 무대예술, 문화여행, 축제와 그 외의 문화적 행사, 역사적인 장소 및 유적, 자연과 민속, 예술을 배우는 여행, 순례 등의 문화적인 동기에 의한 인간행위가 포함된다. 광의로 볼 때 문화관광에는 인간의 움직임 모두가 포함	문화관광의 개념을 관광의 개념과 비슷하게 봄
R. E. Wood(1989)	문화에 의해서 형성되고 문화가 관광객의 경험을 유도하는 상황에 따라 규명되어지는 것	문화관광은 문화에 의해 형성된다는 보편성 견지
한국관광공사 (1999)	문화적 동기를 가지고 전통과 현대의 다양한 문화를 적극적으로 체험하는 SIT의 일종	문화관광이란 체험관광이라고 강조
A. J. Tighe(1991)	사적, 유적, 역사적 건조물, 공예, 박물관, 미술관 등의 시각예술, 무대예술을 보거나 경험하기 위한 여행. 이러한 여행목적 가운데 여행지문화(향토문화 혹은 특정한 민족문화를 체험하는 것이 포함되는 경우가 많다), 사적과 역사적 건조물, 박물관, 미술관 등이 문화관광의 기본	WTO에서 내린 협의와 광의개념의 중간적 입장을 취함
김상무(1995)	다른 지방의 문화에 대한 지식을 습득하고 동시에 그 고장의 문물의 참뜻을 음미하는데 목적을 두고 여행하는 것	문화관광에 대한 대상이 막연함
이선희(1996)	인간의 정신과 물질세계 전반을 포함하는 총체적 개념으로 이해	광의의 총체개념
서태양(1999)	관광객이 여가시간 중에 일상의 생활권을 떠나 다시 돌아올 예정으로 타국이나 타 지역을 유형·무형의 문화적 관광자원을 대상으로 하여 문화적 관광욕구 충족을 목적으로 하는 관광활동	각 지역의 문화적 특성에 대한 감상 및 체험

자료: 이주형외 3인(2006), 문화와 관광.

9) 미국 럿거스(Rutgers)대학의 우드(R. E. Wood)교수의 개념 정의를 인용한 것임.

한편, 한국관광공사는 "문화적 동기를 가지고 전통과 현대의 다양한 문화를 적극적으로 체험하는 SIT의 일종"이라고 문화관광을 정의하고 있다(홍창식, 1996: 49).

이상의 견해들을 하나의 도표로 종합하면 〈표 7-1〉과 같다.

2. 문화관광의 구성요소

바람직한 관광은 단순히 교통, 호텔과 같은 시설들을 확보한다고 성립되는 것이 아니고, 전통 생활양식을 유지하면서 관광객들에게 상품과 서비스에 대한 좋은 이미지를 줌으로써 독특한 국민적 풍미를 주는 것이다. 왜냐하면, 목적지의 선택에는 방문지의 순수한 맛, 그리고 민족적 특성과 특질들을 원형 그대로 경험하고자 원하기 때문이다.

그러므로 어느 국가이든 국가가 소유하고 있는 문화자원들은 현명하고 독특한 방법으로 제공되어야 한다. 오늘날은 균일한 기술시대로서 공산품의 식별이 어렵기 때문에 문화다양성을 장려할 필요가 있는 것이다.

좁은 의미로 보아도 문화요소들은 관광부문에서 뛰어난 역할을 하고 있으며, 특히 지식이나 사고의 전달이나 교환을 진작시키고자 하는 활동가운데 더욱 큰 역할을 수행하고 있다. 이러한 예들(McIntosh, Goeldner and Ritchie, 1995: 192)은 ① 도서관, 박물관, 전시회, ② 뮤지컬, 연극 또는 영화 상영, ③ 라디오, TV 프로그램과 기록물, ④ 학술여행 또는 단기 연수여행, ⑤ 유학과 연구를 위한 대학이나 교육기관, ⑥ 과학적 또는 고고학적 탐험여행, ⑦ 합작 영화, ⑧ 국제회의, 위원회, 모임, 세미나 등으로 나눌 수 있다. 이들 문화요소들은 다시 민속문화와 대중문화로 나누어 살펴볼 수 있다.

1) 민속문화와 관광

민속문화유산·민속문화·기층문화·민족풍습은 모든 민속을 표현하는 혼합된 개념이다. 민속은 민간인들 사이에서 전승되어온 생활과 풍습, 과거로부터 현재까지 그리고 미래에도 민족의 일상생활문화에서 밑바탕이 되고 강한 활력이 되며 항상 새로운 의의를 발휘할 수 있는 문화이다.

민속은 전 세계적으로 퍼져 있는 보편적인 전래 생활문화이지만, 서유럽사회에서는 일찍이 산업사회 전개와 더불어 소멸·축소를 거듭해왔고 오늘날은 아시아, 아프리카,

라틴아메리카에서 강한 전승을 보여왔다. 민속은 민족생활의 독자성을 반영하면서 고유한 특성을 가지고 그 민족문화생활에 이바지해왔다. 민속은 민중들의 사고와 언어, 행동이 구체적으로 형상화한 유·무형 일체의 문화현상이기 때문이다.

따라서 민속은 민간인의 과거·현재·미래의 생활풍습을 모두 포괄하며 일반적으로 어느 민족에 있어서나 다음과 같은 특징이 있으므로 관광매력의 가치는 매우 높다(한국브래태니커회사, 1993: 370).

첫째, 민속문화는 독자적인 민족정서를 내포한다. 각 나라와 민족은 저마다 독특한 문화를 지니고 있으며, 그 민족 특질이 가장 두드러진 것이 민속이다.

한 민족의 구성은 확고한 단일 구성원이기에 민속문화는 전체 민족구성원의 문화라고 할 수 있다.

둘째, 민속문화는 상호교류의 성격이 강하다. 어느 나라나 지배층의 문화와 민간층의 문화는 다르게 마련이다. 한국민족문화의 경우 궁중문화, 양반층문화, 농민문화 등이 상호수용과정 속에서 형성된 끊임없는 변화의 문화라고 할 수 있다.

셋째, 민속문화는 각 시기별로 차이를 보여준다. 민속문화는 사회·정치적인 배경이나 경제적인 여건의 변화에 따라 각 시기별로 특징을 달리하며 변화하는 문화인 것이다.

넷째, 민속문화는 공동체문화이다. 공동체란 문화생산자와 수용자의 공동체성을 말하며, 개인창작과 집단창작이 유기적으로 연결되어 있음을 말한다.

다섯째, 민속문화는 생산문화적 성격을 내포한다. 한국의 민속문화는 생산의 풍요를 기원하는 농경생활에서 비롯되었다. 각 절기에 따른 생활풍습과 자연지리, 사회경제 처지에 알맞게 발전을 거듭해 온 민속문화는 생산자가 농민, 어민, 수공업자와 상인들이기 때문에 생산문화를 반영한다고 볼 수 있는 것이다.

이와 같은 특성을 반영하고 있는 민속문화는 크게 민속공예같이 물질적 자료가 전승되는 경우의 유형문화와 민속놀이, 의·식·주생활풍습, 민간신앙, 명절, 생산풍습, 민속예술들과 같이 사람을 통해 구전되는 무형문화로서 구분된다.

특히, 오늘날 현대인들의 교육수준과 생활수준이 향상됨에 따라 가치관의 변화가 물질적 풍요보다는 정신적 풍요를 중시하고 양적 위주의 관광보다는 질적 위주 관광의 선택 추세에 발맞추어 민속문화관광에 대한 관심이 증가하고 있다. 또한 정보·통신체계와 교통의 발달로 지구촌화·세계화되는 현상 속에서 세계의 상품, 생활양식, 건축,

음식, 오락(놀이) 등이 동질화, 획일화, 몰개성화되어 가는 생활양식에 대한 반작용으로서 이질적이고 독특한 지역의 고유한 민속문화에 대한 관심이 높아지고 있고, 지방화 시대의 도래에 따라 독특한 지역문화에 대한 재평가와 지역주민들의 지역사랑에 발맞추어 지역의 민속문화에 대한 복원·발굴작업을 통하여 관광상품으로 만드는 작업이 이루어지고 있다.

관광을 경제로 인식하는 시대를 벗어나 국민의 삶의 질을 높이는 수단으로 인식하는 선진국들은 민속문화관광에 대한 정책대안을 모색하고 있다.

EU국가 관광객 4명 중 1명이 예술, 건축과 같은 전통문화에 큰 관심을 가지고 있고, 우리나라를 방문하는 인바운드(inbound)관광객의 57%가 역사문화관광 목적으로 입국하고 있으며, 미국인 관광객의 국외관광지 선택시 고려요인으로 쇼핑 → 경관감상 → 역사유적, 일본인 관광객의 국외관광지 선택시 고려요인으로는 경관 → 역사문화 → 쇼핑과 스포츠 순으로 나타나고 있는 것은(한범수·김덕기, 1994: 21~22) 한국관광이 가야 할 방향을 제시하고 있다.

2) 대중문화와 관광

「아프리카의 눈물」을 보면 아프리카 원주민 문화들도 고유문화를 간직하고 있고, 그 문화에 따라 생활하고 있음을 알 수 있다. 곧, 어떠한 인간사회에서도 그 나름대로의 문화가 있으며, 사람들은 문화를 향유하면서 삶을 영위해가고 있다.

사회과학에서 지칭하는 문화는 보다 넓은 의미로 사용되는 개념으로서 한 사회구성원들이 후천적인 학습을 통하여 공통적으로 가지게 되는 행동양식과 사고방식의 종합체로서 인간의 모든 생활양식을 뜻한다(민경배, 1994: 62).

민속문화와 구분되는 대중문화의 출현은 19세기초 이후 경제적인 발달과 산업화의 산물로서 서민과 중산층의 대중의식을 바탕으로 이루어졌기 때문에 현대사회의 사회계층에 관계없이 광범위하게 지지를 받았다. 대중문화가 현대사회의 중심문화로 자리잡게 된 것은 각종 신문, 잡지, 라디오, 텔레비전, 영화, 비디오 등과 같은 매스미디어와 새로운 정보를 신속하게 전달하는 과학기술의 발달에 기인하고 있다. 결국 대중문화는 산업화, 도시화의 산물로서 현대성, 도시성, 인간성 소외(Viertel, 1972: 72)로 특징지울 수 있다.

이러한 대중문화는 대중소비사회로 특징지어질 수 있는데, 이는 여가대중화시대의 출현 뿐만 아니라 남녀간의 하위문화, 종교적 하위문화, 지리적 하위문화, 연령별 하위문화들과 같은 독특한 소문화가 형성되어 있어 관광선택 행동과 의사결정에 영향을 미치고 있다.

신세대에 대한 정확한 개념을 설정하기는 어려움이 있으나, 우리나라에서는 80년대 후반부터 소비문화를 중심으로 중요한 관심사가 책보다는 잡지와 TV·비디오·컴퓨터, 밥보다는 햄버거나 피자, 어느 한 가지에 집착하기보다는 계속 새로운 것을 추구, 깊이 생각하고 행동하기보다는 즉흥과 충동으로 처리하는 세대들이다. 그래서 이들 신세대들은 논리보다는 감각과 감성이 지배하는 세대라 하여 일명 '인스턴트 세대 또는 X세대'라고 부르고 있는데, 이들의 시장계층은 더욱더 넓어지고 있다.

구세대와 구분되는 신세대 특성은 관광활동에 있어서도 그대로 반영되어 그들이 원하는 무엇인가를 구하기 위해 독특한 관광형태로서 배낭여행, 모험을 지향하는 개인여행(allocentric tour), 레저스포츠 관광을 선호하고 있다.

그러나 이러한 신세대들의 관광활동도 대중문화의 영향을 받으면서 구세대와 신세대의 관계 속에서 단절없이 이어져 오고 있는데 이것이 관광문화이다. 이 예를 우리는 미국 디즈니랜드의 미키마우스에서 찾아볼 수 있다.

미국 디즈니랜드의 미키마우스 얼굴 모습은 세월이 흘러감에 따라 조금씩 변해왔다. 그러나 아직도 미키마우스의 인상은 그대로 미키마우스이다. 50여년전 미키마우스와 지금의 미키마우스를 비교해 보면 그 모습은 변했으나 미키마우스의 인상은 그대로 남아 있는 것이다. 관광기업문화라고 하는 미키마우스 자체는 바꿀 필요가 없다. 그러나 그 얼굴은 세월이 흐름에 따라 그 시대의 어린이 또는 세대들이 좋아하는 그 얼굴로 조금씩 변화하지 않으면 안 된다. 이런 맥락에서 경영자는 대중문화 속에 흐르는 관광객 특성을 파악하여 미키마우스의 얼굴 어느 부분을 바꾸고 어느 부분을 바꾸지 않아야 할지를 결정해야 하는 것이다(최광해, 1995: 59).

3) 기타 문화요소와 관광

그 밖에도 한 민족을 대표하는 여러 가지 문화 표현물들이 여행자들에게 강력한 매력을 제공한다. 예술이나 음악, 건축물 또는 공학적인 업적물들이나 기타 수많은 생활

분야들이 이러한 관광매력을 갖고 있다(McIntosh, Goeldner and Ritchie, 1995: 200~211). 전술한 문화요소들을 보다 구체적으로 서술하면 다음과 같다.

① 미술(fine arts): 회화, 조각, 서예, 건축물 그리고 조경과 같은 문화매체들이 여행자에게 중요한 동기가 된다.

② 음악과 무용(music and dance): 한 지역의 음악과 그와 관련된 자원으로서 춤은 여행자들에게 큰 매력과 함께 즐거움을 준다. 하와이, 멕시코, 하이티, 스페인, 미국의 여러 지역, 발칸들이 좋은 예다.10)

③ 수공예(handicraft): 기념품이나 토산품들이 관광상품으로서 가치를 지니기 위해서는 현지에서 직접 만들어져야 한다. 이러한 제품들이 만들어지는 현장을 방문할 수 있도록 함도 좋은 방법이 된다.

④ 산업과 사업(industry and business): 많은 여행자들은 어떤 지역의 경제에 대한 호기심이 크다. 이러한 경우에 그 지역의 산업과 상업, 생산된 재화와 같은 경제기반들이 주요 관심대상이 된다. 산업여행이 그 좋은 예다. 여기서 사업은 소매상을 지칭하는 것으로 장보기를 뜻한다. 장보기도 관광을 구성하는 중요한 요소로서 매력성, 청결함, 친절함, 다양한 상품들은 그 지역을 장보기 대상으로 성공시킬 수 있는 중요한 요소이다.

⑤ 농사(agriculture): 가축, 양계, 젖소기르기, 농작물 재배, 포도원과 포도주 생산, 신선한 과일과 야채류와 같은 여러 가지 농사와 연관된 일들도 그 지역의 문화를 보여주는 재미있는 것들이다.

⑥ 교육제도와 기관(education): 대학교의 교정들은 관광객들에게 큰 매력요소이다. 많은 대학들은 훌륭한 도서관을 비롯하여 미술품이나 역사자료, 동식물들과 같은 일반인들에게 흥미를 주는 수집품들을 소장하고 있다. 대학들에서 이루어지고 있는 가정교육이나 유아교육과정의 방문자들을 위한 프로그램도 그 지역의 생활문화를 이해할 수 있는 좋은 방법이 될 수 있다.

⑦ 문학작품과 언어(literature and language): 책, 잡지, 신문과 기타의 인쇄물과 문학작품들은 지역문화를 나타내 주는 중요한 매체들이다. 훌륭한 도서관들도 방문자

---

10) 우리나라의 전통음악도 관광자원으로서의 가치는 상당히 크나 관광상품으로의 가치극대화가 약한 편이다.

들에게 좋은 문화대상이다. 한편, 다른 나라나 지역의 언어에 대한 관심이 여행동기를 만들기도 한다. 이러한 사실은 언어습득을 위해 특정 지역으로 여행하는 학생들에게서 두드러지게 나타나는 현상이다.

⑧ 과학문물(science): 한 나라의 과학과 관련된 활동들은 관광객에게 흥미의 대상이 된다. 인기가 많은 과학소재의 매력물들은 과학박물관, 산업박물관, 천문대, 원자력발전소와 우주개발센터, 동·식물원이나 수족관들도 좋은 대상이다.

⑨ 정부의 조직과 제도(government): 정부의 조직과 제도는 나라마다 다르게 나타나고 있는데, 이것도 관광객들에게는 흥미꺼리가 될 수 있다. 대표로 국회의사당을 방문하면 나라마다 정치적 문제를 어떻게 해결하고 있는지를 알고 자기 나라와 비교할 수도 있다.

⑩ 종교(religion): 역사를 통하여 여행동기를 끌어낸 것 중의 하나가 종교순례이다. 가장 널리 알려진 것이 메카에 대한 참배여행과 인도의 성지순례일 것이다. 대규모의 이스라엘 여행, 로마의 가톨릭센터에 대한 여행, 멕시코시티에 대한 여행들이 다 그런 경우다.

⑪ 식음료(food and drink): 어느 지역의 먹을거리도 중요한 문화산책거리의 하나가 된다. 여행도중 향토색이나 이국냄새가 물씬 풍기는 음식들을 맛본다는 것은 여행자에게 큰 즐거움이 된다.

⑫ 역사(history and prehistory): 한 지역의 문화유산들은 그 지역의 역사에 남은 가치로 표현되어진다. 이러한 역사에 대부분 의존하는 관광지들은 수없이 많다. 따라서 역사와 함께 하는 문화유산들의 보존과 박물관의 운영관리는 관광사업의 개발과 진흥면에서 무엇보다 중요한 요소가 된다.

일반적으로 문화관광 대상을 정부, 시, 도에 지정된 문화재와 문화유산으로만 이해하기 쉬우나 문화관광 대상은 지정 여부에 상관없이 문화성과 가치만 부여되면 모든 것이 포함될 수 있다(홍창식, 1996: 57)

3. 문화관광의 의의와 범위

1) 문화관광의 의의

문화관광은 최근의 관광산업이 환경·사회에 부정적 영향을 미치지 않는 방향으로 발전을 모색하게 됨에 따라 새롭게 주목을 받고 있다. 문화관광은 문화시설 운영에 정부의 보조금 지급을 절약할 수 있고 관광의 계절성 문제 또한 동시에 해결할 수 있는 이점이 있기 때문에 유럽, 캐나다를 중심으로 세계 각국은 보다 더 문화지향적인 관광개발을 추진하고 있다.

세계관광기구에 의하면 전세계 모든 여행의 40% 정도가 문화관광의 형태를 포함하고 있으며, 이러한 관광형태는 앞으로도 지속적으로 증가할 것이라고 추정하였다. 또 관광시장의 20%가 핵심 문화관광객으로 교육수준이 높고 관광지출수준이 많은 것으로 나타났다.

문화관광에 대한 관심의 증가로 해서 얻을 수 있는 효과 중에서 무엇보다도 중요한 것은 문화관광이 경제적 효과에 앞서 지역주민간에 그리고 국가간에 문화적 이해의 폭을 넓히고 문화교류의 기회를 증대시킴에 따라서 상호간의 이익을 증대시키는데 중요한 역할을 담당할 수 있으며, 더불어 관광을 통해서 우리는 실제적으로 거리감 없는 세계를 가지게 된다는 것이다.

이상을 요약하면, 문화관광의 의의는 다음과 같다.

첫째, 지역문화의 개발과 그에 따른 문화관광의 전개는 지방재원의 증대측면에서 커다란 몫을 담당한다. 곧, 문화관광은 지역의 고유한 문화개발을 전제로 지역주민의 문화적 주체성을 확립시키며, 지역경제를 활성화시킨다. 관광객은 문화관광을 위한 지출 외에도 숙박, 교통, 쇼핑, 인근지역 관광에 대한 지출을 함으로써 지역주민의 소득 향상은 물론 나아가 지역경제 성장에 기여하게 된다. 이러한 문화관광은 지역을 활성화할 뿐만 아니라 문화관광시설에 대한 투자를 유도함으로써 지역의 소득을 높여주고 고용을 창출할 수 있다.

둘째, 도시는 문화관광자원을 개발함으로써 도시의 이미지를 고양시킬 수 있으며 지역주민들로 하여금 지역에 대한 애정과 자부심을 갖도록 해 준다.

셋째, 문화관광은 문화예술을 진흥시킨다. 문화관광은 다양한 형태로 문화자원을 보호하고 강화하는 수단으로 활용될 수 있다. 이러한 문화관광은 다음 두 가지 측면을 모두 포함하고 있다. 하나는 다양한 문화자원을 개발하여 문화관광수요를 창출함으로써 관광매력을 한층 더 강화하는 것이다. 다른 하나는 증가하고 있는 관광객들의 문화관광수요에 대응하여 지역의 다양한 문화자원을 개발하는 것이다(김희정, 1997: 9).

넷째, 문화관광은 관광영역을 확대시키는 데 기여한다. 문화관광은 시·공간적으로 관광을 확대하는 잠재력을 가지고 있다. 문화관광은 계절이나 공간의 영향을 별로 받지 않기 때문이다(한국문화정책개발원, 1995: 6~7).

2) 문화관광의 범위

문화관광의 범위에 대한 연구와 관련하여 지금까지 어떤 특정 지역에 전래되어온 유적이나 유물을 관람하는 박물관이나 고궁을 관광하는 것은 포함된다는데 동의하고 있으나, 현지인과 만남 그 자체는 문화관광의 범위에 포함시키지 않는 경향이 있었다. 최근 문화관광은 개념 변화와 더불어 그 범위도 확대되고 있는 실정이다. 문화의 개념에서 고찰한 바와 같이 문화는 단순히 유형적 사물을 고찰하는 것 이외에도 특정 지역이나 나라에 살고 있는 사람들의 의식이나 사고를 느끼는 것도 포함된다. 따라서 전통적으로 내려오는 생활양식이나 예술 또는 문학뿐만 아니라 현재에 살고 있는 지역주민의 사고나 생활양식, 그리고 대중문화까지도 문화관광의 범위에 포함되어야 한다. 이러한 관점은 관광의 본질적 의미가 문화적 경험을 통해서 새로운 사고와 가치관을 전개하는 방향으로 고찰되어지고 있다는 점과 동일한 시각이다. 따라서 관광 그 자체가 문화관광에 포함된다고 보아야 할 것이다.

따라서 최근에는 과거에 문화관광의 범위에 취급하지 않았던 분야인 대중음악, 현대디자인, 설치미술과 같은 분야가 문화관광의 하나로 인식된다. 문화관광은 박물관과 고전음악회와 같은 고급문화 이외에 대중이 일상생활에서 문화적 대상을 소비하는 것을 포함한다. 따라서 고급과 대중적이라는 의미의 분류 자체는 문화관광에서 가치가 없게 되었다. 이러한 경향을 반영하여 문화관광은 관광객이 문화를 소비한다라는 관점과 한편으로는 문화가 관광객의 소비를 이끈다고 할 수 있다.

4. 세 가지 관광문화

관광은 그 본질상 3개의 문화만남을 형성한다. 곧, ① 현지문화, ② 관광객문화, ③ 수입문화이다. 각자의 개성을 정하고 문화요인으로서 그들의 관계를 변증법으로 논하는 것도 중요한 일이다(Jafari, 1984: 36~40).

관광은 현지주민과 사회 그리고 문화에도 영향을 미친다. 이 분야에 대한 연구는 그 측정방법과 결과의 주관성으로 인해 그 평가를 하기란 쉽지 않다. 그러나 이것을 정확히 이해하면 관광현상의 여러 효과와 영향에 대해 다각적인 관찰을 할 수가 있다.

1) 현지문화

현지문화란 관광객을 받아들이는 사회의 문화이다. 관광에 의해서 자연환경이나 문화적 전통이 파괴된다는 식으로 관광이 현지사회에 미치는 영향을 부정적으로 보는 시각이 많다. 그러나 관광이 어떤 종류의 문화변용을 초래한다는 이유만으로는 설명이 불충분하다.[11]

각 지방은 나름대로의 독특한 문화를 가진다. 곧, 현지문화이다. 오랜 세월동안 윤색되고 강조되어 왔기 때문에 전반으로 다른 문화와는 같지 않은 문화유형을 가진다. 관광산업이 발전시키고 추구하는 것은 바로 이 독특한 '자원'인 것이다. 이것은 다른 것과는 비교될 수 없는 "상품"인 것이다. 그러므로 각 지방과 그의 문화 및 외적인 자원은 독특한 것이 되어야 하며 다른 곳에서 효과가 있었던 것이어서는 안 된다. 이러한 독창성이 외래인의 현지유입을 유도하며 관광현상을 창출시킨다.

현지문화만을 볼 때에는 상대적으로 간단하다. 그러나 관광이 필요로 하는 문화의 만남이 문제로서 제기되면 문제는 보다 복잡해진다. 그러므로 더 많은 연구를 해야 하는 부분은 둘 다 외래문화인 관광객문화와 수입문화를 어떻게 수용해서 균형이 깨지지 않게 하는가 하는 것이다.

관광객들이 현지에 들어옴으로써 경제적 영향 이외에 사회·문화적 영향을 미친다. 대표적인 것으로는 전시효과(展示效果)라는 것으로 현지인이 외래객의 생활방식을 모

---

11) 예를 들어 그린우드는 스페인의 바스크지방 연구에서 관광개발 때문에 문화가 상품화되어 팔려나간 결과 현지인들은 문화사회적으로 큰 손실을 입었다고 했다(Greenwood, 1977).

방하려는 것을 뜻한다. 이러한 영향은 현지문화의 독창성과 개성을 해치는 일로 적정한 균형을 취하는 것이 무엇보다 중요하다.

2) 관광객문화

관광객은 변화를 경험하기 위하여 집에서 떨어진 장소를 자발적으로 찾아가는 일시적으로 여가상태에 있는 사람이다(Smith, 1989: 1). 집에서 멀리 떨어진 장소로 이동한다는 것은 평소에 익숙한 공간에서 낯선 공간으로 이동하는 것을 뜻한다. 이러한 시간적·공간적 이행을 통해 관광객이 추구하는 것은 변화의 경험이다. 평상시와 다른 경험, 이것이 관광의 본질을 구성한다.

관광객문화란 관광객이 여행도중 행하는 생활방식을 말한다. 분석한다는 목적에서 보면 관광객을 배출한 문화(수입문화)는 이에 포함되지 않는다. 특정 국민 및 특정 지방과 관련된 다른 문화와는 다르게 관광객 및 그들의 문화는 경계선을 인정치 않는다. 이것은 문화표현으로서, 한 가지 생활방식으로서 관광객 개인에게는 성격상 일시적이지만 대상국가의 입장에서 볼 때에는 관광객문화는 독특성을 가진 것으로서 꽤 오래 계속되는 것이다. 관광객문화 및 그 수행자들은 쉽게 인식할 수 있으며 여러 가지 방식으로 묘사될 수 있다.[12] 한 예로 관광소비는 현지인에게 추가적인 수입을 창출시키고 그로 인한 생활의 변화를 초래하지만, 이 변화는 지역사회의 안정을 위협할 정도의 심각한 양상으로 전개될 수도 있다. 현지인들은 외래객들의 과소비형태에 노출되고, 이들과 접촉기회가 많아짐으로써 그들이 유지해 온 전통적인 생활양식에 불만을 표시하게 되며 급기야는 열등감, 부러움, 그리고 외지인의 생활양식을 모방하려는 심리가 생길 뿐더러 전통적으로 유지해 온 가치에 대한 자부심마저도 상실하는 상황에 이르게 된다.

만약 현지문화가 완전히 이해되지 않는다면 관광문화는 전혀 이해할 수 없다. 관광객문화에 대해서 연구들이 되고 있으나 이 분야에서 가장 이해되지 않고 있는 분야이다. 이해해야 할 것은 이 알려지지 않은 주체인 관광객문화와 현지문화와의 만남이다. 관광에 대한 많은 단점이 이러한 잠재력으로 강력한 문화에 대한 이해의 부족과 대상

---

12) 관광객은 체질, 의상, 언어, 거주장소(예를 들어 호텔), 여가활동 등으로 식별된다. 국제적으로 여러 지방에 파고 들어서 지방문화를 간섭하고 때로는 압도할 수 있는 잠재력이 있다.

지역과의 충돌에 기인한다. 현지문화 및 관광객문화라는 두 문화의 한 구석에서 그들이 상호작용을 하여 서로 의존하는 하나의 조직이 되고 각각이 다른 것에 영향을 끼치고 부분 재조정하게 된다.[13]

3) 수입문화

수입문화란 관광객의 모국문화를 말한다. 관광객은 나름대로의 현지문화를 가진 지방에 도착하지만 그들은 개인으로나 단체로 그들의 모국문화에 영향을 받는다. 곧, 그들은 자신의 문화적 보따리를 가지고 온다. 이 "보따리" 문화는 앞에 언급한 문화들과는 달리 "한 가지 문화"라고 편리하게 말할 수 없다.[14]

국제관광의 경우, 외래객과 현지인 간에 일어나는 경제적 불평등은 가진 자와 못 가진 자 간의 관계이다. 다시 말해 가진 자는 못 가진 자의 생활을 관람하는 대가로 현금을 지급하는데 이로써 현지인들은 경제적·문화적 열등감과 함께 박탈감도 경험한다.

관광객은 그들의 모국문화를 현지문화에 이식시킴으로써 앞에서 언급했던 많은 사회·경제적 영향을 현지문화에 미친다.

4) 문화믹스

이 문제에서 제3의 문화의 등장과 함께 좀 더 완전한 차원의 관광이 인식되고 문화믹스의 윤곽이 드러난다. 이들 문화의 상호작용이 최소한의 형태로 〈그림 7-1〉의 A에 예시되었으며, 〈그림 7-1〉의 B에서 약간 확대되었다. 문화의 상호영향이 그 지방의 밖에서 보여진다는 것을 보여주는 것이다. 실제로 대부분의 만남과 영향이 대상국가 내에서 일어난다.

스페인문화, 프랑스문화, 한국문화가 존재하는 사실과 같이 그 다음에는 스페인관광, 프랑스관광, 한국관광이 있는 것이다. 각 문화권이 제공하는 독특한 문화믹스를 고려할 때 이런 관광의 차이점을 감지하게 되는 것이다.[15]

---

13) 그러나 주로 상대적으로 잘 이해된 문화, 곧 현지문화가 상대적으로 잘 이해되지 못한 관광객문화와 상호작용을 하고 있기 때문에, 아직까지 문제는 분명하지 않다는 점이다.

14) 이 문화는 실제로 문화들의 덩어리이다. 만약 대상국가에 예를 들어 미국, 영국, 프랑스, 독일, 일본인들이 드나든다면 이들 많은 문화들은 대상국가에 자신들의 존재를 심게 되며 그들의 영향은 각자의 유입정도와 기능에 따라 달라진다. 이는 대상국가에 중요한 역할을 하는 종합문화이다.

각 문화기반은 다른 문화기반과 다르며 관광현상은 보편요소일지라도 그 나타나는 사실은 각 기반에 따라 상이할 것이다. 앞에서 지적된 바와 같이 관광객과 수입문화는 각 상이한 경우에 따라 달라질 것이다.

한 가지 변수(지방문화)를 다른 변수(관광)에 첨가하면, 제3변수(관광목적지)는 유사한 결과를 초래하지 않을 것이다.

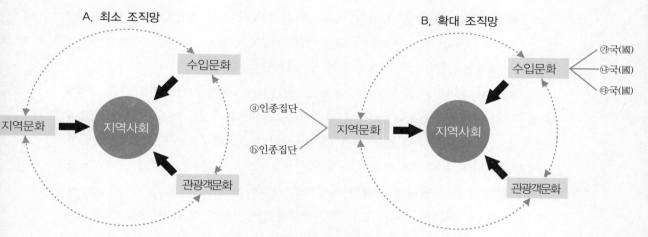

〈그림 7-1〉 세 가지 관광문화의 관련성

5) 관광이 만들어 내는 문화

세 가지 문화가 어떻게 만나는가에 따라 그 나라만의 독특한 관광문화가 유지되기도 하고 변화될 수도 있겠으나, 분명한 것은 '관광이 만들어 내는 문화' 곧 관광문화도 존재한다는 점이다.

관광용 '문화쇼'라든가 전통민예품 등이 그 대표적인 예이다. 이것들은 진품이 아닌 모조품으로 '고유성'을 잃은 것으로 생각하기 쉽다. 그러나 인도네시아 발리의 사례처럼 관광이 오히려 전통문화를 자극해서 새로운 문화를 창조하는데 기여하는 경우도 많

---

15) 20세기 초반에 저명한 인류학자 후란스 보아(Franz Boas)는 역사에 있어 세부분야 연구의 필요성을 강조했다. 각 문화는 서로 다르기 때문이다. 그가 이 분야에서 연구한 노력은 문화의 초기 개념인 단일문화개념에서 복수문화개념의 변환결과를 가져오게 했다. 이 사실은 단일관광이 존재하는 것이 아니라 복합관광이 존재한다는 것이다(Jafari, 1984: 38).

다. 곧 춤이든 그림이든 발리문화는 관광객의 시선 안에서 재창조되어 더욱 세련되어 졌으며, 이러한 발리사람들의 창조력은 '환영의 춤'이나 '발리 대중예술'의 성립과정에서 보듯이 지금도 활발하게 전개되고 있다(황달기, 1997: 29~30).

한편, 토라자에서는 '통고난'이라는 독특한 모양을 한 '집'의 작고 예쁜 모형이 선물로 팔리고 있는데, 이것을 사는 것은 관광객뿐만 아니라 도시에 돈벌러 나간 토라자 사람들이 귀향했을 때도 이것을 사서 도시로 돌아간다.

여기서 주목해야 할 것은 이러한 현상을 현대의 전통문화가 소멸되어 가는 것이라고 할 수 있는가 하는 점이다. 오히려 문화가 경계를 넘어서 향유되며 오랜 전통이 새로운 시대에 적응하고, 거기에 새로운 문화가 생성되어간다고 할 수 있다.

한 분야로서 관광학은 각 관광지 특성으로 인하여 일반이론이나 보편개념을 개발함에 성공하지 못했다. 지금 단일형태로 관광학을 고려한다는 것은 문화 사이에 서로 무의미하다. 현대의 관광학 사조는 근본으로 특정적인 관광연구로부터 오고 있으며, 어떤 설명이 있다면 각기 문화믹스의 독특한 상표를 갖는 지역화된 관광에 관련되어 있다. 이러한 설명을 일반화된 관광학 설명으로 착각하여서는 안된다.

한 기반에서는 고귀한 것이라도 다른 기반하에서는 가치가 없을 것이며, 제3의 관광환경에서는 유익할 수도 있을 것이다. 이따금씩 관광의 비용과 편익문제는 다만 예상일 수밖에 없다.[16]

제4절 문화의 관광상품화

문화는 현실이며 살아 움직이는 것이지만, 그 문화를 현재 지니고 있는 것은 거기에 살고 있는 개인과 단순한 개인의 집합이 아닌 '사회'인 것이다. 문화를 지니고 있는 사회를 문화권이라 부르며, 문화권이란 민족공동체의 꿈과 기억이 함께 어우러져 있는

---

16) 예를 들어 해변관광, 인종관광, 사파리관광 등과 같은 특수소재 관광은 모든 기반환경에 모두 유사한 선택이 될 수 없다. 곧 한 가지 형태의 관광이 다른 형태의 관광보다 양호하다는 것은 진실이 될 수 없다.

땅 바로 그것이다. 인간은 땅에서 성장하고, 죽으면 다시 땅으로 돌아가는 것이다.

한편, 사람의 욕구도 생리욕구가 충족되어야 다음의 욕구단계로 이어져 가듯이 먼저 개인은 사회와 관계를 유지하면서 자연에 적응하고 작용하며 경제활동에 노동을 제공하고 그 반대급부로 분배된 것으로 의·식·주들의 소비활동을 하게 된다. 이같은 개인의 의·식·주와 같은 생리적 욕구충족과 관계가 있는 생활방식이 바로 생활문화이다(김일곤, 1985: 40). 이 생활문화야 말로 문화권마다 독특한 생활방식으로 수천년 동안 이어져 오고 있는 그 사회의 전통과 가장 밀접해 세계적으로 유일한 것이라 할 수 있다. 예로 한옥·한복·한식은 한국에만 있는 것이다.

그 본질이 문화인 관광이란 단순한 여가선용만이 아니라 다른 지역의 역사와 문화전통, 즉 생활문화권을 찾아가는 것이기 때문에 방문자와 이들을 상대하는 지역민 사이에는 서로 다른 문화가 접촉하게 된다.[17] 여기에서 관광으로 인한 이문화의 접촉에서 생기는 생활문화권의 상품화 문제가 생겨난다. 곧, '문화는 상품으로 간주되어질 수 있는가' 라는 문제는 관광의 본질이 문화라는 측면에서 관광이 과연 문화를 보호·육성하는 것인지, 아니면 문화 본질을 파괴하는 것인지에 대한 의문처럼 확실치가 않다. 이 문제에 대해 사회학자들과 윤리학자들은 대개 관광산업에 의한 향토색의 이용 및 남용에 대해 냉소적인 태도를 취하며 향토문화의 대변인들도 관광산업에 의해서 자신들의 전통이 모욕 받는다고 비난한다. 계획입안자들은 이에 대해 막연히 불쾌한 느낌을 갖지만 금방 이 업무들의 잠재 충격을 우리들이 거의 이해하지 못한다는 점을 지적한다(D. Greenwood 1978: 129~38). 다시 말해, 문화를 '미끼'나 '자연자원'이나 '서비스'로 보는 경제학자나 계획입안자의 관점[18]과 문화인류학 관점은 전혀 다르다.

상품이란 무엇이든지 간에 생산요인들이 토지·노동·자본의 조합으로 생산된다(D. Greenwood 1978: 130). 상품이 냉장고나 TV 또는 호텔, 여관의 숙박시설인 경우는 아무

---

17) 문화의 접촉은 각 문화가 내포하는 조직 및 사회 사이에 다양한 사회문화적 상호작용이 일어나는데, 이는 관광객의 수, 방문횟수, 질 등에 따라 단기적이며 비주기적이고 단순할 수도 있으나, 반대로 장기적이며 주기적이고 복잡할 수도 있다(김용상, 1991: 190).

18) 문화예술은 경제활동의 중요한 요소가 되기도 한다. 특히 공연예술은 다수의 방문객들을 특정한 장소(도시)로 유인하며, 공연관람에 따라 부속적으로 소비되는 서비스-숙박업, 식음료업, 교통업 등-부문의 수입증대에도 영향을 미친다(김문환, 1997: 27~32). 이러한 문화예술은 그 상품을 소비하는 당사자의 이익과 아울러 폭넓은 외부효과(선택가치·존재가치·유증가치·위광가치·교육가치; 김문환, 1997: 49~50)를 발생시킨다.

런 문제가 되지 않는다. 그러나 남원의 춘향제와 같은 이국적인 축제와 같이 향토문화의 어떤 특질에 이끌려 구매자들이 한 장소로 오게 될 때에는 그것이 확실치 않다. 관광문제를 다루는 계획입안자들은 향토문화를 하나의 자연자원으로 간주하거나 단순한 미끼로 보고 호텔의 객실 수와 술 그리고 기념품 구입에만 전적으로 관심의 초점을 맞춘다.

자본주의 체계의 근본 특성은 값을 메길 수 있는 것은 무엇이든지 매매될 수 있다는 점에 있다. 곧, 그것은 하나의 상품으로 간주될 수 있다는 것이다. 경제학 교과서에 인용되어지는 교향악단의 경우처럼 그들은 즉석에서 소비되는 일종의 서비스를 수행한 대가를 보장받고 있는 경우는 분석상의 문제를 초래하지는 않으나, 주민문화의 활동들이 지역주민의 동의 없이 미끼의 일부로 취급되는 경우는 그것이 확실치 않다. 이런 경우에 주민들의 활동이 벌이를 위해 이용되지만 문화의 입장에서 볼 때에는 아무런 이득도 없다.

결국 관광의 상품화, 곧 문화의 상품화는 가능한 일이나 관건은 계획입안자의 사고 전환과 지역주민들의 생활문화에 대한 주체성 확립이 요구되어지는 사항이다.

1. 전통민속마을의 관광상품화

문화재는 보존하되 이를 활용함으로써 국민의 문화적 향상을 도모하는 동시에 인류 문화의 발전에 기여해야 한다. 우리나라는 반도국가로서 수많은 전쟁과 급격한 산업화 현상으로 많은 문화재가 상실되었거나 퇴색되어 왔다. 일만 년의 문화역사를 자랑하는 우리나라의 문화재보존과 활용은 대단히 중요하게 다루어져야 할 과제이다.

문화관광을 목적으로 관광활동을 하는 문화관광객들은 과거의 문화와 역사현장을 방문하면서 새로운 지식과 경험을 축적하기를 원한다. 따라서 타국의 역사적·문화적 유산이며 그 민족의 생활상을 한눈에 볼 수 있는 전통민속마을 관광은 그들에게 이(異) 문화 체험으로서 더할 나위 없는 의미를 부여해 줄 것이다.

문화관광상품으로서 전통민속마을은 우리 조상의 얼과 숨결, 그리고 생활문화가 훼손되지 않고 지금까지 전승되어 온 곳으로, 문화관광의 유형 중 살아 있는 박물관으로서의 문화유적지임과 동시에 외국인 관광객들에게 이민족의 생활문화를 생생하게 체험하도록 하는 종족생활체험의 장이기도 하다.

일반적으로 관광객들은 해외여행 때 그 나라의 민속촌을 방문하고자 한다.19) 이는 민속촌이 갖는 민속박물관적 성격－그 민족 고유의 건축물, 의상, 생활양식 재현 등－때문인 것으로 보인다.

세계 각국에는 여러 형태의 민속촌들이 있다. 예를 들면, 일본의 닛코에 도무라, 하와이의 Polynesian Cultural Center, 한국의 한국민속촌, 영국의 Black Country Living Museum, 말레이시아의 사라왁, 태국의 농눅빌리지, 미국 캘리포니아주의 Solvang 덴마크민속마을, LA의 El Pueblo De Los Angeles 등으로 이들은 과거생활을 재현하거나 특정 시대상황을 연출하며 관광객들을 불러모으고 있다(한국관광공사 a, 1999: 15).

이들과 비교할 때 우리의 전통민속마을은 뚜렷한 차별성을 지니고 있다. 그것은 비록 약간의 변형은 있지만, 선조들로부터 대대로 물려받은 생활터전에서 후손들이 전통적 삶의 방식을 유지하며 살고 있다는 것이다.

여기에 우리 전통민속마을의 차별화된 가치가 있으며, 이러한 관광상품으로서의 가치뿐만 아니라 오늘날 외래문물의 홍수 속에서 민족이나 전통문화의 소중함을 잊어버리고 오직 자신의 이해관계만 추구하는 현대인들에게 "우리 것"에 대한 올바른 문화의 정체성을 찾는데 유용한 교육의 장으로서도 전통민속마을은 큰 의의가 있다고 하겠다. 전통민속마을은 또한 각 지역의 문화적 전통을 이어주는 소중한 문화유산으로서 지역문화의 정체성을 유지하는데 도움을 주며, 21세기 지방관광을 활성화시키는데 큰 역할을 할 것으로 기대된다.

세계관광의 추세는 단순히 보고 즐기는 관광에서, 직접 참여하고 보다 깊고 전문화된 내용을 배우고 찾는 여행으로 전환되고 있다. 전통민속마을은 이러한 추세에 맞는 문화관광상품으로서 충분한 잠재력을 지니고 있으며, 그 활용을 위한 올바른 개발은 매우 시급하고도 중요한 문제이다.

---

19) 한국관광공사에서 실시하는 외래관광객실태조사에 따르면, 매년 방한 외래객의 약 20% 내외가 한국민속촌을 방문하고 있는 것으로 나타나고 있다.

〈표 7-2〉 문화재지정 6개 전통민속마을 현황

민속마을	지정번호	지정면적 (m²)	지정일	건물현황(동)				소재지
				초가	와가	기타	계	
낙안읍성마을	사적302호	223,108	1983. 6	111	10	8	129	전남 순천시 낙안읍 낙안면
안동하회마을	중요민속자료 제122호	5,288,008	1984. 1	126	98	72	296	경북 안동시 임하면 하회리
경주양동마을	중요민속자료 제189호	969,430	1984.12	65	113	161	339	경북 경주시 강동면 양동리
성읍민속마을	중요민속자료 제188호	790,747	1984. 6	452	11	228	691	제주 남제주군 표선면 성읍리
고성왕곡마을	전통건조물 보존지구제1호	246,427	1988. 9	1	24	25	50	강원 고성군 죽왕면 오봉리
아산외암마을	전통건조물 보존지구제2호	205,073	1988. 8	62	54	83	199	충남 아산시 송악면 외암리

자료: 한국관광공사(1999), '전통민속마을 관광상품화 방안'.

1) 시라카와무라(일본)

일본의 시라카와무라는 1995년 '세계문화유산'으로 지정된 곳으로 독특한 지붕 양식인 '합장건축양식'의 초가집에 실제로 사람들이 살고 있으며, 마을에 대한 체계적 관리와 통계적 수치자료 활용을 토대로, 마을의 홍보방법과 주변 관광시설 배치, 이벤트 개최 등 많은 부분에서 우리 전통민속마을이 나아가야 할 방향을 제시해 주는 모델 마을이다.

2) 한국민속촌

용인의 한국민속촌은 해마다 방한 외래객의 20% 내외가 방문하는 우리나라를 대표하는 민속촌으로서, 그 위치에 있어서 경쟁력을 가지고 있는 곳이다. 요즈음의 세계적 추세에 맞춰 체험형 관광프로그램을 개발하는 등 변화된 모습을 보여주고 있으며, 향후 건립될 모형민속촌들의 모범으로서 더 많은 노력을 기울여야 할 것이다.

3) Polynesian Cultural Center(하와이)

하와이의 PCC(Polynesian Cultural Center)는 모형민속촌으로서 큰 성공을 거두고 있는 곳으로, 운영 프로그램의 다양성이나 이미지화의 성공, 그리고 관리 측면에서 모델로 삼을 만한 곳이다.

2. 종교유산의 관광상품화

관광객들은 다른 목적지와 차별화된 그 나라만의 독특한 문화적 속성을 느끼고 체험하고 싶어 한다. 특히 한국만의 독특한 전통문화, 종교나 예술, 고유민속생활상 등에 관심이 많지만 지금껏 우리나라는 전통적인 문화자원·종교유산을 활용하는 관광상품화 노력이 미흡하였다. 다시 말해서 문화관광상품은 큰 재원 없이도 관광객을 끌어들일 수 있는 소재지만 그 동안 이 분야에 대한 관심이 소홀했었다.

종교는 그 나라의 문화를 대표한다. 종교관광은 문화관광의 한 형태로, 종교유산에 관련된 의미로서 문화관광상품은 문화적인 가치를 지닌 문화자원을 관광객에게 관람, 구입하게 할 목적으로 기획한 모든 것을 상품화한 것이라 할 수 있다. 특히 종교는 관광매력물의 중요한 요소가 되며, 일반적으로 종교관광지는 주로 사찰, 기독교성지, 가톨릭성지, 힌두교성지, 이슬람성지 등이 해당된다. 우리나라는 종교관광상품이란 용어가 보편적인 개념으로 인식되어 있지 않고, 주로 사찰관광이나 천주교성지순례 정도로 실시되고 있다(한국관광공사 b, 1999: 22).

현재 우리나라의 전통신앙과 종교가 무엇이냐고 질문하면 선뜻 대답하기 곤란할 정도로 종교백화점과 같은 인상을 주고 있으나, 다른 관점에서 보면 한국사회가 전래 고유의 무속신앙 터전 위에 불교, 유교를 위시하여 서양종교인 천주교, 개신교가 혼재하는 다종교사회라는 점은 충분히 좋은 문화관광상품 개발의 소재가 될 것으로 보인다. 곧 참여를 통한 체험형 상품으로서 불교의 참선, 토착화된 유교 및 전통 무속신앙 등을 소재로 한 상품이나 종교문화의 본질을 체험할 수 있는 사찰, 서원의 자원중심형 상품, 향후 잠재성이 있는 분야로서 천주교 및 개신교의 성지순례 등을 중심으로 한 우리나라 종교유산을 활용한 상품화 방안은 기존의 문화상품화와는 차별화된 새로운 시도로 이해될 수 있을 것이다.

1) 무속신앙

외래관광객들이 우리의 공장이나 빌딩보다 우리의 역사문화와 예술을 더 좋아하고 더욱 관심있게 보는 것은 우리 문화의 모체가 되는 생활 속의 무속신앙 때문이다.

무속신앙은 가장 오랜 역사를 지닌 한국의 대표적인 민족신앙종교로 불교, 유교가 발생하기 이전에 한국의 역사와 더불어 자생한 전통신앙으로서 불교, 유교 및 천주교와 개신교의 거의 모든 종교에 영향을 미쳤고 상호 관련성을 가지고 있다.

한국의 무속신앙은 본래 종교적인 측면에서 보면 다른 종교와 그 본질이 다를 바가 없고, 정신병리현상의 치료수단인 샤머니즘적인 면에서 발생한 것이 아니라 한인(桓因) 천제께 제천신앙하고 홍익인간의 뜻을 받들어 경천지앙(敬天地仰)하며, 인화(人和)를 목적으로 제를 올렸으므로 무속신앙의 종교적 가치는 제대로 평가되어야 한다. 흔히들 무속신앙을 미신이라고 치부하고 종교로 간주하지 않기도 하지만, 무속신앙은 한국사회 구석구석에 한국인의 삶의 저변에 깔려 있는 신앙으로 자리잡아 오늘에 이르고 있다.

무속신앙은 축제와 같은 형태의 굿판을 통해 그간에 억눌렸던 감정을 분출할 수 있는 터전이 되면서 사회의 윤활제적인 역할을 담당하고 있다. 특히 동제, 도당굿, 부락제라 불리는 마을굿은 그러한 모습을 보여주는 전형적인 예다.

한국의 고대종교인 무교(巫敎)가 세계 어느 종교보다도 목적이 분명하고 본질이 뚜렷하다는 것을 보여준다는 것은 필연이다.[20]

2) 불교

우리나라의 찬란한 불교문화를 대변하고 있는 사찰은 전국에 약 850여개가 산재해 있으며, 우리에게 친숙한 '사찰관광'의 관광형태로 오늘에 이르고 있다. '98년 5월 현재 정부가 지정한 국보와 보물의 문화재 1,566점 중 불교문화재는 총 900점 이상으로 이러한 수치는 불교문화가 우리 전통문화에서 차지한 역할과 비중이 얼마나 큰지를 보여준다. 또한 세계문화유산 목록에 불국사와 석굴암, 해인사가 지정된 사실만 보더라도 불

---

[20] 19세기 말 우리나라에서 생겨난 천도교, 증산교, 원불교와 같은 민족종교들도 불교·기독교 등 세계적인 종교들처럼 교리상의 목적과 본질이 뚜렷한 종교이다.

교유산이 세계문화에서 차지하는 역할과 의의가 얼마나 큰지를 가늠할 수 있다. 따라서 이러한 국보와 보물 문화재를 간직하고 있는 사찰은 불교유산의 총산실이라 할 수 있을 것이다.

이상에서 살펴본 바와 같이 불교유산이 우리문화에 끼친 영향만큼 관광상품적 의의도 크다고 할 수 있다. 실제 오늘날 상존하고 있는 유형문화재의 70%이상이 불교유산이고 보면 이들이 한국의 관광자원이나 매력에 지대한 역할을 하고 있는 것이 현실이다.

3) 유교

유교는 중국에서 시작되었지만 일찍이 우리나라에 전래된 이래, 오랜 세월 동안 우리 민족의 삶 속에 뿌리를 내려 토착화되어 민족종교의 성격이 강한 편이다. 특히 조선시대에는 전국 곳곳에 서원과 향교가 세워져 교육과 교화는 물론 종교적인 기능까지 담당했다.

한국사회가 유교문화에 영향을 받은 것은 전국 방방 곳곳에 있는 많은 문화재와 사적, 서원과 향교를 통해 알 수 있다. 우리나라에는 유교교육과 교화의 중심지로서의 성균관, 성리학의 대가인 퇴계 이황 선생의 후학을 양성했던 도산서원, 율곡 이이 선생의 학통을 이은 기호학파의 중심지로서의 돈암서원 등을 포함하여 1백여 개의 서원과 235개의 향교가 있다.

4) 천주교

한국의 천주교는 1784년 이승훈(李承薰)이 북경에서 처음으로 영세를 받고 돌아온 것을 시작으로 2백여 년의 역사를 지니고 있다. 이후 폭발적인 성장을 보여주지는 않았지만 신앙공동체의 지속성과 통일성은 다른 어느 종교보다도 두드러진 편이다. 특히 한국 천주교의 초기 신자들은 사상과 가치체계를 달리하는 지배층으로부터 심한 탄압을 받았는데, 그때 순교자들이 흘린 피는 한국 천주교가 굳건히 뿌리를 내리는 바탕이 되었다.

천주교는 개신교와 비교해 볼 때 신도들의 열성과 조직력으로 각 교구마다 그 지역의 역사를 대변해 주는 성지가 잘 조성되어 있다. 전국 곳곳에 성지가 없는 곳이 없을 만큼 많은 천주교 성지가 있고, 14개 지역의 교구들은 성지조성에 적극적이며, 신자들도 다른 어느 종교의 신자들보다 국내의 성지순례에 열의를 가지고 있다.

대규모 성지 순교지들은 1950년대 후반부터 조성되기 시작하여 많은 천주교신자들의 성지순례장소로 참배되고 있다.

대표적인 성지순례지로서는 천주교의 발상지라 할 수 있는 경기도 광주의 천진암을 비롯하여 명동성당, 새남터순교성당, 서소문 순교터, 절두산 순교기념관, 당진 솔뫼마을, 안성의 미리내성지, 제천 배론성지, 전주 전동성당 일대, 대구 관덕정 순교기념관 등이 있다.

여기에서 천진암이 한국천주교의 발상지라면 제천의 배론성지는 황사영백서 사건이 생겼던 곳으로 한국천주교의 성장지로 볼 수 있다. 지금도 이상의 성지들은 신자와 함께 많은 관광객들의 관광대상이 되고 있다.

5) 개신교

개신교는 한국에 전래된 지 1백년을 갓 넘긴 정도로 다른 종교에 비하여 그다지 길지 않은 역사를 가지고 있는데 반해 크게 성장하였다. 게다가 지난 1백년 동안 한국의 근대화시기에 서양의 물질문명과 정신문화를 전파시키는 매개체였다는 점에서 개신교는 한국의 근대화의 견인차 역할을 하였다.

개신교 성지로는 양화진 외인묘지, 소래교회, 장로교 새문안교회, 감리교 정동제일교회, 성결교 중앙교회, 침례교 공주교회, 성공회 강화성당, 구세군 서대문 영문, 화성 제일교회, 주기철 목사 유적지 등이 있다. 이 외에도 한국관광공사의 『한국관광코스』에 개신교의 종교 목록으로 위의 정동교회 이외에 영락교회, 순복음교회, 금란교회, 광림교회, 충현교회 등이 소개되어 있다.

3. 문화관광축제의 관광상품화

문화관광축제는 문화체육관광부가 외국인 관광객 유치확대 및 지역 관광 활성화를 기본방향으로 두고, 전국의 전통문화와 독특한 주제를 배경으로 한 지역축제 중 관광상품성이 큰 축제를 대상으로 1995년부터 해마다 지속적으로 확대 지원·육성하고 있는 사업이다. 선정방법은 각 시·도에서 7개 이내의 축제를 추천하면 관광·축제 분야의 전문가들로 구성된 선정위원회에서 축제 프로그램 등 콘텐츠, 축제의 부가가치 창출 효과, 국내외 관광객 유치실적 등을 기준으로 선정하게 된다.

1997년 10개, 1998년 18개, 1999년 21개, 2000년 25개, 2001년 30개, 2002년 29개, 2003년 30개, 2004년 37개, 2005년 45개, 2006년 52개, 2007년 52개, 2008년 56개에 이어 2009년에도 57개 축제를 선정하였으며, 1999년까지 한국관광공사에서 예산을 지원하던 것을 2000년부터는 전액 국고(관광진흥개발기금)지원체제로 전환하여 예산지원을 대폭 강화하였다(2000년 국고 예산 16억 5천만원, 2001년 16억 5천만원, 2002년 16억 5천만원, 2003년 18억 4천만원, 2004년 21억 6천만원, 2005년 25억 3천만원, 2006년 35억원, 2007년 35억원, 2008년 73억원, 2009년 70억원, 2010년 72억 5천만원).

최근의 문화관광축제 평가보고서를 보면 관광객이 단순히 보는 관광보다는 직접 체험하는 관광을 선호하는 것으로 나타나고 있다. 이에 따른 전략으로 광역자치단체, 기초자치단체, 그리고 지역별 축제추진위원회가 공동으로 축제를 기획하여 축제의 본질과 지역전통문화의 주체성 유지에 바탕을 두고 관광객 참여형 축제로의 전환을 추구하고 있는 것으로 나타나고 있다.

이에 문화체육관광부는 문화관광축제 육성 및 지원을 위한 문화관광축제 평가단을 구성·운영하고, 한국관광공사는 국내외 홍보 및 여행업자·언론인을 대상으로 축제 개최지 팸투어를 실시하고 있으며 8개 국어 관광정보사이트 홍보와 공사 해외지사를 통한 축제상품 개발 및 외래객 유치 등의 사업을 실시하고 있다.

또한 각 지방자치단체에서는 축제 홍보를 위하여 축제 리플렛, 포스터 등의 각종 홍보물을 제작하여 언론매체, 관광관련업계 등에 배포하고 국내외 언론사, 여행사를 대상으로 설명회를 개최하고 있다. 또한, 관광 수용태세의 점검·정비를 위하여 축제 행사장 안내지도를 제작·배포하고 외국인관광안내소를 운영하는 한편 철저한 안전유지로 외국인의 안전상 불안감을 해소하고 혼잡, 교통체증 등을 방지하기 위하여 충분한 주차공간을 확보하며 숙박시설·식당 등의 서비스 개선을 계속해서 추진하도록 하고 있다.

한편, 문화체육관광부에서는 문화관광축제에 대하여 일몰제 도입 등 평가체계를 개편하여 특정 축제로의 예산지원 등 쏠림현상을 막고, 유사하거나 중복되는 지역축제의 통폐합을 유도하여 세계인을 매혹시킬 수 있는 경쟁력 있는 축제로 성장할 수 있도록 지원할 예정이다. 2010년 문화관광축제 내역은 〈표 7-3〉과 같다.

〈표 7-3〉 2010년 문화관광축제 내역

축제명	기 간	주요 프로그램
얼음나라화천 산천어축제	1.9~31 (23일간)	얼음축구, 산천어얼음낚시, 산천어루어낚시, 빙판이벤트, 얼음썰매타기, 창작썰매콘테스트, 얼음나라 열차, 산천어 등(燈)거리 등
태백산눈꽃축제	1.22~31 (10일간)	동별 길놀이경연대회, 국제눈조각전시, 얼음조각공원, 대형 눈썰매장, 무지개매직터널, 눈꽃등반대회, 불꽃놀이 등
인제빙어축제	1.28~31 (4일간)	산촌의 겨울놀이, 산촌의 겨울음식, 빙어낚시 체험, 은빛나라퍼레이드, 아이스모빌, 은빛나라 점등식, 빙하천국 루미나리에 등
제주정월대보름 들불축제	2.26~28 (3일간)	부싯돌불씨만들기, 달집만들기대회, 듬돌들기, 달집태우기, 오름불놓기, 불깡통돌리기, 레이져쇼 등
진도신비의 바닷길축제	3.30~4.1 (3일간)	무형문화재공연, 군립민속예술단공연, 기타 진도민속민요공연, 바닷길체험, 진돗개체험, 진도홍주체험, 뽕할머니소망띠달기 등
영암왕인축제	4.3~6 (3일간)	왕인박사 춘향대제, 왕인맞이, 월출산달맞이, 왕인역사전시관, 건강걷기대회, 야간트래킹, 영암명품즉석경매, 대형옹관빛기대학생워크숍, 왕인수석전시관 등
고령대가야 체험축제	4.8~11 (4일간)	지산동고분체험, 지산동무덤의 미스테리, 대가야유물체험, 대가야목관만들기체험, 고분벽화만들기, 역사재현극 등
경주술과떡잔치	4.17~22 (6일간)	전통술·떡전시, 창작떡만들기대회, 떡메치기, 대동술지도, 해외자매·우호도시 떡 판매, 술·떡 시음·시식 및 판매 등
남원춘향제	4.23~27 (5일간)	춘향국악대전, 남원농악한마당, 시조경창대회, 춘향묘 참배 및 춘향제전, 대동기놀이, 전통놀이체험장, 춘향그네뛰기 등
함평나비축제	4.23~5.9 (17일간)	나비채집 체험, 나비날개 이용 공예품 만들기, 곤충달리기대회, 나비탈 제작 및 퍼포먼스 나비곤충열차 운행 등
부산광안리 어방축제	4.23~25 (4일간)	수영전통민속공연, 망궐례, 길놀이, 활어요리경연대회, 청소년비보이힙합경연대회, 선회정량달기, 맨손으로고기잡기 등
하동야생차 문화축제	5.1~5 (5일간)	차시배지다례식, 차와 차사발세미나, 녹차재배농가체험, 다시만들기공연, 야생차만들기체험, 차사발만들기체험, 천년차 경매, 외국인차예절경연대회 등

축제명	기 간	주요 프로그램
문경찻사발축제	5.1~9 (9일간)	대한민국 도예 명장전, 세계의 찻사발전, 광물 찻사발 잡기, 전국도자비교전, 전통다례 학교 운영, 수제차 닦기, 찻사발 아카데미 등
연천전곡리 구석기축제	5.1~5 (5일간)	구석기퍼레이드, 구석기체험학교, 선사체험마을, 농경생활 문화체험, 살아있는 구석기인 퍼포먼스, 화석에서 태어난 구석기인 등
대구약령시한방 문화축제	5.1~5 (5일간)	전국우량한약재 선발대회, 약전골목 재발견, 한방무료진료, 무료 체질 감별, 한방팩 마사지, 약차시음, 한방 건강체험, 청년허준선발 등
담양대나무축제	5.1~5 (5일간)	대나무박람회, 대나무악기경연대회, 죽검베기대회, 시서화 백일장, 대통술 담그기, 대나무 뗏목타기, 대소쿠리 어부체험 등
지리산한방 약초축제	5.4~10 (7일간)	한방진료경험 수기공모, 산청문화관광투어, 허준 마당극공연, 사진전시회, 심마니 약초찾기, 한약재 썰기경연, 약초산업발전 심포지움 등
춘천국제마임축제	5.23~30 (8일간)	극장공연, 도깨비난장, 찾아가는 마임공연, 거리공연, 도깨비열차, 예술가지원 프로그램, 미친 금요일, 밤 도깨비 난장 등
한산모시문화제	6.11~14 (4일간)	한산모시옷패션쇼, 저산팔읍길쌈놀이, 한산모시제, 한산모시새벽시장, 한산모시천연염색, 한산모시풀체험, 한산소곡주체험 등
무주반딧불축제	6.12~20 (9일간)	반딧불이인형극 등 문화예술행사, 반딧불이 분양 및 방사체험, 반딧불이 야간 관찰 체험, 나무곤충 만들기 및 장승 깎기 체험 등
보령머드축제	7.17~25 (9일간)	거리퍼레이드, 요트퍼레이드, 머드홍보관, 지역특산품전시판매, 머드슈퍼슬라이딩, 머드씨름대회, 갯벌마라톤대회, 머드페인팅, 머드마사지 등
강진청자문화제	8.7~15 (9일간)	강진 신전 들노래, 고려청자 신비의 소리터널, 소달구지 열차여행, 고려시대왕실체험, 고려청자문양 탁본 및 조각 등
통영한산대첩축제	8.11~15 (5일간)	고유제 봉행, 삼도수군통제사 행렬, 통제영무과시험, 해양레포츠체험, 모형거북선 및 창작거북선 만들기, 한산해전재현 등

축제명	기 간	주요 프로그램
금산인삼축제	9.3~12 (10일간)	인삼제전, 물페기농요, 금산농악, 강처사설화마당극, 인삼캐기, 인삼병만들기, 인삼씨앗고르기, 전통인삼생산체험 등
평창효석문화제	9.3~13 (11일간)	학습체험프로그램, 효석백일장 메밀꽃밭오솔길, 전통장터, 도리께마당, 가산문학의 감동으로, 가장행렬, 먹거리테마단지 등
영동난계국악축제	9월 중순 (5일간)	박연선생승모제, 전국시조경창대회, 난계국악단 공연, 국악기 제작, 국악난장공연, 난계국악교실, 퓨전타악공연, 국악캠프 운영 등
안동국제탈춤 페스티벌	9.24~10.3 (10일간)	국내외탈춤공연, 월드마스크경연대회, 창작탈퍼포먼스, 탈춤따라배우기, 마당극, 창작인형극, 세계탈전시회, 탈만들기 등 50여개체험 등
양양송이축제	9.25~29 (5일간)	산신제, 읍면전통민속공연, 탁장사대회, 전통혼례식 재연, 송이채취, 송이생태견학, 송이요리시식, 농가홈스테이 등
충주세계 무술축제	9.29~10.3 (6일간)	우륵국악단공연, 무술퍼포먼스, 택견퍼포먼스, 무술강좌, 무술배워보기, 목검만들기, 무술연무 및 무술대회, 이종격투기, 충주사과마라톤대회 등
과천한마당축제	9.29~10.3 (6일간)	해외공연팀 초청공연, 축제 국제학술행사, 거리춤바람, 인형축제, 곤충생태관 관람, 거리미술사진전, 야간음악공연 등
자라섬국제 재즈페스티벌	9.30~10.5 (7일간)	국제재즈페스티벌, 국제재즈콩쿨, 세계타악기전시회, 전시체험, 재즈연주워크샵, 무궤도열차체험, 재즈책잔치 운영 등
김제지평선축제	9월말~10월초 (5일간)	벽골제제사, 쌍룡놀이, 입석줄다리기, 벼베기시연, 인간문화재공연, 지평선쌀유통특별전, 생명농업전시관, 단야낭자인형극 및 동화구연 등
남강유등축제	10.1~12 (12일간)	소망등달기, 풍등 날리기, 창작탈춤, 농악발표회, 등 캐릭터사진찍기대회, 소망등달기, 유등띄우기, 세계등전시, 종교등전시 등
인천소래포구축제	10월초 (4일간)	개막퍼레이드, 서해안풍어제, 새우젓전시관, 소래수산물활어전시관, 김장체험관, 소래포토존, 소래먹거리장터, 세계풍물관, 수산물이벤트, 영 페스티벌 등

축제명	기 간	주요 프로그램
수원화성문화제	10.6~11 (6일간)	정조대왕 능행차 연시 재현, 궁중·화성·동물농장체험, 야간장용영수위의식, 경축타종, 한복맵시선발대회 등
풍기인삼축제	10.6~11 (6일간)	인삼고유제 및 대제, 주세붕군수행차재현, 풍기인삼실버페스티벌, 풍기인삼씨앗뿌리기, 인삼마라톤대회, 외국약초비교전시, 인삼피부마사지체험 등
광주7080충장축제	10.5~10 (6일간)	추억의 전시관, 민정순시퍼포먼스, 추억의 벼룩시장, 거리퍼레이드, 추억의 먹거리, 추억의 포크송 공연, 충장 병아리축제 등
천안흥타령축제	10.5~10 (6일간)	능소전제작공연, 춤전시관, 흥타령춤배우기, 거리퍼레이드, 씨티투어, 거봉포도와이너리, 전국팔도사투리강연 등
부산자갈치문화 관광축제	10.14~17 (4일간)	용신제, 용왕제, 출어제, 만선제, 소망등달기, 길놀이, 맨손으로 활어잡기, 낙지속의 진주찾기, 나도자갈치아지매 등
광주김치대축제	10.15~24 (10일간)	김치전시관, 2009김치산업페어, 김치발효과학카페 등, 종가집김장시연, 김치스쿨, 김치주먹밥만들기, 김치과학교실, 배추수확체험, 묵은지 퓨전 별미거리 등
순창장류축제	10.15~17 (3일간)	고추장요리경연대회, 메주만들기, 고추장떡만들기, 민속예술제, 전통두부만들기체험, 장류용기전통옹기빚기체험 등
강경발효 젓갈축제	10.21~25 (5일간)	축제연계관광, 읍면동문화가장행렬, 개태사 철확 이운행사, 놀뫼고을전통행사, 황산골선비밥상, 젓갈주먹밥사먹기, 가마솥햅쌀밥과 젓갈시식체험 등
이천쌀문화축제	10.21~24 (4일간)	거북놀이, 추수감사제, 임금님진상행렬, 쌀퍼포먼스, 풍년마당극, 장승제, 짚풀공예, 탈곡마당, 대동놀이, 가마솥밥이천명 등
김해분청 도자기축제	10.27~11.1 (5일간)	도자기비교전시, 분청사기학술세미나, 도자기시화전, 도자기만들기체험, 투호, 전통가마불지피기, 도자기조각모자이크 등

자료: 문화체육관광부(2015), 관광동향에 관한 연차보고서.

제5절 문화산업과 문화관광상품

1. 문화산업의 이해

　　문화산업의 뜻을 정확히 표현하기란 매우 어려운 문제이지만 "삶의 질을 지탱하고 향상시키는 재화와 용역을 산출해내는 산업"[21)]으로 정의하기도 한다.

　　이와 같은 의미의 문화산업은 서비스업의 성장과 함께 발전해 왔다. 미국 노동부가 발간한 미국 직업전망서는 1994년에서 2005년까지 1,770만개의 일자리가 새로 생겨날 것이라고 전망(한국경제신문, 1998)하였는데, 이 가운데 고용은 서비스산업에서 집중적으로 증가한다. 엥겔계수가 소득이 증가할수록 전체 소득에서 음식물에 대한 지출비중이 낮아진다는 것을 알려준다면, 테일러계수(Taylor Coefficient)는 경제발전수준이 어느 정도 단계에 이르면 제조업 제품에 대한 수요는 줄어드는 반면에 서비스에 대한 수요는 늘어난다는 것을 보여주고 있다(이명식, 1999: 16~17). 그런데 테일러계수가 높아지면서 나라마다 문화산업이 급성장했다.[22)]

　　이와 같은 문화산업 선풍의 배경은 무엇인가? 대략적으로 다음과 같은 것들을 그 원인으로 하는데 동의하고 있다(김문환, 1997: 233~240; 이명식, 1999: 18~25).

① 일인당 국민소득의 증가

② 근로시간의 단축

③ 수명연장

④ 교육고용 그리고 지역사회에서 여성의 참여

⑤ 사회보장 최저 수준의 달성

⑥ 정보통신기술의 발전과 서비스 영업패턴의 변화

⑦ 서비스산업의 세계화와 정부의 규제완화

---

21) 왜냐하면 이와 같은 재화와 용역의 수요에 대한 충족은 많은 경우에 생활방식의 변화에 의해서 초래되었기 때문이다(김문환, 1997: 233).

22) 1980년대 이후 일본에서는 문화산업이 급성장했다. 한 연구에 따르면 일본에서 문화산업에 종사하는 인구는 1,600만 명에 달한다. 이것은 일본 국내산업 고용인구의 30%에 해당된다(김문환, 1997: 233).

한국사회도 아직 미국, 일본 등 선진사회에는 못 미치지만, 1960년대 이후 경제적으로 꾸준히 발전해 왔고 이에 따라 문화상품에 대한 수요도 꾸준히 늘고 있다. 문화산업은 삶의 질을 변화시키고 인간적 향상을 촉진시키는 기능의 효과적인 작용으로 인해 앞으로 한국경제를 촉진시키는 도화선이 될 가능성이 높다.

2. 문화관광상품의 진흥방안

문화관광상품이라는 개념은 문화와 관련된 관광산업에 의해 생산된 산물들이라고 규정할 수 있다.

문화산업이라는 개념은 오늘날 긍정적으로 평가받는 경향23)으로 그 중점적인 관심 대상은 문화요소 가운데 유네스코가 대체로 동의하는 10개의 범주가 될 것이다. 이것은 곧 책, 레코드, 사진, 미술작품복제, 신문과 잡지, 공예, 영화, 라디오, 텔레비전, 뉴미디어 등이다.

관광산업은 많은 측면에서 문화산업들과 비슷한 점이 있다고 할지라도 기계적인 또는 전기적인 대중소비수단에 의해 특별한 메시지를 생산한다고 간주할 수는 없다. 여기서 문화산업으로서의 관광에 좀더 유의할 필요가 있다.

관광이 사람들로 하여금 한 나라 또는 지역의 과거와 현재의 문물들을 특히 인간적인 접촉을 통해 터득케 하고 이를 통해 독특한 즐거움을 갖도록 하자는데 그 초점이 놓여있다는 것을 확인하는 정도로 만족해서는 안된다. 그럴 경우 관광객들을 위한 문화프로그램들은 그들이 방문하는 나라 또는 지역들이 지녀온 전통문화들을 제대로 인식하는 동시에 그것이 현재에도 계속 생명력을 유지 발전시키고 있음을 확인할 수 있도록 배려해야 한다. 또한 시설들이 문화유산들에 대해 손상을 초래하지 않는다는 원칙 아래 마련되어야 하며, 여행사들이나 안내자들, 호텔종업원들은 자신들이 문화외교를 책임지는 요원이라는 의식이 투철해야 한다. 아울러 관광이 공예생산의 질에 직접·간접으로 영향을 미친다는 사실에도 유념해야 한다.24)

---

23) 문화산업이란 개념은 1940년대에 특히 비판이론을 대표하는 호르크하이머나 아도르노에 의해 인간의 반성능력을 둔화시킨다는 뜻에서 자못 부정적인 의미에서 출발하였다(계몽의 변증법, 1947).

24) 전체 시장이 상업화되고 말 때, 전통적인 디자인이나 전통적인 소재들이 관광객들의 요구에 맞춰 변경되는 경우가 적지 않기 때문이다.

문제는 이와 같은 중요성을 갖는 일차적 예술들이 결코 짧은 시간에 갑자기 일정수준에 도달할 수 있는 성질이 아니라는 것이다. 이는 예술창조뿐만 아니라 그것을 수용하는 사람들의 측면에도 해당한다. 그러기에 예술적 성숙을 위한 정부적 차원의 노력은 교육과 밀접하게 연관될 수밖에 없다. 이 때 교육이란 학교 교육뿐만 아니라 사회교육까지도 포함하는 평생교육이어야 할 것이다.

우리는 흔히 문화산업 내지 문화관광상품의 진흥을 위해 공공기관이 개입하는 것이 마치 당연한 듯이 전제하는 논의들을 하지만, 이 문제는 사실상 단순하지가 않다.

일반적으로 말해서 문화산업들이 근대적인 문화정책(문화관광상품진흥정책을 포함해서)의 발전에 기여할 수 있으려면 항상 다음과 같은 목표들에서 벗어나지 않도록 관리되어야 한다(김문환, 1997: 249).

① 일반 공중의 문화에의 접근을 확대할 것
② 대중매체의 질을 개선할 것
③ 다원적인 창조적 작업을 발전시킬 것
④ 기존 제도들을 근대화할 것
⑤ 문화적 생산을 위한 잠재능력을 강화할 것
⑥ 국가가 문화적 독립성을 향유하는 동시에 국경을 넘어서 좋은 영향을 미치도록 보장할 것

여기서 문화산업들이 문화관광상품에 진정한 공헌을 가져다주기 위해서는 이를 위한 어떤 진흥정책도 전통적인 예술들의 진흥정책과 분리된 상태에서는 결코 좋은 성과를 맺을 수 없을 것이다.

3. 세계화를 위한 문화와 관광의 연계방안

세계화를 염두에 두고 문화와 관광을 연계해서 생각하고자 할 때, 우리는 전략적 차원에서 무엇보다도 고부가가치를 노리는 문화가 담긴 관광상품을 연상한다.

새로운 목적지에로의 여행은 전에 경험한 것과는 다른 어떤 기억할 만한 인상을 남긴다. 의사결정자는 객관적인 현실보다는 오히려 자신이 갖고 있는 상황에 대한 이미지에 따라 행동하기 때문에 이미지와 의사결정의 관계가 중요하다(Band Bovy and

Lawson, 1977: 10). 곧 관광목적지의 선택은 흔히 객관적으로 이루어지는 것이 아니라 투영된 이미지에 따르게 된다. 이러한 관광지에 대한 관광객의 이미지는 유기적 조직체와 유도 자극에 의한 두 가지 수준에서 발전된다. 전자는 학생의 교과서와 뉴스보도와 같은 비관광 커뮤니케이션에 의해서 형성되는 것이고, 후자는 개발, 촉진, 광고 및 선전 등의 의도적인 노력에 의해서 부각된다(Britton, 1979: 320).

관광목적지에 대한 인식이 우호적일 수록 그 목적지의 선택가능성은 우호적인 인식도가 낮은 딴 관광목적지보다 높아지며 관광목적지가 급격한 변화를 보임에도 불구하고 이미지는 시간의 경과에 따라 상당히 안정되는 경향이 있다(Crompton, 1979: 21).

이러한 관광이미지의 역할과 기능은 관광객의 선택과 행동을 유발하는 데 있다. 만약 어느 관광지에 대하여 좋은 이미지를 가지면, 여행동기가 어느 정도 강하지 않더라도 여행행동을 야기할 수 있겠고, 아무리 동기가 강하더라도 가고 싶지 않은 관광지라면 행동은 일어나지 않는다. 관광지는 유인으로서 작용하고 그 유인은 좋은 만큼 행동을 일으키기 쉽기 때문이다. 바람직한 이미지는 관광지향에 촉진요인으로, 바람직하지 않은 이미지는 그것에 향해지는 행동에 저해요인으로 작용할 수 있다(손대현, 1986: 189).

현대와 미래를 '감성의 시대'라고 표현하듯이 이제 관광객은 자신의 감성에 맞는 대상에 대해서 호감을 느끼는 경향이 있다. 실제로 관광객들은 관광상품의 내용이나 가격요소보다도 '왠지 기분 좋게 느껴지는' 상품을 선호한다.25)

인지심리학에도 "인간은 자기자신의 자아영상(self image)과 일치하고 자신의 행동을 합리화해 부합한 대상에 대해서 호감을 느낀다"는 이론이 있다. 이는 소비자가 자기자신이 설정한 이미지에 부합(identity)되는 나라, 기업, 상품, 인물에 대해서 호감을 느낀다는 뜻이다.

좋은 이미지를 지닌 나라는 관광객의 선호도가 증가하고 시장에서 경쟁우위를 확보할 수 있으며, 국민의 사기앙양과 국가의 대외 섭외능력 향상을 도모할 수 있는 한편, 사고의 발생시에도 여론의 공격을 완화시킬 수 있다는 점에서 관광진흥의 성과를 높일 수 있다.

---

25) 무엇인가를 산다든지, 서비스를 이용한다든지 하는 이른바 소비행동에 있어서 사람들은 여러 가지를 결정요인으로 선택하게 되는데, 날이 갈수록 단순히 좋다 나쁘다 또는 좋다 싫다의 정도를 넘어 五感(視 聽 臭 味 觸) 전체가 동시에 반응을 일으키는 차원이 중시되고 있다(김문환, 1997: 261).

우리의 전통문화는 그 품이 넉넉하면서도 개성적이어서 관광상품개발에 상당한 정도로 자극적으로 이용될 수 있다. 예술·문화 영역뿐만 아니라 의·식·주를 중심으로 한 생활문화의 영역에 들어있는 자산들 가운데는 조금만 손질하면 그대로 세계적인 상품이 될 수 있는 것들이 적지 않다. 그러나 우리가 진정으로 세계화에 성공하려면 우리가 세계를 필요로 하는 수준에서 벗어나 세계가 우리를 필요로 하는 수준으로 옮아가는 상승작업에 힘을 기울이지 않으면 안된다.

4. 문화관광상품과 전통문화의 보존

최근 관광진흥 10개년계획이 발표되고 관광비전21이 연이어 제시되었지만, 그것이 지나치게 경제적인 관점에서만 논의되었다는 점에서 언론으로부터 부정적인 반응을 불러일으킨 것이 아닌가 하는 생각이다. 관광이란 궁극적으로 우리와는 다른 문화 속에 살고 있는 사람들을 이곳으로 오게 하여 그들로 하여금 이질적으로 보이는 문화경험을 통해 오히려 인간과 세계에 대한 증폭된 이해를 가능케 하자는 데 그 뜻이 있다고 할 것이다.

한편, 현대인들은 생활의 질을 관광을 통해 향상시키기 위하여 단순히 보고, 즐기고, 소유하는 관광활동에서 벗어나 새로운 것에 대해 탐구하고 대상물에 대해 이해하고자 하는 문화적 관광활동으로의 욕구가 증대되고 있다. 이러한 현상은 관광객의 관광활동이 기존의 자연관광자원보다는 오랫동안 마음속에 간직할 수 있는 교육의 뜻이 강한 문화관광자원에 비중을 두고 있음을 보여주는 것이다.

따라서 민속, 문화, 음악, 무용, 신앙 등 지역 특유의 전통문화가 관광객에게 신선하고 흥미로운 관광활동을 제공해 줄 수 있다는 점에서 지역고유의 전통문화를 보존·계승시켜야 할 것이다.

관광상품이란 어느 하나 덜 중요한 것은 없으나, 그 중 가장 중요한 것은 전통문화이다. 곧, 그 땅에 사는 사람들의 삶—의·식·주·노래·춤·그림·축제—이라 할 수 있다.

우리의 옷, 음식, 집, 소리와 글을 한복, 한식, 한옥, 국악 그리고 한글이라고 하고 우리의 것이 아닌 밖에서 온 것들을 양복, 양식, 양옥, 양악이나 외국어로 부른다. 그러나 현재 이 땅에 살고 있는 우리가 입고, 자고, 먹고, 말하고, 하는 것은 과연 우리 것이

라고 말할 수 있을까?

우리나라는 각 지역 특유의 많은 역사 매력물과 민속음악, 미술, 무용 등 문화매력물을 가지고 있다. 문화자원은 도시화와 산업화과정에서 많이 훼손되어 왔으며 계속하여 발굴 · 정비 · 복원사업이 이루어지고는 있으나 매우 미흡한 실정이다.

지역의 고유한 전통문화는 훌륭한 관광자원으로서의 가치를 지니고 있기 때문에 이는 그 지역의 지역발전에 기여할 뿐만 아니라 그 나라의 국토성 · 역사성 · 민족성 · 지역성에 기반을 둔 관광자원개발을 진행시킴으로써 지역의 문화적 우월성을 과시하여 외래객을 유치하는 첩경이 된다(이장춘 외, 1995: 1074).

따라서 지역고유의 전통문화의 보존은 그 지역의 입장에서는 관광을 유발하여 지역의 경제발전을 도모하고 지역주민들의 자긍심을 높일 것이며, 국내로는 빠르게 늘고 있는 문화욕구를 충족시킬 수 있는 관광기회를 제공함과 동시에 우리 문화에 대한 재인식의 기회를 부여하고, 대외로는 문화의 우수성을 홍보하여 그 지역에 대한 인상을 좋게 하는데 큰 뜻을 가질 것이다.

문화의 상품화가 가지고 오는 사회영향을 다음의 글이 잘 보여주고 있다(중앙일보: 1996. 2.).

"최근 들어 우리 사회의 여러 활동부문들을 경쟁논리로 엮으려는 움직임이 많아졌다. 정부는 「세계화」를 국가경영전략으로 채택하면서 한국을 21세기 일류국가로 키우겠다고 나서고 있고, 교육계는 경쟁력을 높인다며 교육개혁을 추진 중이고, 기업들도 이에 질세라 초일류 전략을 세운다. 문화분야에도 이런 경향이 나타나기는 마찬가지다. 문화를 산업화하고 문화활동에 '기업마인드'를 도입하자는 주장이 그것이다. 폐광지가 있는 산촌에 스키장 · 골프장 · 카지노시설 등을 설치해 문화관광산업의 기지로 조성하는 것 등이다. 낙후된 폐광촌 주민들의 복지를 위한 뜻인 것으로 보이기는 하는데, 환경오염 등 그 부작용이 적잖을 것으로 우려되는 것이다. '문화복지'라는 개념으로 시골에 카지노시설까지 설치하자는 것은 문화정책을 개발정책과 같이 보기 때문이 아닐까 싶다. 이런 발상은 문화를 상품으로만 간주하기에 나온 것일 것이다. 세상 만물 중에 이윤추구 대상이 되지 않는 것이 없는 터에 문화라고 예외일 수 없다는 논리다. 최근 문화산업이 급격히 발전해 문화가 '잘 팔리는' 정세도 이런 논리를 강화하는데 기여하고 있다. 하지만 문화의 상품화나 기업화가 곧 문화를 살찌우는 것이라고 생각할 수만은 없다. 넓게 보면 문화는 우리가 살아가는 방식이므로 문화를 창달하는 것은 대통령의 올해 국정목표처럼 「삶의 질」을 개선하는 것이다. 그러나 삶의 질을 개선하는 것이 곧 삶을 상품으로 만들고 우리가 하는 모든 것을 기업처럼 하자는 말로 이어진다면 곤란하다. 상품화나 기업화 정책은 문화를 현실적인 안목으로 보자는 타당한 측면이 없지는 않으나 경쟁논리만이 최선인 것처럼 만드는 부작용이 적지 않다. 이윤을 내기 위해 늘 아등바등 살아야 하는 것도 그런 부작용의 하나다. 아등바등 살자고 문화창달을 주장하는 것은 분명 아닐 것이다. 오히려 좀더 여유롭고 한갓진 삶을 마련해 주어야 하지 않겠는가. 문화정책은 문화를 무한경쟁의 한 바다로 내몰기만 해서는 안된다."

그렇다고 한다면 그들의 마음을 사로잡으면서도 공감할 수 있는 볼거리, 먹을거리 그리고 살거리를 어떻게 마련하며, 그들이 우리들과의 접촉에서 인정을 느낌으로써 이를 두고두고 즐거운 추억거리로 삼거나 다시 찾아오게 할 수 있는 방안이 모색되어야 한다. 이때 우리 것만을 강조하는 일방통행식 강요는 될 수 있는 한 기피되어야 한다. 우리 자신이 객지에 가서 지치면 우리 입맛을 살린 먹을거리를 찾듯이 그들이 이국적인 문물들 속에서도 자신의 고유한 문물을 찾아낼 수 있도록 배려해야 한다.

제6절 관광문화와 시간·공간

1. 사람·시간·공간

사람은 역사 안에서, 역사와 더불어 살지 않을 수 없다. 여기서 역사라는 말을 시간으로 바꾸어도 좋다. 역사는 시간과 결부되기 때문이다. 사람은 시간을 의식하고 시간에 살며 시간을 창조하는 유일한 존재이기도 하다. 이렇듯 시간을 어떻게 느끼는가에 따라 사람의 사고방식, 인생관 형성에 영향을 주고 여기에 따라 관광의 뜻과 방향도 달라진다.

곧, 문화가 만들어져 온 것에 대하여 종단으로 보는 방법이 있을 수 있고, 횡단으로 비교할 수도 있다. 전자는「문화와 시간」에 걸리고, 후자는「문화와 공간」과 연결된다. 문화변동에 대하여 시간적으로 불변하는 문화요소가 있다는 생각이 있는 바, 말하자면 문화의 역사적 연속성을 말한다(김인회 외, 1974: 58~69).

다시 말해, 이와 같은 문화의 역사적 연속성은 누적된 문화경험을 뜻한다. 이러한 경험의 저장원이 바로 관광의 태도를 결정하는 근본원인이다.

따라서 문화의 입장에서 관광이 추구해야 할 이념은 역사, 문화, 지리의 조화이다. 관광학(觀光學)이란 한 마디로 '빛을 보고자 하는 노력'으로 이야기할 수 있기 때문에 '관광'이란 '빛이란 존재를 찾는 일'이라고 할 수 있다. 다시 말해, 하늘과 땅에는 보이지 않은 빛과 볼 수 있는 빛이 있고 이것을 하늘(天)과 땅(地) 사이에 있는 사람(人)이 인지하는 것을 관광이라고 하며, 다음과 같이 나타낼 수 있다(김용상, 1993: 25~26).

〈표 7-4〉 관광에 대한 이념

觀光	天 (時間)	無形	動	眞	天理	覺	正	精氣	歷史
	人 (사람)	中	中	善	倫理	學	修	心氣	文化
	地 (空間)	有形	靜	美	生理	藝	樂	生氣	地理

하늘(天)이란 무형의 것으로서 계속 움직이고 있으니 눈으로는 볼 수 없고 곧 정기이기에 만물의 본성을 이루니 진(眞)이요, 진은 항상 바르니(正) 깨달아야 느낄 수 있다. 곧 시간의 흐름에 따른 우주사적 천리(天理)를 기본으로 하는 역사이다.

사람(人)은 심기(心氣)로서 만물의 본질이며, 만물의 본질은 선(善)이다. 이 선을 추구하는 것이 바로 인간의 윤리이니 인륜(人倫)이라 하고, 그 방법이 배움(學)이요, 배운다는 것은 곧 닦음(修)을 뜻한다. 그 소산이 문화이다.

땅(地)은 생기(生氣)로서 만물의 형상을 이루고 있다. 즉 생기가 만물의 형상으로 표출된 모습이 미(美)요, 아름다운 미는 멈추어야(靜) 볼 수 있는 것으로 천태만상으로 변하니 예(藝)이며, 인간은 이러한 개체미에 항상 희열을 느낌으로써 기쁨을 맛볼 수 있다. 그러므로 땅(地)은 공간으로 당해 지역의 특성을 잘 나타내 주고 있는 것이다.

따라서 사람의 고유문화에는 시간·공간으로 존재하는 성스러운 힘이 있는 것으로 그것이 바로 관광이 추구해야 할 이념이다.

2. 올바른 관광문화의 창출

시간은 공간 속에서 문화를 낳지만, 거꾸로 문화가 또한 시간을 낳는다. 사람에게는 원을 그리며 도는 문화의식이 밑바닥에 깊이 깔려 있다.

겨레마다 민족적 개성이 다르므로 독립된 문화는 늘 개성적이다. 모든 사람이 스스로 개별성을 지녔듯이, 모든 문화는 각기 독자성을 지닌다. 따라서 관광문화를 꽃피우는 길은 우리의 삶을 더욱 알차고 풍요롭게 한다는 발전논리에 따라야 한다(이장춘 외, 1995: 239).

관광의 목적은 단순히 소비적인 여행이 아니라, 휴식과 견문을 통한 새로운 삶의 창조에 있다. 우리의 선조들은 관광이란 말보다는 유람이라는 말을 많이 사용하였다. 유람의 람(覽)은 눈에 보이는 것을 본다(見)는 뜻과 눈에 보이지 않는 것도 본다(觀)는 뜻을 함께 지니고 있다. 인간을 사람(四覽)이라고 하는 이유는 사계절을 볼 줄 안다고 해서 붙은 말이며, 철부지(節不知)란 계절을 모른다는 뜻이다. 사람이 되기 위해서 인간은 자연으로부터 삶의 지혜를 배우는 유람을 한 것이다. 선악과 시비를 불문에 붙이고 보고 듣는 모든 관계를 철저하게 삶의 가치로 승화시키면서 여행을 지혜롭게 할 줄 아는 방법을 터득하고, 자아완성의 바른 길로 나아가야 한다. 관광이 단순한 놀이의 세계만 있는 것이 아니라 창조적 삶을 이끌어 내는 자아충전의 기회가 된다는 사실을 깨닫는 관광문화의 정착이 필요하다.

여행은 대화라고 한다. 여행은 곧 관광지의 풍물이나 인간과의 만남을 통해 다양한 세계를 보고 개개인의 삶의 질을 높이는데 그 참뜻이 있다. 관자재(觀自在)는 지혜를 관조함으로 자재한 묘과를 얻는다는 뜻이며, 관세음(觀世音)은 세간의 음성을 살핀다는 뜻이다. 우리의 진정한 삶을 보다 나은 차원으로 승화시키기 위해 관광에 참여한다는 정신적 자세를 가다듬어야 한다.

여러 계층 사람이 함께 여행하는 형태를 창출함으로써 도시를 탈출하여 자연과 접하는 시간을 갖게 된다. 함께 여행하는 것은 함께 자연 속에 산다는 것을 뜻한다. 일즉다 다즉일(一卽多 多卽一)이란 생각은 나를 우리 속에서 확인하고 우리를 나 우리 속에서 확인하는 너와 나의 일체, 인간과 자연의 일체를 뜻한다. 그러나 우리가 그동안 지켜온 삶의 방식은 철저한 인간중심의 가치의식이었다. 인간을 위해서만 자연의 존재가치를 인정하는 인간중심 사고는 인간생존을 위협하는 힘으로 나타나고 있음을 느껴야 한다. 관광개발이나 관광행동 모두가 최소한의 양식을 가져야 하며, 자연을 훼손시켜 피해를 주는 일은 절대로 없어야 한다. 자아중심적인 사고를 극복한 이만이 사람다운 사람이라는 말도 있다. 자연과 무관하게 남과 무관하게 인간의 삶이 독자적으로 유지될 수는 없는 것이다. 삶이란 너와 나, 인간과 자연이 함께 호흡하는 공존의 관계임을 깨달아야 한다. 관광도 삶의 일부가 된 지 오래이다. 우리는 어떠한 자세로 관광에 임해야 할 것인가?

우주의 모든 것은 각자의 가치를 지니고 있으며, 그것은 물질적 중심과 문화적 중심이 조화를 이루고 있는 오묘함을 지니고 있다. 우리는 우리 주위의 모든 것이 각자의 가치를 지니고 있으며, 하나의 빛(光)으로 작용하고 있음을 보아야(觀) 할 것이다.

관광과 경제

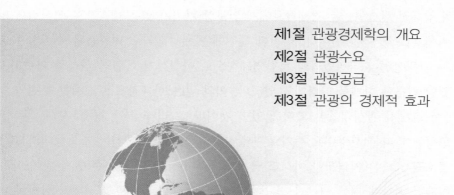

제**8**장	관광과 경제

제1절　관광경제학의 개요

　경제성장과 정보기술 등의 발달로 인한 사회문화적 변화와 발전은 관광수요를 증가시키고 있고, 이와 관련하여 다양한 관광의 경제적 현상을 나타나게 하였다.

　관광의 경제적 현상연구는 경제학자에게 연구할 가치가 있는 대상으로 인식됨은 타 분야에 비해 비교적 늦은 편이다. 이러한 원인에는 관광객의 소비지출과 소비지출 대상이 되는 관광산업이 타산업과의 복합연계성으로 아직까지 독립적 위치를 마련하지 못하고 있어 연구상 한계를 나타내고 있었다. 이와 같은 한계점으로 경제학 측면의 연구대상에서 그다지 관심대상이 되지 않았던 것이다. 그러나 최근 경제, 사회, 문화적 여건이 향상됨에 따른 관광수요 증가로 관광산업의 성장을 제고하는 소득증대와 고용창출의 경제적 효과는 지역뿐만 아니라 국가의 경제성장을 도모할 수 있게 됨에 따라, 관광의 경제적 현상에 대한 연구가 필요하게 되었고, 갈수록 관광의 경제적 현상이 다양해짐에 따라 연구분야도 다양해지고 있다.

1. 관광경제학 연구의 발전

　관광현상에 대한 경제적 사고는 서양에서 비롯되었다. 서양은 지리적 여건상 이동을 생계수단으로 삼는 유목형 사회구조를 갖고 있었는데, 밀(麥)농사가 동양의 벼농사만큼

자본과 노동력이 소요되는 정착형 농업이 아니었기 때문이다. 지정학적 여건으로 유럽 국가들은 언어나 민족도 서로 동일하거나 유사성이 크고, 접근성이 양호하여 상호 왕래가 쉽게 이루어질 수 있는 여건이 일찍부터 조성되어 있었다(김사헌, 2001: 94). 이러한 까닭으로 관광현상에 대한 경제적 이해가 유럽을 중심으로 서양에서 먼저 발전한 것은 우연이 아니다.

관광의 경제적 사고에 본격적으로 관심을 갖게 된 것은 유럽의 여러 나라들이 제1차 세계대전 이후 전쟁의 폐허와 부존자원의 결핍에도 불구하고 국가경제 재건과 부흥을 위하여 필사적으로 노력하고 있을 즈음이다. 당시 유럽국가들은 다양한 경제적 교류를 위하여 자국외의 유럽인들과 북미인들이 이동하면서 소비하는 외화획득에 대하여 중요한 인식을 갖게 되면서부터이다.

그 중에서도 특히 이탈리아나 독일에서 먼저 관광객 이동현상과 이로 인한 외화증가에 대하여 관심을 갖고 부분적으로 연구가 시작되었다. 이 연구들은 주로 관광객수, 관광소비액, 관광객 체재기간의 통계와 변화에 초점을 맞추었다.

관광경제적 측면의 최초 연구는 이탈리아의 '보디오(Bodio, 1899)'의 논문 "이탈리아의 외래객 이동과 소비액에 대해서"와 '니체훼로(Nicefero, 1923)'의 논문 "이탈리아의 외국인 이동" 그리고 '마리오티(Mariotti, 1928)' 저서 「관광경제학강의」이다. '마리오티'의 저서는 당시의 단편적 연구들을 총정리하여 집약한 것으로서 이후 관광경제연구의 토대적 역할을 하였다.

한편, 초기의 관광경제서는 이탈리아의 마리오티를 시작으로 독일에서는 '보르만(Bormann, 1931)'의 「관광학개론」, '글릭스만(Glücksmann, 1935)'의 「일반관광론」, '보르만(Bormann, 1937)'의 「관광론」이 있다. 여기에서 경제적 현상에 중점을 두고 연구해온 마리오티와 경제적 현상뿐만 아니라 지리, 심리, 사회학도 함께 연구되어야 한다고 주장하는 글릭스만은 상호간 연구범위에 있어서 근본적으로 대립하는 양상을 보였다. 그러나 보르만의 연구는 마리오티의 학설을 발전시켰다. 그는 관광의 경제적 현상 중 국민경제 및 경영·경제적 영역을 연구하였으므로 경제적 근간을 둔 개별학문적 성격을 지니고 있다(김진섭, 2004: 39~40)고 하였다. 이외에도 영국의 '오길비(Ogilvie, 1933)' 등을 손꼽을 수 있다.

관광의 경제적 측면에 대한 연구경향이나 방법론에 있어서 유럽과 북미대륙은 차이가 있다. 유럽대륙의 관광에 대한 초기연구는 관광객수나 소비액의 단순한 관광경제현상에 대한 접근으로 연구방법론이나 이론구성면에서 관광경제학적 요건을 충족시키지는 못했다고 평가할 때, 북미학자들이나 영국학자들의 연구는 이러한 미비한 점들을 보완하여 개별학문적 성격을 지닌 관광경제학으로 발전시켜 왔다.

북미학자들의 관광의 경제적 현상에 대한 학문적 접근은 넓은 영토와 풍부한 관광자원을 지니고 있고, 그리고 지정학적으로 타국가(특히 유럽)와 격리되어 있다는 특수성으로 국제관광보다는 국내관광 − 내국인의 사회후생차원에서의 국내관광에 대한 인식에서 시작되고 발달해왔다. 결국 관광은 외화획득 수단이 아니라 내국인의 복지실현 수단으로 인식되었던 것이다. 주요 관심분야도 외화획득 방안 등 처방적 연구나 관광통계체제의 개선이 아니라 이용자편익이나 관광잉여 또는 관광지의 수용력·혼잡도 등 이용자 후생분석이 그 근간을 구성하고 있다는 점을 통해서 부분적이나마 그 증거를 읽을 수 있다(김사헌, 2001: 82).

한편, 산업혁명의 발상지인 영국을 비롯한 유럽지역의 학자들은 관광을 경제성장의 수단, 곧 외화획득수단으로서 인식하고 연구를 편협적으로 진행하였고, 이 연구들은 경제학에 바탕을 둔 개별 과학적 접근으로 이루어졌다.

일본 관광의 경제적 현상 연구는 20세기 후반 태동했으며, 국가 경제성장의 수단적 관점인 유럽학자들의 영향을 받으며 발전하였다.

관광의 경제적 현상에 관한 연구는 개별학문적 성격을 근간으로 하고 교차학문적(crossdisciplinary) 내지 다학문적(multidisciplinary) 접근방식을 취하고 있는데, 이 접근방식의 장점은 방법론이 뚜렷하고 해당분야에 대한 이론이 깊이가 있다는 점이다.

2. 관광경제학의 개념과 성격

인간의 욕망은 무한한데 그것을 충족시켜 줄 수 있는 수단은 제한되어 있다. 곧, 인간의 욕망에 비해 수단이 상대적으로 적다는 것을 의미하므로, 인간은 부족한 수단을 가지고 가장 바람직한 상태를 달성하기 위해서는 어느 것이 가장 유효적절한지를 모색하고 선택해야 한다. 그러나 인간의 욕망이 무한한데 비하여 그것을 충족시켜 주는 수단이 희소하다는 것은 어떻게 하면 주어진 자본과 자원을 최적으로 활용하고 축적하여 분배해야 하는가 하는 과제를 남기게 된다.

생활을 위한 합리적 선택을 하는 것이 곧 경제생활이며, 선택을 하지 않을 수 없는 것이 인간의 생활이기 때문에 인간은 누구나 경제생활을 하고 있는 것이다. 흔히 경제학이 제한된 수단의 선택에 관한 학문이라고 정의되는 이유도 선택이야말로 경제생활의 기본이라는 데 있다. 따라서 인간의 욕망충족에 비해 제한적인 자원을 효율적으로 배분해야 한다는 전제는 최소비용으로 최대효과를 갖게끔 선택해야 한다는 경제원칙을 수립하게 하였고 이러한 원칙하에 경제학 연구가 이루어져야 한다(조순 · 정운찬, 2003: 8~9).

그러므로 경제학 연구는 인간의 욕망충족에 제한된 자원을 적정하게 배분하는데 중점을 두고 있다. 경제학 분야는 주요문제를 단기목표와 장기목표를 수행하려는 기업이나 정부와 관련성을 지니고 있기 때문에 20세기에 이르러 더욱 중요한 사회과학의 한 분야가 되었다. 곧, 경제학은 문제를 해결하고, 조사하고, 대안을 평가하여 나아가 국제 · 국가 · 지역정책을 계획하고 수립하는데 기여토록 하는 모의적 모형을 개발해내어 경제의 부분적 또는 전체적으로 영향을 미치는 내외적인 다양한 요소들의 영향에 따른 변화를 측정하는 학문이다.

경제적 현상연구는 연구범위에 따라 미시적 측면의 경제학(microeconomics)과 전체 경제현상을 조명하는 거시적 측면의 경제학(macroeconomics)으로 구분된다(조순 · 정운찬, 2003: 18).

미시경제학은 소비와 생산활동에서 수요와 공급간의 적정배분과 같은 미시적(microoriented)인 문제들에 접근하는 방법을 제시해 주는 것으로, 시장이 어떻게 가격과 상품량을 결정하는가를 설명하는 소비자측면의 수요이론과 생산자측면의 공급이론 그리고 수요공급의 균형이 되는 가격이론을 중심으로 하고 있다. 곧, 개인이나 기업의 경제행위의 내용과 효과에 초점을 두고 각 개인이나 기업이 어떤 동기로, 그리고 어떤 법칙에 의하여 행동을 전개하며 그 활동의 결과로 여러 가지 재화나 용역 및 생산요소의 가격과 수급량이 어떻게 결정되는가의 문제를 연구대상으로 하는 분야라 할 수 있다.

거시이론은 국민소득이론이라고도 불리는 것으로서, 다양한 거시적(macrooriented) 문제들인 재화와 용역 총량의 전체적 흐름에 초점을 두는 연구분야이다. 국민경제 전체의 견지로 볼 때 국민소득이나 고용수준, 그리고 물가수준이 어떻게 결정되며 국민소득 중에서 얼마만큼의 부분이 소비되고 저축되는가, 또한 투자는 무엇에 의하여 결정되는가 등의 문제를 연구대상으로 한다.

미시경제적 연구방법론과 거시경제적 연구방법론 모두 경제활동을 하는 소비자들이 '최적의 의사결정(optimal decision making)'을 하도록 하기 위해 비용·편익개념을 많이 이용한다(Eadington저, 이연택역, 1995: 131).

관광경제학은 경제학의 한 분과이다. 따라서 관광객은 소비자이며, 관광객의 관광대상이 되는 관광자원은 제한성을 띠고 있고, 이러한 관광자원을 관광객에게 효율적으로 배분하고 관리시킨다는 점에서 경제학의 최적배분이론이 근간이 된다고 볼 수 있다. 이러한 내용을 토대로 관광경제학의 개념을 정의하면,

"관광경제학은 관광활동의 주체인 인간과 이러한 인간의 관광욕구를 충족시켜 주기 위해 제한된 관광재인 관광대상을 효율적으로 생산·배분시키는 개인과 사회적 행위에 관한 연구분야이다."

3. 관광경제학의 연구대상

경제학의 연구대상은 전통적 영역인 화폐, 화폐와 관련한 생산·소비·저축·물가·소득분배 등의 분야와 복지·환경·교통 등 확대된 분야를 포함하고 있다.

관광경제학은 개별과학적 학문의 성격으로 화폐뿐만 아니라 비화폐 현상을 연구대상으로 하고 있으며, 구체적인 연구대상은 다음과 같다(김사헌, 2001: 104).

① 미시적 연구대상
  • 관광객-효용과 수요, 이용편익과 비용
  • 생산자-자원공급과 관리, 자원가치
  • 관광시장-수급분석, 균형가격결정
② 거시적 연구대상
  •지역경제-지역발전, 지역격차해소, 자연과 인문환경파괴 등
  •국가경제-소비, 소득, 투자, 국제수지, 경기변동, 경제구조 등
  •국제경제-국제수지, 남북격차, 저발전과 개발도상국 등

1. 개념과 유형

인간은 생활하는 동안 무수한 선택을 위한 의사결정을 해야 한다. 선택을 위한 의사결정을 할 때에는 여러 대안을 대상으로 비교검토하여 최종대안을 선택하게 되는데 이 기준으로 가치개념을 사용한다. 가치란 어떤 행위나 사물의 상대적 중요성을 나타내는 척도(measure)이다. 척도로서 가치는 가변성을 지니고 있다. 이러한 가변성은 개인의 어떤 욕구에 대한 주관적 만족도인 효용(utility)이란 한 요소에 따를 수 있다. 곧, 효용은 가치를 표현하는 요소 중 하나이다(김사헌, 2001: 148~149).

수요(demand)란 소비자가 주어진 가격으로 일정기간 재화나 서비스를 소비자가 구매하고자 하는 욕망과 의향이며, 수요량(demanded quantity)은 소비자 구매의도가 구체화되는 유량(flow)개념이다(이양섭 외, 1996: 35; 조순·정운찬, 2003: 27).

따라서 수요는 효용에 의해 가치가 있다고 판단되는 재화나 서비스를 구매욕구가 있는 소비자에 의해 구체화되는 구매이다.

경제적인 관점에서 볼 때 관광수요(tourism demand)는 특정시기와 특정지역에 있어서 관광경험을 얻기 위해 소요된 비용과 그곳을 방문하는 관광참여객수와의 상관관계를 나타내는 개념으로, 곧 관광활동을 하고자 하는 관광객의 욕구이며, 구체적인 관광수요는 관광에 참여하기를 희망하거나 실제 참여하는 관광객수 또는 관광지 방문횟수나 관광활동 참여횟수로 나타내기도 한다. 관광수요는 감상, 관람, 휴식 등 정신과 욕망을 충족시켜주는 무형수요와 구체적인 유형재 구매인 숙박, 식음료, 관광기념품 등의 유형수요로 구분된다.

관광수요를 정의하는 데는 두 가지 점을 유의해야 한다. 먼저 수요(demand)와 수요량(demanded quantity)이 혼동되어 사용되고 있는 점이고, 다음으로는 수요량 측정에 주로 참여(participation)가 척도로 사용되고 있다는 점이다.

관광수요의 척도는 주로 관광지역에서 관광 참여횟수나 관광 참여일수이며, 이러한 관광수요의 추정결과는 현시수요이다. 관광수요 유형은 4가지로서, 유효수요(effective demand), 현시수요(expressed demand), 잠재수요(latent demand), 유도수요(induced demand) 이다.

소비자의 주관적 욕망을 충족시켜 줄 수 있는 재력(財力)이 있어 현실가능성이 있는 유효수요, 기존 또는 현실적으로 나타나고 있는 수요로서 보다 나은 대안이 없기 때문에 어쩔 수 없이 나타나는 현시수요, 현재 나타나고 있는 수요는 아니지만 언제나 자극에 의해 환기되어 현재화할 수 있는 잠재수요, 그리고 광고·선전·교육 등으로서 이용을 유도하여 실제로 나타나게 할 수 있는 유도수요이다. 유효, 잠재, 유도수요는 현실적으로 소비되는 현시수요로 발생할 수 있는 가능성이 항상 내재되어 있다.

2. 관광수요의 영향요인

관광재화나 서비스를 구매하는 욕구나 욕망인 관광수요의 변화에 미치는 영향요인들은 다양하다. 여러 학자들이 연구한 주요 관광수요 영향요인을 중점적으로 정리하면 다음과 같다(김사헌, 2001: 153~158).

① 소득수준과 소득분포
② 자유시간(여가시간)
③ 여행비용
④ 타관광재화의 상대가격
⑤ 선택대상 관광자원의 다양성 여부
⑥ 잠재수요자의 교육수준
⑦ 직업구조
⑧ 연령과 생애주기
⑨ 사회문화적 요인: 제도와 가치관
⑩ 인구학적 요인

〈표 8-1〉 관광수요 영향요인

학 자	요 인
클로슨 · 골드 (Clawson & Gold)	• 잠재이용자 요인: 인구구조와 특성, 관광경험 정도, 관광기회 여부 • 관광지 요인: 관광지매력도, 개발과 경영, 대안관광지 유무, 수용력 • 이용자와 관광지간 요인: 여행시간과 비용, 교통수단, 비용, 정보, 이미지
매치슨 · 월 (Mathieson & Wall)	• 일반요인: 소득증가, 탈일상성 욕구, 이동성 증가, 교육 등 • 특수요인: 여행마케팅 발달, 교통수단 발달, 관광산업 발달 등
와합 (Wahab)	• 비합리성 요인(인적동기): 개인선호도, 가족유대, 경제적 여건 등 • 합리성 요인: 관광자원과 시설, 환경여건, 인구구조, 지리적 상황 등
인처 (Archer)	① 경제 · 사회적 요인 ② 정치적 요인 ③ 기술혁신
에드워즈 (Edwards)	① 인구학적 요인 ② 소득증가와 분포 ③ 물가상승 ④ 타재화의 상대가격 ⑤ 관광자원 다양성 여부 ⑥ 관광시설 ⑦ 판촉 ⑧ 정치적 · 사회적 제도 등

3. 관광수요예측

1) 관광수요예측의 필요성

　미래 관광수요를 파악하는 것은 관광개발계획이나 정책수립의 전제조건으로서 정확성과 객관성, 신뢰성이 수반되어야 한다. 곧, 관광개발계획은 관광수요와 관광공급의 균형을 효과적으로 유지하는데 그 목적이 있으며, 계획수립에 필요한 자료중 가장 중요한 것은 보다 정확한 관광수요예측이다(김상무, 1996: 163~164).

　그러므로 관광수요예측이 정확할수록 관광개발계획이나 정책수립에 중요한 기초자료가 된다. 다시 말해서 실제 관광개발시 관광시설물 공급계획과 관광이동량 조정과 지원, 관광자원개발과 보호관리, 관광상품의 마케팅전략 등에 필요한 기초자료로서 관광수요와 관광공급간 오차를 보다 좁혀주어 경제·시간적 손실을 방지하기 때문이다.

그러나 관광수요예측의 정확성과 신뢰성은 관광수요의 영향요인에 따라 또는 접근 방법에 따라 상이하게 나타날 수 있으므로 매우 어렵다.

2) 관광수요예측의 영향요인

일반적으로 관광수요를 예측하는데 영향을 미치는 요인들은 다음과 같다.

① 예측목적(forecasting purpose)

② 예측기간(time horizon)

③ 정보유용성(availablity of information)

④ 예측환경(forecasting environment)

⑤ 예측비용(forecasting cost)

3) 관광수요예측방법

관광수요예측방법은 전문가나 해당 개인의 주관적 관점을 이용하여 분석하는 정성적 방법(qualitative methods)과 과거부터 현시점에 이르는 2차 통계자료인 시계열자료와 인과변수 간의 관계분석을 통하여 분석을 하는 정량적 방법(quantitative methods)으로 크게 구분된다. 이 중 어느 방법이 최선으로서 가장 정확한 관광수요를 예측하는지는 단정할 수 없다. 그러나 대체적으로 단기수요예측에는 정량적 방법을 사용하고 있고, 장기수요예측에는 정성적 방법을 사용하고 있다(Archer, 1982: 77~85).

4) 관광수요예측방법 선정

관광수요예측에 이용되는 정성적, 정량적 수요예측방법들은 각각 장단점이 있다. 따라서 수요예측방법을 선정하는 데에는 단일한 수요예측방법을 적용하는 것보다 다양한 방법을 최대한 적용하여 대안별 예측치를 비교·검토하여 보완과 수정된 예측결과를 사용토록 하는 것이 좋다.

우선적으로 각종 방법의 장·단점을 비교실시한 후, 예측자가 갖고 있는 예측상의 각종 제약조건을 충족시킬 수 있는 최적의 수요예측방법을 선정하기 위한 노력이 필요하다. 뿐만 아니라 수요예측 결과의 도출에 있어서도 한 가지 방법에 너무 의존하기보다는 가능한 각종 예측방법을 병행하여 수행하는 것이 수요예측 오차를 보완·수정하는데 필수임을 인식할 필요가 있다.

〈표 8-2〉 주요 수요예측방법 특징

접근방법	특 징		
	기 간 별	이용비용	운용상 장·단점
단순회귀방정식	단기(3개월 미만)	적 음	배우기 쉽고 결과 해석이 쉬움
다중회귀방정식	단기~중기(1개월~2년)	적 정	단순회귀방정식보다 배우기 어려움
계량경제방법	단기~중기(1개월~2년)	약간 높음	다중회귀방정식보다 복잡함
단순시계열	단기(3개월 미만)	매우 적음	배우기 매우 쉬움
지수평활방법	단기(3개월 미만)	적 음	배우기 쉬움
박스젠킨스법	단기~중기(1개월~2년)	높 음	배우기 어려우나 결과 해석 용이
전문가의견수렴	중기(2년까지)	적 음	결과 해석 주의 요망
델파이방법	장기(2년 이상)	약간 높음	배우는 것 및 결과해석이 어려움

자료: 교통개발연구원(1988), 「장기관광수요예측에 관한 연구」.

제3절 관광공급

1. 개념

공급(supply)이란 생산자가 재화나 용역을 소비자에게 제공하고자 하는 의도를 말한다. 이러한 공급 개념은 다음과 같이 두 가지 성질을 가지고 있다. 첫째, 공급량이란 주어진 조건에서 생산자가 판매하고자 하는 의도된 양을 말하며 실제로 판매되는 양은 아니다. 둘째, 공급량은 유량(flow)의 양을 나타내며, 곧 단위기간(하루, 일주일, 한달) 동안의 양을 말한다(박홍립, 2000: 47~48).

관광공급(tourism supply)이란 관광객의 욕구·욕망 대상이 되는 모든 것(관광재)을 제공하는 행위로서 곧 관광개발이다.

개발이란 대상지역내 각종 자원이 지닌 잠재력을 발굴하여 효율적으로 현재화시킴으로써 인간생활에 편익을 제공하여 궁극적으로 인간복지증진을 도모하는 일련의 과정을 일컫는다(신윤균, 1984: 145).

이와 맥을 같이한다면 관광공급은 지역 및 국가의 부존자원인 관광자원의 특성을 살려 관광자원 가치증대 및 보존, 관광관련 이용시설 설치와 각종 기반시설 확충 등을 통하여 관광객으로 하여금 동기유발되어 그 지역을 방문하여 관광지출을 증대시킴으로써 그 지역 나아가 국가경제 발전을 도모하는 개발사업이다(박석희, 2000: 84). 다시 말해, 관광객체가 되는 관광대상인 관광자원이나 관광관련 이용시설을 계획·개발하여 관광물 자체의 매력증진을 도모하여 관광객에게 제공하는 총체적 행위이다.

2. 관광공급요소

관광개발 목적은 국가나 지역에 따라 차이가 있으며 전반적으로 관광수요와 이에 대처하는 관광공급에도 차이가 발생된다. 이러한 관광공급을 이루고 있는 주요 요소에는 자연적 요소와 관광매력물, 교통시설, 숙박시설, 관광관련 이용시설, 기반시설 등의 인위적 요소가 있다(김상무, 1996: 65~84).

1) 자연적 요소

자연적 요소는 관광상품의 공급에 있어서 가장 큰 부분을 차지하고 있는데, 이러한 자연적인 요소는 해당 지역뿐만 아니라, 국가 차원에서도 활용할 수가 있고, 더 나아가 관광객에게도 제공이 가능하다. 관광공급에 있어서 자연적 요소는 지형, 동·식물, 주위 경관 등의 자연 그대로의 요소들이 있는데, 관광에 있어서는 특히 계절의 변화 등의 기후 조건과 관광에 대한 수요가 매우 중요하게 다루어진다.

자연적 요소는 입지적 특성이 매우 강한 공급요소이다. 곧 관광에 대한 수요시장과의 거리가 실제 관광수요를 결정하는데 중요한 역할을 한다는 것이다(고석면·이흥윤, 2000: 71). 그러나 관광사업의 발전에 있어서는 자연적인 요소만이 작용하는 것이 아니라 자연적인 요소를 효과적으로 사업에 활용하기 위한 경영방법과 인적자원 등의 복합적인 활용이 필요하다.

자연적 요소는 쉽게 훼손되며 그 복구에는 상당한 시간과 노력이 수반되므로 지속적인 관광개발과 관광사업의 성공을 위해서는 자연적 요소의 질을 유지·발전시키기 위한 노력이 필요하다. 자연적 요소의 관리를 위해서는 자연 및 생태적인 면을 고려한 체계적인 발전계획의 수립과 운용이 필요하다.

2) 인위적 요소

(1) 관광매력물

자연적·인문적 매력물들은 사람들이 관광하고자 하는 동기를 제공한다(McIintosh, 1996: 146). 관광매력물이란 관광객을 목적지까지 유인시키는 대상으로, 인간과 문화의 개재 여부에 따라 크게 자연매력물과 인문매력물 그리고 인공매력물로 구분된다. 먼저 자연매력물이란 기후, 산이나 바다, 호수의 경관과 각종 동식물들이고, 인문매력물들은 인간과 관련된 문화 곧 언어, 음악, 미술, 종교, 춤, 생활양식, 역사유물·유적, 전통축제와 지역민의 성향 등이다. 그리고 인공매력물들은 현대의 오락시설들로서 주로 놀이주제공원이나 기타 오락시설들을 말한다(Pearce, 1981: 6~7).

(2) 관광관련 교통시설

역사적으로 볼 때 관광은 교통시설 발달과 밀접한 관계를 가지고 발달해왔다. 마차에서 시작하여 기차, 자동차 그리고 최근 항공기의 고속화, 대형화는 관광지까지 도달하는데 편리성, 경제성으로 접근성을 높임으로써 관광의 양적 증가뿐만 아니라 질적 향상을 도모하여 관광행태의 다양화를 가져오고 있다.

교통수단과 시설은 관광공급의 중요 요소 중 하나이다. 따라서 수요시장의 위치적 특성을 고려한 교통수단과 시설측면의 관광개발이 실시되어야 할 필요가 있다.

(3) 관광관련 숙박시설

관광사업 중에서 관광숙박시설의 비중도는 타산업에 비해 높은 편이다. 최근 여가시간 증대, 휴가기간 장기화와 관광행태의 잦은 빈도수들은 관광행태를 체재형으로 변화시키는 주요인들이다. 이러한 요인들은 숙박시설의 증가뿐만 아니라 이로 인한 경제적 편익효과를 제공함으로써 개인이나 기업, 나아가 지역이나 국가의 경제성장에 기여하는 중요한 관광산업의 하나로 자리하고 있다. 관광숙박시설은 영리부문과 준영리·비영리부문으로 구분된다(Holloway, 1985: 67~68).

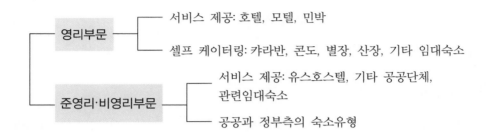

(4) 관광 이용 및 편의시설

관광지에는 관광활동에 필요한 요소 중 각종 재화와 서비스시설 이용에 관련한 부대시설들이 있다. 지역주민이나 관광객들이 필요로 하는 일상품 판매점에서 관광지 특성이 있는 관광기념품이나 토산품판매점, 그리고 레스토랑, 술집, 스포츠센터의 오락·유흥시설에 이르기까지 관광 이용 및 편의시설 개발은 필수적이다.

(5) 기반시설

사회간접자본(SOC)[1]으로 이루어지는 도로, 상·하수도, 철도, 항만, 폐수정화처리시설 등의 하부시설은 관광지 내에서 지역민이나 관광객 모두가 필요로 하는 기반시설들이며, 이 시설주체는 국가나 지방자치단체이다. 이러한 기반시설인 하부시설은 숙박시설, 관광관련 이용시설과 같은 상위시설 개발 전에 이루어져야 하며, 관광개발 형태나 관광수요 증가에 의한 확장 여부에 따라 그 내용이 달라지기도 한다. 이러한 기반시설은 기본 공급요소로서 필수이지만, 개발 후 경제적 이익발생이 거의 없으므로 시설설치 후 관리와 보수 등에 소홀하여 많은 문제점을 지니고 있으므로 이에 대한 지속적인 관심과 관리가 필요하다.

---

1) Social Overhead Capital.

3. 관광공급의 주체

관광공급의 주체는 공공부문과 민간부문으로 구분되며 각각의 동기는 주체별 성격
에 따라 상이하다.

1) 공공부문

정부, 지방자치단체 등 공공기관 관광개발은 주로 국민건강을 위한 후생복지차원의
저수익성 관광개발과 대규모 관광단지를 조성할 경우이다. 공공부문 관광개발의 필요
성을 경제, 사회, 정치 그리고 환경 측면으로 구분하여 살펴보면 다음과 같다(김사헌,
2001: 270~273 ; 김상무, 1996: 86~97).

① 경제 측면   • 관광재 공급의 공공재 성격
　　　　　　　• 규모의 경제성
　　　　　　　• 균형된 개발과 지역발전에의 기여도
　　　　　　　• 개발사업 자체의 불확실성과 정책대안 보유 여부
② 사회 측면   • 관광기회 확대의 사회외부효과
　　　　　　　• 사회형평의 실현
③ 정치 측면   • 국가나 정부의 이미지 개선과 창조
　　　　　　　• 대외 · 정치신뢰 획득
④ 환경 측면   • 기반시설 확충: 상 · 하수도, 교통, 도로, 통신 등
　　　　　　　• 주거환경의 질 개선

2) 민간부문

민간기업의 관광개발 참여목적은 자본주의 원리에 입각한 이윤추구이다. 그렇지만
경우에 따라서는 기업의 다양화 또는 산업성격상 위험부담을 덜기 위해 관광개발에 참
여하기도 하고, 기존 기업활동의 보완차원에서 관광개발에 참여하기도 한다. 따라서
민간기업의 관광개발 참여는 보완적 개발이라 할 수 있고, 수평적 형태(horizontal
integration)와 수직적 형태(vertical integration)로 나타나고 있다.

수평적 형태는 같은 산업부문의 확장(예: 호텔체인, 항공망 확장개발 등)을 의미하고,

수직적 형태는 관련 관광산업의 합병(예: 여행사가 숙박시설이나 교통수단을 소유하는 경우 등)을 의미한다(Pearce, 1989: 11 ; 김사헌, 2001: 274~275).

4. 관광공급의 배분상 적정화

관광객에게 관광공급은 적정하게 배분되어야 한다. 관광수급상의 불균형은 관광수요에 따른 관광재 공급의 과부족을 의미한다. 이러한 수급상의 불균형은 관광수요의 일시적 집중과 이로 인한 관광수용력(tourism carrying capacity) 문제를 발생시킨다(박석희, 2000: 153~176). 일시적 집중은 공간적 · 시간적으로 나타나는 이용상 집중이다. 특히 이용의 공간적 집중은 공간적 이용밀도와 관계를 나타내는데, 다시 말해 관광지역내 공간적 이용밀도 차이에 따라 관광활동 경험의 질 또한 차이가 있다는 것이다.

따라서 관광수급의 불균형으로 발생된 관광포화(불포화)수용력은 관광경험의 질을 낮게 하는 주된 원인이 되므로, 관광공급의 배분상 적정화가 필요하다.

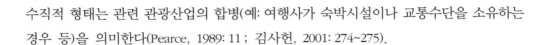

제4절 관광의 경제적 효과

1. 개념과 구분

관광산업이 지역과 국가에 미치는 경제효과는 긍정적 측면과 부정적 측면의 양면성이 있다. 긍정적 측면으로는 혜택이 주어지는 편익(benefit) 개념이고 부정적 측면으로는 비용(cost)지출 개념의 의미를 함축하고 있다. 그러나 일반적으로 경제효과(또는 경제적 영향)의 경우는 긍정적 측면의 편익을 지칭하고 있다.

경제효과는 직접효과(direct effect), 간접효과(indirect effect), 유발효과(induced effect)로 구분할 수 있다. 직접효과란 관광객이 관광지 내의 관광산업에 최초로 지출한 경비로 인해 발생되는 1차 경제효과이다. 간접효과는 1차지출이 지역이나 국가경제에 재주입됨으로써 발생되는 간접효과이다. 유발효과는 관광지출로 인한 직접효과와 그리고 직접효과에 의해 부수적으로 발생되는 간접효과로 인하여 지역과 국가경제성장이 이루어지고 이로 인한 지역민의 지역내 소비지출이 증대하면서 유발되는 효과이다 (Archer, 1982).

2. 경제적 편익

경제성장에 따른 산업화, 도시화 등에 의해 강하게 자극된 인간의 관광욕구를 충족시켜 주기 위한 관광개발은 지역내 고용기회 창출이나 소득증대 등의 효과를 발생시킴으로써 지역과 국가의 경제성장의 주요 수단으로 인식되고 있다. 따라서 지역과 국가 경제 활성화를 위해서는 관광개발의 긍정적 효과를 극대화시키는 방향으로 관광개발과 관광산업을 발전시켜야 한다. 관광의 경제효과 중 편익경우는 고용효과, 소득효과, 재정수입 증대효과, 그리고 경제구조 다변화가 대표적이다.

1) 고용효과

관광산업은 인적 자원에 대한 의존도가 타 산업에 비해 높기 때문에 고용효과가 매우 크다. 1, 2차 산업의 경우 기술의 발달과 생산 시스템의 변화로 인해 잉여노동력이 급속도로 증가하고 있지만, 관광산업은 점차 발전하면 할수록 더욱 많은 노동력을 필요로 하여 타산업의 잉여노동력을 흡수하여 취업의 기회를 제공하고 있다(김성혁, 2001; 57).

관광고용효과란 관광고용 승수효과로서 관광객의 최소 한 단위 소비지출 증가가 지역내 얼마만큼의 고용기회를 증대시켰는지를 말하며, 구체적으로 관광소비 증가를 통해 창출되는 직·간접 그리고 유발고용효과를 의미한다.

〈표 8-3〉 고용효과의 구분

구 분	내 용
직접고용효과	관광산업과 관광관련 이용시설 등에 관광객이 직접 지출함으로써 발생되는 1차 고용효과
간접고용효과	관광산업에 필요한 원재료 공급이나 시설설치 등 관련 업종의 고용유발로서 발생된 2차 고용효과
유발고용효과	직·간접고용 증가로 인한 주민소득 증가로 지역내 소비자가 증대해짐에 따라 지역내 산업에 대한 투자로 유발되는 3차 고용효과

고용효과에 대한 연구들은 대체적으로 고용유발이 소득을 증대시키는 경제성장의 주된 영향요인이라는 점을 증명하는데만 급급한 편이었다. 그러나 이러한 편중된 연구 가운데에서도 양적 결과에 치중함으로써 야기되는 고용의 질적 문제에 대한 연구도 있었으며 그 중 맥크로이(McCloy)가 대표적이다(Mathieson and Wall, 1982: 77).

2) 소득효과

고용효과와 소득효과 간의 관계는 주요 관광지를 대상으로 한 여러 연구에서 증명되었다. 관광소득효과는 관광객 지출이 지역내 또는 국가내 경제순환에 주입됨으로써 일정기간 동안 순환하면서 발생되는 가치의 총체적 결과이다.

일반적으로 소득효과는 승수효과로 논의되는데, 1960년 이후 경제 각 분야에 걸쳐 관심있게 연구되어 왔다. 관광분야에서는 1970년대부터 아처(Archer)를 중심으로 이론적 체계화를 이루는 단계까지 진전시켜 오늘날 관광 또는 관광산업의 경제효과분석에 유용한 틀로서 자리하기에 이르렀다(김사헌, 2001: 278). 화폐회전효과라고도 하는 승수효과는 관광으로 인한 경제적 효과에서 빼놓을 수 없는 요인이다. 관광객들이 관광지에서 지출하는 소비액은 해당 지역 관광사업에서 시작하여 관광관련 사업으로 회전을 거듭하면서 경제적 파급효과가 나타나 지역경제를 활성화시킨다.

3) 재정수입효과

재정수입이란 국가, 공공단체의 공공재 공급과 이전지출을 행하기 위한 재원으로서 정부가 조달하는 화폐를 말한다(황하현, 1985: 278).

관광에 따른 재정수입 증대효과의 원천은 다음과 같이 2가지이다(최승이·이미혜, 2005: 112).

첫째, 조세수입 증가이다. 관광개발로 인한 경제적 편익 중 직접적으로 기여도가 높은 부문 중 하나가 세수입이다. 지역과 국가의 재정확충은 궁극적으로 경제력 활성화에 의한 조세기반의 확보가 바람직하다. 그러나 이는 긴 시간과 막대한 투자가 요구되므로 현실적으로 지역별 또는 국가 자체의 세제개선에 따른 세수입 증대를 통하여 가능하다. 따라서 세수입 증대를 위해서는 새로운 세수입원 발굴, 과표와 세율인상 등의 수단이 고려되고 있다.

둘째, 관광객에게 공공재 성격의 관광재를 공급함으로써 얻는 반대급부로서의 사용은 재정수입의 보조적 원천이 된다. 관광객이 공공재를 사용할 때, 직접적 편익에 대한 대가로서 지급되는 관광지 및 관광객이용시설 이용료와 관람료를 말한다.

4) 경제구조 다변화

관광개발은 총체적으로 지역과 국가경제구조를 다변화시킨다. 경제구조 다변화는 산업구조 변화와 고용구조 변화를 들 수 있다. 경제구조 다변화에 대한 영향요인은 첫째는 관광개발에 따른 토지 전용(轉用)이고, 다음은 기존산업의 부진으로 대체된 관광산업의 부상에 따른 새로운 고용기회의 창출이다(Mathieson and Wall, 1982: 87~88).

먼저 산업구조 변화란 지역이나 국가경제성장의 주도산업의 변화이다. 이를테면 개도국이나 후진국의 경제를 지배해 오던 1, 2차 산업들이 관광지로 개발되면서 지역이나 국가경제의 주도산업이 관광과 관련 서비스산업인 3차산업으로 전환하는 산업구조 측면의 변화이다. 다음으로 고용구조 변화란 기존의 1, 2차 산업에서 3차산업으로의 산업구조변화는 산업간 비중도 변화뿐만 아니라 고용구조 자체의 변화를 가져오고, 이러한 변화는 새로운 국면의 지배(전문, 경영관리직)와 피지배(단순노동직) 간의 2원화 계층구조 형성을 의미하기도 한다.

경제구조 다변화에 기여하는 부문은 대체적으로 민간경제부문인데 경우에 따라 지역과 국가경제 측면에서 경제성장을 도모하고자 할 경우에는 공공 또는 정부차원에서 직접 경제구조 다변화를 도모하기도 한다. 특히 산업간 경제적 파급효과가 클 것으로 예상되는 대상지역인 경우에는 지방정부가 적극적으로 직접 관광산업을 통제관리하여 관광시장을 다변화시키기도 한다. 말타(Malta)지역 경우가 한 예이다. 말타의 경우 지역민의 완전고용과 지역의 경제생활 향상을 목표로 정부가 관광개발과 관광산업 진흥에 적극 개입하여 육성·지원 또는 통제하여 지역경제구조를 다변화시켰다(Ann, 1984: 261).

그러나 대부분 국가나 지역은 자유경제 체제하에서 경제활동이 이루어지므로 경제구조 다변화효과는 민간부문의 경제활동에 의해서 이루어지게 하는 한편, 공공과 정부 측에서는 측면지원하는 형태로서 역할분담을 하여 편익적 경제구조 다변화가 이루어지도록 노력하여야 한다.

3. 경제적 비용

관광객 이동으로 발생되는 경제비용은 지방이나 국가정부의 직접 경제비용 발생부문과 간접 경제비용 발생부문으로 구분된다.

1) 직접비용 발생부문

직접적으로 경제적 비용이 요구되는 부정적 효과는 관광객의 수요증대로 인한 과다이용으로 자연환경 파괴와 훼손, 생활환경의 질저하, 관광관련 이용시설의 유지 및 보수비, 그리고 공공시설과 서비스부문의 증가 등이다(최승이·이미혜, 2005: 118~121).

경제적 비용을 발생시키는 부정적 효과를 발생시키는 원인은 다음과 같다.

첫째, 외부불경제(external diseconomy)의 발생과 관련되어 있다는 점이다. 외부효과란 어떤 경제활동과 관련하여 다른 사람에게 의도되지 않은 혜택이나 손실을 발생시키는 것인데, 혜택을 주는 경우는 외부경제(external economy)이고, 손실발생시 이에 대한 대가를 지급받지 못하는 경우를 말한다(김대식 외, 2005: 470).

둘째, 사회비용을 증가시키는 경우이다. 따라서 관광객 증가에 따른 부정적 효과는 결국 정부에게 공공재 생산증가로 인한 경제적 비용을 발생시키게 한다.

셋째, 삶의 질과 관련되어 있다. 관광객 수요증가는 관광지내 수질, 대기 등의 환경 오염으로 주거환경을 악화시키고 자동차수 증대로 지역내 교통체증을 심화시키는 등 관광지내 주민생활의 질적 문제를 야기시킨다. 따라서 관광지역내 주민생활의 질을 유 지하거나 향상시키기 위해서도 또한 경제적 비용이 필요하다.

2) 간접비용 발생부문

직접적으로 경제적 비용이 요구되지 않지만 궁극적으로는 차후에 경제적 비용 발생 이 또한 요구되는 부문이다. 관광수요의 상대적으로 높은 소비성향과 지출액은 지역민 의 소득의 증가를 가져오기도 하지만, 반대로 물가상승을 야기하기도 하며, 관광개발 이후 지역 내의 지가상승, 그리고 대부분의 관광재화 수입에 따른 수입성향이 증가되 어 경제활동의 대외의존도 증가와 대외종속의 가속화, 그리고 관광의 성수기와 비수기 의 계절성으로 발생되는 생산과 고용의 계절성, 전문경영관리직보다는 계절성과 단순 노동직에 종사하는 종사원들의 고용의 질저하 등이 발생하고 된다.

〈표 8-4〉 관광의 부정적 경제영향

구 분	내 용
물가상승	• 관광객의 급증으로 인해 수요·공급의 원리에 따라 물가 상승 • 지가 상승으로 인한 세금의 증가 • 환경정화 및 치안유지, 안전관리 등의 사회비용이 증가
경제의 계절성	관광산업에 의지하는 비중이 높은 지역에서는 일시적 경기침체 등의 경제적 불안정성 야기 가능
과소비 풍조	관광객들의 소비활동으로 인한 빈부의 위화감 조성 지역민의 소비패턴의 변화로 인해 소비주의 등의 과소비 풍조 조성

4. 관광의 경제적 누출

1) 개 념

　단순소득 순환모형에서 소득의 순환을 증가 또는 감소시키는 데는 여러 요인이 작용한다. 만약 가계가 그들의 소득 가운데 일부를 재화나 서비스 구입에 지출하지 않고 저축한다면 그 부분만큼은 소득순환에서부터 빠져나가는 것이다. 또한 기업이 상품판매로부터 얻은 수입 중 일부를 원재료 구매에 사용하지 않고 저축하거나, 아니면 원재료 일부를 수입하여 대금으로 지급한다면 그만큼은 소득순환으로부터 빠져나갈 것이다. 이와 같이 소득순환으로부터 빠져나가는 부문을 누출(leakage)이라고 한다. 이러한 누출은 소득크기에 좌우되는 종속변수로서 소득과 함수관계를 나타내지만 소득크기를 결정하는 것은 아니다.

　한편, 소득순환의 외부로부터 도입되어 새로운 소득을 창출하는 지출을 주입(injection)이라 한다. 주입은 독립적인 지출로서 소득크기에 의해 결정되는 것이 아니라 소득크기를 결정하는 독립변수이다. 따라서 누출은 소득수준의 크기를 감소시키고 주입은 증가한다. 누출의 범주는 저축, 조세, 외지로부터의 수입 등이 된다(조순·정운찬, 2003: 363~364).

　관광의 경제적 누출은 관광개발 이후 급증하는 관광수요에 따라 지역내에서 충당되지 못한 관광재화나 서비스의 수입이 필요하게 되면서부터이다. 대부분 도시관광을 제외한 자연자원을 매력물로 하는 관광지는 경제성장이 저조한 개발도상국이나 후진국 경우가 대부분이다. 따라서 이러한 관광지의 경제적 자생력은 거의 전무하므로 관광수요에 대처하는 관광공급은 기대할 수 없다.

　관광의 경제적 누출범위는 해당 지역이나 국가상황에 따라 다양하게 나타날 수 있으며 대부분 다음의 요인에 기인될 수 있다(김상무, 1996: 264).

- 지역이나 국가규모
- 경제구조의 다양화
- 수입정책
- 수요와 공급의 유지 정도

- 관광활동유형과 개발정책
- 관광객 수준
- 관광지의 지리적 위치

　관광의 경제적 누출발생원인들은 주로 외지 대자본의 투자, 경영관리직 등의 전문직 종사원이나 기타 노동력의 유입, 원재료 수입 등이다. 이들은 이윤, 임대료, 월급, 재화와 서비스의 구매비 지출 등으로 타 지역이나 국가 외부로 지출된다. 다시 말해, 관광객의 최초지출이 지역이나 국가내에서 이루어지면 소득순환 중 지역과 국가소득 중 일부가 지역외로 누출되는 것이고 이러한 누출의 결과는 지역이나 국가생산에 필요한 1차적 투자기회를 감소하게 할 뿐만 아니라 2, 3차 등 연이은 원재료 생산에 필요한 양의 감소를 가져온다.

　그러므로 관광지역 내에서 최초의 관광객 지출이 지역내 주입되어 소득순환 중 지역외로 빠져나가는 부분을 관광의 경제적 누출이라고 정의할 수 있다(이미혜, 1994: 40).

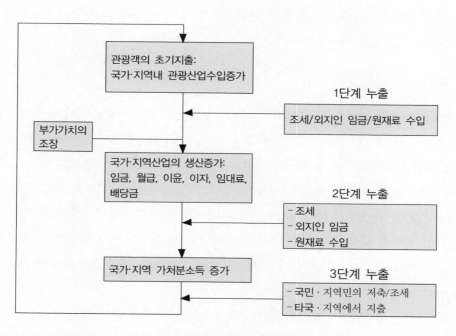

자료: H. Armstrong & Jim Tayor(1985), Regional Economics Policy, UK: BPCC Wheathens, Ltd., p.15의 지역경제적 누출발생과정을 토대로 저자 재구성.

〈그림 8-1〉 관광의 경제적 누출발생과정

2) 발생과정

관광의 경제적 누출에 관한 일부 학자들의 연구결과를 보면, 저축이나 조세 그리고 생산에 필요한 원재료 수입의 누출요인보다 외부투자나 외부노동력의 유입 등으로 인한 이윤회수나 임금 송금의 경우가 훨씬 큰 누출요인이라고 하였다(김선기·이미혜, 1992: 28~30 ; Armstrong, 1985: 17~18 ; Olethorpe, 1985: 23~30).

5. 관광의 경제효과 분석기법

관광의 경제적 효과는 긍정적인 측면으로는 지역 및 국가경제에 기여할 수 있다. 그러므로 국가나 지역경제계획이나 정책수립 시 이의 반영이 필수이므로 관광의 경제효과 분석과 결과는 중요한 토대적 역할을 할 수 있다. 특히 관광산업이 주요 산업으로 부상되는 국가나 지역의 경우, 관광의 경제효과 분석은 더욱 필요하다.

관광의 경제효과 분석기법으로는 관광승수 분석, 산업연관 분석, 비용－편익분석기법이 주로 사용되고 있다.

1) 관광승수분석

국민소득 균형은 의도하는 지출의 크기와 소득이 일치되는 수준에서 결정된다($Y = C + I$). 또는 국민저축이 의도하는 투자와 같아지는 수준($S = I$)에서 이루어질 수도 있다. 이 때 균형수준의 결정에 능동적인 역할을 하는 것은 총지출수준의 변화이다. 그 중에서도 소비지출의 수준 곧 독립적 지출이야말로 가장 능동적 요인이라 할 수 있다. 독립이란 소득과는 관계없이 외생적으로 결정된다는 뜻으로서 소득에 영향을 받는다는 유발이라는 의미와 대비된다. 이러한 독립적 지출이 증가하면 소득은 단지 그 만큼만 증가하는 것이 아니라 그 이상의 어떤 배수로 증가하게 되는데 이러한 효과가 승수효과(muliplier effect)이다.

승수효과란 독립변수－예컨대, 투자지출 또는 정부지출과 같이 국민소득의 결정에는 영향을 미치지만 국민소득에 의해서 영향을 받지 않는 변수－가 증가(감소)할 때 그 증가분(감소분)의 배수만큼 국민소득이 증가(감소)하는 효과를 말한다(정운찬, 2005: 85).

1931년 칸(Kahn)은 논문에서 경제활동상 발생되는 투자증가에 따른 1, 2차의 편익 승수효과와 상대적으로 저축이나 수입의 누출모형을 개발하였다.

칸의 모형은 케인즈(Keynes)의 승수모형으로 이어졌고, 케인즈의 기본승수모형은 다시 1960년대에 이르러 미국의 레온티에프(Leontief)에 의한 투입－산출분석과 상호의존성의 분석도구로서 발전하여 특정산업으로 인한 지역내 산업의 직·간접 효과 그리고 산업간 전후방 연관관계를 파악하는 유발효과까지 추정할 수 있게 한 단계 발전하였다 (한국은행 1987: 9).

이후 관광측면에서는 1970년대 초반 아처(Archer)가 케인즈의 소득－지출이론을 토대로 케인즈류의 관광승수모형을 개발하였고, 이외에 아이사드(Isard)와 티보우(Tiboute)의 경제기반이론을 토대로 한 관광경제기반류와 그리고 생산활동을 통하여 이루어지는 산업간의 상호 연관관계를 곧 투입－산출간의 관계를 수량적으로 분석하는 기존 산업연관 분석모형을 토대로 관광산업연관 분석류의 모형도 개발되었다.

2) 관광의 산업연관분석

지금까지 경제적 파급효과 중 가장 구체적이고 정확한 파급효과를 도출시키는 모형은 산업연관 분석모형이라 일컫는다. 특히 개방경제보다는 폐쇄경제의 경우가 더욱 정확성을 지닌다.

이 모형은 산업부문간 투입과 산출부문 간을 파악할 수 있는 거래량, 관련산업 간의 전·후방효과나 유발효과의 경제효과를 비교적 구체적으로 분석해 볼 수 있다는 장점으로 연구자들에게 비중있게 사용되는 분석방법이다.

산업연관분석에 대한 착상은 케네(Quesnay)의 경제표(tableau economics, 1758)에서 비롯되었다고 볼 수 있으며, 이론적 토대는 왈라스(Walas)의 일반균형이론에서 찾을 수 있다. 왈라스의 일반균형이론은 기본적으로 시장경제에서 모든 경제부문이 상호 연관관계를 맺고 있어 이들 부문의 수요와 공급에 대한 균형이 동시에 이루어진다고 보아, 가격과 수급량의 결정을 설명하고자 하는 이론이다. 모든 산업 간의 상호 연관관계를 동시에 고려하고 있는 산업연관분석은 추상적인 이론모형에 머물러 있던 왈라스의 일반균형이론을 현실경제에 적용한 실증분석모형이라고 할 수 있다.

산업연관분석을 거시적 관점에서 체계화한 사람은 미국의 레온티에프(Leontief)이다.

미국경제를 대상으로 모든 재화와 서비스의 흐름을 나타내는 경제표 작성을 시도한 연구논문인 "미국경제에 있어서 계량적 투입 · 산출관계(Quantiative Input and Output Relation in the Economics System of the U.S.)를 1936년에 발표하였다. 레온티에프는 왈라스의 일반균형론의 방법을 그대로 응용하면서 케인즈의 거시적 이론을 토대로 체계화함으로써 추상적인 이론모형에 머물러 있던 왈라스의 일반균형이론을 현실경제에 적용할 수 있는 실증분석모형으로 만들어낸 것이다(한국은행, 1987: 9~10).

관광산업에서 산업연관분석(input-output analysis of tourism)은 거시적인 총량과 화폐의 흐름을 상세하게 분석할 수 있으므로 관광산업의 경제적 영향을 국민경제나 또는 지역경제의 흐름이라는 측면에서 분석할 수 있는 수단이며, 또 관광정책수립에 결정적인 자료로서 활용할 수 있는 유효한 분석기법이다.

3) 관광의 비용—편익분석

관광측면에서의 비용－편익분석(cost-benefit analysis of tourism)은 관광산업의 순편익을 측정하기 위한 분석방법이므로 되도록 정확하고 신뢰적인 추정이 전제된다.

비용－편익분석은 재정지출의 효율성을 확보하기 위해 민간과 공공부문 간의 자원배분, 또는 공공부문 내부의 자원배분의 적정화를 위하여 개발된 분석방법이다. 곧 설정된 공공 또는 민간과 공공 간의 목표를 달성하기 위한 대안과 관련된 순편익의 추정과 평가로서 일명 공공사업 평가방법으로 널리 사용되고 있다.

비용－편익분석방법은 경제적 분석과 행정적 의사결정의 수단의 조합이라는 2중적 성격을 지니고 있으며, 이러한 분석결과는 제안된 사업계획에 의해서 경제사회적 목표가 달성될 것인가를 결정해 줄 수 있는 지표이다. 비용－편익분석의 기본식은 다음과 같다(박석희, 2000: 95).

$$\frac{\text{편익(B)}}{\text{비용(C)}} = \frac{(1차편익 + 2차편익) - 부수비용}{사 업 비 중}$$

관광측면에서도 공공사업에 주로 사용되고 있는 이 분석방법은 공공사업마다 나타나는 내용과 성격의 차이가 매우 심하므로 비용－편익추정상 많은 애로점이 따른다.

제9장

관광과 환경

제9장 관광과 환경

제1절 관광과 환경의 관계

1. 환경문제의 의의

인간과 관련하여 환경은 두 가지 역할을 담당하고 있다. 첫째, 인간생활에 불가결한 자원, 원재료, 공기, 물, 자연경관을 제공하며, 둘째, 인간활동에서 발생하는 폐기물과 폐에너지를 정화·처리하는 역할을 한다.

환경문제는 인간과 환경의 불균형, 즉 환경의 이용측면만 강조하고 그 보존측면을 등한시한 데서 발생한다. 따라서 환경대책은 인간과 환경과의 조화, 즉 환경의 개발측면과 보존측면의 조화를 꾀하는 데 그 목적이 있다. 왜냐하면 인간이 경제활동을 영위하고, 계속 재생산을 보장받기 위해서는 환경보존이 불가피하기 때문이다(현대경제사회연구원, 1991: 30). 결국 환경문제는 환경을 구성하고 있는 제요소들이 내·외적으로 영향을 받아 오염, 파괴 또는 훼손되어 인간의 삶의 질이나 인간에게 직·간접으로 피해를 끼치는 현상을 의미한다.

현대사회에서는 환경문제를 인간생활의 복지편의와 관련지어 접근하여 그 해결방안을 모색하는데 연구의 중점을 두고 있으며, 인간환경을 점점 악화시키는 대기오염, 수질오염, 소음, 진동 등이 주된 연구대상으로 다루어지고 있다(김안제, 1980: 23).

이러한 환경문제의 심각성은 '하나 뿐인 지구'라는 슬로건 아래 전세계 113개국 대표가 참석한 가운데 1972년 스웨덴의 수도 스톡홀름에서 개최된 유엔 인간환경회의(The United Nations Conference on the Human Environment : UNCHE)가 환경문제를 토론하기 위한 인류 최초의 회의였으며, 이 회의의 개최 결과는 이미 환경오염이 심각한 지경에까지 이른 선진국뿐만 아니라 개발도상국의 정부 및 국민들의 환경에 대한 인식을 높이는 데도 크게 이바지하였다.

2. 관광환경의 정의

1) 환경의 정의

동양문화권에서 환경이라 함은 '에워싸다'의 뜻을 가지고 있는 환(環)과, 장소의 뜻을 내포하는 경(境)이 합쳐진 것으로써, 즉 주체(인간)를 둘러싸고 있는 유형·무형의 모든 객체를 환경이라 할 수 있다.

서양 문화권에서도 환경은 인간중심의 사상에서 출발한 것으로 볼 수 있는데, 불어권에서는 「milieu」로 표현하고 있는데 이것은 생물체를 중심으로 한 주변 상태를 지칭하며, 영어권에서는 「environment」, 독어권에서는 「Umwelt(또는 Umgebung)」로 환경을 표현하고 있어서 동양문화권에서와 같은 의미로 해석된다(이병곤 외 2인, 2002: 11).

환경의 정의는 보는 시각과 각각의 개체학문이 추구하는 속성에 따라 다르게 내려질 수 있으나, "인간과 그의 환경"(man and his environment)이란 표현과 같이 인간과 환경을 서로 대등한, 수평적인 혹은 내부적인 관계로 보는 환경과 이와는 상대적으로 수직적인, 계층적인 혹은 외부적인 관계로 볼 때의 환경으로 자연과학이나 사회과학 모두 인간을 중심축으로 하고 있다는 공통점이 있다.

이러한 환경은 인간을 중심으로 하는 관점에서 "우리들 인간과 기타의 생물 및 각종의 공유물이 존재하고 활동하는 장"(안기철, 1988: 16)으로 함축되기도 하며, 넓은 의미로는 "한 생물유기체 또는 그 집단의 외부에 있으면서 어떤 방법으로서든지 그것에 영향을 주는 모든 것"으로 표현되기도 한다.

결국, 환경은 하나의 자연(nature)으로서, 혹은 하나의 문화(culture)로서, 기술(technology)로서, 또다른 관념(idea)으로서, 총체적인 '실체(entities)'로서 이해되어야 하며, 이러한 실체가 갖는 의미로서 환경의 구조적 관계성에 대한 이해가 더욱 중요한 의미를 갖는 다고 할 수 있다.

2) 관광환경의 정의

관광환경(Tourism Environment)을 정의한다는 것은 매우 어려운 일이다. 왜냐하면 관광이라는 현상은 매우 복잡한 사회적 현상이기 때문이다.

관광환경이라는 말은 낯설고 규범적인 용어이기 때문에 관광환경이라는 개념을 정립하기 위해서는 학문적인 다양성에 기초를 둔 접근방법이 시도되어야 한다. 따라서 관광환경의 학문적인 체계정립을 위해서는 여러 가지 접근방법이 가능하겠지만, 관광현상이 사회현상의 일부에 속한다는 측면에서 사회과학에서 적용하는 생태론적 접근방법이 하나의 방법이 될 수 있다.

생태론적 접근방법 측면에서 관광환경의 개념을 설정하기 위해서는 먼저 관광과 환경의 관계에 있어 환경이 일종의 유기체를 둘러싸고 있는 모든 외부조건이라고 가정할 때 관광을 하나의 유기체로 간주하는 전제조건이 필요하다. 곧, 인간이 행하는 관광을 하나의 유기체로 볼 때, 생태론적 측면에서 환경과 관광의 관계는 관광과 환경 간의 상호작용의 일체를 의미하며, 상호작용이란 2개 이상의 구성요소 상호간의 자극과 반응 또는 자극 → 유기체 → 반응의 관계를 의미한다.

따라서 생태론적 측면에서의 관광환경이란 "인간의 이동행위, 관광사업자 및 정부관광조직, 관광자원, 교통, 문화 그리고 사회체제 등 관광현상을 발생시키는 여러 요소들의 내·외부를 둘러싸고, 관광현상에 직·간접적으로 영향을 초래하는 총체적인 것"으로 정의를 내릴 수 있다.

3. 관광환경의 분류

인간의 관광행태 및 관광현상에 직·간접으로 영향을 초래하는 관광환경은 직접적인 관광환경, 간접적인 관광환경 또는 정치적 환경, 경제적 환경, 사회적 환경, 문화적 환경, 기술적 환경, 생태적 환경으로 분류할 수 있다.

1) 정치적 환경

관광은 인류의 문화적 욕망의 발현(관광용어사전, 1985: 5)이며, 사회공동체 내에서 일어나는 하나의 현상으로 그 국가의 정치적 환경과 그 운영방식에 의해 커다란 영향을 받게 된다. 특히 정치적 이데올로기는 본래 보편성을 지닌 것이기는 하지만, 그것이 어떤 사회구조 맥락 속에 놓여지느냐에 따라서 서로 다른 의미와 기능을 가지게 되며, 이러한 정치문화적 환경은 관광에 직·간접적인 영향을 미치게 된다.

우리나라의 경우 남북한의 정치적 이데올로기 문제로 인한 정치적 불안정은 종종 외래관광객의 감소로 나타나며, 출입국 절차의 복잡성 및 과도한 치안유지는 관광발전의 장애요소가 되고 있다.

2) 경제적 환경

관광수요(tourism demand)는 소득, 여가, 욕구의 3대 요인에 의해 결정되며, 특히 관광욕구의 관광행동으로의 실행은 관광소비의 유·무에 의해 1차적으로 결정된다.

광의의 경제적 환경은 국가경제 및 국제적인 경제상황으로 이는 국제관광의 발전과 밀접한 관련이 있으며, 협의의 경제적 환경은 개인의 경제적 여유, 즉 개개인의 가처분소득으로 국내관광 또는 국제관광에 영향을 초래한다.

3) 사회적 환경

사회란 서로 협력하여 공동생활을 하는 인류의 집단 또는 온갖 형태의 인간의 집단적 생활을 의미한다. 이러한 집단 내에서 발생하는 사회현상의 일부분을 구성하는 관광현상은 사회적 구조(집단구조, 계층구조, 제도의 체계)에 직접적인 영향을 받게 된다. 특히 사회구성원으로서의 인간의 관광활동은 간접적으로는 제도의 체계를 형성하는 사회규범, 사회의 발전과정, 사회변동, 사회가 추구하는 가치관, 사회복지 등에 영향을 받으며, 직접적으로는 자신이 속한 준거집단, 가족관계, 사회적 역할 및 지위에 의한 영향을 받는다(장혜숙, 1990: 52).

4) 문화적 환경

문화란 행동양식 및 생활양식을 나타내는 것으로 한 공동체를 구성하는 개개인에게 삶의 존엄성과 보람을 일깨워주며, 동시에 그 공동체가 지양하는 전체적인 목표가 그 개인에게 있어서도 가치 있는 것임을 인식케 하는 인간행위와 제도의 총체(김연구, 1988: 8)로 정의되어진다. 따라서 인간은 문화활동을 행함으로써 그 존재가치가 더욱 높아진다 하겠다. 인간의 관광활동은 이러한 문화활동의 일부분으로 파악되기도 하며, 동시에 관광문화란 고유한 영역을 갖고 있기도 하다.

문화의 속성이 인간이 사회 내에서 과거에 행하고 있었거나, 또는 미래에 행할 모든 정신적, 물질적 유형의 양식을 포함하고 있다는 점에서 사회와 문화 속에서 그 현상이 창출되는 인간의 관광현상은 문화와 상호 밀접한 관련을 갖게 된다. 특히 관광객의사결정에 영향을 미치는 다양한 요소들 중 문화가 습득되고 학습되며 계승된다는 점에서 관광객이 속해 있는 문화집단의 환경(구조), 즉 사회계층, 하위문화 등이 관광객의 의사결정과 관광행태에 직접적인 영향을 미치게 된다.

5) 기술적 환경

과학의 시대로 통칭되는 19세기 이후, 인간의 과학 기술은 증기터빈·내연기관 및 발전기 등의 발명으로 동력기술의 획기적인 변화를 초래하였는데, 이러한 동력기술의 발전은 이동을 전제로 하는 관광에 커다란 변화를 야기시켜 대량관광이란 오늘날의 관광현상을 만들어 내게 되었다. 또한 20세기 이후 급속히 진행되고 있는 정보통신기술의 발전은 사이버여행업 등 새로운 관광사업과 예약제도, 쌍방향통신형 여행정보 제공등 다양한 방면으로 관광현상에 영향을 미치고 있다.

6) 생태적 환경

산업혁명 이후 급속히 진행된 도시화 현상이 필연적으로 수반하는 도시내 인구의 과밀현상은 전통적 농경사회가 갖는 「게마인샤프트(Gemeinschaft)」로서의 공동체의식을 퇴색시키고, 기능 중심적인 「게젤샤프트(Gesellschaft)」를 구축하는 과정에서 이기적이고 무관심하며 원자화된 고독한 군상을 대량으로 만들어 내는가 하면, 또 한편으로는 표준화·전문화·대량화·기계화된 도시사회는 인간의 온정주의를 고갈시키고, 개성이 상실되는 획일화된 문화를 전염시키게 되었다(조형, 1982: 118). 이러한 사회구조 속에서 생활하는 현대인은 자연적인 생태문제보다 인간이 인위적으로 생성시킨 생태적 환경에 더 커다란 영향을 받게 되며, 이러한 부정적인 생태적 환경은 탈도시화 현상 등 인간의 관광동기 유발 및 관광행태에 커다란 영향을 초래한다.

4. 관광활동과 생태계

인간의 다양한 관광욕구를 충족시키기 위한 개개인의 관광활동은 산악, 해변, 해상, 섬, 호수, 동·식물의 서식지와 구조물 등을 포함하여 자연적·물리적 환경에 폭넓게 영향을 끼친다.

1) 관광과 식물

인간의 관광활동이 식물에 미치는 직접적인 영향으로는 관광객의 무분별한 식물채집, 서식지내 쓰레기 투기 등 오염발생물질의 배출, 대량관광에 의한 이동시 식물군의 파괴, 관광객의 부주의로 인한 산불 등을 들 수 있다. 간접적인 영향으로는 골프장, 대규모 리조트, 관광단지, 관광시설물의 개발로 인한 1차적인 영향으로 서식지의 파괴와 서식지와 서식지 간의 단절 그리고 이러한 시설물에서 방출되는 오염물질로 나타나는 2차적인 영향을 들 수 있다.

최근 국내에서도 수용능력을 고려하지 않은 과다한 관광개발로 동·식물 서식지의 파괴 및 특정 야생식물이 멸종위기에 처하게 되는 사례가 빈번하게 일어나고 있어 동·식물의 보호에 관심이 고조되고 있다.

2) 관광과 수자원

세계의 주요 관광지나 리조트 시설이 강이나 바다와 같은 수변을 접하고 있는 점을 고려해 보면 인간의 관광활동과 수자원의 관계가 얼마나 밀접한지를 알 수 있으며, 수변공간과 접한 관광지의 지속성 유·무는 수질에 의해 성패 여부가 결정된다고 할 수 있다.

수변과 관계되는 인간의 관광활동은 해수욕, 수영, 보트 및 요트타기, 수상스키, 스킨 다이빙, 해상·해중 탐방, 카누, 뱃놀이, 뗏목타기, 수변 주변 캠핑, 물새기르기 등(안봉원 외 2인 공역, 1984: 130~132) 그 종류가 다른 자연자원에 비해 다양하므로 환경에 미치는 영향 역시 크다고 볼 수 있다.

일반적으로 수질오염은 해안 리조트의 개발과정과 수용능력을 고려하지 않은 과다한 이용, 그리고 관리소홀로 발생하는 경우가 대부분이다.

우리나라는 한때 댐 건설문제로 관심을 집중시켰던 동강지역이 관광객으로 인해 수자원이 훼손되고 있는 대표적인 곳이다. 동강지역은 아름다운 비경뿐만 아니라 수심이 1~2m로 래프팅을 즐기기에 최적의 장소로 알려지면서 최근에는 1일 최대 관광객이 약 1만 여명에 달하는 등 좁은 지역에 많은 사람이 모여들고 있다. 특히 하계 휴가철의 경우 하천 주변은 수용능력을 초과한 관광객들이 버린 쓰레기 및 오물로 인한 자연환경의 훼손이 심각해지자 환경부와 강원도는 동강보전을 위한 대책을 수립하는 등 자연환경 및 수자원 보호를 위한 대책에 부심하고 있다.

3) 관광과 야생동물

싱가포르의 새공원인 주롱버드 공원, 일본의 원숭이 공원, 멕시코의 황색 펠리콘 서식지, 우간다의 악어서식지, 미국서부의 고래관람 크루즈, 중앙 아프리카 지역의 사파리 공원, 각종 동물원 및 수족관 등은 교육적 측면의 관광 이외에도 일반 관광객의 주요 관광대상물로서 가치가 높다. 그러나 관광객의 지나친 관심집중과 관광활동으로 인해 멸종의 위기에 처한 동물도 있음은 간과할 수 없는 사실이다.

무절제한 관광개발과 지나친 관광활동으로 인한 의식·무의식적인 생태계 파괴행위는 관광자원 고유의 가치를 잃게 하고, 하나밖에 없는 지구에서 희귀동물을 멸종시키는 결과를 낳을 수도 있다.

특히, 우리나라의 경우 비무장지대(DMZ)는 희귀 동식물 및 야생동식물의 서식지로 널리 알려져 무한한 잠재력을 가진 관광자원으로서 그 발전가능성이 매우 높다고 하겠다. 정부는 관광진흥5개년계획(부제 '관광비전 21')을 발표한 바 있는데, 앞으로 북한과 협의를 거쳐 비무장지대에 세계평화광장을 조성하는 한편, 금강산과 설악산 지역에 대해 무사증·무관세의 국제관광객유지역 개발을 추진하고 있다.

〈표 9-1〉 관광활동이 생태계에 미치는 영향

구분	부정적 영향의 요인
관광과 야생식물	• 자연공원 및 야생식물 서식지 내에서의 부주의한 화기류 사용은 화재의 원인이 되고 있다. • 자연산림을 배경으로 하는 골프장, 스키장, 대규모 리조트 단지의 무계획적인 개발로 인하여 식물은 물론 전체 생태계의 파괴를 초래한다. • 자연공원내 시설물에서 배출되는 오염물질은 토양의 형질변화를 초래하여 식물성장의 파괴 및 둔화를 가져온다. • 과다한 쓰레기 방치는 토지의 영양상태를 변화시키고, 공기와 빛을 차단하여 생태적인 변화를 불러일으킬 수 있다. • 관광객의 꽃, 화초, 버섯의 무분별한 수집은 종 구성의 변화를 낳는다. • 장작용 나무의 절단은 어린 나무를 제거함으로써 수목의 연령구조를 변화시킨다. • 도보여행자가 나무뿌리 밑둥의 주위를 밟는 것은 뿌리를 손상시키고, 보행로 주변 야생식물의 성장을 억제하며, 관광도로를 이용하는 차량매연은 식물에 직접적으로 영향을 미친다 • 자연공원, 산림지역내 대규모 숙박시설 및 캠핑장의 건설은 식물번식의 터전을 훼손한다.
관광과 수자원	• 수변관광지 내의 관광시설물에서 정화되지 않고 방출되는 폐수는 수질오염의 주 발생원이 된다. • 해변, 호수 그리고 강에 관광객이 무분별하게 쓰레기를 방출하는 것은 환경에 부정적인 영향을 미칠 뿐만 아니라 수변을 이용하는 관광객의 보건위생을 위협하는 요소가 된다. • 양식장의 물고기 사육용 먹이인 인산염과 낚시를 위한 재료는 플랑크톤의 과다 번식을 촉진하여 죽은 물을 생성하는 원인이 된다.
관광과 야생동물	• 인위적인 사냥터 개발은 이종의 동물을 한 지역의 생태계에 들여놓음으로써 기존의 생태계를 위협하게 된다. • 관광객들은 그들이 보고자 하는 동물의 생활을 파괴할 수 있다. 북 파타고니아의 자연보존지구인 Punto Tombo에서는 가마우지(Kung Shags)와 마젤란 펭귄의 서식지역에 관광객들이 들어옴으로써 둥지를 떠나서 사람들을 경계하고 이때 갈매기들이 알을 훔쳐간다. • 관광객들의 무분별한 동물영역 침범은 동종내의 구역 구조를 혼란시켜 번식기를 놓친다든지, 번식구역을 떠나게 하는 결과를 초래한다. • 관광객 차량의 이동시 배출되는 매연은 야생동물 전체의 서식지 이탈 및 성장에 영향을 미친다.

구분	부정적 영향의 요인
관광과 섬	• 관광객이 갯벌이나 산호초 지역을 걷는 것은 살아 있는 생물체 위를 걷는 것과 같고, 해초가 덮여 있는 바위 위를 밟는 것은 결국 산호 등 갯벌의 생물체들을 파괴하는 부정적인 효과를 가져온다. • 관광객들을 대상으로한 산호, 조가비와 조가비 보석, 그리고 섬의 특이한 생산물을 이용한 장식품의 대량생산은 해저 생태계에 심각한 영향을 미친다. • 물공급이 부족한 섬에서는 호텔 및 관광객이용시설업에서 부패하기 쉬운 바닷물을 사용한다. 부패한 물탱크에서 방출된 염분은 하수의 박테리아 분열을 막고 결과적으로 폐수로 변해 해저 생태계를 파괴시킨다. • 대륙 또는 본토와 섬을 오가는 대형선박과 모터보트 그리고 섬을 일주하는 각종 유람선에서 배출되는 유류는 산호와 어류의 생명에 영향을 미치고, 대형 여객기의 소음은 섬의 생태계에 변화를 초래한다.
관광과 산악	• 관광객 숙박시설, 스키리프트, 케이블카, 접근로, 전선, 하수처리시설의 설치 등은 동식물의 생활공간을 더욱 축소시키고, 일부 서식지를 파괴하기도 한다. • 고산지역의 관광지 개발은 동물의 피신처를 저지대로 이동시켜 번식에 영향을 미친다. • 도로의 건설은 배수로의 형태를 바꾸고, 동물의 이주와 동면에 영향을 미쳐 종의 변형을 가져온다. • 고산지대까지 개발된 등산로는 산악형태의 변형 및 관광객과 동식물의 접근을 더욱 가깝게 하여 다양한 형태의 생태계 훼손을 초래한다.

4) 관광과 섬

섬은 사회문화적인 측면에서 지리적 특징상 새로운 문화의 유입이 타지역에 비해 늦고, 오랜 민속과 전통적인 습관이 많이 남아 있기 때문에 관광객의 관광동기 유발 및 만족에 커다란 부분을 차지한다.

또한 섬의 특이한 자연경관과 섬 내에 서식하는 종은 대륙의 유사한 종과는 달리 독립해서 진화하고, 불연속의 집단을 형성하는 경우가 많기 때문에 다양한 형태의 관광대상물을 제공할 뿐만 아니라 그 가치 역시 높다고 할 수 있다. 따라서 섬 내에 서식하는 동·식물은 멸종되는 순간 새로운 번식이나 유입이 불가능하므로 보호의 필요성이 더욱 크다고 볼 수 있다.

5) 관광과 산악

인류 역사 이래 산악은 민속과 신들이 사는 천상계(天上界) 등 신화의 발상지로서 인간의 생활과 밀접한 관계를 맺어왔다. 특히 산업혁명 이후 급속한 과학기술의 발달과 사회구조의 변화로 나타난 도시화 현상은 인간에게 자연으로의 복귀를 촉진시켰다. 곧 산에 대한 욕망은 등산, 사냥, 산악스포츠, 골프, 스키, 별장지, 리조트, 삼림공원 등 다양한 형태의 관광개발로 나타나고 있다.

그러나 대규모 산악리조트 단지나 골프장, 스키장과 같은 자연생태계에 치명적인 손상을 줄 수 있는 산악형 개발이 국가 또는 지역경제의 활성화란 미명하에 무계획적으로 진행되는 사례가 많아 자연보호를 위한 환경친화적 관광개발이 국제적인 관심사로 등장하고 있다.

제2절　관광의 환경적 영향

일반적으로 관광과 환경과의 관계는 보존과 개발이라는 공존공영적 양면가치(symbiotic ambivalence)를 가지고 있으나, 대개 이 둘 사이는 흔히 갈등관계에 놓이게 된다. 왜냐하면 관광의 성장(成長)은 불가피하게 환경의 질적 변화를 초래하고, 그 결과로 환경의 질이 악화되면 관광체험의 질 역시 낮아지게 되므로 관광은 절대로 환경지향적이어야 한다.

1. 관광개발과 환경의 관계

부도우스키는 환경보전을 옹호하는 것과 관광개발을 촉진하는 것 사이에 세 가지의 다른 연관성이 존재할 수 있다고 주장하였다(Mathieson and Wall, 1982: 96).

첫째, 관광과 환경보전은 양자가 서로간에 분리된 채로 거의 접촉없이 상호 영향을 미치지 않는 상태로 존재할 수 있다.

둘째, 관광과 환경보전은 양자간에 각자의 이득을 취하는 방법으로 구성되는 상호의 존적이거나 공생적인 관계를 가질 수 있다.

셋째, 관광과 환경보전은 갈등관계에 있다.

특히 관광이 환경에 악영향을 미칠 때 대부분의 관광과 환경보전은 갈등관계에 놓이게 된다.

UN 환경프로그램에 의하면 관광에 있어 환경은 구속이 아니라 자원이고 기회라고한다. 관광과 환경은 서로간에 단순한 관계보다는 상호의존적이며, 관광의 생존력은환경보전과 갈등관계에 있다기보다는 그것을 수용할 경우 관광객의 욕구만족은 상승하게 된다. 또한 관광이 환경적 질의 감소를 가져올 수도 있지만, 개발의 이념에 따라환경의 실질적 고양에 이바지할 수 있다. 관광의 환경적인 영향은 긍정적인 측면과 부정적인 측면이 있는데, WTO에 의하면 〈표 9-2〉와 같이 영향이 나타나고 있다(WTO, 1981: 13).

〈표 9-2〉 관광의 효과

긍정적 효과	부정적 효과
• 자연환경의 보호, 국립공원 네트워크의 개발 • 관광개발은 경관보전 및 미개발지역의 고유 건축물 보전 • 세계적 수준의 역사적 기념물에 대한 관심증대 및 기념물 보존기준 설정 • 관광수입의 자원이 되는 고고학적, 건축학적인 관심지역의 보호를 위한 경제적 지원 • 농촌의 현대적 건축양식의 도입은 건물의지진방지공법을 통해 편익을 줌 • 지역기후를 고려한 설계, 지역자원의 활용, 지역경관과의 조화	• 자연환경의 파괴 • 조잡한 개발로 경치를 망침 • 방문자의 수용능력 초과로 인한 유적지 파괴 • 현대적 건축양식과 전통적 건물 양식의 부조화

2. 관광개발과 환경의 질

관광개발과 환경의 질적 영향에 관한 상호 관계성을 일반화한다는 것은 관광개발과 환경의 질이 일반적으로 서로 갈등관계에 있다는 측면에서 매우 어렵다. 곧, 관광개발과 환경의 상대적 중요성은 관광지가 내포하고 있는 입지와 위치 그리고 관광지를 둘러싸고 있는 사회문화적 구조 등 그 조건에 따라 다양하게 나타나기 때문이다. 그러나 관광욕구의 극대화는 양질의 환경에서만 가능하다고 간주할 때 관광개발의 부정적 효과는 긍정적 효과와 균형을 취할 필요가 있다. 관광개발과 환경의 질 관계를 보면 아래 〈그림 9-1〉과 같다.

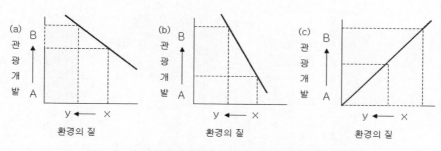

〈그림 9-1〉 관광개발과 환경의 질 관계의 대안적인 형태

〈그림 9-1〉에서 (a)는 관광의 증가가 환경의 질을 악화시키는 현상을 초래하는 경우이고, (b)는 관광증가로 인한 환경의 변화가 반드시 악화를 초래하지는 않고, 곧 관광과 환경의 질은 상호 배타적인 목표는 아니다. 그러나 관광의 증가로 인한 환경의 질에 대한 순효과는 약간 부정적인 경우이다. (c)는 관광과 환경의 질은 상호 지원 및 편익을 제공하는 관계로 양자 모두에게 순효과가 가장 크게 나타나는 경우이다.

관광개발에서 환경문제를 다룰 때 가장 바람직한 것은 (c)의 형태를 취하는 것이지만, 이것이 불가능할 경우에는 적어도 (b)의 형태를 취해야 한다.

3. 관광지 오염의 원인과 제현상

관광지 공해의 원인과 현상을 〈그림 9-2〉에서 보면 전체적인 원인으로는 사회경제의 급속한 발전, 여가시간의 증대, 관광가치의 변화, 관광인구의 증가, 도시환경 악화 등이며, 공해현상으로는 대기오염, 수질오염 소음, 진동, 악취·토양오염, 쓰레기 문제 등이 있다.

이러한 관점에서 OECD는 관광으로 인한 환경피해 사례를 다음과 같이 요약하고 있다(OECD, 1980: 24).

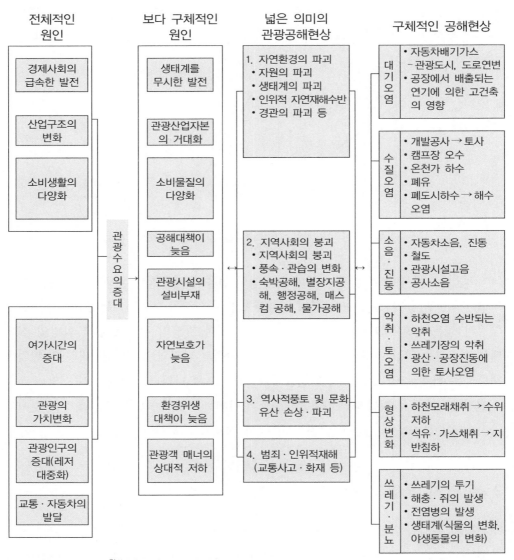

자료: 日本觀協(1973), 「觀光地コミ公害レポート」.

〈그림 9-2〉 관광지 공해의 원인과 제현상

제3절 환경친화적 관광개발

최근 환경보전, 환경보호, 환경관리 등 인류의 미래와 관련되는 지구환경에 대한 인식이 고조되면서 개발과 관계되는 분야에서 가장 친밀하게 사용되는 용어가 「환경친화적」이란 말이다.

관광분야 역시 교통기술의 급속한 발전과 함께 대량관광(mass tourism)이 주요한 관광형태로 자리잡으면서, 1960년대 이후 관광의 경제적 편익보다는 관광자원 및 관광지의 문화를 보호·보존하는 대안관광(alternative tourism)과 지속가능한 관광개발(sustainable development)이 등장하게 되었다.

환경친화적 관광개발은 관광개발형태 측면에서는 관광자원의 개발과 환경이 양자편익을 제공하는 공존공생의 관계를 형성하는 개발형태로서, 관광개발에 따른 경제성장과 환경보전정책을 통합시킨 개념으로 볼 수 있다.

다시 말해, 환경친화적 관광개발은 관광개발과 환경보전이 상호 갈등관계보다는 상호보완의 관계를 유지하고, 관광개발에 따른 최대의 경제적 편익을 추구하면서 또한 생태계 환경을 최대한 보전하는 관광개발형태로서 생태관광, 녹색관광, 보전관광 등 다양한 형태로 발전하고 있다. 또한 시간적 측면에서 환경친화적 관광개발은 개발자원의 세대간 공평한 배분을 유지함으로써 우리가 가지고 있는 자연자원의 질과 서비스 기능을 보다 더 좋은 조건으로 후손들에게 남겨 주자는 세대간 자원의 공평배분이라는 목표의 실현을 위한 노력이 강조되는 개발을 의미한다.

따라서 최근에 연구되어지고 있는 환경친화적 관광개발의 보다 명확한 개념정립을 위해서는 관광학을 토대로 자연자원을 비롯한 생태계와 관련된 생태학, 자연관리학, 생물학, 지리학, 인구경제학 등 인접학문을 응용한 범학문적 연구방법의 도입이 필요하다.

1. 대안관광

1) 등장배경

절대왕정의 몰락과 자본주의의 발달에 따른 사회계급의 구조적 변화는 소수의 유한 부유계층의 전유물이었던 관광을 일반대중을 위한 관광으로 변화시키는데 크게 기여 하였다. 특히 제2차 세계대전 이후 과학과 기술의 급속한 발전은 가장 짧은 시간에 가 장 많은 관광객을, 가장 멀리 또는 가고 싶은 곳으로 이동시킬 수 있는 여건을 제공함 으로써 관광의 발전에 지대한 영향을 끼쳤다.

그러나 이와 같은 대량관광은 관광지의 자연자원의 훼손, 생태계의 파괴 등 하나뿐 인 지구환경에 커다란 영향을 초래하여 이의 대안으로서 새로운 관광형태, 곧 대안관 광의 등장을 가져왔다.

대안관광은 지구환경문제, 지속가능한 개발론, 생태적 시장(ecological market), 대량 관광비판론 등의 시대적 대두에 깊은 뿌리를 두고 있다. 1989년 '대안관광의 이론적 전 망'을 주제로 한 폴란드에서의 쟈가판(Zakapane) 세미나 이후 대안관광에 관한 연구는 세계적 관심주제로 부각되고 있다.

2) 개념과 특징

대안관광(alternative tourism)은 '관광객의 대량이동과 활동으로 야기되는 사회환경의 부정적 영향을 최소화시키고자 하는 관광의 한 형태'를 의미하는데(Inskeep, 1987: 124), 대안관광의 개념적 준거는 현대 반문화적인 대량소비주의에 대한 거부반응과 제3세계 에 대한 현대산업세계의 영향과 관련된다(Cohen, 1987: 13).

대안관광의 개념적 범주에 포함되는 관광형태로는 Appropriate Tourism, Eco Tourism, Soft Tourism, Responsible Tourism, People-to-people Tourism, Nature Tourism, Small-scale Tourism, Village/cottage Tourism, Green Tourism 등이 포함되는데(Weaver, 1991: 415), 이 모두는 전통적 대량관광객들이 행하던 관광형태와는 다른 형태의 관광을 통 칭하는 것으로 전통적 대량관광에 대한 대안관광으로 볼 수 있다.

대안관광의 특징은 다음과 같다.

① 지역주민과 제한된 접촉, 장기체재와 생활관찰, 교육/홍보를 통한 관광지의 관심
분야에 대한 이해를 촉진
② 개별적이며 비교적 먼 지역으로의 소규모 관광형태
③ 소규모 시장과 분산적 공간이용
④ 비수기에도 다양한 관광동기 유발
⑤ 환경적·사회적 수용력에 대한 깊은 관심
⑥ 환경친화적인 사회단체로부터 관광객을 유인하기 위한 선택적 마케팅기법 활용
⑦ 전통적 대량관광의 가치·동기·태도와는 다른 실제체험(authentic experience) 추
구(Gonslaves, 1987: 11)

전통적 대량관광과 대안관광의 특징, 관광형태에 관련된 요인 그리고 역사적 발전과정,
대량관광과 대안관광의 이상적 타입을 비교하면 〈표 9-3〉, 〈표 9-4〉, 〈표 9-5〉, 〈표 9-6〉
과 같다.

〈표 9-3〉 전통적 대량관광과 대안관광의 특징

구 분		대량관광	대안관광
숙박시설	공간형태	해안지역, 고밀도	분산적이고 저밀도
	규모	대규모, 통합적 기능	소규모, 가정적 기능
	소유	독점적, 다국적 소유	지방, 지역의 소규모기업
시장	크기	매우 큼	작음
	배출지	하나의 지배시장	지배시장 없음
	세분시장	psychocentric-midcentric 형	allocentric-midcentric 형
	활동	수변/해변	자연/문화
	계절성	높은 계절성	지배적인 계절 변화 없음
경제	차지하는 위치	지배적 부문	보완적 부문
	영향	높은 수입부문	낮은 수입부문

자료: D.B. Weaver(1991), "Alternative to Mass Tourism in Dominica", Annals of Tourism Research, Vol.18, No.3.

〈표 9-4〉 관광형태에 관련된 주요 변화요인

구 분		대량관광		대안관광	
		단기	장기	단기	장기
관광객	수 행동 장소 시간 접촉 유사성	성장 정주형태 제한됨/유원지 짧음 약간 유리 적음	대규모 정주형태 유원지 한정적 대단히 피상적	느린 성장 탐구형태 지역사회 길고 무한함 어느 정도 집중적 매우 적음	소규모 탐구형태 광범위함 적절히 한정됨 집중적 매우 적음
자원	마멸성 독특성 수용력	상당한 압박 상당한 압박 문제가 있음	파괴/없어짐 파괴/없어짐 대부분 초과	작은 압박 작은 압박 작은 문제	압박 압박 문제가 생김
경제	정교성 누출도	약간 약간	개선됨 약간	없음 대부분 많음	매우 적음 아마도 많음
정 치	지역통제 계획정도	약간 약간	거의 없음 거의 없음	대부분 거의 없음	약간 받기 쉬움 거의 없음

자료: R.W. Butler, Alternative Tourism: Pious Hope or Trojan Horse?, Journal of Travel Research, Vol. 28, No.3.

〈표 9-5〉 전통적 대량관광과 대안관광의 발전과정

구 분	대량관광	대안관광
역사적 배경	제2차 세계대전 이후	1958년 IUOTO가 해양오염방지를 위한 런던회의에 참석한 이후
대상	전국민	환경주의자 → 전 계층
주도자	자연발생적	환경주의자(단체와 개인)
관광동기	쾌락, 휴양, 휴식	환경친화적 특수목적
발전과정	자연발생적	환경보호의식 변화의 부산물(인위적·제도적·정책적)
관광규모	대규모	소규모
관광목적	1차 관광욕구 충족 2차 관광자원 보호	1차 자연환경과 관광자원 보호 2차 관광욕구 충족

자료: 심인보·강경재(1995), "대량관광과 녹색관광의 비교연구" 호원대학교 산업경영연구소, 제3권.

〈표 9-6〉 대량관광과 대안관광의 이상적 타입 비교

구 분		대량관광	대안관광
시장	하위시장	Psycho&centric&midcentric	Allocentric&midcentric
	크기와 방법	높음, 패키지투어	낮음, 개별수배
	계절성	성수기 · 비수기 뚜렷	성수기 · 비수기 불분명
	송출지	2~3개의 시장 지배	지배적 시장 없음
매력	상업화	고도로 상업화	상업화 미비
	특성	창조적, 인공적	지역적, 자연적
	지향성	관광객만 또는 주로 관광객	관광객과 지역민
숙박	규격	대규모	소규모
	공간적 유형	관광지 집중	지역전역 분포
	밀도	고밀도	저밀도
	구조	국제적 스타일, 눈에 거슬림	거슬림 없이 자연스러움
	소유권	대기업	현지주민, 소기업, 지자체
경제적 시장	관광의 역할	지역경제 지배	현재활동 보완
	연결성	주로 의무적	주로 내부적
	누출	광범위	미미함
	승수효과	낮음	높음
기타	통제정도	비현지 민간부문 미미함 민간부문 촉진 활성화	현지지역사회 광범위 현지부정적 영향 최소화
	이념강조	자유시장, 경제적 성장, 이익, 부문별 중심	공중개입 지역사회안정과 번영 중심 통합적 · 전체적
	시간	단기	장기

자료: Weaver, D & Opperman, M.(2000), Tourism Management, Wiley; 최태광(2001), 생태관광론, 백산출판사.

3) 대량관광과 대안관광의 미래

대량관광과 대안관광의 관계는 크게 일원론적 입장과 이원론적 입장으로 정리할 수 있다. 일원론적 입장은 대량관광을 일방적으로 비판하고, 대안관광 개발의 문제점이나 비용 그리고 시장성 등을 도외시한 상태에서 단지 관광객 유형, 관광기업, 관광개발의 기간과 규모, 의사결정의 주체, 광고방법 등의 특징을 강조하면서 대안관광을 전략적 대안으로 제시하는 입장이다. 반면에 이원론적 입장은 대량관광과 마찬가지로 대안관광을 발전시키는데도 그만한 위험과 부정적 영향이 충분히 있음을 인식하고, 대안관광의 진정한 가치는 대량관광을 도태시키고, 대안관광으로 대체시키려는 노력보다는 대량관광으로 인한 문제의 심각성을 완화하고 해결하려는 관점에서 대량관광의 보완적 역할을 강조하는 입장이다.

그러나 특정한 장소와 특수한 경험에 대해 대량수요를 창출하고, 이러한 수요에 대응하고자 숙박시설과 운송수단을 창출하는 대량관광의 현대적 경향이 아직도 많은 나라에서 실시되고 있다. 따라서 이러한 현대경향의 대량관광이 단시간에 사라지거나 철폐되기가 어려운 현실에서는 소규모와 특수목적관광객(Special Interest Tourist)의 욕구를 충족시키는 역할, 곧 대량관광 측면에서 기대하기 어려운 새로운 기능을 대안관광이 수행하는 상호보완적 관계가 가장 바람직할 것이다. 결국 향후 대량관광과 대안관광은 어느 한 쪽을 부인하기보다는 새로운 절충안으로서 양자간 단점은 보완하고, 장점은 수용하는 상호의존적 관계의 정립이 필요하다.

특히, 기존 대량관광지는 좀더 환경보존적 관리를 강화하고, 새로운 대안관광의 개발은 대량관광과는 다른 차원에서 자연을 우선시하는 합리적인 계획, 경영관리, 개발통제 등이 필요하다. 그렇지 못할 경우 대안관광이 지속적으로 발전할 때 전통적 대량관광과 똑같은 문제를 야기하는 상황에 직면하게 되리라는 것을 예견할 수 있기 때문이다.

80년대 후반 전통적인 대중관광에서 벗어난 특수관광에 대한 연구가 전개되면서부터 등장하게 된 대안관광은 대중관광객의 이동과 활동에 대한 현재의 표준적인 형태에서 벗어난 관광의 한 형태(E. Inskeep, 1987: 124)로, 대중관광객보다 장기체재하며 관광지역의 환경과 문화를 남용하지 않은 환경단체로부터 관광객을 유인하는 선택적 마케팅기법이 적용되어야 한다.

2. 생태관광

1) 등장배경

생태관광의 출현배경은 최근 환경문제의 심각성에 대한 우려와 현대인의 가치관 변화에 따른 관광욕구의 다양화에 적절히 대응하기 위한 상품개발 등 크게 두 가지 원인에 기인한다. 먼저 최근 환경문제와 연계하여 대량관광에 대한 우려, 곧 환경을 고려하지 않은 무분별한 관광개발과 생태계 수용능력을 초과하는 과도한 관광활동으로 인한 폐해를 극복하고, 관광으로 인한 자연환경의 파괴 또는 훼손보다는 보호·보존을 우선시하면서 인간의 관광욕구를 충족시킬 수 있는 새로운 형태의 관광인 대안관광(alternative tourism)의 한 형태로 등장하게 되었다. 생태관광이라는 용어는 멕시코 도시개발부 기술표준국장이며 환경단체인 'PRONATURA'의 회장을 겸임했던 세바우스 라스쿠라인(Ceballos Lascurain)이 1983년 유카탄반도 북부의 America Flamingo 번식지를 보호하기 위한 Celestun 강 하구의 마리나 개발계획 반대운동을 주도하면서 처음으로 사용하였다. 그는 생태계를 위협할 수 있는 마리나 개발을 하지 않고도 자연을 활용하여 생태계를 보호하면서 지역경제를 활성화할 수 있다는 주장을 뒷받침하기 위해 생태관광이라는 용어를 사용했다.

또한 점차 쾌락주의적인 관광과 단순히 일에 대한 해방 또는 휴식으로서의 관광활동이 감소하고, 관광행위가 일상생활의 한 부분으로서 조화를 이루는 관광의 인간화(humanization of tourism ; (Krippendorf, 1987: 137~139)가 일반화되면서 이와 같은 관광욕구의 다양화와 가치관의 변화에 따라 특수목적관광(Special Interest Tourism)과 같은 새로운 관광상품과 활동이 등장하게 되었고, 생태관광은 이러한 특수목적관광의 대표적 예라 할 수 있다(Fennel and Smale, 1992: 21).

2) 생태관광의 개념

자연관광의 한 분야로 생태(Ecology)＋관광(Tourism)의 개념이 결합된 생태관광(Eco Tourism)의 개념은 어느날 갑자기 나타난 것이라기보다는 오래 전부터 있어 왔다(한국관광공사, 1998: 1). 자연생태계에 관심을 가진 전문가들에 의해 자연지역에서 이루어지던 여행이 점차 일반인들에게 확산되면서 이것이 생태관광의 모태가 되었다. 생태관광 (Ecotourism)이란 Hetzer가 1965년 관광이 개발도상국에 미치는 영향을 비평하는 글에서 생태적 관광(Ecological Tourism)을 제안한 데서 출발한다. 또한 오늘날 쓰이는 생태관광(Ecotourism)이란 용어는 1983년 Hector에 의해 처음으로 사용되었다(월간 "환경과 조경" 9월호, 1998: 138~143).

〈표 9-7〉 생태관광의 개념

학 자	개 념
김사영 (1992)	관광객이 관광대상에 대하여 극히 목적적이고 환경 의식적인 인식을 갖고, 원시 그대로의 자연환경지역이나 특이한 야생생물과 생물자원을 가진 관광생태계를 관찰·학습·체험하는 여행.
심인보 (1999)	생태관광은 관광객이 환경친화적인 여행목적을 가지고, 자연적·역사문화적 또는 생태자원지역을 원시적인 관광활동에 의존하면서 여행하는 형태.
한국관광공사 (1992)	과거와 현재의 문화유적 뿐만 아니라 자연과 야생동식물을 관찰하고 즐기기 위해 비교적 청정한 자연지역을 여행하는 관광.
Ceballos Lascurain (1988)	생태관광은 자연경관을 학습·감상하고 즐긴다는 특별한 목적을 가지고, 그 지역의 야생 동식물뿐만 아니라 기존의 문화를 대상으로 하는 관광으로서 비교적 평온하고 오염되지 않은 자연경관이 우수한 지역으로 여행하는 것
Epler (2000)	개별 및 소규모 단체 관광객이 해설매체와 지역가이드를 통한 교육적 방법으로 자연지역을 방문하는 관광.
Jenner & Smith(1992)	생태관광이란 관광객의 방문에 의한 부정적인 영향을 최소화하면서 그 지역의 자연적 경관과 문화적인 양식을 감상하려는 특별한 목적을 지니고 그 지역으로 관광을 하는 것.
Kusler (1991)	생태관광은 주로 자연적·역사적·문화적 자원을 기초로 하고, 성공적인 생태관광의 지속적 유지를 위해서는 이러한 자원의 보전이 필수적인 요소이다.
Swanson (1992)	생태관광은 개발도상국으로 여행하는 것, 즉 근처에 사는 사람들, 그들의 필요한 것, 그들의 문화, 그 지역과의 관계뿐만 아니라 어떤 지역의 식물군, 동물군, 지질학 그리고 생태계에 관여하는 연구와 즐거움을 위하여 훼손되지 않은 자연지역으로 여행하는 것.

생태관광의 개념은 국제기구, 단체, 학계에 따라 다소 차이를 보이고 있으나, 인간과 자연과의 조화, 균형, 상호 의존관계를 중시하고, 적극적인 개발보다는 합당한 대안을 마련하여 자연자원을 안정적·지속적으로 이용하고자 하는데 공통된 인식을 내포하고 있다. 곧, 생태관광은 지역의 자연자원·인공자원·문화자원의 이용가치를 높임으로써 지역에 경제적·사회적·환경적 이익을 추구하고자 하는 것이다.

Ecotourism Society에 의하면 생태관광이란 "양호한 상태의 자연보존지구를 목적지로 하는 여행으로서, 생태계의 본질을 변화시키지 않으면서 지역주민은 자연보전을 통해 경제적 이익을 얻고, 여행자는 문화와 환경, 자연사에 대한 이해를 증진시키는 관광의 형태"라고 정의를 내리고 있다(월간 "환경과 조경" 9월호, 1998: 138~143).

3) 생태관광의 개념적 구조

바(Var)는 생태관광의 개념적 구성요소를 다음의 네 가지로 설명하고 있다(Var: 1991).

첫째, 생물자원의 보존이다. 생물자원은 특이한 동식물, 해양의 물고기와 식물 등 그 대상은 매우 광범위하나, 실제 생태관광의 특징을 보이는 대상은 한정적이다.

둘째, 재생 불가능한 자원고갈의 최소화이다. 재생 불가능한 자원의 파괴는 생태관광의 매력을 감소시키는 주요한 원인이 될 수 있다.

셋째, 자원이 가져다주는 혜택이다. 생태관광은 환경적·경제적 상호의존성에 기인하는데 환경자원은 관광의 경제적 효과를 극대화시키고, 이 극대화된 관광효과는 환경의 보전과 관리에 더욱 효율적인 수단을 제공한다.

넷째, 이익집단과 지역주민의 참여이다. 생태관광은 소규모적이고 지방적 공간범위에서 이루어지는 관광의 한 형태이므로 이들의 상호협력이 중요한 구성요소가 된다.

결국 생태관광이란 작게는 "생태계를 기초로 하는 자연친화적 관광활동", 크게는 "관광객의 관광동기 유발 또는 만족대상인 자원을 이용한 쾌락, 휴양, 휴식이 아닌 특정지역의 생태계 또는 역사·문화자원의 관찰, 학습, 탐구 등 환경·문화친화적인 특별한 목적을 달성하기 위한 여행"으로 규정지을 수 있다.

이러한 생태관광은 개념적 특징상 자연관광, 모험관광, 녹색관광, 생명관광, 윤리적 관광을 포함하고 있다.

4) 생태관광의 특성

(1) 개념적 특성

생태관광은 자연생태계를 기초로 하는 환경친화적 관광활동이란 측면에서 다음과 같은 특징을 갖는다.

① 생태관광은 자연·문화적 그리고 인간의 환경에 미치는 관광의 영향을 이해할 수 있도록 한다.

② 생태관광은 환경보전과 관광의 상호작용적 이점을 보인다는 측면에서 생태계를 기초로 하는 자연지향적 관광활동이다.

③ 생태관광은 관광을 통한 자연보전과 생태계의 지속적인 유지란 측면에서 목표추구적 성격이 강한 관광활동이다.

④ 생태관광의 구성요소는 환경의식을 바탕으로 한 관광사업체, 정부, 지역사회, 이익단체 그리고 관광객의 적절한 의지와 협동을 전제로 한다.

⑤ 생태관광은 환경과 인간이 상호 공존하는 유기체가 되도록 유도하므로 자연보존의 효과가 크다.

⑥ 생태관광을 통한 자연보전은 관광매력을 지속적으로 유지시키고 이를 촉진하는 데 도움이 된다.

⑦ 생태관광은 독특한 자연환경에 관심을 갖는 관광객을 유인하며, 이를 위하여 매우 제한적이고 통제된 개발과 선택적 마케팅기법을 추구한다.

⑧ 생태관광은 책임질 수 있는 관광(responsible tourism)을 통한 지역주민의 복지와 환경보전의 성격이 강하다.

⑨ 생태관광은 생태계와 문화를 유지·보존시키고자 하는 환경주의자와 관광사업자 간의 결합이며 자연중심관광, 자연사 탐방과 동질의 관광형태로 간주되기도 한다.

⑩ 생태관광은 자연중심관광으로서 특정한 지역에 있는 자연자원을 기초로 하는 여가활동이다(PATA Travel News, April 1992: 9).

⑪ 생태관광은 패키지(package)형 여행형태에서 벗어난 관광으로 전통적 대량관광의 가치, 동기, 태도와는 다른 특별한 목적과 고유한 체험을 추구한다.

(2) 생태관광객의 특성

생태관광을 추구하는 관광객은 일반적으로 교육수준이 높고 고소득자이며, 고차원적인 생태학적 정보를 원하는 사람들이 대부분이다. 또한 선호하는 관광지는 야생지역, 자연공원과 보호지역, 농촌지역, 산악지역으로 전통적 대량관광의 쾌락 또는 안락한 휴식보다는 신체적·정신적 불편함을 감수하면서 관광욕구 만족을 추구하는 특징을 갖는다.

전통적 대안관광객과 구별되는 생태관광객의 특성은 다음과 같다.

① 적극적으로 야외활동을 즐기며 국외여행 경험이 비교적 많고, 개인여행을 선호한다. 연령은 30세 이상이 대부분이며 남·여 구성비율은 비슷하고, 관광객의 약 1/3은 생태관광의 유경험자이다(Ingram and Durst, 1988: 39~43).

② 생태관광객은 다른 유형의 관광객보다 환경지향적인 사고방식이 강하다.

③ 생태관광객은 원시적이고 육체적 불편이 따르는 여행상품을 선호한다.

④ 생태관광객의 관광동기는 자연 및 역사와 문화적 자원에 대한 견학, 관찰, 조사 등 교육적이면서도 전문적인 지식을 습득하고자 하는 경향이 강하다.

⑤ 생태관광객의 관광동기는 관광을 통해 관광욕구 만족을 달성하고자 하는 경향이 일반관광객보다 더욱 강하다.

⑥ 생태관광객은 일반관광객보다 관광지에서의 체재기간이 길고, 여유 있고 세심한 관광활동을 전개한다.

(3) 생태관광상품의 특징

생태관광상품의 구성요소는 자연생태계 및 역사·문화자원, 원시적인 관광시설과 이동체계를 기초로 하기 때문에 상품의 주요소를 차지하는 관광지는 특정한 지역으로 한정되고, 관광객 역시 일반관광객과는 구별되는 특징이 있다.

또한 생태관광상품의 품질은 희귀한 자연생태계와 역사·문화자원의 보호, 보존의 질에 의해 결정되므로 생태관광마케팅에 있어서 마케터는 시장규모의 협소함을 인식하고, "질적 관광(quality tourism)", 즉 환경지향적인 관광객을 표적으로 한 선택적 마케팅이 필요하다. 또한 생태관광상품의 지속적인 품질관리를 위해서는 생태관광객들에게 자연과 환경보전에 적극적인 참여를 유도하고, 관광지의 환경적 수용능력과 지역사회에 대한 제영향을 고려하고, 환경투자비용의 확대 및 희귀한 자연환경의 소비를 제한하는 전략을 강구해야 한다.

(4) 생태관광의 제효과

환경지향적인 관광객들에 의해 자연생태계와 역사·문화자원의 지속적인 보호·보존을 관광욕구 만족의 최대 목적으로 삼는 생태관광은 관광지의 관광자원 보전 및 환경개선 효과, 관광객의 질적 관광 확대 및 자연학습 효과 그리고 관광기업의 고부가가치 관광상품 개발과 경제적 확대효과 등 일반적으로 긍정적 효과가 강하게 나타난다. 반면 급격한 생태관광객의 증가와 수용능력을 고려하지 않은 일부 생태관광지에서는 전통적 대량관광의 폐해와 같은 자연경관의 손상, 동물종의 변화, 적조현상, 생태계 변화 등 자연환경에 부정적 영향을 초래하는 사례도 적지 않게 나타나고 있다.

〈표 9-8〉 생태관광의 긍정적 효과

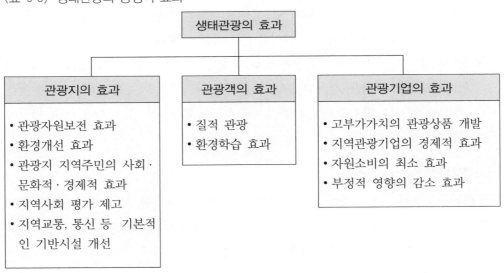

〈표 9-9〉 생태관광의 부정적 효과

유형별	환경에 미친 영향	결 과
기념품 수집	• 자연미관 상실 순환파괴	• 황폐화, 산호초 파괴
동 력 선	• 야생동물의 혼란 소음공해, 오일 등 방류	• 산란기간의 파괴, 환경오염 극대화
동물먹이 제공	• 동물형태 변화	• 생태환경의 먹이사슬 및 공급파괴
무분별한 화기사용	• 산림화재	• 자연경관의 손상 및 산림침식
미처리된 폐기물 방류	• 물산성도 변화, 지하수 오염, 자연 서식지 손상	• 적조현상, 악취 • 오존층 증가 • 미관 손상
소 음	• 자연의 소리 방해	• 방문객 및 야생 동물의 피해
쓰 레 기	• 자연경관 손상	• 미관 및 위생저하 • 관광자원이 지속가능하도록 관리 하기 위한 투자가 적음
장작채집	• 미생물 등 자연서식지 파괴 산림 황폐화	• 생태계 변화, 산림침식
하수처리	• 홍수림 파괴	• 홍수 및 자연재해의 발생
혼 잡	• 환경 스트레스 동물형태의 변화	• 질적 환경의 저하, 산책로 파괴

3. 유사개념의 고찰

환경친화적 관광개발은 환경보전과 관광의 상호보완의 관계를 유지하고, 생태계 환경을 최대한 보전하는 모든 관광활동으로 이해할 수 있으며, 생태관광, 녹색관광, 대안관광, 보전관광 등 다양한 형태로 나타나고 있으며, 이러한 유사개념에 대한 내용을 살펴보면 다음과 같다.

〈표 9-10〉 유사개념의 고찰

구 분	개 념	특 징
보전관광 (sustainable tourism)	• 주어진 문화적 · 자연적 아름다움과 특징을 기초로 하여 생태적 균형을 유지할 수 있는 환경적 수용력에 따른 관광의 한 형태	• 관광의 경제적 효과를 환경과의 효율적인 관계를 지속할 수 있는 방향으로 이용 • 개발의 형평성을 촉진 • 관광지역주민의 생활수준 제고 • 높은 질의 관광체험을 제공 • 표적시장의 한정 • 표적시장의 활동적 체험의 질 중요
녹색관광 (green tourism)	• 푸르름 가득한 농촌지역에서 자연, 문화, 사람들과의 교류를 즐기는 체재형의 여가활동	• 개발속도가 느림 • 농촌지역에 대한 관광의 경제적 효과에 기여 • 관광객의 정신적 준비 필요 • 질적 개발위주 • 선계획 후개발 • 고정되고 제한된 개발 • 개발자가 사회적 비용 감당
자연관광 (nature tourism)	• 자연지역을 즐기고 자연을 관찰하는데 의존하는 관광	• 낮은 사회적 · 물리적 수용력에 의한 제약 • 소규모 부가가치 관광 • 비교적 낮은 환경조건을 체험 • 강한 교육적 활동
모험관광 (adventure tourism)	• 기존 명승지 관광이나 휴양 목적 관광에서 탈피하여 자연에 대한 도전이나 희귀동식물 탐구와 같은 특수 목적 관광의 한 형태	• 인간과 자연환경의 조화를 중시하는 생태관광의 한 형태 • 미개발된 자연환경의 위험과 불확실성 감수 • 신체적 · 물질적 사전준비 필요 • 생명의 위험과 책임 감수
농장관광 (farm tourism)	• 도시에 거주하는 관광객이 도시공간을 벗어나 한가롭고 조용한 농촌지역에서 관광활동을 즐기는 관광의 한 형태	• 소규모 숙박시설을 이용 • 자연 그대로의 농촌생활이나 농촌에서 체험할 수 있는 각종 관광활동을 즐김 • 개방형(open air types) 관광객

구 분	개 념	특 징
농촌관광 (rural tourism)	• 농촌지역의 자연환경·농산물·특산물·농가·농민의 생활 등 여러 종류의 사회·문화자원을 관광활동과 연계하여 관광객을 유치하고, 이에 대한 대가를 농촌지역 주민에게 돌려주고, 도시민에게는 여가선용과 체험, 환경·교육을 목적으로 한 관광	• 농촌환경의 보전(농촌경관 보존, 어메니티 향상, 생활환경 정비, 생태관찰) • 농촌소득의 증대(농촌다움의 보전, 도·농교류, 농사체험, 농특산물 판매) • 자연친화형 여가의 확대(농촌문화 체험, 농촌 민박, 이벤트, 축제, 휴식, 휴양)
저영향 관광 (low impact tourism)	• 생태관광과는 달리 관광공급자가 관광을 주도하는 측면에서 여행사나 여행관련 조직자가 주도하는 관광의 유형이 아닌 공급자, 즉 관광지 지역사회에서 주도하는 관광의 유형	• 사회·환경에서 윤리성을 강조 • 지역주민이 보존하고 있는 관광기본시설과 공원관리 투자를 통해 이루어짐 • 여행과 관광의 질적 수준 제고 • 문화가치 존중 • 수련 강조 • 관광자원은 천연자원과 문화자원에 의존 • 관광개발과 환경보전을 동시 실행

4. 세계 각국의 환경친화적 관광개발과 정책

1) 국제기구의 환경친화적 관광개발 지침

환경보호운동을 확산시키기 위한 노력은 미주여행업협회(ASTA), 세계관광기구(UNWTO), 아시아·태평양관광협회(PATA), 세계여행관광협의회(WTTC), 캐나다여행업협회(TIAC)와 같은 주요 국제기구들에 의해 수행되고 있다.

국제관광기구로서 생태관광에 대하여 공식적으로 이론정립과 실천강령을 구체적이고 체계적으로 수립한 기관은 미주여행협회(ASTA)이며, ASTA의 여행업계 관계자들은 관광객들이 자연환경을 보호하고, 외국의 문화와 관광자원을 보전하는데 책임의식을 갖도록 노력해야 한다고 강조하고 있다(관광정보, 1992: 21). 1990년 6월 ASTA 환경위원회가 뉴욕에서 개최한 관광·환경회의에서 Ecotourism이란 용어의 공식적 사용 및 환경윤리강령을 제정하였고, Ecotourism의 목적은 "환경과 조화하는 여행, 곧 자연과 환경을 파괴함이 없이 자연과 문화를 이용하고 즐기는 것을 목적으로 한다"고 명시하였다. 또한 생태관광의 발전에 기여한 나라·기업·개인에게 수여하는 생태관광 공로상(Ecotourism Award)에 관한 규정을 제정하였다.

ASTA가 제정한 환경윤리강령의 내용은 다음과 같다.

① 오직 발자취만을 남기고, 추억과 사진만을 가지고 가라. 벽이나 바위에 그림 및 글자를 남기지 말고, 유적지와 유물은 가지고 가지 말고 감상하려는 다른 사람들을 위하여 그냥 둘 것.

② 훼손되기 쉬운 환경을 잘 보존하라. 만일 모든 사람들이 환경보호에 적극적으로 참여하지 않으면, 유일하고 아름다운 관광지가 후세대가 즐기려 할 때에는 존재하지 않을 것이다.

③ 뜻깊은 관광을 달성하기 위해서는 방문지역의 관습, 양식, 그리고 문화를 충분한 시간을 갖고 습득할 것.

④ 관광지의 문화, 종교, 전통, 공예와 서비스를 존중하고 지역주민에 대한 존경심과 사생활을 존중할 것.

⑤ 지역주민들을 사진 속에 담을 때 지역관습을 고려할 것.

⑥ 쓰레기를 버리지 말 것.

⑦ 거북껍질, 동물가죽과 같은 상품은 사지 말 것.

⑧ 항상 지정된 길을 이용하고, 서식하고 있는 동식물에 손을 대지 말고 관찰할 때에는 어느 정도 거리를 유지할 것.

⑨ 전 세계적인 자연보호를 적극 지원할 것.

2) 세계관광기구(UNWTO)의 대응

오늘날 UNWTO는 국립공원 개발을 위한 가이드라인, 생태유지관광개발 관련 지역계획 입안자용 가이드 등 산하에 환경위원회를 두고 환경 관련 출판물을 간행하고 있다. UNWTO의 환경위원회는 국제적으로 받아들일 수 있는 일련의 지표를 개발하고 있다. 이 지표들은 관광입안자와 관리자들이 문제가 발생하는 것을 막고, 자원의 토대를 보호하고자 할 때 도움이 될 것이다.

또한 UNWTO는 환경에 관한 세미나를 개최하고, 1993년 세계관광기념일 주제를 「Ecology와 Tourism」으로 결정한 이후 지속적인 홍보활동을 수행하고 있다.

3) 세계여행관광협의회(WTTC)

　환경에 대한 관심은 WTTC로 하여금 옥스퍼드 관광 및 여가연구센터와 합동으로 1991년 9월에 세계여행 및 관광연구센터를 개설하도록 만들었다. 이 센터는 지속적인 환경개선을 이루기 위해 마련한 WTTC의 전반적인 프로그램에서 핵심적인 역할을 하고 있다. WTTC는 이 환경센터와는 별도로 국제상공회의소(ICC) 유지개발업무 헌장이 설정한 원칙들을 토대로 하여 일련의 환경지침서들을 발행해 왔다.

4) Globe 1990 Conference

　1990년 캐나다 밴쿠버에서 개최된 Globe 1990 Conference의 관광분야 실천전략위원회에서는 "세계관광동향"(The Tourism Stream of Globe 1990)이란 회의를 통해 보전적 관광개발의 이론적 개념정립 및 중요성을 강조하고, 그 실천전략의 초안을 제시하였다. 이 회의에서는 전세계 각국에서 관광, 환경, 경제분석, 정책형성과 같은 분야에서 다양한 경험을 갖고 있는 사업가, 학자, 정부의 전문가들이 심사숙고한 결과를 실천전략으로 발표하였다.

　이 실천전략은 정부, 관광사업, 비정부조직, 그리고 관광객들이 실천해야 할 특수한 실무지침을 제시해 주는 것으로서 보다 진전된 생태계 보전을 위한 관광개발에 관한 국제적 합의를 표명하고 있다(야은숙, 1993: 17~21).

제10장

관광자원과 개발

제1절 관광자원
제2절 관광개발

제10장 | 관광자원과 개발

제1절 관광자원

1. 관광자원의 개요

1) 자원의 개념

자원에 대한 의미는 일반적으로 석탄, 석유, 산림 등과 같은 자연자원을 가리키며, 자연자원은 지구상에 보존되어 있는 생물과 무생물자원을 모두 포함하고 있다. 경제적인 측면에서의 자연자원은 과학기술에 따라 자원의 희소성이 변하기 때문에 상대적·동태적 개념을 갖는다. 곧, 자원이란 정해진 기술 및 경제적·사회적 조건아래 인간이 유용하게 이용할 수 있는 자원과 환경 및 생태시스템을 포함하는 것으로 정의할 수 있다(Howe, 1979: 1).

그리고 자원의 분류는 그것이 제공되는 원천과 동태적 개념으로 기술, 정보 및 희소성에 의한 특성에 따라 구분된다. 자원제공의 원천에 의한 분류로는 토지가 제공하는 농산 및 광물자원과 산림자원, 물에 의한 수(水)자원과 어(魚)자원이 있다. 이용을 전제로 한 동태적 개념에 의한 분류로는 시간적 차원에서 고갈성자원(depletable resources)과 비고갈성자원, 재생가능자원(renewable resources)과 재생불능자원으로 구분한다(신의순, 1990: 9~10).

석탄, 석유 등과 같은 고갈성자원은 자원의 양이 한정되어 있으며, 사용에 따라 재생산이 안 되는 것을 말한다. 이것은 형체가 완전히 사라지는 물리적 고갈과 시간변화에 따라 경제적 효용가치가 없어지는 경제적 고갈로 나눌 수 있는데, 대체로 경제적 고갈현상이 물리적 고갈보다 빨리 오는 것이 일반적 현상이다. 그리고 재생불능자원은 석유, 석탄, 가스 등과 같이 시간의 변화에 따라 이용 가능한 자원의 양이 증가하지 않는 것을 의미한다. 재생가능자원은 산림자원과 어(魚)자원과 같이 종의 번식을 통해 자원의 이용가능량이 변화하는 것이다. 재생가능자원은 고갈성과 비고갈성의 양면성을 갖고 있고, 자원의 존재량(수)이 일정한 단계, 곧 임계영역(critical zone)을 지나면 자원의 양이나 개체수가 급격히 감소하여 고갈되거나 멸종되는 특성을 갖고 있다. 이러한 자원은 여러 학자들에 의하여 그 개념이 주장되어 왔는데 이를 정의한 학자들의 의견을 살펴보면 〈표 10-1〉과 같다.

〈표 10-1〉 자원의 정의

학 자	자원의 정의
짐머만 (Zimmerman)	"존재하는 것이 아니라 산출되는 것이다"라고 정의하였다. 이것은 자원이 단순히 자연에서 만들어지는 것이 아니라는 것
채프만 (Chapman)	"물리적 세계의 전부도 아니요, 인간세계의 전부도 아니다. 그것은 이 양자의 상호작용의 결과이다"라고 정의하였다. 이는 자원을 물리적 세계와 인간세계의 상호작용에서 시간과 공간 그리고 기술의 세 가지를 자원변화에 적용하는 요인
육지수	자연의 所與가 기술적 조건과 경제적 조건을 만족시킬 때 비로소 매장량에서 자원으로 전화하는 것이며, 위의 두 조건을 만족시킬 때 비로소 매장량에서 자원으로 전화하는 것이며, 위의 두 조건을 만족시킨 자원을 현재적 자원이라고 하고 매장량을 잠재적 자원
이장춘	인간이 시간적 및 공간적 차원에서의 생태계에 대하여 기술을 매체로 얻을 수 있는 경제행위의 성과

(1) 자원과 시간 · 공간과의 관계

시간의 문제와 자원과의 상관관계를 분석할 때는 반드시 시간규모(time scale) 내지는 시간기간(time period) 설정에 영향을 미치는 여러 요인들에 대한 분명한 개념설정을 해야 한다.

교통의 발달로 인하여 거리의 문제가 큰 의미를 가지지 못하게 됨을 간접적으로 표시하게 되고 이렇게 됨으로써 자원의 공간적 분포에 대한 새로운 접근의 방법이 나타나게 되었다. 과거에는 지역적으로 떨어진 곳과의 자원교류는 생각할 수도 없었으나, 최근 수송수단의 혁명적 발달은 지역 간의 자원교류를 활발하게 하였고 지역간 거리에서 파생되는 공간적 조성에 큰 변혁을 초래하게 되었다.

(2) 자원과 기술과의 관계

기술은 자원 및 원료자원을 창조할 뿐만 아니라 이를 대치하고 보다 높은 효용을 발휘할 수 있도록 하는 수단을 제공하기 때문에 기술의 발달이 자원에 미친 영향력은 궁극적으로, 낙천적으로, 때로는 열광적으로 해석되어 왔다. 곧, 인간과 자연의 상호작용에 가장 기본적인 요소 중의 하나는 기술이며, 이의 계속적 개발 가능성은 자원문제의 동태적인 면을 보여 주게 된 것이다.

(3) 자원과 경제와의 관계

경제성장과 더불어 등장한 자원의 문제는 자원이 갖고 있는 고갈성 및 재생불가능의 특성과 재생가능자원에서도 임계영역이 존재하고 있다는 점에서 출발한다. 자원문제에 대해 대표적으로 비판적 견해를 제시한 로마클럽(Rome Club, 1972)은 산업혁명 이후 기술혁신에 의한 대량생산과 대량소비체제로의 전환과 기하급수적으로 증가하는 인구증가가 한정된 자원의 소비량을 급속히 증가시키는 원인이 되기 때문에 인간사회 성장의 한계를 제안하고 있다(오호성, 1990: 21~33).

결국 경제성장과 더불어 등장한 자원의 문제는 재생불가능한 자원의 고갈과 재생가능자원의 적정이용의 문제가 중요한 과제라고 할 수 있다. 이러한 문제는 자원이용에 있어서 원소자원에 서비스를 가미하여 관광자원으로 활용하는 방법에서도 중요한 사항이 되고 있다.

대체로 관광자원은 인문 및 자연적 요소를 모두 포함하고 있지만, 경제성장과 더불어 재화의 생산량이 증가됨에 따라 자연환경이 제공하는 위락가치가 증가하고 있는 점을 감안하면 관광활동을 위한 자연환경의 이용은 자연자원의 이용에서 나타나고 있는 문제를 반영해야 한다.

특히 관광자원으로 활용하는데 있어서 고려해야 할 점은 자연환경이 갖고 있는 특성을 통해서도 알 수 있다. 곧, 자연환경의 특성은 먼저 개발과 같은 선택이 이루어졌을 경우 원상회복이 불가능하거나 선택의 변경에는 막대한 비용이 소요되는 불가역성(irreversibility)과 자연환경이 제공하는 서비스는 기술진보에 대해 비탄력적으로 나타나는 기술진보의 비대칭성, 자연환경에 대한 현재의 선택이 미래에 가져올 결과의 불확실성 등이다(신의순, 1990: 362~366).

궁극적으로 관광자원으로서 자연환경을 이용하기 위한 선택의 방법이 중요하며, 이용자의 만족극대화와 보존의 문제가 일견 상충되는 것 같지만, 종국에는 양자가 조화를 이룰 수 있다는 전제 아래 어떻게 이것을 실현하는가 하는 문제가 경제성장과 더불어 등장한 자원문제와 관광수요의 증가에 따른 관광자원의 합리적인 이용과 보존을 위한 관리문제에서 해결해야 할 과제일 것이다.

2) 관광자원의 개념

관광자원의 의미를 분석하여 개념을 정의하기 위해서는 관광현상에 대한 과학적 연구에 의한 일반적인 정의의 도출이 선결 과제이다.

그러나 관광현상 자체가 인간활동의 심리적, 경제적, 사회·문화적 현상이 복합적으로 구성되어 있어, 관광학을 연구하기 위해서는 관련 학문의 이론과 방법론을 적용하고 있는 실정이다.

관광현상에 대한 학문적 연구에 있어서 이론적으로 일반화된 개념의 정의가 없고, 연구방법에 있어서도 현실 참여를 중심으로 이루어진 결과를 감안할 때 관광자원에 대해 일반화된 개념의 정의를 제시하는 것은 한계가 있어 필자에 따라 견해가 다양하게 나타날 수밖에 없다. 관광자원의 개념을 선행연구자를 중심으로 살펴보면 아래 〈표 10-2〉와 같다.

〈표 10-2〉 관광자원에 대한 선행연구자의 개념정의

연구자	관광자원의 개념
김성기	관광자원은 관광대상지를 구성하는 구성요소들로서 그 유형은 매우 다양하며, 각 요소들의 특성에 따라 각기 다른 역할을 담당하면서 상호간의 유기적 관계를 맺음으로써 관광객의 욕구를 충족시키고 아울러 관광활동을 원활히 하는데 직접적으로 수반되는 제반 요인 및 요소들의 총체
김홍운	관광객의 욕구나 동기를 일으키는 매력성을 갖고 있으며, 관광행동을 유발시키는 유인성과 개발을 통해 관광대상이 되고, 자연과 인간의 상호작용의 결과인 동시에 자원의 범위는 자연·인문자원과 유·무형의 자원으로 범위가 넓으며 사회구조와 시대에 따라 가치가 달라져 보호 또는 보존이 필요한 것
박석희	관광객의 관광동기나 관광행동을 유발하게끔 매력과 유인성을 지니고 있으면서, 관광객의 욕구를 충족시켜 주는 유형·무형의 소재이며, 관광활동을 원활히 하기 위해 필요한 제반 요소인데, 이것은 보전·보호가 필요하고, 관광자원이 지닌 가치는 관광객과 시대에 따라 변화하며, 비소모성과 비이동성을 지닌 것
윤대순	인간의 관광욕구의 대상이 되고 관광행동을 유발시키는 가치를 지닌 유형·무형의 모든 것
이장춘	인간의 관광동기를 충족시켜 줄 수 있는 생태계 내의 유형·무형의 모든 자원으로서 보존·보호하지 않으면 가치를 상실하거나 감소할 성질을 내포하고 있는 자원

이상의 견해를 종합해 보면 관광자원에 대한 개념정의는 관광객의 욕구충족과 관광동기를 유발시키는 것이며, 자원의 특성상 보존·보호가 필요한 동시에 그 가치가 시간변화에 따라 달라지는 상대적 의미를 지닌 것이고, 이용의 특성상 현장성과 장소성을 지닌 것으로 정리해 볼 수 있다.

한편, 관광객들의 방문 대상지역 선정은 교환 가능한 단일상품과 서비스가 아니고 방문 대상지역의 기후, 문화적 환경, 지리적 환경과 같은 특성들의 집합을 고려하여 선정한다는 것이다(Bull, 1991: 151). 이러한 점에서 관광자원은 김성기(1988)의 견해처럼 관광자원의 개별요소가 상호 유기적으로 결합하여 관광욕구를 충족시키는 특성을 갖고 있다고 할 수 있다.

(1) 경제학적 의미의 관광자원

경제학적으로 자원이란 재화나 서비스를 생산하는 생산요소를 가리키기 때문에 관광이라는 서비스를 생산하는 요소를 관광자원으로 본 박석희의 견해를 중심으로 관광자원의 개념을 살펴보면 다음과 같다.

곧, 관광서비스는 생산과 동시에 소비되는 특성을 지니고 있는데, 이것은 관광자원이 서비스와 결합되어 관광행위를 위한 소비 및 생산활동으로 나타나기 때문이라고 할 수 있다. 관광행위에 있어서 관광자원의 특성에 대해 신가정경제학적 견해로는(김사헌, 2001: 213~214) 재화나 서비스(goods and services)는 그 자체가 효용을 창출하는 최종생산물이 아니라 효용을 창출할 수 있는 상품을 생산하는 생산요소 또는 중간 생산물에 지나지 않는다는 점이다.

그리고 관광행위는 관광상품을 생산하는 구성요소, 곧 시간, 자원, 이동 등이 적절히 배합됨으로써 소비자의 효용이 극대화될 수 있다. 이러한 효용 극대화행위는 생산요소인 자원에 의해 제약된다.

한편, 관광행위는 재화, 시간, 그리고 여행 등의 함수관계를 갖고 있다고 할 수 있다. 곧 관광행위= f (재화, 시간, 여행)으로 표현할 수 있는데, 이를 좀더 자세히 살펴보면 관광행위는 자연적 매력, 인문적 매력, 관광시설 매력, 부대시설, 기반시설, 인력, 시간, 여행 등 8가지 생산요소가 적절히 배합됨에 따라 성립된다는 것이다.

이상의 8가지 생산요소 중 자연적 매력, 인문적 매력, 관광시설 매력은 협의의 관광자원에 해당되며, 그 밖의 편의시설, 기반시설, 인력, 시간, 여행 등 5가지 생산요소는 광의의 관광자원 개념에 포함된다는 것이다(박석희, 2000: 30~31).

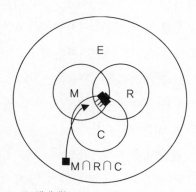

E: 생태계(ecosystem)
M: 인간의 관광동기
R: 유형·무형의 제자원
C: 보호·보전치 않을 때 가치 상실
  또는 감소의 성질
M∩R∩C: 관광자원

자료: 이장춘(1997), 최신관광자원학,
  대왕사
〈그림 10-1〉 관광자원의 개념구조

(2) 생태학적 의미의 관광자원

이장춘은 생태학적으로 관광자원이란 생태계 내에 존재하여 인간의 관광동기와 유·무형의 여러 자원과 보호·보전에 대한 의미로 접근하였으며, 이를 바탕으로 한 생태학적 의미의 관광자원은 다음과 같다.

관광자원은 무진장하고 불변한 자원이 아닌 이상 잘못 이용했을 경우 가치손실은 막대할 것이며, 대부분의 관광자원이 고갈될 수 있으나 유지할 수 있으며 경실될 수 없는 자원의 범주 속에 들어갈 것이기 때문에 계획적인 이용 및 보전의 방법이 더욱 절실히 요구된다는 것이다.

곧, 생태계 내에 존재하는 인간의 관광동기, 유형·무형의 제자원, 보호·보전치 않을 때 가치 상실 또는 감소의 성질이라는 세 가지 측면에서의 분석을 통하여 볼 때 관광자원에 대한 개념구조를 〈그림 10-1〉과 같이 벤-다이아그램으로 표시할 수 있다.

2. 관광지

1) 관광지의 정의

관광지의 정의에 관하여는 「관광진흥법」 제2조 제6호에서 "자연적 또는 문화적 관광자원을 갖추고 관광객을 위한 기본적인 편의시설을 설치하는 지역으로서 이 법에 따라 지정된 곳을 말한다"고 규정하고 있다. 그러므로 관광에 적합한 지역 즉 관광지로 지정되기 위해서는 첫째, 자연적 또는 문화적 관광자원을 갖추고, 둘째, 관광객을 위한 기본적인 편의시설을 설치하는 지역으로서, 셋째, 「관광진흥법」의 규정에 의하여 관광지로 지정된 곳이어야 한다. 따라서 관광객이 이용하는 지역이라고 해서 무조건 관광지가 되는 것은 아니다.

관광지로 지정·개발될 대상지의 선정기준은 첫째, 자연경관이 수려하고 인접 관광자원이 풍부하며 관광객이 많이 이용하고 있거나 이용할 것으로 예상되는 지역, 둘째, 교통수단의 이용이 가능하고 이용객의 접근이 용이한 지역, 셋째, 개발대상지가 국·공유지이거나 가급적으로 사유지, 농경지 및 장애물이 적고, 타 법령에 의한 개발제한요인이 적거나 완화되어 있어서 개발이 가능한 지역, 넷째, 기타 관광시책상 국민관광지로 개발하는 것이 필요하다고 판단되는 지역이다.

2) 관광지의 지정 및 개발

(1) 관광지의 지정 및 개발에 관하여 살펴보면, 먼저 관광지등(관광지 및 관광단지)은 문화체육관광부령으로 정하는 바에 따라 시장·군수·구청장의 신청에 의하여 '기본계획'과 '권역계획'을 기준으로 시·도지사가 지정한다. 다만, '특별자치도'와 '특별자치시'의 경우에는 두 행정구역에는 기초자치단체가 없기 때문에 '도조례'나 '시조례'의 정하는 바에 따라 특별자치도지사나 특별자치시장이 바로 지정한다(관광진흥법 제52조 제1항).

(2) '시·도지사'는 관광지등의 지정, 지정취소 또는 그 면적변경을 한 경우에는 이를 고시하여야 한다(동법 제52조 5항). 관광지등의 지정·고시에는 ㉮ 고시연월일, ㉯ 관광지등의 위치 및 면적, ㉰ 관광지등의 구역이 표시된 축적 2만 5천분의 1 이상의 지형도가 포함되어야 한다(동법 시행령 제45조 제1항).

'시·도지사'(특별자치도지사는 제외함)는 관광지등을 지정·고시하는 경우에는 그 지정 내용을 관계 시장·군수·구청장에게 통지하여야 한다(동법 시행령 제45조 제2항).

(3) 관광지등을 관할하는 시장·군수·구청장은 조성계획을 작성하여 시·도지사의 승인을 받아야 한다. 이를 변경(시행령 제47조에서 규정하는 경미한 사항의 변경은 제외한다)하려는 경우에도 또한 같다(동법 제54조 제1항 본문).

다만, 관광단지를 개발하려는 공공기관 등 문화체육관광부령으로 정하는 공공법인 또는 민간개발자(이하 "관광단지개발자"라 한다)는 조성계획을 작성하여 시·도지사의 승인을 받을 수 있다(동법 제54조 제1항).

(4) 관광지등으로 지정·고시된 관광지등에 대하여 그 고시일부터 2년 이내에 조성계획의 승인신청이 없으면 그 고시일부터 2년이 지난 다음 날에 그 관광지등 지정은 효력을 상실한다. 또 조성계획의 효력이 상실된 관광지등에 대하여 그 조성계획의 효력이 상실된 날부터 2년 이내에 새로운 조성계획의 승인신청이 없는 경우에도 효력을 상실한다(동법 제56조 제1항).

그러나 시·도지사는 행정절차의 이행 등 부득이한 사유로 조성계획승인신청 기한의 연장이 불가피하다고 인정되면 1년 이내의 범위에서 한 번만 그 기한을 연장할 수 있다(동법 제56조 제4항).

〈표 10-3〉 관광지 지정 현황 (2016.12.31. 현재)

시·도	지정 개소	관 광 지 명
부산	5	기장도예촌, 용호씨사이드, 황령산, 태종대, 해운대
인천	2	마니산, 서포리
경기	13	대성, 산장, 수동, 소요산, 장흥, 용문산, 신륵사, 한탄강, 공릉, 임진각, 내리, 백운계곡, 산정호수
강원	40	대관령 어흘리, 등명, 연곡, 옥계, 주문진, 삼포·문암, 송지호, 화진포, 망상, 무릉계곡, 추암, 맹방, 삼척해수욕장, 장호, 초당, 속초해수욕장, 척산온천, 후곡약수, 오색, 고씨동굴, 마차탄광촌, 영월온천, 간현, 내설악용대, 방동약수, 오토테마파크, 아우라지, 화암, 고석정, 직탕, 구곡폭포, 청평사, 호반, 구문소, 미탄마하생태, 팔봉산, 홍천온천, 광덕계곡, 어답산, 유현문화
충북	22	괴강, 수옥정, 다리안, 온달, 천동, 구병산, 속리산레저, 늘머니과일랜드, 송호, 장계, 무극, KBS제천촬영장, 계산, 교리, 금월봉, 능강, 만남의광장, 제천온천, 능암온천, 세계무술공원, 충온온천, 충주호체험
충남	26	곰나루, 공주문화, 마곡사, 마곡온천, 난지도, 삽교호, 왜목마을, 대천해수욕장, 무창포해수욕장, 죽도, 서동요역사, 구드래, 간월도, 금강하구둑, 춘장대해수욕장, 신정호, 아산온천, 덕산온천, 예당, 용연저수지, 천안종합휴양, 태조산, 칠갑산도림온천, 만리포해수욕장, 안면도, 남당
전북	21	석정온천, 금강호, 은파, 김제온천, 벽골제, 남원, 모항, 변산해수욕장, 위도, 모악산, 금마, 미륵사지, 왕궁보석테마, 웅포, 사선대, 오수의견, 방화동, 내장산리조트, 백제가요정읍사, 마이산회봉, 운일암·반일암
전남	28	대구도요지, 도림사, 지리산온천, 나주호, 담양호, 회산연꽃방죽, 율포해수욕장, 한국차소리문화공원, 대광해수욕장, 불갑사, 마한문화공원, 성기동, 영산호, 영암 바둑테마파크, 신지명사십리, 장성호, 홍길동테마파크, 정남진 우산도-장재도, 녹진, 아리랑마을, 해신장보고, 회동, 사포, 땅끝, 우수영, 도곡온천, 운주사, 화순온천
경북	32	경산온천, 고령부례, 문경온천, 상리, 다덕약수, 오전약수, 경천대, 문장대온천, 회상나루, 안동하회, 예안현, 고래불, 장사해수욕장, 선바위, 문수, 영주부석사, 영주순흥, 풍기온천, 치산, 예천삼강, 예천포리, 울릉개척사, 울릉도, 백암온천, 성류굴, 의성탑산온천, 용암온천, 청도신화랑, 청도온천, 청송 주왕산, 가산산성, 호미곶
경남	21	거가대교, 장목, 가조, 수승대, 당항포, 송정, 표충사, 실안, 산청전통한방휴양, 중산, 금서, 벽계, 오목내, 부곡온천, 마금산온천, 도남, 하동묵계(청학동), 농월정, 미숭산, 합천보조댐, 합천호
제주	15	돈내코, 미천굴, 용머리, 제주남원, 수망, 토산, 표선, 곽지, 금악 여성테마파크, 김녕해수욕장, 묘산봉, 제주돌문화공원, 함덕해안, 협재해안, 봉개휴양림
계	225	

자료: 문화체육관광부(2017), 2016년 기준 관광동향에 관한 연차보고서

3. 관광단지

관광단지는 관광산업의 진흥을 촉진하고 국내외 관광객의 다양한 관광 및 휴양을 위하여 각종 관광시설을 종합적으로 개발하는 관광거점지역으로서 「관광진흥법」에 따라 시·도지사가 지정한 곳을 말한다. 「관광진흥법」에 의하여 2015년까지 38개소가 지정되었으며, 2015년 1월에는 충남 백제문화 관광단지와 강원 원주 더네이처 관광단지가 지정되었고, 2016년에 지정된 관광단지는 강원 횡성드림마운틴, 양양 국제공항, 원주 플라워프루트월드 및 안성 죽산관광단지 등 4개소이며, 2017년 4월에는 원주 루첸 및 충북 증평 에듀팜 특구가 신규로 지정됨으로써 2017년 12월 31일 기준으로 전국에 지정된 관광단지는 총 43개소이다.

정부는 관광단지 조성·개발 활성화를 위해 관광단지를 「사회기반시설에 대한 민간투자법」(약칭: 민간투자법)상 사회기반시설로 규정하여(동법 제2조 제1호 머목) 민간자본을 적극 유치케 하고 있으며, 취·등록세 및 농지보전부담금 100% 면제, 대체산림조성비(준보전산지) 및 대체초지조성비의 100% 면제 등 각종 세제 및 부담금의 감면 혜택을 주고 있다.

또한 관광단지 지정을 위한 면적 기준을 현행 100만 제곱미터에서 50만 제곱미터로, 관광단지설치시설 기준을 4종에서 3종으로 완화(공공편의시설, 숙박시설, 운동·오락시설, 휴양·문화시설에서 공공편의시설, 숙박시설, 운동·오락시설 또는 휴양·문화시설)하였고, 민간개발자가 관광단지를 개발할 경우 또는 사업시행자로부터 허가를 받아 관광지 조성사업을 추진할 시 지방자치단체장과의 협약을 통해 지원이 필요하다고 인정하는 공공시설에 대해 보조금을 지원 할 수 있도록 하였으며, 관광단지내 전기시설을 설치하는 경우 설치비용은 전기를 공급하는 자가 부담하되, 땅속에 설치하는 경우에는 전기를 공급하는 자와 땅속에 설치할 것을 요청하는 자가 50 : 50의 비율로 정하는 등 관광단지 활성화를 위한 제도개선을 추진했다.

앞으로 관광단지는 건강·교육·체험 등 다양한 관광수요를 특징으로 하는 최근의 관광패러다임 변화에 맞춰 관광단지를 특성화하여 개발함으로써 지역 관광산업의 동력으로 활용할 계획이다.

〈표 10-4〉 관광단지 지정 현황

(2015년 12월 말 기준)

단지명	지정/ (조성 계획)	사업 기간	규모 (km²)	사업비 (억원)	개발주체	주요 도입시설
동부산	2005.3 (2006.4)	2005~ 2017	3.663	11,497	부산도시 공사	호텔, 콘도, 복합상가, 골프장, 테마파크, 녹지시설 등
강화종합 리조트	2012.7 (2012.7)	2012~ 2015	0.645	960	(주)오션빌, 한달삼	스키장, 콘도, 전망휴게소
송도	2008.3 (2011.10) 실효	2008~ 2018	0.907	15,000	인천도시 공사	호텔, 골프장, 쇼핑시설 등
강동	2009.11 (2014.12)	2007~ 2016	1.358	25,000	울산시 북구청	워터파크, 타워콘도, 스키돔, 청소년수련시설, 허브테마, 문화체험, 테마파크 등
어등산	2006.1 (2007.4)	2005~ 2015	2.736	3,400	광주광역시 도시공사	빛과예술센터, 테마파크, 골프장, 관광호텔, 콘도미니엄 등
평택호	2009.10 (예정)	1982~ 2019	2.743	—	사업 시행자 (선정중)	—
고성 델피노 골프앤 리조트	2012.4 (2012.4)	2010~ 2016	0.009	2,520	(주)대명 레저산업	골프장. 호텔, 콘도
설악한화 리조트	2010.8 (2010.8)	2010~ 2020	1.314	4,203	한화호텔앤드 리조트(주)	콘도, 온천장, 드라마세트장, 골프장 등
원주 오크밸리	1995.3 (1996.1)	1995~ 2020	11.288	18,293	한솔개발 주식회사	관광호텔, 콘도, 골프장, 스키장, 미술관, 청소년 수련시설, 생태관광지 등
신영	2010.2 (2010.5)	2010~ 2017	1.669	3,400	신영종합 개발(주)	골프장, 스키장, 콘도, 커뮤니티센터 등
무릉 도원	2009.9 (2009.9)	2009~ 2017	4.844	5,985	(주)에이엘 앤디	한옥호텔, 콘도, 골프장, 세계풍물거리, 힐링&클 리닉센터, 명품아울렛
한원 춘천	2012.6 (2014.2)	2012~ 2015	0.745	3,024	(주)한원 개발	승마장, 골프장, 화목원, 호텔, 콘도
알펜 시아	2005.9 (2006.4)	2004~ 2018	4.855	16,946	강원도 개발공사	호텔, 콘도, 엔터테인파크, 골프장, 스포츠파크, 워터파크, 컨퍼런스센터, 동계스포츠 지구 등
평창 용평	2001.2 (2004.3)	2002~ 2015	16.367	14,465	(주)용평 리조트	관광호텔, 콘도, 골프장, 스키장, 빙상장, 워터파 크, 테마파크 등
평창 휘닉스 파크	1998.10 (1999.3)	1994~ 2016	4.233	10,337	(주)보광	관광호텔, 콘도, 골프장, 스키장, 체육관, 빙상장, 상가 등

단지명	지정/ (조성 계획)	사업 기간	규모 (km²)	사업비 (억원)	개발주체	주요 도입시설
홍천 비발디 파크	2008.11 (2011.1)	2007~ 2015	7.050	13,534	(주)대명 레저산업	콘도미니엄, 관광호텔, 스키장, 골프장, 다목적운 동장, 정구장, 양궁장, 호수공원, 유원시설 등
횡성 웰리힐 리파크	2005.6 (2012.7)	1992~ 2020	4.842	12,498	신안 리조트(주)	콘도, 호텔, 골프장, 스키장, 식물원, 공연시설 등
원주 더네 이처	2015.1 (2015.1)	2013~ 2018	1.444	1,098	경안 개발(주)	콘도, 가족호텔, 골프장, 아이스링크, 골프박물 관, 야영장 등
양양 국제 공항	2015.12 (2015.12)	2013~ 2018	2.448	2,394	(주)새서울 레저	관광호텔, 콘도, 생활형숙박시설, 아울렛몰, 특산물상가, 골프장 등
골드힐 카운티 리조트	2011.12 (2013.6)	2011~ 2020	1.691	4,414	(주)골드힐	자연치유센터, 스포츠센터, 골프장, 콘도미니엄 등
백제 문화	2015.1 (2015.1)	2014~ 2017	3.026	1,106	(주)호텔롯데	콘도, 스파빌리지, 골프빌리지, 아울렛, 골프장, 전통민속촌 등
고흥 우주 해양	2009.5 (2009.5)	2008~ 2015	1.158	3,239	(주)태인 개발	우주 행양 전망대, 우주 과학 교육관, 해양생물 수 산교육관, 숙박시설, 골프장 등
여수 화양	2003.10 (2006.5)	2003~ 2015	9.989	14,435	일상해양 산업(주)	호텔, 스포츠타운, 골프장, 테마파크, 화훼원, 오션파크
여수 경도 해양	2009.12 (2009.12)	2009~ 2016	2.143	4,292	전남개발공사	해양생태체험장, 기업연수원, 숙박시설, 골프장, 마리나 등
해남 오시 아노	1992.9 (1994.6)	1991~ 2015	5.084	11,809	한국관광 공사	관광호텔, 콘도, 골프장, 마리나, 해수욕장, 남도음식 빌리지 등
감포 해양	1993.12 (1997.3)	1997~ 2015	4.019	9,330	경상북도 관광공사	호텔, 콘도, 골프장, 오션랜드, 씨라이프파크, 연수원, 수목원 등
마우나 오션	2009.12 (2009.12)	1994~ 2017	6.419	9,844	(주)엠오디	상가, 골프장, 휴게실, 콘도미니엄, 화훼공원, 물놀이장, 눈썰매장, 루지 등
보문	1975.4 (1973.5)	1973~ 2018	8.515	15,271	경상북도 관광공사	관광호텔, 콘도, 골프장, 신라촌, 상가, 놀이시설, 청소년수련시설 등
김천 온천	1996.3 (1997.12)	1997~ 2011	1.424	5,357	주식회사 우촌개발	관광호텔, 콘도, 온천장, 스포츠센타, 승마장, 노인휴양촌, 연수원 등
안동 문화	2003.12 (2005.4)	2002~ 2025	1.655	4,858	경상북도 관광공사	호텔, 콘도, 골프장, 상가, 유교랜드, 온뜨레피움, 전망대, 놀이공원 등
창원 구산 해양	2011.4 (2015.3)	2012~ 2020	3.008	3,236	창원시	골프장, 승마장, 리조트호텔, 기업연수원, 체험모험지구 등

단지명	지정/ (조성 계획)	사업 기간	규모 (km²)	사업비 (억원)	개발주체	주요 도입시설
록인 제주 체류형 복합	2013.12 (2013.12)	2013~ 2018	0.523	2,736	(주)록인 제주	호텔, 콘도, 불로장생테마파크
성산포 해양	2006.1 (2006.1)	2006~ 2016	0.748	5,096	(주)보광제주 (주)제주해양 과학관	호텔, 콘도미니엄, 웰컴센터, 전시관, 해중전망 대, 해양국제공원, 해수스파랜드
신화 역사 공원	2006.12 (2006.12)	2006~ 2014	4.000	22,649	제주국제 자유도시 개발센터	테마호텔, 비즈니스호텔, 영상테마파크, 워터파크, 세계음식관, 항공우주박물관 등
예래 휴양형 주거 단지	2005.10/ 2009.2 (2010.11)	2010~ 2015	0.744	25,000	버자야제주 리조트(주)	호텔, 콘도, 공연장 등
제주 헬스 케어 타운	2009.12 (2009.12)	2010~ 2015	1.539	15,214	제주국제 자유도시 개발센터	헬스케어센터, 전문병원, 명상원, 힐링가든 등
제주 중문	1971.5 (1978.6)	1978~ 2010	3.562	15,503	한국관광 공사	관광호텔, 콘도, 골프장, 해양수족관, 식물원, 야외공연장, 놀이시설 등
팜파스 종합 휴양	2008.12 (2008.12)	2008~ 2018	3.001	8,775	남영산업 (주)	관광호텔, 가족호텔, 휴양콘도미니엄, 테마스트리트몰, 승마클럽, 스파랜드 등

자료: 문화체육관광부(2017), 2016년 기준 관광동향에 관한 연차보고서

4. 관광특구

관광특구는 외국인 관광객의 유치 촉진을 위하여 관광시설이 밀집된 지역에 대해 야
간 영업시간 제한을 배제하는 등 관광활동을 촉진하고자 1993년에 도입된 제도이다.
「관광진흥법」 제2조 제11호에서 관광특구란 "외국인 관광객의 유치 촉진 등을 위하여
관광활동과 관련된 관계 법령의 적용이 배제되거나 완화되고, 관광활동과 관련된 서비
스·안내체계 및 홍보 등 관광여건을 집중적으로 조성할 필요가 있는 지역으로 이 법
에 따라 지정된 곳"이라고 정의하고 있다.

문화체육관광부는 2004년 10월 「관광진흥법」을 일부 개정하여 특구 지정권한을
시·도지사에게 이양하고 특구에 대한 국가 및 지방자치단체의 지원근거를 마련하였
으며, 관광특구진흥계획의 수립·시행 및 평가를 의무화하는 등 특구제도의 실효성을

확보하기 위한 다양한 제도적 장치를 도입하였다. 또한 2005년 4월에는 「관광진흥법」 개정을 통해 관광특구 지역 안의 문화·체육시설, 숙박시설 등으로서 관광객 유치를 위하여 특히 필요하다고 문화체육관광부장관이 인정하는 시설에 대하여 관광진흥개발 기금의 보조 또는 융자가 가능하도록 하였다.

관광특구 지정요건(시행령 제58조)은 문화체육관광부령이 정하는 상가·숙박·공공편 익시설, 휴양·오락시설 등의 요건을 갖추고 외국인 관광객의 수요를 충족시킬 수 있는 지역으로 당해 지역의 최근 1년간 외국인 관광객이 10만명(서울특별시는 50만명) 이상 (문화체육관광부장관이 고시하는 기준을 갖춘 통계전문기관의 통계)이어야 하며, 임 야·농지·공업용지·택지 등 관광활동과 직접적인 관련성이 없는 토지가 관광특구 전 체 면적의 10%를 초과하지 않아야 한다.

문화체육관광부에서는 관광특구 활성화를 위하여 '관광특구 평가 및 개선방안 연구 (2012년 7월~2013년 2월)'를 실시하였으며, 현재 관광특구는 제주도, 경주시, 설악산, 해 운대, 유성의 5개 지역이 1994년 8월 31일 최초 지정된 이래, 2015년 12월 고양시 일산 서구, 동구 일부 지역을 관광특구로 지정하였고, 2016년 1월에는 수원시 팔달구·장안 구 일부지역을 관광특구로 지정하여 2017년 12월 말 기준으로 전국 13개 시·도에 31곳 이 관광특구로 지정되어 있다.

1999년 외국인 관광객 유치 촉진을 위해 실시하던 관광특구 대상지역의 야간영업시 간 제한 완화 조치가 전국적으로 자율화되면서 관광특구에 대한 실질적인 지원혜택이 부족하게 됨에 따라 2008년부터 지정 관광특구를 대상으로 관광진흥개발기금을 지속 적으로 지원해 오고 있다.

2008년에는 '관광특구 평가 및 개선방안 연구' 결과에 따라 부산 해운대특구 등 8개 우수 특구에 50억원을 차등적으로 지원하였고, 2009년은 주제 및 테마의 참신성, 개발 잠재력 및 사업의 실현가능성 등을 기준으로 강원 설악관광특구 등 5개 지역에 50억원, 2010년에는 속리산 관광특구 등 5개 지역, 2011년에는 용두산·자갈치 관광특구 등 5개 지역에 45억원, 2012년도에는 월미 관광특구 등 5곳에 대하여 40억원, 2013년도에는 명 동 관광특구 등 5곳에 대하여 40억원, 2014년도에는 수안보온천 관광특구 등 7곳에 대 하여 36억원, 2015년도에는 종로·청계 특구 등 8곳에 28억원을 지원하였고, 2016년도 에는 강원도 설악특구 등 5곳에 28억원을 지원하였다. 앞으로 관광 관련 법령에 대한 특례 확대 및 제도개선 과제의 발굴·개선을 통해 관광특구의 경쟁력 강화 및 외국인 관광객 유치 확대에 적극 노력할 계획이다.

〈표 10-5〉 관광특구 지정 현황

(2017년 12월 기준)

시·도	특 구 명	지 정 지 역	면적(km²)	지정 시기
서울 (6)	명동·남대문·북창	명동, 회현동, 소공동, 무교동, 다동 각 일부지역	0.87	2000.3.30
	이태원	용산구 이태원동, 한남동 일원	0.38	1997.9.25
	동대문 패션타운	중구 광희동, 을지로 5~7가, 신당1동 일원	0.58	2002.5.23
	종로·청계	종로구 종로1~6가, 서린동, 관철동, 관수동, 예지동 일원, 창신동 일부 지역(광화문빌딩~숭인동 4거리)	0.54	2006.3.22
	잠실	송파구 잠실동, 신천동, 석촌동, 송파동, 방이동	2.31	2012.3.15
	강남 마이스	강남구 삼성동 무역센터 일대	0.19	2014.12.18
부산 (2)	해운대	해운대구 우동, 중동, 송정동, 재송동 일원	6.22	1994.8.31
	용두산·자갈치	중구 부평동, 광복동, 남포동 전지역, 중앙동, 동광동, 대청동, 보수동 일부지역	1.08	2008.5.14
인천 (1)	월미	중구 신포동, 연안동, 신흥동, 북성동, 동인천동 일원	3.00	2001.6.26
대전 (1)	유성	유성구 봉명동, 구암동, 장대동, 궁동, 어은동, 도룡동	5.86	1994.8.31
경기 (4)	동두천	동두천시 중앙동, 보산동, 소요동 일원	0.40	1997.1.18
	평택시 송탄	평택시 서정동, 신장1·2동, 지산동, 송북동 일원	0.49	1997.5.30
	고양	고양시 일산 서구, 동구 일부 지역	3.94	2015.8.6
	수원 화성	경기도 수원시 팔달구, 장안구 일대	1.83	2016.1.15

시 · 도	특 구 명	지 정 지 역	면적(km²)	지정 시기
강원 (2)	설악	속초시, 고성군 및 양양군 일부 지역	138.2	1994.8.31
	대관령	강릉시, 동해시, 평창군, 횡성군 일원	428.3	1997.1.18
충북 (3)	수안보온천	충주시 수안보면 온천리, 안보리 일원	9.22	1997.1.18
	속리산	보은군 내속리면 사내리, 상판리, 중판리, 갈목리 일원	43.75	1997.1.18
	단양	단양군 단양읍, 매포읍 일원(2개읍 5개리)	4.45	2005.12.30
충남 (2)	아산시 온천	아산시 음봉면 신수리 일원	3.71	1997.1.18
	보령해수욕장	보령시 신흑동, 웅천읍 독산 · 관당리, 남포면 월전리 일원	2.52	1997.1.18
전북 (2)	무주 구천동	무주군 설천면, 무풍면	7.61	1997.1.18
	정읍 내장산	정읍시 내장지구, 용산지구	3.45	1997.1.18
전남 (2)	구례	구례군 토지면, 마산면, 광의면, 신동면 일부	78.02	1997.1.18
	목포	북항, 유달산, 원도심, 삼학도, 갓바위, 평화광장 일원(목포해안선 주변 6개 권역)	6.90	2007.9.28
경북 (3)	경주시	경주시내지구, 보문지구, 불국지구	32.65	1994.8.31
	백암온천	울진군 온정면 소태리 일원	1.74	1997.1.18
	문경	문경시 문경읍, 가은읍, 마성면, 농암면 일원	1.85	2010.1.18
경남 (2)	부곡온천	창녕군 부곡면 거문리, 사창리 일원	4.82	1997.1.18
	미륵도	통영시 미수1 · 2동, 봉평동, 도남동, 산양읍 일원	32.90	1997.1.18
제주 (1)	제주도	제주도 전역(부속도서 제외)	1,809.56	1994.8.31
계	13개 시 · 도 31개 관광특구		2,636.47	

자료: 문화체육관광부(2017), 2016년 기준 관광동향에 관한 연차보고서.

5. 문화재의 개념과 특성

1) 문화재의 개념

문화재는 민족의 유구한 자주적 문화정신과 지혜가 담겨 있는 역사적 소산이므로 우리의 전통문화를 소개할 수 있는 매력적인 관광자원이다(김홍운·김사영, 1998: 34).

한 나라의 자원을 평가할 때 천연자원이나 산업자원에 국한하고 그 밖의 유·무형자원은 망각하는 수가 많다. 하나의 산물이 현실적 이용가치가 소멸되었다고 하더라도 역사·문화가치는 존속되거나 새로운 가치를 지니게 되는데 이러한 예로써 관광자원을 들 수 있다.

인간은 자연과의 투쟁과 이를 극복하는 생활 속에서 특색 있는 사상과 문화를 형성하여 왔는데, 여행은 문화차이를 발견하고 경험하는 소중한 기회로서 이러한 문화 특색은 문화재에 잘 나타난다.

문화재는 역사상·학술상 가치를 지니고 있는 뛰어난 것을 말하는데, 이는 국민 전체에게 가치 있는 국민재산을 뜻한다. 문화재(culture property)라는 말이 본격으로 쓰여지게 된 것은 제2차 세계대전 후의 일이며, 그 이전에는 문화유산, 문화적 재보 등의 표현이 있었으나 내용이 한정되어 있지 못하였고, 통일적인 용어로서 사용되지 않았다(김홍운, 1998: 119).

곧, 문화재란 "유형·무형의 문화적 소산으로서 역사상, 예술상 가치가 큰 문화총체와 국민생활의 추이를 이해할 수 있는 생활양식 및 이에 사용된 도구와 자연경관, 동식물, 광물 중에서 학술상 또는 관상적 가치가 큰 것"을 말한다.

문화재란 개념은 산업혁명 이후 영국에서 천연자원 개발이 활기를 띠게 됨에 따라 자연의 파괴와 역사적 문화유산의 손상·파괴·소멸을 우려해서 일어난 민간의 자연보호, 문화재 보호운동과정에서 성립되었다.

따라서 문화재란 근대 문화정책의 개념이자 인류문화 보호·보존을 위한 정책적 개념으로서 근대 이전 사회에서는 문화재 대상은 있었으나 문화재란 개념 자체는 없었다고 할 수 있다.

2) 문화재의 분류

개정된 「문화재보호법」(全文 개정: 2010.2.4., 일부개정: 2016.2.3., 2017.3.31., 2018.6.12.) 제2조 제1항에 따르면 문화재란 "인위적이거나 자연적으로 형성된 국가적 · 민족적 또는 세계 적 유산으로서 역사적 · 예술적 · 학술적 또는 경관적 가치가 큰 ① 유형문화재, ② 무형 문화재, ③ 기념물, ④ 민속문화재"를 말한다.

(1) 유형문화재

건조물, 전적(典籍), 서적(書跡), 고문서, 회화, 조각, 공예품 등 유형의 문화적 소산으로서 역사적 · 예술적 또는 학술적 가치가 큰 것과 이에 준하는 고고자료(考古資料)를 유형문화재라 한다. 우리나라의 유형문화재로는 사찰, 고대 예술작품 등의 탁월한 유형문화재를 보유하고 있으며 그 중에서도 중요성이 인정되는 것은 국가에서 국보 · 보물 등의 중요문화재로 지정하고 있다.

(2) 무형문화재

무형문화재란 여러 세대에 걸쳐 전승되어 온 무형의 문화적 유산 중 다음의 어느 하나에 해당하는 것을 말한다.

㉮ 전통적 공연 · 예술, ㉯ 공예, 미술 등에 관한 전통기술, ㉰ 한의약, 농경 · 어로 등에 관한 전통지식, ㉱ 구전 전통 및 표현, ㉲ 의식주 등 전통적 생활관습, ㉳ 민간신앙 등 사회적 의식(儀式), ㉴ 전통적 놀이 · 축제 및 기예 · 무예 등을 말한다.

(3) 기념물

기념물이란 ㉮ 절터, 옛무덤, 조개무덤, 성터, 궁터, 가마터, 유물포함층 등의 사적지(史蹟地)와 특별히 기념이 될 만한 시설물로서 역사적 · 학술적 가치가 큰 것, ㉯ 경치좋은 곳으로서 예술적 가치가 크고 경관이 뛰어난 것, ㉰ 동물(그 서석지, 번식지, 도래지를 포함한다), 식물(그 자생지를 포함한다), 지형, 지질, 광물, 동굴, 생물학적 생성물 또는 특별한 자연현상으로서 역사적 · 경관적 또는 학술적 가치가 큰 것 등을 말한다.

〈표 10-6〉 문화재 유형분류

유형별 / 지정권자별	유형문화재		무형문화재	기념물			민속문화재
국가지정문화재	국보	보물	중요무형문화재	사적	명승	천연기념물	중요 민속문화재
시·도지정문화재	지방유형문화재		지방무형문화재	지방기념물			지방 민속문화재
문화재자료	문화재자료						

(4) 민속문화재

민속문화재란 의식주, 생업, 신앙, 연중행사 등에 관한 풍습이나 관습에 사용되는 의복, 기구, 가옥 등으로서 국민생활의 변화를 이해하는데 반드시 필요한 것을 말한다.

(5) 지정문화재

이상에서 설명한 문화재 중 가치를 크게 지닌 것을 지정하여 '지정문화재'라 하는데, 「문화재보호법」 제2조 제2항에서는 지정문화재를 국가지정문화재, 시·도지정문화재, 문화재자료로 구분하여 규정하고 있다.

국가지정문화재는 문화재청장이 문화재위원회의 심의를 거쳐 지정한 문화재를 말하고, 시·도지정문화재는 특별시장·광역시장·특별자치시장·도지사 또는 특별자치도지사(이하 "시·도지사"라 한다)가 관할구역에 있는 문화재로서 국가지정문화재로 지정되지 않은 문화재 중 보존가치가 있다고 인정되는 것을 시·도지정문화재로 지정된 것을 말한다. 또한 문화재자료는 국가지정문화재 및 시·도지정문화재로 지정되지 않은 문화재 중 향토문화보존상 필요하다고 인정되는 것을 시·도지사가 지정한 문화재를 말한다.

(6) 등록화재

문화재청장은 문화재위원회의 심의를 거쳐 지정문화재가 아닌 유형문화재, 기념물 및 민속문화재 중에서 보존과 활용을 위한 조치가 특별히 필요한 것을 등록문화재로 등록할 수 있다(문화재보호법 제2조 제3항).

등록문화재의 등록기준은 지정문화재가 아닌 문화재 중 건설·제작·형성된 후 50

년 이상이 지난 것으로서 다음 각 호의 어느 하나에 해당하는 것으로 한다. 다만, 다음 각 호의 어느 하나에 해당하는 것으로서 건설·제작·형성된 후 50년 이상이 지나지 아니한 것이라도 긴급한 보호조치가 필요한 것은 등록문화재로 등록할 수 있다(동법 시행규칙 제34조).

1. 역사, 문화, 예술, 사회, 경제, 종교, 생활 등 각 분야에서 기념이 되거나 상징적 가치가 있는 것
2. 지역의 역사·문화적 배경이 되고 있으며, 그 가치가 일반에 널리 알려진 것
3. 기술 발전 또는 예술적 사조 등 그 시대를 반영하거나 이해하는 데에 중요한 가치를 지니고 있는 것

3) 문화재의 가치적 의미

(1) 민족예지의 결합체

문화재는 그것이 제조된 시대 배경과 사상이 숨어 있어 선조 예지가 응결된 것이라 할 수 있다. 한 민족이 나를 안다는 것은 "고유한 자기민족의 역사의식을 얼마나 인식하고 살고 있는가?"라고 말할 수 있다.

(2) 민족의 얼을 상징

문화재는 현재와 과거를 연결하여 주고, 또한 미래와 연결하여 줄 것이다. 이는 문화재에 담겨 있는 조상의 숨결로 조상과 대화의 가교가 된다는 뜻이 된다. 따라서 문화재를 지키고 보호하는 것은 민족의 얼을 지키고 그 기풍을 생활화하는 것으로 문화재 보호 육성의 교육적 가치관을 확립해야 한다.

(3) 민족 전체의 소유

문화재를 비록 개인이 소장하고 있다고 해도 그것은 민족 전체의 소유로 인식되어야 하며 민족유산은 민족 전체의 소유이다. 따라서 민족유산의 구체적 표상인 문화재도 민족 전체 소유이다.

(4) 민족생활과 민족 수호신의 표상

문화재란 단순한 역사성, 학술성, 예술성뿐만 아니라 선조들의 생활, 가치관, 세계관

을 볼 수 있기에 더욱 가치가 있으며 민족정신을 발견할 수 있어 문화재는 시간의 흐름을 초월한 통시대적 교과서이며 역사의 증인이다.

6. 유네스코 세계문화유산의 의의 및 분류

유산이란 우리가 선조로부터 물려받아 오늘날 그 속에 살고 있으며, 앞으로 우리 후손들에게 물려주어야 할 자산이다. 자연유산과 문화유산 모두 다른 어느 것으로도 대체할 수 없는 우리의 삶과 영감의 원천이다. 유네스코(UNESCO)는 이러한 세계문화유산을 세계유산(World Heritage), 인류무형문화유산(Intangible Cultural Heritage of Humanity), 세계기록유산(Memory of the World)으로 분류하여 보호하는 활동을 하고 있다.

1) 세계유산

세계유산(World Heritage)이란 자연재해나 전쟁 등으로 파괴의 위험에 처한 유산의 복구 및 보호활동 등을 통하여 보편적 인류유산의 파괴를 근본적으로 방지하고, 문화유산 및 자연유산의 보호를 위한 국제적 협력 및 나라별 유산보호활동을 고무하기 위한 목적으로 1972년에 채택된 '세계 문화 및 자연유산 보호협약에 따라 인류 전체를 위해 보호되어야 할 뛰어난 보편적 가치(Outstanding Universal Value)가 있다고 인정하여 세계유산목록에 등재한 유산을 말한다. 세계유산은 문화유산, 자연유산, 복합유산으로 분류된다.

(1) 문화유산

문화유산(Cultural Heritage)은 기념물, 건조물군, 유적지 등으로 전체 세계유산의 77.5%를 차지한다. 기념물은 건축물, 기념 조각 및 회화, 고고 유물 및 구조물, 금석문, 혈거 유적지 및 혼합유적지 가운데 역사, 예술, 학문적으로 탁월한 보편적 가치가 있는 유산을 말한다.

건조물군은 독립되었거나 또는 이어져 있는 구조물들로서 역사상, 미술상 탁월한 보편적 가치가 있는 유산을 말한다. 유적지는 인공의 소산 또는 인공과 자연의 결합의 소산 및 고고 유적을 포함한 구역에서 역사상, 관상상, 민족학상 또는 인류학상 탁월한 보편적 가치가 있는 유산을 말한다.

(2) 자연유산

자연유산(Natural Heritage)은 무기적 또는 생물학적 생성물들로부터 이룩된 자연의 기념물로서 관상상 또는 과학상 탁월한 보편적 가치가 있는 것을 말한다. 또한 지질학적 및 지문학(地文學)적 생성물과 이와 함께 위협에 처해 있는 동물 및 생물의 종의 생식지 및 자생지로서 특히 일정구역에서 과학상, 보존상, 미관상 탁월한 보편적 가치가 있는 것으로서 과학, 보존, 자연미의 시각에서 볼 때 탁월한 보편적 가치를 주는 정확히 드러난 자연지역이나 자연유적지를 말한다.

(3) 복합유산

복합유산(Mixed Heritage)은 문화유산과 자연유산의 특징을 동시에 충족하는 유산을 말한다.

2) 인류무형문화유산

인류무형문화유산(Intangible Cultural Heritage of Humanity)은 2003년 유네스코 무형문화유산 보호협약에 의거하여 문화적 다양성과 창의성이 유지될 수 있도록 대표목록 또는 긴급목록에 각국의 무형유산을 등재하는 제도이다. 2005년까지 인류구전 및 무형유산걸작이라는 명칭으로 유네스코 프로그램 사업이었으나 지금은 세계유산과 마찬가지로 정부간 협약으로 발전되었다.

무형문화유산은 전통문화인 동시에 살아 있는 문화이다. 무형문화유산은 공동체와 집단이 자신들의 환경, 자연, 역사의 상호작용에 따라 끊임없이 재창조해 온 각종 지식과 기술, 공연예술, 문화적 표현을 아우른다. 무형문화유산은 공동체 내에서 공유하는 집단적인 성격을 가지고 있으며, 사람을 통해 생활 속에서 주로 구전에 의해 전승되어 왔다. 인류무형문화유산의 범위로는 무형문화유산의 전달체로서 언어를 포함한 구전전통 및 표현, 공연예술(전통음악, 무용 및 연극 등), 자연 및 우주에 관한 지식 및 관습, 전통 기술이 포함된다. 인류무형문화유산의 특징은 다음과 같다.

- 세대와 세대를 거쳐 전승
- 인간과 주변 환경, 자연의 교류 및 역사 변천과정에서 공동체 및 집단을 통해

끊임없이 재창조
- 공동체 및 집단에 정체성 및 지속성 부여
- 문화 다양성 및 인류의 창조성 증진
- 공동체간 상호 존중 및 지속가능 발전에 부합

3) 세계기록유산

세계기록유산(Memory of the World)은 기록을 담고 있는 정보 또는 그 기록을 전하는 매개물이다. 단독 기록일 수 있으며 기록의 모음(archival fonds)일 수도 있다. 유네스코는 1995년에 인류의 문화를 계승하는 중요한 유산인데도 훼손되거나 영원히 사라질 위험에 있는 기록유산의 보존과 이용을 위하여, 기록유산의 목록을 작성하고 효과적인 보존수단을 강구하기 위해 세계기록유산(Memory of the World) 사업을 시작하였다.

세계기록유산은 유네스코가 고문서 등 전 세계의 귀중한 기록물을 보존하고 활용하기 위하여 1997년부터 2년마다 세계적 가치가 있는 기록유산을 선정하는 사업으로 유산의 종류로는 서적(책)이나 문서, 편지 등 여러 종류의 동산유산이 포함되며 그 예로는 다음과 같다.

- 필사본, 도서, 신문, 포스터 등 기록이 담긴 자료와 플라스틱, 파피루스, 양피지, 야자 잎, 나무껍질, 섬유, 돌 또는 기타자료로 기록이 남아있는 자료
- 그림, 프린트, 지도, 음악 등 비문자 자료(non-textual materials)
- 전통적인 움직임과 현재의 영상 이미지
- 오디오, 비디오, 원문과 아날로그 또는 디지털 형태의 정지된 이미지 등을 포함한 모든 종류의 전자 데이터

7. 유네스코 세계문화유산 등재기준

1) 세계유산 등재기준

세계유산은 '탁월한 보편적 가치'(OUV ; Outstanding Universal Value)를 갖고 있는 부동산 유산을 대상으로 한다. 따라서 세계유산 지역내 소재한 박물관에 보관한 조각상,

공예품, 회화 등 동산 문화재나 식물, 동물 등은 세계유산의 보호대상에 포함되지 않는다. 세계유산 운영지침은 유산의 탁월한 가치를 평가하기 위한 기준으로 다음 10가지 가치평가기준을 제시하고 있다.

이러한 가치평가기준 이외에도 문화유산은 기본적으로 재질이나 기법 등에서 유산이 진정성(authenticity)을 보유하고 있어야 한다. 또한, 문화유산과 자연유산 모두 유산의 가치를 보여줄 수 있는 제반 요소를 포함해야 하며, 법적·제도적 관리정책이 수립되어 있어야 세계유산으로 등재할 수 있다. 다음 〈표 10-7〉은 유네스코 세계유산 등재기준이다.

〈표 10-7〉 유네스코 세계유산 등재기준

유형	등록기준
문화유산	• 인간의 창의성으로 빚어진 걸작을 대표할 것(사례: 호주 오페라 하우스) • 오랜 세월에 걸쳐 또는 세계의 일정 문화권 내에서 건축이나 기술 발전, 기념물 제작, 도시계획이나 조경 디자인에 있어 인간가치의 중요한 교환을 반영(사례: 러시아 콜로멘스코이 성당) • 현존하거나 이미 사라진 문화적 전통이나 문명의 독보적 또는 적어도 특출한 증거일 것(사례: 태국 아유타야 유적) • 인류 역사에 있어 중요 단계를 예증하는 건물, 건축이나 기술의 총체, 경관 유형의 대표적 사례일 것(사례: 종묘) • 특히 번복할 수 없는 변화의 영향으로 취약해졌을 때 환경이나 인간의 상호 작용이나 문화를 대변하는 전통적 정주지나 육지*바다의 사용을 예증하는 대표 사례(사례: 리비아 가다메스 옛도시) • 사건이나 실존하는 전통, 사상이나 신조, 보편적 중요성이 탁월한 예술 및 문학 작품과 직접 또는 가시적으로 연관될 것(사례: 일본 히로시마 원폭돔)
자연유산	• 최상의 자연 현상이나 뛰어난 자연미와 미학적 중요성을 지닌 지역을 포함할 것(사례: 케냐 국립공원, 제주 용암동굴·화산섬) • 생명의 기록이나, 지형 발전상의 지질학적 주요 진행과정, 지형학이나 자연지리학적 측면의 중요 특징을 포함해 지구 역사상 주요단계를 입증하는 대표적 사례(사례: 제주 용암동굴·화산섬) • 육상, 민물, 해안 및 해양 생태계와 동·식물 군락의 진화 및 발전에 있어 생태학적, 생물학적 주요 진행과정을 입증하는 대표적 사례일 것(사례: 케냐 국립공원) • 과학이나 보존 관점에서 볼 때 보편적 가치가 탁월하고 현재 멸종 위기에 처한 종을 포함한 생물학적 다양성의 현장 보존을 위해 가장 중요하고 의미가 큰 자연 서식지를 포괄(사례: 중국 쓰촨 자이언트팬더 보호구역)
공통사항	• 모든 문화유산은 진정성(authenticity; 재질, 기법 등에서 원래 가치보유) 필요 • 완전성(integrity) : 유산의 가치를 충분히 보여줄 수 있는 충분한 제반 요소 보유 • 보호 및 관리체계 : 법적, 행정적 보호 제도, 완충지역(buffer zone) 설정 등

2) 인류무형문화유산 등재기준

무형문화유산협약 제2조에서는 무형문화유산을 관습, 묘사, 표현, 지식 및 기술 및 이와 관련된 기구, 물품, 가공품 및 문화공간이며, 사회집단 및 경우에 따라서는 개인이 자기의 문화유산의 일부로 인정하는 것으로 정의하고 있다.

무형문화유산 보호협약에서는 무형문화유산의 보호 및 지방·국가 및 국제적 수준에서 무형문화유산의 중요성 및 이러한 유산에 대한 상호 존중을 보장하는 것의 중요성에 대한 인식을 제고하고자 두 가지 무형유산목록을 제정하도록 규정하고 있다. 첫 번째는 인류무형문화유산의 대표목록이며, 두 번째는 긴급한 보호가 필요한 무형문화유산 목록이다.

긴급보호 무형유산목록은 산업화 등으로 소멸위기에 직면한 무형유산을 보호하려는 것이 협약의 진정한 취지이므로, 절대적인 우선순위를 부여하여 등재절차도 엄격히 규정하는 한편, 국제원조의 대부분을 긴급보호목록상의 무형유산 보호사업에 투입하도로 정하고 있다. 반면 인류무형문화유산의 대표목록은 각국의 무형문화유산 목록과 비슷하다. 즉 각국이 자국의 국내 목록에 등재되어 있는 유산 가운데 관련 공동체 등의 동의와 기타 등재요건을 갖추어 신청하면 특별한 문제가 없는 한 무한대로 등재할 수 있다(이순구, 2014: 204).

다음 〈표 10-8〉은 긴급보호가 필요한 무형문화유산 목록 등재기준이고, 〈표 10-9〉는 인류무형문화유산 대표목록 등재기준이다.

〈표 10-8〉 긴급보호가 필요한 무형문화유산 목록 등재기준

등재기준	내용
기준1	무형유산협약 제2조에서 규정하는 무형문화유산에 부합할 것
기군2	관련 공동체나 집단, 개인 또는 당사국의 노력에도 불구하고 소멸위험에 처해 있어 긴급한 지원이 필요한 경우
기준3	즉각적인 보호조치가 없으면 곧 소멸될 정도로 극도로 긴급한 상황에 놓여 있을 것
기준4	관련 공동체, 집단, 개인이 계속 실연하고 전승할 수 있도록 보호조치가 마련되어 있을 것
기준5	관련 공동체, 집단, 개인들이 자유롭게 사전 인지 동의(free, prior, informed consent)하고, 가능한 최대한 폭넓게 신청과정에 참여할 것
기준6	신청유산이 당사국 무형문화유산 목록에 포함되어 있을 것

〈표 10-9〉 인류무형문화유산 대표목록 등재기준

등재기준	내용
기준1	무형유산협약 제2조에서 규정하는 무형문화유산에 부합할 것
기군2	대표목록 등재가 해당 유산의 가시성 및 중요성에 대한 인식 제고, 문화간 대화에 기여하며, 아울러 세계 문화다양성 반영 및 인류의 창조성을 입증할 것
기준3	신청유산에 대한 적절한 보호조치가 마련되어 있을 것
기준4	관련 공동체, 집단, 개인들이 자유롭게 사전 인지 동의(free, prior, informed consent) 하고, 가능한 최대한 폭넓게 신청과정에 참여할 것
기준5	신청유산이 당사국 무형문화유산 목록에 포함되어 있을 것

3) 세계기록유산 등재기준

세계기록유산은 영향력, 시간, 장소, 인물, 주제, 형태, 사회적 가치, 보존 상태, 희귀성 등을 기준으로 선정된다. 기록유산은 일국 문화의 경계를 넘어 세계의 역사에 중요한 영향력을 끼쳐 세계적인 중요성을 갖거나 인류 역사의 특정한 시점에서 세계를 이해할 수 있도록 두드러지게 이바지한 경우 선정된다. 또는 전 세계 역사와 문화의 발전에 큰 기여를 한 인물 및 인물들의 삶과 업적에 관련된 기록유산도 있다. 형태에 있어서 향후 기록문화의 중요한 표본이 된 경우, 예를 들면 야자수 나뭇잎 원고와 금박으로 기록된 원고, 근대 미디어 등과 같은 매체로 된 기록유산도 있을 수 있다. 세계기록유산의 등재기준은 다음과 같다.

첫째, 유산의 진정성(authenticity)으로 해당 유산의 본질 및 기원(유래)을 증명할 수 있는 정품이어야 한다.

둘째, 독창적(unique)이고 비(非)대체적(irreplaceable)인 유산으로 특정 기간 또는 특정 지역에 지대한 영향력을 끼쳤음이 분명한 경우와 해당 유산이 소멸되거나 유산의 품질이 하락한다면 인류유산의 발전에 심각한 해악을 끼치리라 판단되는 경우에 해당되어야 한다.

셋째, 세계적 관점에서 유산이 가지는 중요성, 즉 한 지역이 아닌 세계적으로 어떠한 영향을 끼쳤는지 여부와 그리고 아래 〈표 10-10〉은 세계기록유산 등재 주요기준 5가지 요소들 중에 반드시 한 가지 이상으로 그 중요성을 증명할 수 있어야 한다.

〈표 10-10〉 세계기록유산 등재 주요기준

주요기준	내용
시간(Time)	국제적인 일의 중요한 변화의 시기를 현저하게 반영하거나 인류역사의 특정한 시점에서 세계를 이해할 수 있도록 이바지하는 경우
장소(Place)	세계 역사와 문화의 발전에 중요한 기여를 했던 특정 장소와 지역에 관한 주요한 정보를 담고 있는 경우
사람(People)	전 세계 역사와 문화에 현저한 기여를 했던 개인 및 사람들의 삶과 업적에 특별한 관련을 갖는 경우
대상/주제 (Subject/Theme)	세계 역사와 문화의 중요한 주제를 구현하고 있는 경우
형태 및 스타일 (Form and Style)	뛰어난 미적, 형식적, 언어적 가치를 가지거나 형태 및 스타일에서 중요한 표본이 된 경우

8. 우리나라 세계문화유산 현황

1) 세계유산

우리나라는 1988년 유네스코 '세계문화유산 및 자연유산의 보호에 관한 협약'에 가입한 이후 우리 문화재의 우수성과 독창성을 국제사회에 널리 홍보하고, 문화재의 관광자원화를 위하여 우리 문화재의 유네스코 세계유산 등재를 추진해 왔다(이순구외, 2014:206). 1995년 베를린에서 개최된 세계유산위원회 19차 회의에서 종묘와 불국사 석굴암 및 해인사장경판전이 세계유산으로 결정된 이후 2018년 현재 세계유산목록에 등재되어 있는 우리나라 세계유산은 12개이며 세계유산 현황은 다음 〈표 10-11〉과 같다.

〈표 10-11〉 우리나라 세계유산

구분	유산명칭	등록연도	비고
문화유산	석굴암 및 불국사	1995	국보 제24호 및 사적 제502호
	종묘	1995	사적 제125호
	해인사 장경판전	1995	국보 제52호
	창덕궁	1997	사적 제122호
	화성	1997	사적 제3호
	경주역사유적지구	2000	–
	고창, 화순, 강화 고인돌유적	2000	사적 제391호, 제410호, 제137호
	조선왕릉(40기)	2009	
	안동 하회마을·경주 양동마을	2010	국가민속문화재 제122호, 제189호
	남한산성	2014	사적 제57호
	백제역사유적지구	2015	–
자연유산	제주 화산섬과 용암동굴	2007	–

2) 인류무형문화유산

인류무형문화유산 등재 제도는 국제사회의 문화유산 보호활동이 건축물 위주의 유형 문화재에서 눈에 보이지 않지만 살아 있는 유산(living heritage), 즉 무형문화유산의 가치를 새롭게 인식하고 확대하였음을 국제적으로 공인하는 이정표가 되었으며, 이는 문화다양성의 원천인 무형유산의 중요성에 대한 인식을 고취하고, 무형유산 보호를 위한 국가적, 국제적 협력과 지원을 도모하는 계기가 되었다.

2000년 5월 세계 각국의 총 36개 후보 문화재에 대한 국제심사위원회의 심사를 거쳐 2001년 파리의 유네스코 본부에서 한국을 비롯한 중국, 일본, 인도 등 19개 국 19종목을 '인류구전 및 무형유산걸작'으로 채택하였다. 우리나라는 제1차 선정에서 국가무형문화재 제56호 종묘제례와 국가무형문화재 제1호인 종묘제례악이 선정된데 이어 2003년 11월에는 국가무형문화재 제5호인 판소리가 선정·등재되었으며, 2016년 제주해녀문화 등재로 우리나라 인류무형문화유산은 다음 〈표 10-12〉에서 보는 바와 같이 19개이다.

〈표 10-12〉 우리나라 인류무형문화유산

명칭	등재 연도	비고	명칭	등재 연도	비고
종묘제례 및 종묘제례악	2001	국가무형문화재 제57호, 제1호	매사냥	2010	-
판소리	2003	국가무형문화재 제5호	줄타기	2011	국가무형문화재 제58호
강릉단오제	2005	국가무형문화재 제13호	택견	2011	국가무형문화재 제76호
강강술래	2009	국가무형문화재 제8호	한산모시 짜기	2011	국가무형문화재 제14호
남사당놀이	2009	국가무형문화재 제3호	아리랑	2012	국가무형문화재 제129호
영산재	2009	국가무형문화재 제50호	김장문화	2013	
제주칠머리 당영등굿	2009	국가무형문화재 제71호	농악	2014	국가무형문화재 제11-1호 등
처용무	2009	국가무형문화재 제39호	줄다리기	2015	국가무형문화재 제26호 등
가곡	2010	국가무형문화재 제30호	제주해녀 문화	2016	-
대목장	2010	국가무형문화재 제74호			

3) 세계기록유산

　세계기록유산(Memory of the World)은 세계적 가치가 있는 귀중한 기록유산을 가장 적절한 기술을 통해 보존할 수 있도록 지원하고, 유산의 중요성에 대한 전 세계적인 인식과 보존의 필요성을 증진하고, 기록유산 사업 진흥 및 신기술의 응용을 통해 가능한 많은 대중이 기록유산에 접근할 수 있도록 하기 위하여 실시하고 있는 제도로서 우리나라는 1997년 10월 훈민정음과 조선왕족실록을 처음 등재하였으며, 최근 2017년도에는 조선왕실 어보와 어책, 국채보상운동 기록물, 조선통신사기록물을 등재됨으로서 다음 〈표 10-13〉에서 보는 바와 같이 총 16건의 세계기록유산을 보유하게 되었으며, 이는 세계에서 네 번째이자 아시아에서는 가장 많은 수치이다.

〈표 10-13〉 우리나라 세계기록유산

명칭	등재 연도	비고	명칭	등재 연도	비고
조선왕조실록	1997	국보 제151호	5·18민주화운동기록물	2011	-
훈민정음	1997	국보 제70호	난중일기	2013	국보 제76호
승정원일기	2001	국보 제303호	새마을운동기록물	2013	-
직지심체요절	2001	보물 제1132호	한국의 유교책판	2015	-
조선왕조의궤	2007	보물 제1901호	KBS특별생방송 '이산가족을 찾습니다' 기록물	2015	-
해인사대장경판	2007	국보 제32호 등	조선왕실어보와 어책	2017	-
동의보감	2009	국보 제319호 등	국채보상운동기록물	2017	-
일성록	2011	국보 제153호	조선통신사기록물	2017	-

4) 세계문화유산협약

세계문화유산협약은 두드러진 가치를 지니고 있어서 그것들의 보호가 인류 전체와 관계된다고 인정받는 국가 영토 내의 기념물들과 유적지들을 국가가 자발적으로 보호하겠다고 약속하는 법적 장치이다(유네스코 한국위원회, 1991: 44~45).

세계유산목록의 취지는 그것들의 보호가 국제공동체 전체의 관심사가 될 만한 각국의 문화·자연 재산들을 확인하기 위한 것이다. 세계유산협약의 원전은 이러한 보물들을, 예술 또는 역사, 과학 또는 자연미의 관점에서 두드러진 보편적인 가치를 지니는 유산으로 기술하고 있다.

문화기념물들과 유적지는 반드시 다음 조건을 갖추어야 한다.

① 독특한 성취물을 구성해야 한다(살라마르 정원요새: 파키스탄, 샹보르 성채: 프랑스).

② 일정 기간 동안 상당한 영향력을 행사했어야 한다(피렌체의 역사중심: 이탈리아).

③ 사라진 문명의 증거를 제시해야 한다(아보메이의 왕궁: 베냉, 마추비추: 페루).

④ 중요한 역사적 기간을 예증해야 한다(아부 메나: 이집트, 살바드르디 바이아의 역사 중심지: 브라질).

⑤ 전통 생활양식의 두드러진 본보기를 구성해야 한다(음자브 계곡: 알제리, 홀로코 마을: 헝가리).

⑥ 보편적 중요성을 갖는 사상이나 믿음과 연관되어야 한다(신성 도시칸디: 스리랑카, 독립기념관: 미국).

세계적 유산들이 직면한 문제들 가운데 일부는 개발과 변하는 생활양식, 천연자원에 대한 인간의 인위적 훼손 및 파괴, 산업화, 도심지의 현대화, 또는 오염과 관련되어 있다. 또 어떤 문제들은 관리 소홀의 결과이거나 재원의 부족이다. 어떤 유적지들은 대량의 관광객, 그리고 관광객에 영합해서 만든 시설, 그리고 장차 맞이하게 될 문화충격 등에 의해 위험에 처해 있다. 또 다른 경우, 홍수·지진·태풍과 같은 자연재해들이 심각한 손상을 가져올 수도 있다.

문화·자연유산들이 대체로 위협받고 있긴 하지만, 국제공동체는 무엇보다도 가장 대표적인 유산들을 보호하여 다음 세대에 전하기 위해 그러한 유산들에 주의를 기울이고 효과적인 국제간 협력이 필요하다.

〈표 10-14〉 우리나라 유네스코 등재유산 현황

세계문화유산	세계기록유산
1. 해인사 장경판전(1995. 12. 지정)	1. 훈민정음(1997. 10. 지정)
2. 종묘(1995. 12. 지정)	2. 조선왕조실록(1997. 10. 지정)
3. 석굴암·불국사(1995. 12. 지정)	3. 직지심체요절(2001. 9. 지정)
4. 창덕궁(1997. 12. 지정)	4. 승정원일기(2001. 9. 지정)
5. 화성(1997. 12. 지정)	5. 해인사 대장경판 및 제경판(2007. 6. 지정)
6. 경주 역사유적지구(2000. 12. 지정)	6. 조선왕조 의궤(2007. 6. 지정)
7. 고창·화순·강화 고인돌 유적 (2000. 12. 지정)	7. 동의보감(2009. 7. 31. 지정)
8. 제주 화산섬과 용암동굴(2007. 6. 27. 지정)	8. 일성록(2011년 지정)
9. 조선 왕릉(2009. 6. 27. 지정)	9. 5·18민주화운동기록물(2011년 지정)
10. 한국의 역사마을: 하회와 양동 (2010. 8. 1. 지정)	10. 난중일기(2013년 지정)
11. 남한산성(2014년 지정)	11. 새마을운동기록물(2013년 지정)
12. 백제역사유적지구(2015년 지정)	12. 한국의 유교책판(2015년 지정)
	13. KBS특별생방송 '이산가족을 찾습니다' 기록물(2015년 지정)
	14. 조선왕실 어보와 어책(2017년 지정)
	15. 국채보상운동 기록물(2017년 지정)
	16. 조선통신사 기록물(2017년 지정)

세계유산은 그 유산이 존재하는 나라의 주권이 충분히 존중되고 또 국내법이 정한 재산권을 해치지 않지만, 이 유산이 세계인류 공동의 유산이며 따라서 그 유산의 보호에 협력하는 것이 국제사회 전체의 의무라는 것을 규정하고 있다. 세계문화유산이란 세계유산협약에 따라 세계유산위원회가 협약 가입국의 문화유산 중 인류 전체를 위해 보호되어야 할 현저한 보편적 가치가 있다고 인정하여 유네스코 세계유산 일람표에 등록하는 문화재를 말한다. 유네스코가 선정한 우리나라의 세계문화유산은 12건이고, 세계기록유산은 16건이다.

(1) 해인사 장경판전

해인사 장경판전은 국보 제52호로 지정 관리되고 있으며, 소장 문화재로서는 대장경판 81,258판(국보 제32호), 고려각판 2,725판(국보 제206호), 고려각판 110판(보물 제734호)이 있다. 이 중 해인사 장경판전은 1995년 12월 유네스코 세계문화유산으로 등재되었다.

해인사 장경판전은 13세기에 만들어진 세계적 문화유산인 고려 대장경판 8만여 장을 보존하는 보고로서 해인사의 현존 건물 중 가장 오래된 건물이다. 장경판전은 정면 15칸이나 되는 큰 규모의 두 건물을 남북으로 나란히 배치하였다. 장경판전 남쪽의 건물을 수다라장, 북쪽의 건물을 법보전이라 하며 동쪽과 서쪽에 작은 규모의 동·서사간판전이 있다.

(2) 종묘

서울특별시 종로구 훈정동 1번지에 있는 조선시대 역대 왕과 왕비, 그리고 추존왕과 왕비의 신주를 봉안한 사당(사적 제125호)인 종묘는 정전을 말하며 태묘라고도 한다. 유교사회에서는 왕이 나라를 세우고 왕실을 영위하기 위하여 반드시 종묘와 사적을 세워 조상의 은덕에 보답하며 경천애인 사상을 만백성에게 널리 알리고 천지신명에게 백성들의 생업인 농사가 잘 되게 해달라고 제사를 올렸던 것이다.

조선을 창건한 태조는 송도에서 한양으로 천도한 뒤 현재의 종묘와 사적을 세웠다. 정전은 국보 제227호 영녕전은 보물 제821호로 지정되었다.

(3) 석굴암·불국사

석굴암은 불국사와 함께 신라의 재상인 김대성에 의해 서기 751년(신라 경덕왕)에 창건하기 시작하여 서기 774년(신라 혜공왕)에 완공한 인공의 석굴사원이다. 석굴암은 전실의 네모난 공간과 원형의 주실로 나뉘어 있는데, 그 구조가 기술적으로 매우 교묘할 뿐만 아니라 조형상으로도 완벽하게 되어 있다. 전실에는 인왕상과 사천왕상 등이 부조돼 있으며 주실에는 본존불과 더불어 보살과 제자상이 있는데 모두가 각기 특색을 지니고 조화된 미의 세계를 이루고 있다.

특히 본존불은 인공적인 부자연함이 없이 부드럽게 넘치는 생명력을 표현하고 있으며 전체적인 구성에서 조금의 허점도 찾아볼 수 없는 가장 이상적인 미를 대표하고 있다.

불국사는 서기 751년(경덕왕 10년) 당시 신라의 재상이었던 김대성에 의해 토함산 기슭에 창건된 비로전 영역은 비로자나불의 연화장 세계를 나타낸 것이다.

청운교 · 백운교, 석가탑 · 다보탑이 대웅전을 중심으로 질서정연하게 배열되어 있어 신라인의 무르익은 기술과 미적 감각을 보여주고 있다. 특히 신라의 석탑은 중국의 전탑이나 일본의 목탑과 대조적으로 독특한 발전을 이루고 있으며 그 중 석가탑과 다보탑은 통일신라 석탑의 최고 걸작품으로 일컬어진다.

(4) 창덕궁

창덕궁은 서기 1405년(태종 5년) 조선왕조의 별궁으로 창건되었으나 1592년 임진왜란으로 정궁인 경복궁 등과 함께 소실되어 1610년(광해군 2년) 중건하였다. 그러나 정궁인 경복궁이 19세기에 복구되었으므로 그 이전에 역대 임금은 주로 창덕궁을 사용하였다. 따라서 이 궁은 조선후기에는 정궁 역할을 담당하였다고 볼 수 있다.

창덕궁 안에는 창건시(15세기)의 돌다리와 중건시(17세기)의 돈화문을 비롯, 조선 중기의 건축양식을 지닌 선정전, 그리고 1804년에 중건된 인정전 등 수많은 전각들이 있어 다양한 시대적 면모를 보여주고 있다. 특히 창덕궁의 전각배치는 남북축선상에 정연히 배치된 경복궁과는 달리 자연지형 조건에 맞추어 자유로운 배치와 구성을 하고 있어 최대한 자연환경을 보존하고 자연경관과 조화를 이루려 한 것이 특징이다.

특히 이곳은 조선조 궁궐 후원 중 원형이 가장 잘 보존되어 있어 한국 전통 궁궐의 조원을 대표하고 있다.

(5) 화성

조선시대 '성곽의 꽃'이라고 불리는 수원화성은 1794년부터 2년 반 걸려 1796년 완성되었다. 정조 때였다. 억울하게 죽은 아버지 세도세자에 대한 측은한 마음을 품고 있던 정조는 아버지 묘를 명당의 자리로 모시는 것이 염원이었다. 마침 후보지로 수원 고을 뒷산(지금의 화산)이 물색됐고, 기존의 수원은 현재의 위치인 팔달산 아래로 옮긴다는 계획을 세웠다.

한양 다음의 대도시 서열에 올라 광주부에 버금가는 도시가 되었다. 일차적으로 행궁과 객사, 향교가 조성되었고, 얼마 후 도시 외곽에는 조선땅 어디에도 이제까지 만들어진 적이 없는 가장 완벽한 형태의 성곽까지 구비하게 되었다.

(6) 경주 역사유적지구

2000년 11월에 유네스코 세계문화유산으로 등록되었다. 경주시 전역에 흩어져 있는 신라시대의 역사 유적들은 그 성격에 따라 5개 지구로 나뉘는데, 경주역사유적지구는 이들 5개 지구를 통틀어 일컫는다. 첫째, 신라 불교미술의 보고인 남산(南山)지구이다. 남산동 남산 일원의 불교유적을 중심으로 한 유적지구로, 용장사곡 석불좌상(보물 187), 칠불암 마애석불(보물 200), 불곡 석불좌상(보물 198), 탑곡 마애조상군(보물 201), 용장사곡 삼층석탑(보물 186), 천룡사지 삼층석탑(보물 1188), 남산리 삼층석탑(보물 124) 등 37개의 보물과 시·도 유형문화재, 사적이 있다. 둘째, 신라 1000년 왕조의 궁궐터인 월성(月城)지구이다. 계림(사적 19), 경주 월성(사적 16), 임해전지(臨海殿址: 사적 18), 첨성대(국보 31), 내물왕릉(사적 188) 등이 있다. 셋째, 신라 왕 - 왕비 - 귀족들의 고분군 분포지역인 대릉원(大陵苑)지구이다. 미추왕릉(사적 175), 황남리 고분군(사적 40), 노동리 고분군(사적 38), 노서리 고분군(사적 39), 오릉(사적 172), 동부사적지대(사적 161), 재매정(財買井: 사적 246) 등이 있다. 넷째, 신라 불교의 정수인 황룡사(皇龍寺)지구로, 황룡사지(사적 6), 분황사 석탑(국보 30)이 있다. 다섯째, 왕경(王京) 방어시설의 핵심인 산성지구로, 400년 이전에 쌓은 것으로 추정되는 명활산성(明活山城: 사적 47)이 여기에 속한다. 경주 역사유적지구 전체를 통틀어 52개의 지정문화재가 세계문화유산 지역에 포함되어 있다.

(7) 고창·화순·강화 고인돌 유적

우리나라 청동기시대의 대표적인 무덤 중의 하나인 고인돌은 세계적인 분포를 보이고 있으며 지역에 따라 시기와 형태가 다르게 나타나고 있다.

고창고인돌 유적은 전라북도 고창군 죽림리와 도산리일대에 매산마을을 중심으로 동서로 약 1,764m 범위에 442기가 분포하고 있으며 우리나라에서 가장 큰 고인돌 군집을 이루고 있는 지역이다. 10톤 미만에서 300톤에 이르는 다양한 크기의 고인돌이 분포하고 있으며 화순고인돌 유적은 전라남도 화순군 도곡면 효산리와 춘양면 대신리 일대의 계곡을 따라 약 10km에 걸쳐 500여기의 고인돌이 군집을 이루어 집중분포하고 있으며 최근에 발견되어 보존상태가 좋다. 또한 고인돌의 축조과정을 보여주는 채석장이 발견되어 당시의 석재를 다룬 강화 고인돌유적은 인천광역시 강화군 부근리, 삼거리, 오상리 등의 지역에 고려산 기슭을 따라 120여 기의 고인돌이 분포하고 있다. 이곳에는 길이 7.1m, 높이 2.6m의 우리나라 최대의 북방식 고인돌이 있으며 우리나라 고인돌의 평균고도보다 높은 해발 100~200m까지 고인돌이 분포하고 있다.

(8) 제주 화산섬과 용암동굴

세계유산으로 지정된 지역은 한라산, 성산일출봉, 거문오름용암동굴계 등 3개이다. 한라산은 남한에서 가장 높은 산으로서 화산활동에 의해 생성된 순상(방패모양)화산체이다. 성산일출봉은 제주도에 분포하는 360개의 단성화산체(cinder cones: 제주방언으로는 오름이라 함) 중의 하나이며, 해안선 근처에 뛰어난 경관을 제공하는 수성화산체이다. 거문오름용암동굴계는 지금으로부터 약 10~30만년 전에 거문오름에서 분출된 용암으로부터 만들어진 여러 개의 용암동굴이며, 이 동굴계에서 세계자연유산으로 지정된 동굴은 벵뒤굴, 만장굴, 김녕굴, 용천동굴, 그리고 당처물동굴이다.

제주도는 약 180만년 전부터 역사시대에 걸쳐 일어난 화산활동으로 만들어졌다. 한라산 정상부에는 한라산 조면암과 백록담 현무암이 분포하며 한라산 조면암은 높은 점성을 갖고 정상으로 솟아 한라산을 더 웅장하게 만들고 있다.

(9) 조선 왕릉

한국의 조선시대(1392~1910) 왕실과 관련되는 무덤은 '능(陵)'과 '원(園)'으로 구분된다. 왕릉으로 불리는 능(陵)은 '왕과 왕비, 추존된 왕과 왕비의 무덤'을 말하며, 원(園)은 '왕세자와 왕세자비, 왕의 사친(私親)의 무덤'을 말한다.

조선시대의 왕릉과 원은 강원도 영월의 장릉, 경기도 여주의 영릉과 녕릉 3기를 제외하고는 당시의 도읍지인 한양에서 40km 이내에 입지하고 있으며, 왕릉이 40기, 원이

13기, 총 53기가 있다.

(10) 한국의 역사마을: 하회와 양동

한국의 역사마을에는 씨족마을, 읍성마을 등의 다양한 유형이 있으나 그 중에서 씨족마을은 전체 역사마을의 약 80%를 차지하는 한국의 대표적인 역사마을 유형이다.

한국의 대표적 씨족마을이면서 양반마을인 하회와 양동은 모두 조선시대(1392~1910)에 양반문화가 가장 화려하게 꽃피었던 한반도 동남부(영남지방)에 위치하고 있다. 두 마을은 한국의 대표적인 마을 입지 유형인 배산임수의 형태를 띠고 있으며, 여름에 고온다습하고 겨울에 저온건조한 기후에 적응하기 위한 건물의 형태와 유교 예법에 입각한 가옥의 구성을 지니고 있다.

두 마을에는 양반씨족마을의 대표적인 구성요소인 종가, 살림집, 정사와 정자, 서원과 서당, 그리고 주변의 농경지와 자연경관이 거의 완전하게 남아 있을 뿐 아니라, 이러한 유형 유산과 더불어 이들과 관련된 많은 의례, 놀이, 저작, 예술품 등 수많은 정신적 유산들을 보유하고 있다.

(11) 남한산성

남한산성은 극동아시아 여러 지역의 영향을 바탕으로 다양한 군사 방어 기술을 종합적으로 구현하고 있는 조선왕조의 비상시 임시 수도로서, 한국의 독립성 및 한국 역사상 다양한 종교·철학이 조화롭게 공존해온 가치를 상징하고 있으며, 본성(한봉성과 봉함성을 포함)과 신남성(동서돈대)으로 구성된 연속유산이다.

7세기부터 19세기까지 축성술의 시대별 발달 단계와 무기 체계의 변화상을 잘 보여주고 있으며 지금까지 주민들이 거주하고 있는 살아있는 유산으로서의 가치를 보유하고 있다.

7세기 초에 처음 만들어져 여러 차례 재건되었는데, 특히 17세기 청나라의 공격에 대비해 크게 중건되었다. 이 산성은 중국과 일본의 영향을 수용하면서 서양식 무기 도입에 따른 성곽축조 기술의 변화를 종합한 군사 방어기술의 개념을 집대성하고 있다.

광주시 남한산성면 산성리에 위치한 남한산성은 사적 제57호로 지정되어 있으며, 국가지정 문화재 2개(성곽, 남한산성 행궁), 경기도 지정문화재 6건(수어장대, 연무관, 숭렬전, 청량당, 현절사, 침괘정) 및 경기도 기념물 2건(망월사지, 개원사지) 등으로 구성되어 있다. 총 면적은 36,447km²로 성 안쪽이 2,317km²(6%), 성 바깥쪽이 34,130km²(94%)를 차지하고 있다.

(12) 백제역사유적지구

공주시, 부여군, 익산시 등 3개 시·군 8곳의 문화유산으로 구성되어 있다. 세부 등재지역을 살펴보면, 충남 공주시는 공산성(사적 제12호), 송산리 고분군(사적 제13호) 등 2곳, 충남 부여군은 관북리유적과 부소산성(사적 제428호와 사적 제5호), 능산리 고분군(사적 제14호), 정림사지(사적 제301호), 부여나성(사적 제68호) 등 4곳, 전북 익산시는 왕궁리유적(사적 제408호), 미륵사지(사적 제150호) 등 2곳이다.

백제역사유적지구는 5~7세기 한국·중국·일본 동아시아 삼국 고대 왕국들 사이의 상호 교류 역사와, 백제의 내세관·종교·건축기술·예술미 등을 모두 포함한 건축기술을 보여주는 백제의 역사와 문화를 증명할 수 있는 고고학적 가치가 있다.

고대 도성의 필수 요소인 산성, 왕궁지, 외곽성, 왕릉, 불교사찰은 백제역사유적지구의 뛰어난 보편적 가치를 보여주고 그 전부가 유산에 포함되어 있다. 유산의 모든 요소들은 각각 국가지정 문화재이며, 세 개의 도시는 포괄적이고 지속적인 보존정책이 시행되고 있는 고대 수도이다.

제2절 관광개발

1. 관광개발의 개념과 목표

1) 관광개발의 개념

개발은 정치·경제·사회·문화 등의 모든 측면에서 적용될 수 있는 포괄적인 용어이다. 관광개발이라는 것도 개발이라는 범주의 일부이므로 먼저 개발이라는 개념부터 단계적으로 살펴보면 다음과 같다.

개발이란 일종의 변화로 가치판단이 개재되어 있으므로 그 의미는 현상에 따라 차이가 있을 수 있다. 개발을 발전적 변화과정에서 볼 때 변화과정은 성장(growth)과 질적 변화의 발전(development)을 의미한다(김흥운 외, 1996: 13). 성장은 발전과 구분되는데 성장이 양적 측면의 변화라면 발전은 질적 변화의 의미를 포함한 성장과 질적·구조적 변화를 의미한다.

이를 용어상 의미관계를 구분하면 다음과 같다.

〈표 10-15〉 개발과 관련된 제 의미의 관계

구 분	변 화		계획된 관계
성 격	양적 변화	질적 변화	양·질의 의도적 변화
용 어	성장	발전	개 발
	growth	development	

관광개발이란 관광사업을 적극적으로 진흥시키고 내·외국인에게 관광의 인식과 심신의 위안을 줄 수 있도록 하고 지역발전과 수지개선에 기여하도록 하는 것이다.

곧, 관광개발이라는 것은 일반적으로 관광자원의 특성에 따라서 관광상의 편의를 증진하고 관광객 유치와 관광소비 증대를 도모하려는 개발사업이다라고 할 수 있다.

한편, 관광개발을 어떤 한정된 공간에서 관광지가 형성되기 위한 관광자원과 관광시설의 정비만으로 인식하고 자연 및 인문관광자원에 인공시설을 가하여 자원 자체에 내재하는 관광가치를 높여 관광객 유치에 기여하는 것으로 볼 수 있다. 또한, 관광객이 욕구충족을 위한 활동공간을 마련하기 위하여 효과적으로 토지계획을 세우고 관광객의 관광활동을 원활하게 하기 위하여 여러 시설을 알맞게 배치시키는 배치계획이라고 말한다(김병문, 1990: 367).

지금까지 제시되었던 관광개발의 정의를 살펴보면 다음과 같다.

관광자원을 개발하고 대규모의 관광숙박업을 비롯한 관광시설의 건설은 관광개발의 일부로 생각할 수 있으나, 관광개발을 좀더 광의적으로 해석해보면 지역개발, 레크리에이션 기회의 제공, 기업활동의 확대 등을 목적으로 한 관광사업을 진흥시키고자 하는 모든 활동이 포함된다. 구체적으로 관광객에 대한 선전의 강화를 목적으로 정보 서비스의 충실, 법률의 제정을 포함시키기 위한 제도의 정비, 관광시설의 건설 등도 포함되는 것이다.

그런데 일반적으로 관광개발이라고 할 경우는 보다 좁은 범위를 가리킬 때가 많고, 이것을 협의의 관광개발이라 부르고 있다. 협의의 관광개발은 교통기관의 정비에 의한 접근성을 개선하고 관광시설을 건설함으로써 이용을 편리하게 하고 자원이 갖고 있는 잠재가치를 현재화시키는 것을 말하며, 거의 관광지 개발과 유사한 의미를 갖고 있다.

〈표 10-16〉 관광개발의 정의

학 자	관광개발의 정의
김병문	현재의 상태에서 보다 좋은 관광여건을 만드는 행위로 관광사업을 발달시켜 나가는 하나의 수단
김정배	관광자원이 지니고 있는 관광효과를 높여 주는 것과 동시에 관광가치를 보다 높은 차원으로 창조하는 과정
김진섭	관광자원의 특성을 살려 관광상의 편의를 증진시키고 관광객 유치와 관광소비 증대를 목적으로 하는 개발
박석희	관광자원을 관광객이 가능한 한 이용하기 용이하도록 함과 동시에 관광객을 적극적으로 유치하며 또 한편으로는 교통, 숙박, 식음시설 등을 경영함으로써 관광욕구 충족을 통하여 관광객의 복지를 증대시키며 나아가서 그 지역의 발전도 도모하는 일련의 행위
이장춘	관광현상을 미개발 내지는 초기 원시상태에서 관광객의 관광욕구를 충족시켜 줄 수 있는 단계까지 이끌어가는 과정
이항구	관광지개발 뿐만 아니라 관광산업의 촉진을 기하기 위하여 관광대상으로서의 가치있는 모든 유형·무형의 자원을 개발하는 것
한국관광공사	원시상태의 미개발단계에서 관광객이 새로운 차원의 다양한 욕구를 충족시킬 수 있는 단계까지 이끌어 가는 과정

그러나 관광개발 개념은 관광현상의 다양화에 따라 이에 대응하기 위한 광의적 의미를 내포하게 되고 이러한 추세는 관광의 발전과정에 의하여 개념의 변화를 계속적으로 요구하게 될 것이다.

2) 관광개발의 목표

관광수요의 급증은 관광문화의 전승이라는 숭고한 이념을 가지고 관광자원개발과 보존의 방향이 정립되어야 한다. 따라서 국내관광 측면에서는 생활의 질 향상을 위한 복지와 형평이라는 철학과 윤리가 뒷받침되어야 하고, 국제관광 측면에서는 관광상품의 가치를 충분히 발휘하여야 한다.

그러나 관광지개발의 철학이나 윤리면에서 자연생태계와의 조화라는 측면에서 관광지개발에 필요한 기초조사가 충분히 이루어지지 못하고 개발된 사례가 있어 주변경관과 조화되지 못하고 지나친 개발의욕과 과잉개발로 인한 주변경관의 파괴와 훼손의 문제를 찾아 볼 수 있다.

한편, 유명관광지 중심의 개발로 인해 관광객의 밀집현상을 초래하고 과다이용은 주변경관 훼손의 원인이 되고 있기도 하다. 뿐만 아니라 고유한 민속이나 향토문화재에 대한 관심의 비중이 비교적 낮게 주어진 관계로 너무나도 많은 고유민속자원을 잃어버린 결과를 초래하였다(이장춘, 1997: 200).

관광이란 사회현상이 그 주체가 되는 인간은 물론 인간을 둘러싼 사회·정치·경제적 환경변화에 매우 민감하게 작용하기 때문에 개발계획의 목표 및 전략설정에 많은 어려움을 수반하고 있다.

경제협력개발기구(OECD: Organization for Economic Cooperation and Development)가 제시하고 있는 목표들이 관광산업의 개발목표가 되어져야 시너지효과를 기대할 수 있을 것이다.

첫째, 관광개발은 관광의 경제적 이익을 통하여 국민생활수준을 향상시켜 줄 수 있는 기본적인 틀을 제공해야 한다.

둘째, 관광개발은 방문자와 현지주민들을 위한 기반시설의 개발은 물론 위락시설들을 제공할 수 있어야 한다.

셋째, 관광개발의 형태는 방문자 중심지나 휴양지의 목적에 적합한 범위내에서 확보되어져야 한다.

그리고 개발계획은 수용국이나 수용지역 전체 국민의 문화적·사회적·경제적 견해에 일치되도록 작성되어지지 않으면 안된다.

관광자원 개발 목적은 현재 외래관광객의 수용시설이 서울을 비롯한 대도시에 편중됨으로써 빚어지는 불균형을 시정하고, 관광관련시설을 전국적으로 균형있게 분산 확보함으로써 관광지를 확정하고, 외래관광객의 체재기간을 연장시켜 관광소비를 증대시키는 데에 그 목표를 두고 있으며, 아울러 이로 인한 균형있는 국토의 개발과 주민소득 증대, 고용증대, 세수증대, 자연 및 문화재 보호라는 파급효과도 크게 창출하는 데 있다.

관광개발목적은 미개발 지역에서의 폭넓은 산업진흥을 통하여 주민에게 취업기회를 주고 사람들의 왕래를 촉진시켜 물질의 교류를 원활히 할 수 있게 하고, 교통시설은 관광이용에 편익을 증대시키고, 일상적 이용에도 제공되어 지역발전에 공헌할 수 있어야 한다.

따라서 관광개발사업은 관광수요와 지역개발이라는 두 가지의 요청을 동시에 충족할 수 있는 개발사업이 필요한 것이고, 거기에는 한층 효과적인 수단과 그 양면의 조화가 최대의 과제가 될 것이다.

관광개발을 추진하는 주체는 국가·지방자치단체와 민간기업의 3자이고 개발주체별 추진목적의 특징은 국가일 경우에는 국민경제를, 지방일 경우는 지역경제를, 기업가는 이윤증대를 우선적으로 중시하는 것이 일반적이다.

주체별 관광개발은 국가차원에서, 다시 지방자치단체로 또 관광지와 가까울수록 관광경제효과의 비중이 높아지는 반면 관광의 비경제적 효과에 대한 인식은 낮아진다고 할 수 있다.

국가차원에서는 관광객의 효과와 국민경제적 효과를 포함한 종합적 효과를 추구하는 데 있고, 지역차원에서의 관광개발은 경제효과를 위주로 한 지역진흥을 목표로 관광소비의 증대에 전적으로 의존하게 된다. 따라서 지역적 차원에서는 관광산업을 중심으로 한 지역의 관련산업을 발전시키는 것이 제1차적 목표로 책정될 것이며, 지역주민의 소득증대와 고용창출·조세수입 증가가 주목적이 될 것이다. 그 결과로서 생활환경의 개선 및 향상이 개발효과로서 기대하는 것이다(김진섭, 1994: 382).

지역 차원에 있어서 관광개발이 경제개발이라는 관점에서 추진되고 있음은 쉽게 이해할 수 있으나, 여기에서 주의하지 않으면 안되는 것은 경제적 효과를 지나치게 추구한 나머지 관광의 사회·문화적 편익을 도외시한 오락·환락시설 위주의 개발에 치우칠 염려도 간과할 수 없다. 그러나 확실한 것은 관광효과라는 것은 어디까지나 인간의 기본적 욕구를 충족시키기 위한 관광활동에 부수적으로 발생하는 효과라는 점을 유의하지 않으면 안된다.

2. 관광개발의 내용과 범위

1) 관광개발의 내용

관광은 단순한 소비산업이 아니고 경제·사회·문화·교육 등 국민생활의 전반적인 면에 관계되는 복합산업이라는 것을 고려할 때 관광개발은 그 효과를 다각도로 투시하여야 한다.

따라서 관광개발은 생활의 여유나 인간적인 접촉을 깊게 하기 위한 도시, 공원, 사회교육시설, 교육문화시설, 후생복지시설, 국민관광 레크리에이션 등 관광개발이 목표로 하는 대상은 모두 포함하여야 한다.

관광대상(tourism object)이란 관광행동을 일으키게 하는 매력이나 유인력을 지닌 것으로 관광객의 욕구를 충족시키는 모든 목적물을 말한다. 따라서 관광개발의 내용은 관광대상물의 모든 것을 다루는 것으로 보아야 할 것이다. 관광개발은 자원이 가지는 관광효과 및 관광가치의 증대가 과제인 바, 이를 효율적으로 수행하기 위하여는 대체로 다음과 같은 내용들을 검토하지 않으면 안된다.

- 첫째, 관광자원의 정비와 보완을 중심으로 한 개발을 들 수 있다.

  관광자원에는 자연자원, 인문자원 등이 있고, 이 관광자원은 개발을 통해서 인간의 관광욕구를 충족시킬 수 있다. 이때 개발의 방향은 자원의 특성에 입각하여 추진되는 것이어야 한다.

- 둘째, 관광편의를 도모하는 제반시설의 개발을 들 수 있다.

  여기서 제반시설이라 함은 관광지에 이르기까지의 도로를 비롯한 교통수단과 관광지에서 필요한 숙박시설, 식당시설, 오락시설, 스포츠시설 및 레크리에이션시설 등의 수용시설을 총칭하는 것이다. 이 제반시설은 관광자원의 특성과 조화를 이루어야 한다.

- 셋째, 관광을 진흥시키기 위한 제도의 정비가 필요하다.

흔히 관광개발이라 하면 시설개발중심으로만 생각하여 이 방면의 개발정비에 치중하나 관광개발의 구체적인 진흥시책과 제도의 정비도 무시할 수 없는 관광개발의 내용들이라 할 수 있다(윤대순, 2005: 440).

관광사업의 주된 내용은 관광편의를 도모하기 위한 제반시설의 개발과 관광사업의 진흥을 위한 제도의 정비확충 및 관광객의 유치 증진을 위한 관광선전 등으로 요약할 수 있는데 구체적인 내용은 다음과 같다.

① 숙박시설을 비롯하여 오락시설, 교통 등 제반시설의 수용능력을 증대한다.

② 국민 각계각층, 계절 여하를 불문하고 관광객의 증가를 도모하기 위하여 관광대상의 종류를 늘리고 구성을 다각화한다.

③ 관광수요시장(대도시권)과의 시간거리(접근성)를 단축하기 위하여 기반시설을 정비한다.

④ 각 회사, 단체, 관광업자의 제휴, 안내소, 출장소의 개설, 매스 미디어에 대한 선전강화를 통한 시장개척 등의 제 방안이 모두 이 안에 포함된다.

대체적으로 관광개발은 국민의 보건향상을 위한 관광활동과 지역개발의 촉진이며, 기업활동의 확대입장에서 추진되고 관광개발의 주체는 국가·공공단체, 민간기업, 지역주민으로 구성된다.

2) 관광개발의 범위

관광대상의 현대적 특색, 곧 대중화된 관광현상에 있어서 관광대상에는 어떤 새로운 변화가 일어나고 있는가, 또한 개발의 방향과 특색은 어떤 것인가. 관광대상의 새로운 변화를 파악하기 위해서는 무엇보다도 먼저 관광의 대량화 현상을 깊이 인식해 두는 것이 필요하다.

관광의 대량화는 관광을 체험하는 사람들의 계층이 확대되었을 뿐만 아니라 관광활동 조건이 갖추어진 사람들의 경우에는 관광여행 횟수의 증가, 여행거리의 연장, 관광지에 있어서 체재기간의 증가, 활동내용의 다양화 등의 경향으로 나타나고 있다.

관광대상의 새로운 동향을 요약해 보면(김태영, 2001: 129) 우선 첫째, 관광대상을 계획적·적극적으로 개발하는 시대라는 점이다. 곧 관광의 대량화를 배경으로 하여 급증하는 관광수요를 수용하기 위해서 정부와 지방자치단체 또는 민간 대기업이 계획적이며 적극적으로 관광자원을 발굴하고, 관광시설을 건설하고 있다.

둘째, 복합형 관광자원이 높이 평가되는 시대라는 점이다. 단순한 자연이 아니고, 환경으로서의 자연이 깊이 새겨진 사람들 생활에 향기가 되는 복합적인 것에 현대의 관광객은 매력을 느끼는 것이다.

셋째, 관광시설과 서비스 포함의 역할이 더욱 커지고 있다는 점이다. 우선 즐거움이나 건강 유지를 목적으로 한 스포츠에 관련된 시설의 존재가 관광대상으로서 중요한 것이 되었다. 이 점은 앞으로 여가시간이 증대되어 관광객의 관광지에서의 체재시간이 길어지면 길어질수록 체재시간을 보람 있게 이용하는 시설로서 그 역할이 점차적으로 증대될 전망이다.

이상과 같이 관광대상의 현대적 특색은 첫째, 관광대상이 계획적이며 적극적으로 개발되고, 둘째, 복합형 관광자원이 중요시되고, 셋째, 관광대상에서 차지하는 관광시설과 서비스 포함의 역할이 높아지고 있는 데에 있다고 말할 수 있다.

관광개발의 범위는 관광현상의 다양화에 따라 더욱 확대되어 갈 것이고 관광활동에 수반되는 모든 직접·간접의 현상이 관광개발의 범위에 속한다고 보아야 할 것이다. 곧, 관광자원개발이나 관광시설개발만을 관광개발의 범위로 한정하여서는 안되며, 보다 광범위한 인식의 확대가 필요할 것이다. 관광개발 범위의 대상이 되는 관광개발 분야로는 관광시장·관광상품·관광선전·관광자원개발·관광숙박시설·관광기반시설·관광인력계획·국내관광·복지관광·국외여행 등의 관광·여가·레크리에이션, 관광기업경영·제도·기구·조직·행정·금융과 세제·법률 등과 같은 관광현상과 관련되는 제반 분야가 관광개발대상 범위에 속한다고 보아야 할 것이다.

3. 관광개발의 유형

1) 자연관광자원 활용형 관광개발

관광의 매력성이나 관광자원이 전혀 존재하지 않는 지역에서 관광개발을 추진한다는 것은 일반적으로 어렵다.

관광자원의 가치가 다른 동일 종류의 것과 비교하여 우수하다면 우위를 차지하는 만큼 관광개발은 용이하게 이루어진다. 관광자원은 크게 자연적 관광자원과 인문적 관광자원으로 구분할 수 있는데, 먼저 자연관광자원 활용형의 구체적인 사례로서는 산악관광지·해안관광지와 온천관광지를 들 수 있다. 여기에서는 주로 자연감상·피한·피서·스키·해수욕 등의 관광활동이 이루어지고 있다(김진섭, 1994: 386).

2) 인문관광자원 활용형 관광개발

관광자원의 가치활용에 있어서 유·무형의 인문관광자원을 활용하는 개발방식으로 우리 일상생활과 관련있는 관습이나 풍속 및 유물, 유서 깊은 역사적 건물이나 역사적 유적지·문화재 등을 활용한다.

3) 교통편 활용형 관광개발

관광자원의 자연적·인문적 관광성의 가치 비교우위성만으로 훌륭한 관광개발을 성립시킬 수는 없는 것이다. 관광객이 일상생활권을 떠나 관광지까지 이동하는 문제, 곧 접근성의 문제가 현대에 있어서는 더욱더 관광지의 가치를 형성하는 중요한 요인으로 작용하고 있다. 교통수단의 정비는 관광목적보다는 생활환경의 향상이나 경제활동의 추진목적으로 사회기반시설로서 진행되는 비중이 높고 교통이 정비됨에 따라 파생적으로 관광개발이 가능해지는 것이다. 곧, 교통의 편의와 이점을 살리는 방법으로 고속도로의 인터체인지, 철도역의 정차역, 도로변 휴게소, 항만, 공항 등의 주변은 관광자원의 가치가 그다지 뛰어나지 않아도 관광개발이 가능하게 된다.

4) 지명도 활용형 관광개발

관광객이 특정 관광지를 방문한다는 것은 이미 관광지의 가치나 매력요인에 의해 비교우위성을 갖고 방문하는 관광행동으로 이루어지는 것이다. 다만, 관광자원의 가치가 그다지 우수하지 못한 경우라도 잘 알려져 있는 경우에는 접근성 등의 편의성으로 많은 관광객들이 방문하므로 관광개발이 가능하게 된다.

5) 관광대상 창조형 관광개발

관광개발에 있어 그 어느 점에서도 각별히 뛰어난 것을 인정할 수 없는 경우에는 인위적으로 관광대상을 창조하거나 개발의 저해요인을 해소하는 방법이 있다. 그러나 이러한 유형은 관광의 대중화를 배경으로 하여 공공기관이 적극적인 관광개발에 편승하는 경우나 탁월한 창조력을 가진 민간대기업이 아니면 실현이 불가능하게 된다.

예를 들면 미국 캘리포니아주에 있는 디즈니랜드와 같이 인위적으로 창조된 관광대상이 미국 국내·외의 많은 관광객을 유치하고 있는 것을 들 수 있다.

6) 지역산업 활용형 관광개발

지역특성을 기반으로 해서 관광활동과 연계시킬 수 있는 개발형태로서 관광농업, 관광임업, 관광어업을 비롯해서 관광토산물개발, 향토음식, 민속축제와 같은 이벤트를 관광상품으로 개발하는 방식이다. 이는 지방자치 시대의 도래와 더불어 지역발전의 수단으로서 그 가치가 인정됨에 따라 관광개발 유형에 있어 그 중요성이 강조되고 있다.

4. 관광루트와 관광코스

1) 관광루트

관광루트(tour route)는 출발지와 목적지 사이의 연결을 위하여 계획적으로 설정된 교통로를 말하는데, 흔히 관광코스와 혼동되어 사용되고 있으나 다음과 같은 점에서 구분된다.

관광루트는 관광객의 이용이 빈번한 교통로와 그 자체가 관광가치가 있는 교통로를 양적·질적인 기준에 따라 구분하는 것을 말한다. 관광루트의 유형은 이용량과 중요도에 따라 간선 관광루트, 부간선 관광루트, 지선 관광루트, 역내 관광루트 등으로 구분된다. 교통망을 중심으로한 루트의 구성요소는 노선, 교통 결절지점, 도시 등인데, 이를 관광루트에 적용할 경우 관광루트의 3요소는 결국 노선, 관광지, 관광객의 흐름으로 구성된다. 이와 같은 요소를 파악하여 결절지점[1] 간의 노선들을 연결하면 하나의 관광루트가 성립된다.

관광루트와 관광코스의 개념을 상호 비교해 보면, 관광코스는 관광루트와는 달리 방

---

1) 여기에서 결절지점은 배후지역인 특정도시와 목적지인 특정 관광지를 말한다.

향성을 갖고 있어 관광객의 관광방향이 장소를 옮겨감에 따라 성립되는 것인데 반해, 관광루트는 다양하게 구성되는 관광코스의 양적·질적인 기준에 의해 설정된다. 예컨대 일정구간에 관광코스가 2개 이상 있고 이용자 중 50% 이상이 관광객이고 장래에도 계속 이같은 성향을 보인다면 이러한 구간은 관광루트가 되는 것이다.

다시 말하면 관광루트는 다음 〈표 10-17〉에서 보듯이 목표지점에 이르는 길 그 자체임에 비하여 관광코스는 길을 이용함으로써 형성될 수 있고 또한 출발점으로 회귀하는 통행궤적(通行軌跡)이라는 점에서 큰 차이가 있다. 그리고 관광루트와는 달리 관광코스는 출발지 → 목적지 → 출발지로 회귀하기 때문에 방향성이 존재한다는 것이다.

〈표 10-17〉 관광루트·관광코스간의 구분

구 분	관광루트	관광코스
실체	목표지점까지의 길 자체	출발점으로 회귀하는 통행궤적
방향성	없다	있다
교통수단	모든 이용수단	모든 이용수단
개설 및 변경 용이성	아주 어려움	용이함
자원이용방법	선적 이용	선적이용

자료: 박석희(2000), 신관광자원론, 일신사.

한편, 관광코스는 기존에 개설되어 있는 루트를 이용하기 때문에 개설이 용이하며, 변경 또한 용이하나, 관광루트는 개설에 시간·비용·인력·기술 등이 크게 요구된다. 그런데 이들 2가지는 관광자원을 선형적으로 이용한다는 점에서는 공통적이다.

관광루트의 유형은 공간적 범위에 따라서 4가지로 구분될 수 있다.

① 간선 관광루트: 두 개 이상 지역에 걸친 관광활동을 위해 필요한 루트로서 고속도로, 간선철도, 항로 등이 여기에 해당된다.

② 부간선 관광루트: 일정 지역에서 관광활동을 위해 필요한 루트로서 우리나라의 지방도로와 간선철도가 여기에 해당된다.

③ 지선 관광루트: 어떤 특정 관광지를 이용하기 위해 필요한 루트로서 관광지 진입로가 여기에 해당된다.

④ 역내 관광루트: 관광지 내에서 관광객들의 대량이동에 필요한 루트를 가리킨다.

2) 관광코스

관광코스 개념을 정의하면 관광객이 어떤 지점과 다른 지점 간을 통행하는 궤적으로서, 코스를 미리 설정해 두는 계획성 관광의 경우일지라도 관광객들이 그때의 상황에 따라서 임의로 변경이 용이할 뿐만 아니라 반드시 방향성을 가지고 있다. 곧 관광코스는 관광객이 집을 출발하여 이동장소를 옮겨가면서 최종적으로 집으로 다시 돌아오는 일련의 통행궤적을 가리킨다.

관광코스는 관광객의 출발지점에서부터 목적지까지의 통행궤적을 의미하는데 미리 설정되는 것이 아니다. 그리고 관광코스는 ① 이동시간과 체류 시간, ② 관광자원·시설의 밀도, 위치와 용량, 기능, ③ 관광자원의 내용, ④ 주유성(周遊性) 등을 파악하여 설정해야 한다.

관광객의 이동형태는 다음 4가지의 기본유형의 어느 한 가지에 속하게 된다.

① 피스톤형: 관광객이 집을 나서서 관광지에 도착한 다음 현지에서 관광활동을 한 후 동일 루트를 따라 귀가하는 동일 루트 왕복식을 가리키는데, 관광객들은 가능하면 이러한 반복적 성격의 코스를 피하고자 한다.

② 스푼형: 관광객이 집을 나서서 관광지에 도착한 다음 현지에서 관광활동을 하되, 두 곳 이상의 관광지가 근접되어 있어서 이들 관광지에서 관광활동을 한 후 피스톤형과 같이 동일한 루트를 따라 귀가하는 형태이다.

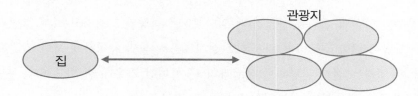

③ 안전핀형: 관광객이 집을 나서서 관광지에 도착한 다음 현지에서 관광활동을 한 다음 관광지까지 갈 때와는 다른 루트로 귀가하는 형태로서 이것 역시 관광지가 두 곳 이상이 근접해 있는 경우에 나타난다.

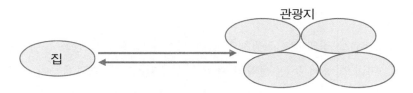

④ 탬버린형(tambourine): 관광객이 집을 나서서 두 곳 이상의 서로 떨어져 있는 관광지를 관광한 후 갈 때와는 다른 루트를 따라 귀가하는 형태로서 관광객들이 일반적으로 가장 만족해하는 형태이다.

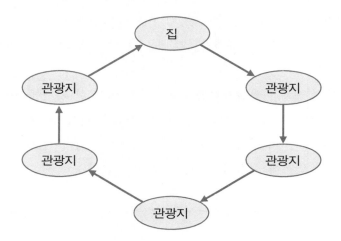

관광코스를 설정한다는 것은 관광객 또는 여행사측이 선정한 관광지에 도착하기 위하여 집에서 관광지까지 개설되어 있는 1개 또는 그 이상의 관광루트 가운데서 비용·시간·주변 경관·기타 요인 등을 고려하여 가장 적절한 1개의 루트를 선정하고, 다시 여기서 다른 관광지까지 또는 주거지에 이르는 루트 가운데서 가장 적절한 1개의 루트를 선정하는 일련의 행위를 가리킨다. 일단 한 번 결정된 코스라고 하여 불변적인 것이 아니라 상황이 변화함에 따라 관광루트 설정보다는 훨씬 용이하게 보다 적절한 코스를 선정할 수 있다는 점이 관광루트 설정과의 큰 차이점 가운데 한 가지이다. 관광코스를 설정할 경우에 적용되는 기본원칙은 다음과 같다.

① 보다 양질의 관광경험을 향유할 수 있어야 한다(관광경험의 양질성)

② 편리해야 한다(편리성)

③ 쾌적해야 한다(쾌적성)

④ 안전해야 한다(안전성)

이상의 원칙 가운데서 어느 원칙에 비중을 더 두어서 루트를 선택하고 코스를 설정하는가는 관광객 자신의 관광목적에 따라서 다르다. 관광목적에 따라서 관광코스가 다르게 설정될 수 있으므로, 이들 목적을 양적 및 질적인 어떤 기준하에서 파악하여 관광코스를 설정해야 한다. 관광코스를 설정하기 위하여 고려하여야 할 사항은 다음과 같다.

① 이용자의 욕구

② 이동 소요시간과 체재시간

③ 관광자원 및 시설의 종류

④ 관광자원 및 시설의 위치

⑤ 관광자원 및 시설의 용량

⑥ 관광자원의 내용

⑦ 이용가능 교통수단

⑧ 주변과의 연계성(주유성 유무)

⑨ 지역사회와의 관계

⑩ 관광제약 요인(비용·기후·법 등)

이들 고려사항 가운데 지역사회와 관련된 사항은 관광코스의 설정으로 지역내 교통혼잡을 유발하거나 관광객의 방문으로 주민 생활공간이 침해당하지 않도록 하기 위해 코스설정시 세밀한 검토가 이루어져야 한다(박석희, 2000: 203~206).

5. 지역관광개발

1) 지역관광개발의 의의

지역관광개발(regional tourism development)은 개발의 공간단위를 지역관광지로부터 개별관광지에 이르기까지 각각 상호작용하는 관광지역조건과 관광시장조건, 그리고 각각의 사회문화적·경제적·환경적 조건의 수용력(carrying capacity) 범위 내에서 이루어지는 개발사업이라고 할 수 있다.

따라서 개발유형과 이들의 사회문화적·경제적·환경적 이상과 일치하는 개발계획의 확립이 매우 중요시된다. 지역관광개발에서의 지역은 경제권이나 생활권, 혹은 기능적인 통합성과 밀접한 관계가 있기 때문이다.

지역관광개발은 관광참여의 증가를 통해 관광수요의 확대(관광시장 확대)·공급의 확대(관광자원개발)로 이어지는 단계에 의존하는데 다음 〈그림 10-2〉와 같다.

〈그림 10-2〉 지역관광개발의 단계

도시화·공업화를 거치면서 국토공간질서는 대도시를 중심으로 변화되었고, 이러한 변화는 관광공간질서에도 큰 영향을 미쳐 지역 관광공간에 적합한 관광개발을 필요로 하고 있다. 이와 같은 관광개발은 개발범위의 수준과 관광지역·관광시장의 특성에 따라 매우 많은 영향을 받게 된다. 일반적으로 개발수준은 지방(local), 중간(intermediate), 준지역(sub regional), 지역(regional), 전국(national)으로 나누며, 그 시장범위는 아래 〈표 10-18〉과 같다.

〈표 10-18〉 개발수준 시장범위

개발수준	시장범위
지방수준(local level)	5~10 Mile
중간수준(intermediate level)	10~20 Mile
준지역수준(sub-regional level)	20~30 Mile
지역수준(regional level)	50 Mile
전국수준(national level)	∞

자료: A. J. Burkart & S. Medlic(1987), Tourism: Past, Present and Future, London: Heinemann.

결국, 지역관광개발은 개발범위의 수준과 관광지역·관광시장의 특성에 따라 국토의 종합토지이용계획 가운데서 보다 구체적으로 활성화시키는 것이 중요하다. 이러한 면에서 지역관광개발은 개발에 대한 지역주민들의 필요성 인식과 지지의 토대 위에서 가능하고, 중앙집권화된 관광개발의 문제점을 극복하여 지역내 관광촉진 및 계절적·지역적 집중을 개선함과 동시에 관광객과 관광지역주민의 욕구(needs)를 조화시킬 수 있다.

2) 지역관광개발에 대한 관광지역의 특수변화 분석

관광지는 관광자원과는 달리 유기적 공간의 특성을 갖고 있어 생명체와 같이 시간의 변화에 따라 변화해 간다. 관광지가 변화하는 원인은 관광지가 갖고 있는 내부적 요인으로 관광지의 관광자원, 지역사회, 관광지 자체의 마케팅활동 등과 관광시장, 교통망, 주변의 경쟁 및 보완시장의 변화 등과 같은 외부적 환경변화에 따라 변화하는데, 내부적 변화요인을 구체적으로 살펴보면 다음 〈표 10-19〉와 같다(박석희, 2000: 68~71).

〈표 10-19〉 관광지의 변화요인

변화요인	세부요인	내 용
내부적요인	관광자원	관광자원의 매력성, 쾌적성
	지역사회	인구, 연령구성, 소득수준, 산업구조, 토지이용현황 등
	마케팅 활동	체계적인 마케팅을 통한 관광상품 개발 등
외부적요인	시장요인	유치권내의 인구, 소득, 여가시간, 기호 등
	교통요인	시간적 거리, 요금의 적정성
	보완·경합요인	주변지역의 관광지와 보완·경합
	외부정책요인	관광에 대한 규제완화, 금융지원 및 조세제도 등 제도 개선 등

이상과 같은 내·외적인 요인에 의해 관광지는 변화·발전하는데, 관광지의 발전단계는 인간의 여가 행태의 변화와 자원이 지닌 특성에 따라 달라질 수 있으며, 그 발전

은 시간이 지남에 따라 몇 가지 단계로 나누어지게 된다. 이러한 작업은 관광지의 파행적 개발을 막을 수 있을 뿐만 아니라 관광지가 지닌 생명체로서의 순환(life cycle)을 이해할 수 있게 한다.

〈그림 10-3〉에서 보는 바와 같이 대부분의 관광지는 A·B·C·D·E의 단계로 생명주기가 이행하게 된다. 그러나 성숙형 관광지가 새로운 관광자원이 발견되었을 때, 예를 들면 동계피한형 관광지에 대규모의 온천이 발견되어 개발되는 경우 이 관광지는 새로운 변모와 번영을 도모하게 된다. 관광지의 성숙기 지속기간을 연장시키기 위해서는 새로운 관광상품의 기획·연출이 뒷받침되어야 하고, 관광자원의 가치 훼손이 최소화되도록 보존·이용·관리의 정책이 합리적으로 수립될 때 가능하게 된다.

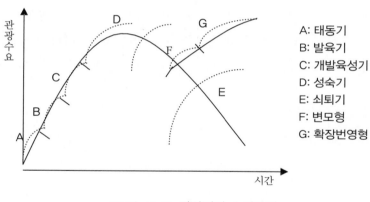

A: 태동기
B: 발육기
C: 개발육성기
D: 성숙기
E: 쇠퇴기
F: 변모형
G: 확장번영형

〈그림 10-3〉 관광지의 수명주기

한편, 버틀러(Butler)는 관광지의 진화주기를 ① 개척(exploration)단계, ② 수용(involvement)단계, ③ 개발(development)단계, ④ 강화(consolidation), ⑤ 정체(stognation), ⑥ 쇠퇴(decline) 또는 재활력(rejuvenation)단계로 구분하고 있다.

3) 지역관광개발의 제 모형

(1) 지역관광개발모형의 목적

과거에는 단순히 관광자원 또는 접근성의 개발만으로도 관광개발의 역할을 하는 것으로 생각되었으나, 오늘날 다양해진 관광객의 욕구와 균등화되어 가는 관광지의 특성은 관광개발의 대상을 확대시킴과 동시에 관광 시장세분화 및 관광지 특화측면에서의 질적 관광개발을 요구하고 있다. 지역관광개발은 관광시장을 인구통계적 요인, 사회경제적 요인, 그리고 관광지에서 얻고자 하는 관광혜택요인에 따라 세분화시키며, 관광지역은 관광자원적 요인, 관광지의 계절적 요인, 그리고 관광지의 수용력적 요인에 의해 특화시킴으로써 관광시장과 관광지역의 희망조건을 충족시킬 수 있을 것이다. 지역관광개발모형은 전체시스템 또는 하위시스템, 그리고 대도시권 관광지에서부터 지역사회관광지에 이르기까지 다양한 공간규모에서 적용될 수 있는 계획모형이나 모형이 매우 정확하고 정교한 것은 아니다. 왜냐하면 지역관광개발은 관광참여의 증가를 통해 관광시장의 확대 및 관광자원개발로 이어지는 단계에 의존하므로 개발범위의 수준과 관광지역·관광시장의 특성에 따라 매우 많은 영향을 받기 때문이다.

따라서 제시된 모형의 틀은 국토공간질서의 변화에 따른 관광공간질서의 변화에 대응하기 위해 관광객의 욕구충족과 관광지역, 그리고 관광지역주민의 생활권을 보장하는 균형개발에 있으며, 이러한 모형의 목적은 관광시장 세분화와 관광지특화를 통해 중앙집권화된 관광개발의 문제점을 극복하고 계절적, 지역적 집중을 개선함과 동시에 지역내 관광촉진을 도모하는 데 있다.

(2) 지역관광개발모형의 구성

지역관광개발모형은 관광시장과 관광지역의 특성에 따른 전체적인 관광개발 만족도의 관계를 단순화한 것으로 개발대상, 영향요인 분석, 접근방법, 그리고 평가의 4단계로 구성된다.

첫째, 개발대상은 대도시권 내의 관광시장과 관광지역(대도시권관광지, 지역관광지, 지역사회관광지)으로 대별되는 총체적인 대상을 의미한다.

둘째, 영향요인 분석에서 관광시장 측면은 인구통계적 요인(성별, 연령, 성격) 및 사회경제적 요인(직업, 교육수준, 소득수준)과 관광지에서 얻고자 하는 관광혜택요인(관광자원적, 계절적, 수용력적 혜택요인)의 관계이며, 관광지역 측면은 관광지의 유명도에 영향을 미치는 관광자원적 요인, 계절적 요인, 수용능력적 요인과의 관계이다.

셋째, 접근방법은 공간구조론적, 자원론적, 행동론적, 수용력적 접근방법이 상호보완 관계를 가진다.

넷째, 평가단계는 관광정책개발상의 평가, 관광마케팅상의 평가, 그리고 관광자원개발상의 평가로 구성되며, 그 기준은 관광시장(관광객)과 관광지역(관광지역주민)의 희망조건 충족에 있다. 이상의 구성요소를 도식화하면 아래 〈그림 10-4〉와 같다.

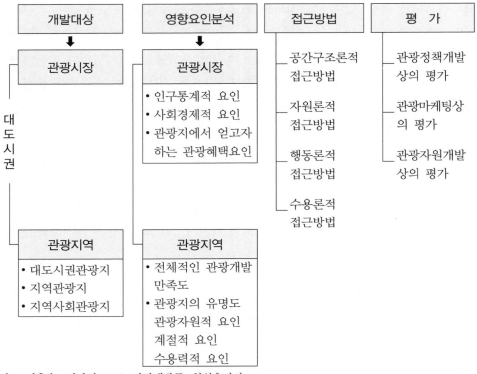

자료: 김홍운 · 김사영(2005), 관광개발론, 형설출판사.

〈그림 10-4〉 지역관광개발모형의 구성요소

(3) 지역관광개발모형의 설정

지역관광개발모형은 다음과 같은 방향에서 모색되어야 한다.

첫째, 참여성으로서 지역관광개발은 관광지역주민의 의사가 충분히 반영되고 관광객의 희망조건이 충족되어야 한다.

둘째, 지역성으로서 지역관광개발은 관광시장의 특성과 관광지역이 가지고 있는 개성과 특성을 특화시킴으로써 각 단위 관광지의 상호 보완적 관계 속에서 추진되어야 한다.

셋째, 복합성으로 지역관광개발은 관광시장, 관광지역의 사회적, 경제적, 문화적, 환경적 측면은 물론 관광객과 관광지역주민의 심리적 측면까지도 대상에 포함시켜 추진되어야 한다.

넷째, 연계성으로서 지역관광개발은 대도시권관광지에서 지역사회관광지에 이르기까지 각 단위관광지에 적합한 목표가 설정되어야 한다.

4) 관광개발의 지역경제 효과

관광개발이 국가적 견지에서는 관광종합적 효과로서 파악되는데 대해 지역적 견지에서는 지역개발과의 관련에서 경제효과를 주로 하여 관광소비에 전면적으로 의존하는 형태를 취한다. 따라서 지역에서는 관광산업을 중심으로 지역관련산업의 진흥을 도모하는 것이 목표가 되고 지역주민의 소득증대, 고용촉진, 조세수입증가에 의한 생활기반 시설향상 등의 개발효과를 기대하며 최종적으로는 지역경제의 발전과 주민의 생활수준 향상을 목표로 하는 것이다.

관광개발은 지금까지는 주로 경제효과를 기대하고 전개해 왔지만 앞으로는 사회·문화효과도 중시할 필요성이 있다.

관광개발의 경제효과는 ① 직접효과—관광사업으로서의 숙박업, 교통업, 토산품업, 음식업, 오락업 등의 직접수익효과와 ② 간접효과—생산소득효과, 소비관련파급효과, 고용효과, 조세효과, 지역산업진흥효과로 분류될 수 있다. 그 가운데 소득효과와 고용효과가 특히 크고, 또한 지방자치단체에 있어서는 조세효과를 기대하는 면이 강하다(山村順次, 1990: 155).

관광사업도 타산업과 마찬가지로 지역사회와 다양한 관계를 형성한다. 더욱이 관광산업은 소비형 사업으로, 다양한 소비구조를 형성하고 지역사회로의 경제효과는 수직적이며 파급범위가 넓다. 이러한 것이 지역 활성화의 유망산업으로서 관광사업유치에 지방자치단체가 많은 관심을 갖게 되는 이유이다. 관광산업이 지역경제에 미치는 파급효과는 다음과 같다.

① 토지취득 및 토지임대에 따른 토지관련 취득에 의한 경제효과

② 고정자산세나 영업세 등 지방세수 발생에 의한 경제효과

③ 지역주민으로서 채용된 종업원의 급료지불에 의한 경제효과

④ 관광지 이용자에 의한 지역내의 식음료에 의한 경제효과

⑤ 관광사업지 내에서 소비되는 식재료 · 물품 등의 공급 및 시설공사에 따른 경제효과

⑥ 시설의 건설 등 지역의 공사 관계자 발주에 따르는 경제효과

⑦ 관광객의 관광지까지의 이동에 따르는 교통관련 지출의 경제효과

관광수입의 지역소득에 대한 것은 입지조건, 교통기관, 관광자원의 특성, 그리고 관광욕구가 일치되면 그 지역은 한층 더 촉진될 것이다. 특히 관광정책을 유도할 때, 경제적 효과뿐만 아니라 사회적 효과를 포함한 개발효과가 있어야 한다.

관광개발이 지역개발로서 주목을 끌게 된 점은 주로 관광투자효과와 관광소비효과에서부터이다. 관광투자효과는 개발사업에 대한 투자효과이기 때문에, 그 효과는 이 경우에 단기적이다. 이에 비하여 관광소비효과는 관광기업의 가동에 따른 관광소비의 파급효과이기 때문에, 그 효과는 연속적이며 장기적 효과가 기대된다.

관광소비는 관광객의 관광활동에 수반하여 소비형태로 나타나며 그것은 직접 관광기업의 수입이 된다.

이들의 관광소비는 지역경제의 내부를 순환하면서 파급하고 그 총체로서 지역경제에 질적 · 양적인 영향을 준다. 다시 말하면 관광소비는 관광객으로부터 관광기업에, 관광기업은 그 거래선으로, 거래선은 다시 그 거래선으로 순차적인 지역경제의 내부를 순환하여 그 지역에 산업연관효과를 창출하고 지역소득의 증대 및 고용효과에도 공헌한다.

원래 지역경제효과의 대소는 관광자원의 우열과 성질에 좌우되지만, 효율적인 효과를 올리기 위해서는 지역사회에서의 중간생산자의 조달률을 높이는 일이나 소득의 지역외 유출을 방지하는 것이 과제가 된다. 소득의 유출은 주로 지역주민의 고용과 지역외 기업의 진출거부로서 어느 정도 방지할 수 있는데, 외부기업에 의한 대형관광기업은 소득의 직접적인 유출분을 상회하는 경제효과의 기대도 가능하므로 일률적으로 양적이라고는 말할 수 없는 면이 있다.

관광개발의 지역경제발전에 있어서의 역할은 타산업에서는 개발하지 않은 미개발분야의 관광자원개발에 따라 지역소득의 증대와 지역주민의 고용을 촉진하고 지역경제를 진흥한다는 일련의 지역경제효과를 올리는 데 있다.

관광개발사업은 직접적으로 주민소득이나 비율을 증대시킬 뿐만 아니라 간접적으로

지역경제구조를 개선시켜 지역경제를 활성화시킨다.

먼저, 관광개발을 위해서는 필연적으로 도로 등 기반시설이 뒤따라야 하며, 이러한 시설의 확충은 유통구조를 개선시키고 지역간 연결을 강화시켜 운송비 및 운송시간을 단축시켜 지역 농산물의 유통을 용이하게 한다. 뿐만 아니라 통신시설의 확장에 따른 경제정보의 가속화는 지역주민들에게 적기에 재화의 공급조절 여부에 대한 판단을 가능케 하여 경제적 이득을 증대시키게 된다.

관광수입은 지역경제기반을 강화시켜 지역경제구조를 개선시키는 효과가 있다. 관광수입은 지역외부에 재화를 수출하는 것과 같은 효과를 가져오기 때문에 기반활동을 증가시키며 이는 경제기반승수(economic base multiplier)를 크게 하여 지역성장의 잠재력을 증대시키게 된다.

6. 관광권역 개발

1) 국토종합 개발계획

1992년부터 2001년까지 10년간 한국의 국토공간을 조화롭게 개발하기 위한 제3차 국토종합개발계획은 국가 장기계획 중 가장 기본이 되는 것이라 할 수 있다. 따라서 국토종합개발계획상의 관광자원 개발방향을 검토 분석하는 것은 앞으로 우리나라 관광자원 개발에 대한 방향을 정립하는 데 크게 도움이 된다.

제3차 국토종합개발계획에서는 다음과 같은 기본방향을 정하여 보다 발전적인 관광자원의 개발과 보존에 역점을 두고 있다.

① 다양한 관광공간 및 프로그램 개발로 건전한 놀이문화 유도
② 관광여가산업을 주민소득증대 및 지역균형발전과 연계하여 육성
③ 자연자원과 역사·문화자원의 보전 및 여가생활도 제고
④ 관광수요시장과 접근성을 고려한 시설 확충 및 민자유치 활성화

관광육성을 위하여 위와 같은 기본방향을 중심으로 다음과 같은 추진계획을 세우고 이를 실시하고 있다.

(1) 여가공간의 개발방향 정립 및 시설 확충

① 여가수요, 이용권, 자원특성 등을 반영한 개발방향 정립

첫째, 24개 관광권역의 설정 및 권역별 계획을 수립하여 추진한다.

둘째, 백제, 광주, 신라, 가야, 중원 등의 5대 문화권의 문화유산 보전·개발 등을 통한 역사의식 함양과 전통을 유지계승하고 문화자원의 교육도장화, 관광자원화로 문화욕구 수용의 지역발전을 선도한다.

셋째, 국민여가지대를 조성하여 종합 휴양시설의 종합개발과 대규모 관광수요시장과 간선접근망을 확충한다.

② 여가공간의 확충

첫째, 주제공원, 동·식물원, 공연장, 자동차 야영장, 임해리조트, 자연휴양림 등 다양한 시설 등을 개발한다.

둘째, 종합 휴양·관광단지를 개발한다.

셋째, 자연공원의 보전기능 강화 및 도시공원의 정비를 확충한다.

넷째, 국제공항, 동서 및 남북연결 간선교통망 구축 등 국내외 접근 교통망을 확충한다.

다섯째, 종합관광개발계획 수립·추진 및 장기적으로 금강산 개발과 연계시켜 국제적인 관광수요에 대처한다.

③ 제주도 지역

첫째, 전지역을 공원화 하여 국내외적으로 대표적인 관광지로 개발한다.

둘째, 단기경유형 관광지에서 체재형 관광지로 전환한다.

셋째, 공항 및 항만 확충, 국제 항공노선 증설 및 다양한 관광루트를 개발한다.

넷째, 한라산·중문단지·주요해안선·도로변 등의 자연경관 보전계획을 수립·시행한다.

다섯째, 장기적으로 남해안 및 다도해 지역간의 다양한 관광루트를 개발하여 제주도와 남해안 일대를 단일 관광권화 한다.

④ 행정, 제정지원 확대

첫째, 지방자치단체에 관광전담기구를 확대시킨다.

둘째, 여가관련 시설과 교통시설 투자에 대한 재정지원을 확대한다.

셋째, 여가시설 조성 및 설치에 대한 제도적 지원을 한다.

(2) 관광산업 육성여건 조성

제4차 국토종합개발계획(2002~2011)은 21세기에는 세계가 문화경쟁시대에 직면할 전망이어서 문화·관광산업이 크게 성행할 것으로 예상하여 특히 향토성과 지역의 개성 및 다양성이 중시됨에 따라 문화지향적 관광상품의 개발에 크게 주력할 것으로 전망하였다. 따라서 종래 문화활동과 관광활동의 구분도 점차 소멸될 전망이다.

따라서 문화·관광부문의 기본방향을 다음과 같이 크게 4가지로 설정하였다.

① 지역의 특성에 따른 다양한 문화·관광권의 개발

전국에 걸쳐 문화·관광권을 설정하였다. 한강유역권, 강원권, 충청권, 호남권, 영남북부권, 제주권 등 7개 문화·관광권으로 구분하고 문화·관광수요, 이용권, 자원특성을 반영한 문화·관광권역별 개발방향을 제시한다.

② 둘째는 전략적 문화·관광지역의 개발

전략적 문화·관광지역의 개발을 위해서 백제, 신라, 가야, 중원, 탐라, 경북 북부의 유교문화지역, 강화지역 등 문화적 특수지역을 문화권으로 묶어 종합적이고 체계적으로 정비한다.

③ 국제관광 경쟁력을 갖춘 지역관광상품의 개발

대형문화축제 상설화, 복합 컨벤션센터, 테마파크, 휴양 실버타운 개발, 오리엔탈크루즈 상품개발을 적극 추진한다.

④ 문화·관광산업의 활성화를 위한 인프라 구축

제도적 여건을 개선하며 도로, 항만, 공항시설 등 문화·관광 활성화를 위한 기반시설확충과 정보네트워크 구축 등 문화·관광인프라를 확충한다.

2) 관광개발기본계획 및 권역별 관광개발계획

(1) 관광개발기본계획의 수립

① 추진경위

문화체육관광부장관은 관광자원을 효율적으로 개발하고 관리하기 위하여 전국을 대상으로 하여 관광개발기본계획(이하 "기본계획"이라 한다)을 수립하여야 한다(관광진흥법 제49조 1항).

이 규정에 따른 '기본계획'으로는 1990년 7월에 수립된 제1차 관광개발기본계획(1992~2001년)과 2001년 8월에 수립된 제2차 관광개발기본계획(2002~2011년)은 이미 완료되었고, 현재는 2011년 12월 26일 수립·공고된 제3차 관광개발기본계획(2012~2021년)을 시행하고 있다.

'기본계획'은 문화체육관광부장관이 매 10년마다 수립한다. 1994년 6월 30일「관광진흥법 시행령」을 개정하여 계획수립주기를 제도화하였다.

② 제1차 관광개발기본계획(1992~2001년)

관광자원을 효율적으로 개발·이용·관리·보전하고 관광객의 다양하고 새로운 관광욕구를 충족시키기 위하여 관광자원의 특성·교통권·지역실정 등을 감안하여 전국을 5대 관광권 24개 소관광권으로 권역화하여 각각의 권역별 개발구상을 제시하였다. 또한 관광루트를 체계적으로 설정함으로써 관광활동이 보다 편리하고 쾌적하게 이루어지도록 주요 관광지 또는 관광명소를 연계하는 관광루트를 표준화하였다. 이에 따라 전국적으로는 육로 9개, 해상 3개, 항공 18개 등 모두 30개의 관광루트가 설정되었으며, 권역별로는 중부권에 4개, 충청권에 3개, 서남권에 3개, 동남권에 3개, 제주권에 2개 등 모두 15개의 권역 내 관광루트를 설정하였다.

문화체육관광부는 관광개발사업을 효율적으로 추진하기 위하여 문화체육관광부, 지방자치단체, 한국관광공사 및 민간부문의 역할을 분담하도록 하였다. 문화체육관광부에서는 관광개발기본계획을 총괄·조정하며, 시·도에서는 권역별 관광개발계획을 수립하여 이에 따른 당해 지역의 관광자원 개발사업을 추진하였다.

〈그림 10-5〉 제1차 관광개발기본계획 권역구분도

③ 제2차 관광개발기본계획(2002~2011년)

'제2차 관광개발기본계획(2002~2011년)'은 지난 '제1차 관광개발기본계획(1992~2001년)' 수립 이후 급변하는 환경변화에 대응하는 새로운 비전과 전략을 제시하며, 21세기 지식정보사회에 맞는 고부가가치형 관광산업구조를 구축하고 선진적 문화관광사회 육성에 적극 기여하기 위해 전국 관광개발의 기본방향을 미래지향적으로 제시하는 계획이다.

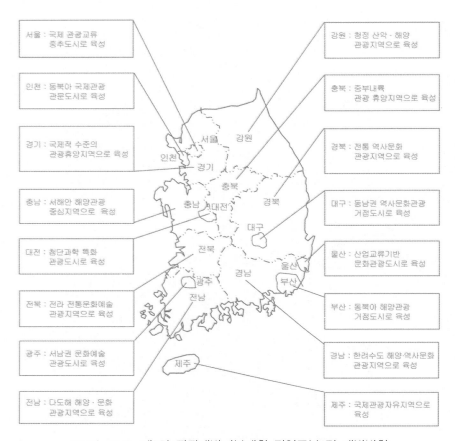

〈그림 10-6〉 제2차 관광개발기본계획 권역구분 및 개발방향

　이 계획은 '21세기 한반도 시대를 열어가는 관광대국 실현'이라는 비전하에 이를 달성하기 위해 국제경쟁력 강화를 위한 관광시설 개발 촉진, 지역특성화와 연계화를 통한 관광개발 추진, 문화자원의 체계적 관광자원화 촉진, 관광자원의 지속가능한 개발 및 관리 강화, 지식기반형 관광개발 관리체계 구축, 국민생활관광 향상을 위한 관광개발 추진, 남북한 및 동북아 관광협력 체계 구축 등 7대 개발전략을 제시하였다. 또한 기존 7대권 24개 소권 체제하에서 문제점 및 한계로 제기되어 왔던 관광권역과 집행권역의 불일치로 인한 계획의 실천성 미흡을 개선하기 위하여 관광권역의 구분을 16개 광역지방자치단체를 기준으로 재설정하고 각 관광권역별 관광개발기본방향을 제시하였다.

④ 제3차 관광개발기본계획(2012~2021년)

2011년 12월 26일 수립한 제3차 '기본계획'에서는 향후 10년간의 관광개발정책의 비전 및 목표와 그 추진전략과 각 전략별 추진방안에 관한 사항을 반영하여 수도관광권(서울·경기·인천), 강원관광권, 충청관광권, 호남관광권, 대구·경북관광권, 부·울·경관광권(부산·울산·경남) 및 제주관광권 등 7개 관광개발권역을 설정하여 권역별 개발목표 및 발전방향을 제시하였고(그림 참조), 또 7개 권역을 기능적으로 연계하고 보완하는 6개 초광역 관광벨트도 설정하였다(그림 10-8). 초광역 관광벨트는 서해안관광벨트, 동해안관광벨트, 남해안관광벨트, 한반도평화생태관광벨트, 백두대간생태문화관광벨트, 그리고 강변생태문화관광벨트 등이다.

〈그림 10-7〉 우리나라 7개 광역관광권

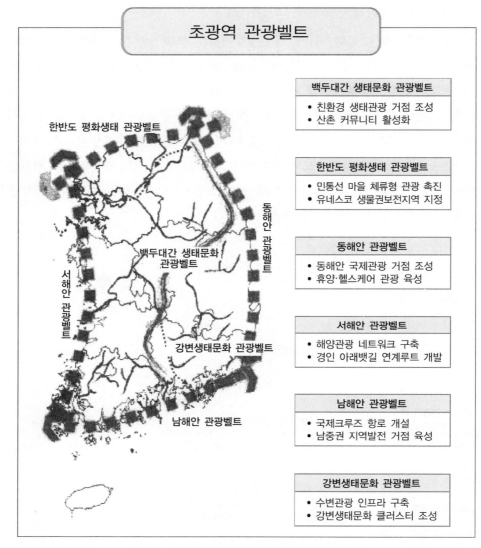

초광역 관광벨트

한반도 평화생태 관광벨트

백두대간 생태문화 관광벨트

서해안 관광벨트

동해안 관광벨트

강변생태문화 관광벨트

남해안 관광벨트

백두대간 생태문화 관광벨트
- 친환경 생태관광 거점 조성
- 산촌 커뮤니티 활성화

한반도 평화생태 관광벨트
- 민통선 마을 체류형 관광 촉진
- 유네스코 생물권보전지역 지정

동해안 관광벨트
- 동해안 국제관광 거점 조성
- 휴양·헬스케어 관광 육성

서해안 관광벨트
- 해양관광 네트워크 구축
- 경인 아래뱃길 연계루트 개발

남해안 관광벨트
- 국제크루즈 항로 개설
- 남중권 지역발전 거점 육성

강변생태문화 관광벨트
- 수변관광 인프라 구축
- 강변생태문화 클러스터 조성

〈그림 10-8〉 우리나라 6개 초광역 관광벨트

(2) 권역별 관광개발계획의 수립

시·도지사(특별자치도지사는 제외한다)는 '기본계획'에 따라 구분된 권역을 대상으로 권역별 관광개발계획(이하 "권역계획"이라 한다)을 수립하여야 한다. 다만, 둘 이상의 시·도에 걸치는 지역이 하나의 권역계획에 포함되는 경우에는 관계되는 시·도지사와의 협의에 따라 수립하되, 협의가 성립되지 아니한 경우에는 문화체육관광부장관이 지정하는 시·도지사가 수립하여야 한다(동법 제49조 2항 및 제51조 1항). '권역계획'은 시·도지사(특별자치도지사는 제외한다)가 매 5년마다 수립한다.

이 규정에 의한 '권역계획'으로는 제1차 관광개발기본계획(1992~2001년)에 따른 제1차권역계획(1992~1996년)과 제2차권역계획(1997~2001년) 및 제2차 관광개발기본계획(2002~2011년)에 따른 제3차권역계획(2002~2006년)과 제4차권역계획(2007~2011년) 및 제3차 관광개발기본계획(2012~2021년)에 따른 제5차권역계획(2012~2016년)은 이미 완료되었고, 현재에는 제6차권역계획(2017~2021년)이 수립 시행 중에 있다.

제11장

관광행정조직과 관광기구

제11장 | 관광행정조직과 관광기구[1)]

제1절 관광행정조직

1. 우리나라 관광행정의 전개과정

우리나라 관광행정의 역사를 살펴보면, 1950년 12월에 교통부 총무과 소속으로 '관광계'를 설치함으로써 교통부장관이 관광에 관한 행정업무를 관장하기 시작하였고, 그 후 1954년 2월에는 교통부 육운국 '관광과'로 승격시켰으며, 1963년 8월에는 육운국 관광과를 '관광국'으로 승격시켜 관광행정조직을 강화함으로써 우리나라 관광이 발전할 수 있는 기틀을 마련하였다.

1994년 12월 23일에는 정부조직 개편에 따라 그동안 교통부장관이 관장하고 있던 관광업무가 문화체육부장관으로 이관됨으로써 우리나라 관광행정의 주무관청은 문화체육부장관이었으나, 1998년 2월 28일 다시 정부조직의 개편으로 문화체육부가 문화관광부로 개칭(改稱)되면서 '관광(觀光)'이라는 단어가 정부부처 명칭에 처음으로 들어가게 되었다. 그리고 2008년 2월 29일에는 다시 「정부조직법」 개정으로 문화관광부가 문화체육관광부로 명칭이 변경되어 현재에 이르고 있다.

이에 따라 문화체육관광부는 산하의 관광정책국(개정 2017.9.4.)이 중심이 되어 관광진흥을 위한 종합계획을 수립·시행하고 외국인 관광객의 유치증대와 관광수입 증대, 관

---

1) 조진호·우상철 공저, 최신관광법규론(서울: 백산출판사, 2018), pp.58~72.

광산업에 대한 외국자본의 유치증대 등을 통한 경제사회 발전에의 기여 및 국민관광의 균형발전을 통한 복지국가 실현이라는 목표를 설정하고 각종 관광산업육성정책을 의욕적으로 추진하고 있다.

2. 중앙관광행정조직

1) 개요

국가의 중앙관광행정기관은 「헌법」 및 그에 의거한 국가의 일반중앙행정기관에 대한 일반법인 「정부조직법」, 그리고 관광에 관한 특별법인 「관광기본법」, 「관광진흥법」, 「관광진흥개발기금법」 등에 의하여 설치된다.

「헌법」과 법령에 의거한 국가의 중앙관광행정기관을 개관하면, 국가원수이자 정부수반인 대통령이 중앙관광행정기관의 정점이 되고, 그 밑에 심의기관인 국무회의가 있고, 그리고 대통령의 명을 받아 문화체육관광부를 포함한 각 행정기관을 통할하는 국무총리가 있다. 국무총리 밑에는 관광행정의 주무관청인 문화체육관광부장관이 있다.

2) 대통령

대통령은 외국에 대하여 국가를 대표하는 국가원수로서의 지위와 행정부의 수반으로서의 지위 등 이중적 성격을 갖는다.

대통령은 행정부의 수반으로서 중앙관광행정기관의 구성원을 「헌법」과 법률의 규정에 의하여 임명하고, 관광행정에 관한 최고결정권과 최고지휘권을 가진다. 또한 관광행정에 대한 예산편성권과 기타 재정에 관한 권한을 가진다. 또한 대통령은 관광에 관련한 법률을 제안할 권한을 가지며, 국회가 제정한 관광관계 법률을 공포하고 집행한다. 그리고 그 법률에 이의가 있으면 법률안거부권을 행사할 수 있다.

한편, 대통령은 관광관련 법률에서 구체적으로 범위를 정하여 위임받은 사항과 그 법률을 집행하기 위하여 필요한 사항에 관하여 대통령령을 제정할 수 있는 행정입법권을 가진다. 대통령령으로 제정된 관광관련 행정입법으로는 「관광진흥법 시행령」, 「관광진흥개발기금법 시행령」, 「한국관광공사법 시행령」 등이 있다.

3) 국무회의

우리 헌법상 국무회의는 정부의 권한에 속하는 중요한 정책(관광정책을 포함)을 심의하는 행정부의 최고 심의기관이다. 국무회의는 대통령(의장)을 비롯한 국무총리(부의장)와 문화체육관광부장관 등을 포함한 15인 이상 30인 이하의 국무위원으로 구성된다.

국무회의에서는 관광에 관한 법률안 및 대통령령안, 관광관련 예산안 및 결산 기타 재정에 관한 중요한 사항, 문화체육관광부의 중요한 관광정책의 수립과 조정, 정부의 관광정책에 관계되는 청원의 심사, 국영기업체인 한국관광공사의 관리자의 임명, 기타 대통령·국무총리·문화체육관광부장관이 제출한 관광에 관한 사항 등을 심의한다.

국무회의는 의결기관이 아니고 심의기관에 불과하기 때문에 그 심의결과는 대통령을 법적으로 구속하지 못하며, 대통령은 심의내용과 다른 정책을 결정하고 집행할 수 있다.

4) 국무총리

국무총리는 최고의 관광행정관청인 대통령을 보좌하고, 관광행정에 관하여 대통령의 명을 받아 문화체육관광부장관 뿐만 아니라 행정각부를 통할한다. 또한 국무회의 부의장으로서 주요 관광정책을 심의하고, 대통령이 궐위되거나 사고로 인하여 직무를 수행할 수 없을 때에는 그 권한을 대행한다.

국무총리는 관광행정의 주무관청인 문화체육관광부장관의 임명을 대통령에게 제청하고, 그 해임을 대통령에게 건의할 수 있다. 또한 국무총리는 국회 또는 그 위원회에 출석하여 관광행정을 포함한 국정처리상황을 보고하거나 의견을 진술하고, 국회의원의 질문에 응답할 권리와 의무를 가진다.

국무총리도 관광행정에 관하여 법률이나 대통령령의 위임이 있는 경우 또는 그 직권으로 총리령을 제정할 수 있다.

5) 문화체육관광부장관

(1) 지위와 권한

문화체육관광부장관은 정부수반인 대통령과 그 명을 받은 국무총리의 통괄 아래에서 관광행정사무를 집행하는 중앙행정관청이다.

「정부조직법」 제30조에 의하면 "문화체육관광부장관은 문화 · 예술 · 영상 · 광고 · 출판 · 간행물 · 체육 · 관광에 관한 사무를 관장한다"고 규정하고 있으므로 문화체육관광부장관이 관광행정에 관한 주무관청이 된다.

문화체육관광부장관은 국무위원의 자격으로서 관광과 관련된 법률안 및 대통령령의 제정 · 개정 · 폐지안을 작성하여 국무회의에 제출할 수 있으며, 관광행정에 관하여 법률이나 대통령령의 위임 또는 직권으로 부령을 제정할 수 있다. 현재 관광과 관련하여 문화체육관광부령으로 제정된 부령으로는 「관광진흥법 시행규칙」과 「관광진흥개발기금법 시행규칙」 등이 있다.

그리고 문화체육관광부장관은 관광행정사무를 통괄하고 소속 공무원을 지휘 · 감독하며 관광행정사무에 관하여 지방행정기관의 장을 지휘 · 감독한다. 그리고 관광행정사무에 관하여 정책을 수립 · 운영하며 중앙관서의 장으로서 관광에 관한 각종의 재정에 관한 권한을 가진다.

(2) 보조기관 및 분장업무

(가) 보조기관

문화체육관광부장관의 관광행정에 관한 권한행사를 보조하는 것을 임무로 하는 보조기관으로는 문화체육관광부 제1차관 및 관광정책국장이 있다(개정 2017.9.4.). 개정된 「문화체육관광부와 그 소속기관 직제」에 따르면 관광정책국장 밑에는 관광산업정책관 1명을 두며, 관광정책국에는 관광정책과 · 국내관광진흥과 · 국제관광과 · 관광기반과 · 관광산업정책과 · 융합관광산업과 및 관광개발과를 둔다(「직제」 제17조 및 「직제시행규칙」 제14조). 〈개정 2017.9.4.〉.

(나) 자문기관

관광진흥개발기금의 운용에 관한 종합적인 사항을 심의하기 위하여 문화체육관광부장관 소속으로 '기금운용위원회(이하 "위원회"라 한다)'를 두고 있다(관광진흥개발기금법 제6조).

(다) 관광정책국장은 관광에 관한 다음 사항을 분장한다(「직제」 제17조 제3항 〈개정 2017.9.4.〉).

1. 관광진흥을 위한 종합계획의 수립 및 시행

2. 관광 정보화 및 통계

3. 남북관광 교류 및 협력

4. 국내 관광진흥 및 외래관광객 유치

5. 국내여행 활성화

6. 관광진흥개발기금의 조성과 운용

7. 지역관광 콘텐츠 육성 및 활성화에 관한 사항

8. 문화관광축제의 조사·개발·육성

9. 문화·예술·민속·레저 및 생태 등 관광자원의 관광상품화

10. 산업시설 등의 관광자원화 사업 및 도시 내 관광자원개발 등 관광 활성화에 관한 사항

11. 국제관광기구 및 외국정부와의 관광협력

12. 외래관광객 유치 관련 항공, 교통, 비자협력에 관한 사항

13. 국제관광 행사 및 한국관광의 해외광고에 관한 사항

14. 외국인 대상 지역특화 관광콘텐츠 개발 및 해외 홍보마케팅에 관한 사항

15. 국민의 해외여행에 관한 사항

16. 여행업의 육성

17. 관광안내체계의 개선 및 편의 증진

18. 외국인 대상 관광불편해소 및 안내체계 확충에 관한 사항

19. 관광특구의 개발·육성

20. 관광산업정책 수립 및 시행

21. 관광기업 육성 및 관광투자 활성화 관련 업무

22. 관광 전문인력 양성 및 취업지원에 관한 사항

23. 관광숙박업, 관광객이용시설업, 유원시설업 및 관광 편의시설업 등의 육성

24. 카지노업, 관광유람선업, 국제회의업의 육성

25. 전통음식의 관광상품화

26. 관광개발기본계획의 수립 및 권역별 관광개발계획의 협의·조정

27. 관광지, 관광단지의 개발·육성

28. 관광중심 기업도시 개발·육성

29. 국내외 관광 투자유치 촉진 및 지방자치단체의 관광 투자유치 지원
30. 지속가능한 관광자원의 개발과 활성화

3. 지방관광행정조직

1) 국가의 지방행정기관

국가의 지방행정기관은 그 주관사무의 특성을 기준으로 보통지방행정기관과 특별지방행정기관으로 나누어진다. 전자는 해당 관할구역 내에 시행되는 일반적인 국가행정사무를 관장하며, 사무의 소속에 따라 각 주무부장관의 지휘·감독을 받는 국가행정기관을 말한다. 반면에 후자는 특정 중앙관청에 소속하여 그 권한에 속하는 사무를 처리하는 기관을 말한다. 관광행정에 관한 특별행정기관은 없다.

현행법상 보통지방행정기관은 이를 별도로 설치하지 아니하고 지방자치단체의 장인 특별시장, 광역시장, 특별자치시장, 도지사, 특별자치도지사와 시장·군수 및 자치구의 구청장에게 위임하여 행하고 있다(지방자치법 제102조). 따라서 지방자치단체의 장은 국가사무를 수임·처리하는 한도 안에서는 국가의 보통지방행정기관의 지위에 있는 것이며, 지방자치단체의 집행기관의 지위와 국가보통행정관청의 지위를 아울러 가진다. 그러므로 지방관광행정조직은 지방자치단체의 조직과 같다고 할 수 있다.

2) 지방자치단체의 관광행정사무

지방자치단체는 그 관할구역 안의 자치사무와 위임사무를 처리하는 것을 목적으로 한다. 여기서 자치사무(自治事務)란 지방자치단체의 존립목적이 되는 지방적 복리사무를 말하고, 위임사무(委任事務)란 법령에 의하여 국가 또는 다른 지방자치단체의 위임에 의하여 그 지방자치단체에 속하게 된 사무를 말한다. 또한 위임사무는 지방자치단체 자체에 위임되는 단체위임사무(團體委任事務)와 지방자치단체의 장 또는 집행기관에 위임되는 기관위임사무(機關委任事務)로 구분되는데, 관광행정은 국가사무이기 때문에 주로 기관위임사무이며, 이 사무를 처리하는 지방자치단체는 국가의 행정기관이 된다.

지방자치단체가 관광과 관련하여 행하는 사무로는 첫째, 국가시책에의 협조인데, 지방자치단체는 관광에 관한 국가시책에 필요한 시책을 강구하여야 한다(관광기본법 제6조). 둘째, 공공시설 설치사무로서, 지방자치단체는 관광지 등의 조성사업과 그 운영에 관련되는 도로, 전기, 상·하수도 등 공공시설을 우선하여 설치하도록 노력하여야 한다(관광진흥법 제57조). 셋째, 입장료·관람료 및 이용료의 관광지 등의 보존비용 충당사무이다. 지방자치단체가 관광지등에 입장하는 자로부터 입장료를, 관광시설을 관람 또는 이용하는 자로부터 관람료 또는 이용료를 징수한 경우에는 관광지등의 보존·관리와 그 개발에 필요한 비용에 충당하여야 한다(관광진흥법 제67조 제3항).

제2절　관광기구

1. 한국관광공사

1) 설립근거 및 법적 성격

한국관광공사(KTO: Korea Tourism Organization)는 관광진흥, 관광자원개발, 관광산업의 연구·개발 및 관광요원의 양성·훈련에 관한 사업을 수행하게 함으로써 국가경제발전과 국민복지증진에 이바지하는 데 목적을 두고 「국제관광공사법」에 의하여 1962년 6월 26일에 국제관광공사라는 명칭으로 설립되었다. 그러나 1982년 11월 29일 「국제관광공사법」이 「한국관광공사법」(이하 "공사법"이라 한다)으로 바뀜에 따라 공사명칭도 한국관광공사(이하 "공사"라 한다)로 바뀌어 오늘에 이르고 있다.

「한국관광공사법」에서는 한국관광공사를 법인(法人)으로 하고, 그 공사의 자본금은 500억원으로 하며, 그 2분의 1 이상을 정부가 출자한다. 다만, 정부는 국유재산 중 관광사업 발전에 필요한 토지, 시설 및 물품 등을 공사에 현물로 출자할 수 있다. 그리고 이 법에 규정되지 아니한 한국관광공사의 조직과 경영 등에 관한 사항은 「공공기관의 운영에 관한 법률」에 따른다(공사법 제4조, 제17조).

이러한 규정들을 통하여 살펴볼 때, 한국관광공사는 행정법상의 공기업(公企業)에 해당한다고 볼 수 있으며, 그 중에서도 특수법인사업(特殊法人事業)으로 독립적 사업에 해당하는 공기업이라고 하겠다.

2) 공사의 조직

한국관광공사의 조직은 「공공기관의 운영에 관한 법률」과 「한국관광공사법」에 따른다. 「공공기관의 운영에 관한 법률」에 의하면 투자기관의 경영조직은 의결기능을 전담하는 이사회와 집행기능을 전담하는 사장으로 분리·이원화되고 있다.

한국관광공사는 2017년 12월 말 현재 경영혁신본부, 국제관광본부, 국민관광본부, 관광산업본부 등 4개 본부에 15실·1단·1원, 52팀, 28개 해외지사, 4개 해외사무소, 9개 국내지사(1광역본부)로 구성되어 있다.

3) 주요 사업

(1) 목적사업

한국관광공사는 공사의 설립목적을 달성하기 위하여 다음의 사업을 수행한다(공사법 제12조 제1항 〈개정 2016.12.20.〉).

1. 국제관광 진흥사업
   가. 외국인 관광객의 유치를 위한 홍보
   나. 국제관광시장의 조사 및 개척
   다. 관광에 관한 국제협력의 증진
   라. 국제관광에 관한 지도 및 교육
2. 국민관광 진흥사업
   가. 국민관광의 홍보
   나. 국민관광의 실태 조사
   다. 국민관광에 관한 지도 및 교육
   라. 장애인, 노약자 등 관광취약계층에 대한 관광지원
3. 관광자원 개발사업
   가. 관광단지의 조성과 관리, 운영 및 처분

　　나. 관광자원 및 관광시설의 개발을 위한 시범사업

　　다. 관광지의 개발

　　라. 관광자원의 조사

4. 관광산업의 연구·개발사업

　　가. 관광산업에 관한 정보의 수집·분석 및 연구

　　나. 관광산업의 연구에 관한 용역사업

5. 관광관련 전문인력의 양성과 훈련사업

6. 관광사업의 발전을 위하여 필요한 물품의 수출입업을 비롯한 부대사업으로서 이
　사회가 의결한 사업

(2) 주요 활동

한국관광공사는 '매력있는 관광한국을 만드는 글로벌 공기업'을 비전으로, 관광산업의 발전을 통한 국가경제 발전에 기여하기 위해 다양한 사업을 수행하고 있다. 외국인 관광객 유치와 관광수입 증대를 위하여 의료관광, 크루즈관광, 한류관광 등 다양한 고부가가치 한국관광상품을 개발·보급하고 있으며, 해외마케팅 전진기지인 28개 해외지사를 중심으로 해외관광시장을 개척함과 동시에 지방자치단체와 관광업계의 관광마케팅 활동을 지원하고 있다. 또한 국제회의 및 인센티브 단체 유치·개최 지원, 국제기구와의 협력활동 등을 통하여 대표적 고부가가치 상품인 MICE 산업을 종합적으로 지원하고 있다.

(3) 정부로부터의 수탁사업

우수숙박시설의 지정 및 지정취소에 관한 권한, 관광종사원 중 관광통역안내사, 호텔경영사 및 호텔관리사 자격시험, 등록 및 자격증의 발급업무 등을 위탁받아 처리하고 있다. 다만, 자격시험의 출제, 시행, 채점 등 자격시험의 관리에 관한 업무는 「한국산업인력공단법」에 따른 한국산업인력공단에 위탁함에 따라 이를 위한 기본계획을 수립한다. 또한 문화체육관광부장관으로부터 호텔등급결정권을 위탁받아 호텔등급 결정 업무를 수행함은 물론, 국제회의 전담조직으로 지정받아 공사의 '코리아 MICE뷰로'가 국제회의 유치·개최 지원업무를 수탁처리하고 있다.

2. 한국문화관광연구원

1) 법적 성격

　2016년 5월 19일 개정된 「문화기본법」은 제11조의2에서 "문화예술의 창달, 문화산업 및 관광진흥을 위한 연구, 조사, 평가를 추진하기 위하여 한국문화관광연구원(이하 "연구원"이라 한다)을 설립한다"고 규정하여, 한국문화관광연구원의 설립근거를 법에 명시함으로써 '법정법인(法定法人)'으로 전환되었으며, 명실상부 국가대표 문화·예술·관광연구기관으로 그 위상이 높아졌다.

　이제까지 한국문화관광연구원(KCTI: Korea Culture & Tourism Institute)은 문화체육관광부 산하 연구기관으로서 문화체육관광부장관의 허가를 받아 설립된 재단법인으로 공법인(公法人)의 성격을 갖추고 있었던 것이나, 이제 「문화기본법」이 개정됨으로써 종래의 '재단법인' 한국문화관광연구원에서 '법정법인' 한국문화관광연구원으로 새출발하게 된 것이다.

2) 연구원의 조직

　한국문화관광연구원은 2016년 12월 말 기준으로 경영기획실, 문화예술연구실, 문화산업연구실, 관광정책연구실, 관광산업연구실, 창조여가연구실, 정책통계·평가실 등 7개실과 연구기획팀, 총무회계팀, 홍보출판정보팀, 통일문화연구팀, 국제교류팀, 통계정책팀 등 6개 팀으로 조직되어 있다.

3) 연구원의 사업

　1. 문화예술의 진흥 및 문화사업의 육성을 위한 조사·연구
　2. 문화관광을 위한 조사·평가·연구
　3. 문화복지를 위한 환경조성에 관한 조사·연구
　4. 전통문화 및 생활문화 진흥을 위한 조사·연구
　5. 여가문화에 관한 조사·연구
　6. 북한 문화예술 연구

7. 국내외 연구기관, 국제기구와의 교류 및 연구협력사업

8. 문화예술, 문화산업, 관광관련 정책정보 · 통계의 생산 · 분석 · 서비스

9. 조사 · 연구결과의 출판 및 홍보

10. 그 밖에 연구원의 설립목적을 달성하는 데 필요한 사업

3. 지역관광기구(지방관광공사)

1) 경상북도관광공사

경상북도관광공사(Gyeongsangbuk-do Tourism Coperation)는 한국관광공사의 자(子)회사였던 '경북관광개발공사'를 경상북도가 인수함으로써 탄생한 지방공기업이다. 2012년 6월 7일 '경상북도관광공사 설립 및 운영에 관한 조례'로 설립된 경상북도관광공사는 경북의 역사 · 문화 · 자연 · 생태자원 등을 체계적으로 개발 · 홍보하고 지역관광산업의 효율성을 제고하여 지역경제 및 관광활성화에 기여함을 설립목적으로 하고 있다.

경상북도가 인수한 기존의 경북관광개발공사는 1974년 1월에 정부와 세계은행(IBRD) 간에 체결한 보문관광단지 개발사업을 위한 차관협정에 따라 1975년 8월 1일 당시 「관광단지개발촉진법」에 의거하여 설립된 '경주관광개발공사'를 모태로 하는데, 여기에 정부투자기관인 한국관광공사가 전액출자한 정부재투자기관이다. 그 뒤 경상북도 북부의 유교문화권(안동시 일대) 개발사업을 담당해야 할 필요에 의하여 1999년 10월 6일 경북관광개발공사로 이름을 바꾸어 확대 · 개편하였던 것이다.

2) 경기관광공사

경기관광공사(Gyeonggi Tourism Organization: 이하 "공사"라 한다)는 「지방공기업법」 제49조에 의하여 2002년 4월 8일 경기도조례로 설립된 지방공사로서 공법상의 재단법인이다. 특히 공사는 지방화시대에 부응하여 우리나라에서는 최초로 지방자치단체가 설립한 지방관광공사이다.

경기도는 공사설립을 위하여 제정한 경기도관광공사 설립 및 운영조례(2002.4.8. 제3178호) 제4조 제1항의 규정에 의하여 공사의 자본금을 전액 현금 또는 현물로 출자하였

는데, 2002년 5월 11일 경기도관광공사 정관을 제정하여 출범하게 된 것이다.

한편으로 공사의 운영을 위하여 필요한 경우에는 자본금의 2분의 1을 초과하지 아니하는 범위 안에서 다른 기관·단체 또는 개인이 출자할 수 있게 하여(지방공기업법 제53조 제2항 및 조례 제4조 제1항) 지방자치단체인 경기도가 오너(owner)로서 외부참여도 가능하도록 개방하고 있다.

3) 서울관광마케팅주식회사

서울관광마케팅(주)(Seoul Tourism Organization)는 「지방공기업법」(제49조)의 규정과 「지방자치단체 출자·출연기관의 운영에 관한 법률」 및 서울특별시 「서울관광마케팅 주식회사 설립 및 운영에 관한 조례」에 따라 서울특별시와 민간기업이 협력하여 2008년 2월 4일 설립된 서울시 출자법인이다.

서울관광마케팅주식회사는 21세기 글로벌 경제시대에 서울시민의 관광복리 증진과 서울 관광산업 발전을 위해 경영합리화와 효율적 조직운영을 위한 투명성을 제고하고, 서울을 세계적인 경제문화도시로 발전시키기 위해 관광마케팅, MICE, 투자개발 등 서울의 도시경쟁력과 관련된 사업을 수행함을 그 목적으로 한다.

4) 인천관광공사

인천관광공사(Incheon Tourism Organization; 이하 "공사"라 한다)는 「지방공기업법」 제49조에 의하여 2005년 11월 「인천광역시관광공사 설립과 운영에 관한 조례」로 설립된 지방공사로서 공법상의 재단법인이다. 특히 지방자치단체가 설립한 지방관광공사로는 경기관광공사에 이어 두 번째인데, 공사는 「인천광역시관광공사 정관」을 제정하여 2006년 1월 1일부터 출범하게 된 것이다. 그러나 인천관광공사는 2011년 12월 28일 인천시 공기업 통폐합 때 인천도시개발공사에 통합돼 '인천도시공사'로 이름을 바꾸어 인천광역시 산하 지방공기업으로 운영해오다가, 2014년 11월 1일 인천관광공사 재설립 타당성 용역 착수에 이어 2015년 7월 14일 '인천관광공사 설립 및 운영에 관한 조례안' 이 인천시의회에서 가결됨으로써 인천도시개발공사에 통합된 지 4년 만에 '인천관광공사'로 재출범하게 된 것이다.

5) 제주관광공사

제주관광공사(JTO: Jeju Tourism Organization: 이하 "공사"라 한다)는 「제주특별자치도 설치 및 국제자유도시 조성을 위한 특별법」(제250조), 「지방공기업법」(제49조)과 「제주관광공사 설립 및 운영조례」(이하 "조례"라 한다)로 설립된 지방공사로서 공법상의 재단법인이다. 2008년 7월 2일 제주관광공사 정관에 따라 출범한 제주관광공사는 지방자치단체가 설립한 지방관광공사로는 경기관광공사와 인천관광공사에 이어 세 번째로 설립되었다.

6) 부산관광공사

부산관광공사(BTO: Busan Tourism Organization)는 「지방공기업법」 제49조와 「부산관광공사 설립 및 운영에 관한 조례」 및 「부산관광공사 정관」(2012년 11월 5일 제정)의 규정에 의하여 부산광역시가 2012년 11월 15일 설립한 우리나라 다섯 번째의 지방관광공사로서 공법상의 재단법인이다.

4. 관광사업자단체의 관광행정

관광사업자단체는 관광사업자가 관광사업의 건전한 발전과 관광사업자들의 권익증진을 위하여 설립하는 일종의 동업자단체라 할 수 있다. 관광사업자들은 관광사업을 경영하면서 영리를 추구하고 있지만, 관광의 중요성에 비추어 볼 때 관광사업이 순수한 사적(私的)인 영리사업만은 아니라고 보며, 관광사업자는 국가의 주요 정책사업을 수행하는 공익적(公益的)인 존재라고도 할 수 있다. 따라서 관광사업자단체는 이러한 공공성 때문에 사법(私法)이 아닌 공법(公法)인 「관광진흥법」의 규정에 의하여 설립하는 공법인(公法人)으로 하고 있다(동법 제41조 내지 제46조).

1) 한국관광협회중앙회

(1) 설립목적 및 법적 성격

한국관광협회중앙회(KTA: Korea Tourism Association; 이하 "중앙회"라 한다)는 지역별 관광협회 및 업종별 관광협회가 관광사업의 건전한 발전을 위하여 설립한 임의적인 관광관련단체로서, 우리나라 관광업계를 대표하는 단체이다.

중앙회는 관광사업자들이 조직한 단체이므로 사단법인에 해당되며, 영리가 아닌 사업을 목적으로 하므로 비영리법인(非營利法人)에 해당한다. 또 '중앙회'는 「관광진흥법」이라는 특별법에 의하여 설립되므로 일종의 특수법인이라 할 수 있다. 따라서 '중앙회'에 관하여 「관광진흥법」에 규정된 것을 제외하고는 「민법」 중 사단법인(社團法人)에 관한 규정을 준용한다(동법 제44조).

(2) 회원

'중앙회'의 회원은 정회원과 특별회원으로 나눈다.

정회원은 업종별 관광협회(한국관광호텔업협회 등 현재 8개), 지역별 관광협회(서울특별시관광협회 등 현재 17개) 및 업종별 위원회(국제회의위원회 등 현재 9개)로 하고, 준회원 및 특별회원은 관광관련 기관 및 유관기관·단체와 이와 유사한 성질의 법인 또는 개인(외국법인 또는 개인을 포함한다)으로 한다.

(3) 주요 업무

(가) 목적사업

1. 관광사업의 발전을 위한 업무
2. 관광사업 진흥에 필요한 조사·연구 및 홍보
3. 관광통계
4. 관광종사원의 교육과 사후관리
5. 회원의 공제사업
6. 국가나 지방자치단체로부터 위탁받은 업무
7. 관광안내소의 운영
8. 위의 1호부터 7호까지의 규정에 의한 업무에 따르는 수익사업

① 공제사업(共濟事業)

'중앙회'의 업무 중 공제사업은 문화체육관광부장관의 허가를 받아야 한다. 공제사업의 내용 및 운영에 관하여 필요한 사항은 대통령령으로 정하도록 되어 있는

데 그 내용은 다음과 같다.

　　가. 관광사업자의 관광사업행위와 관련된 사고로 인한 대물(對物) 및 대인(對
　　　　人)배상에 대비하는 공제 및 배상업무

　　나. 관광사업행위에 따른 사고로 인하여 재해를 입은 종사원에 대한 보상업무

　　다. 그 밖에 회원 상호간의 경제적 이익을 도모하기 위한 업무

② 수익사업(收益事業)

'중앙회'는 수익사업으로 한국관광명품점과 국민관광상품권 운영 등 수익사업을 추진하고 있는데, 한국관광명품점은 한국의 전통미와 현대미의 체험기회를 내 · 외국인에게 제공하여 2013년에는 약 27억원의 매출을 기록하며 쇼핑관광 활성화에 기여하고 있으며, 국민관광상품권은 2015년 기준 약 364억원의 판매실적을 기록하며 국내관광 활성화에 기여하고 있다.

(나) 정부로부터의 수탁사업

관광종사원 중 국내여행안내사 및 호텔서비스사의 자격시험, 등록 및 자격증의 발급업무를 문화체육관광부장관으로부터 위탁받아 수행한다. 다만, 자격시험의 출제, 시행, 채점 등 자격시험의 관리에 관한 업무는 「한국산업인력공단법」에 따른 한국산업인력공단에 위탁함에 따라, 이를 위한 기본계획을 수립한다(동법 시행령 제65조 제1항 제5호 단서).

2) 한국여행업협회

(1) 설립목적

한국여행업협회(KATA: Korea Association of Travel Agents)는 1991년 12월에 「관광진흥법」 제45조의 규정에 의하여 설립된 업종별 관광협회로서, 내 · 외국인 여행자에 대한 여행업무의 개선 및 서비스의 향상을 도모하고 회원 상호간의 연대 · 협조를 공고히 하며, 활발한 조사 · 연구 · 홍보활동을 전개함으로써 여행업의 건전한 발전에 기여하고 관광진흥과 회원의 권익증진을 목적으로 한다.

본 협회는 1991년 12월 설립 당시에는 '한국일반여행업협회'의 이름으로 사업을 시작하였으나, 2012년 4월 10일 '한국여행업협회'로 그 명칭이 변경된 것이다.

(2) 주요 사업

한국여행업협회는 다음의 사업을 행한다.

1. 관광사업의 건전한 발전과 회원 및 여행업종사원의 권익증진을 위한 사업
2. 여행업무에 필요한 조사 · 연구 · 홍보활동 및 통계업무
3. 여행자 및 여행업체로부터 회원이 취급한 여행업무와 관련된 진정(陳情) 처리
4. 여행업무종사원에 대한 지도 · 연수
5. 여행업무의 적정한 운영을 위한 지도
6. 여행업에 관한 정보의 수집 · 제공
7. 관광사업에 관한 국내외단체 등과의 연계 · 협조
8. 관련기관에 대한 건의 및 의견 전달
9. 정부 및 지방자치단체로부터의 수탁업무
10. 장학사업업무
11. 관광진흥을 위한 국제관광기구에의 참여 등 대외활동
12. 관광안내소 운영
13. 공제운영사업(일반여행업에 한함)
14. 기타 협회의 목적을 달성하기 위하여 필요한 사업 및 부수되는 사업

3) 한국호텔업협회

(1) 설립목적

한국호텔업협회(KHA: Korea Hotel Association)는 「관광진흥법」 제45조의 규정에 의하여 1996년 9월 12일에 문화체육관광부장관의 설립허가를 받은 업종별 관광협회이다. 이 협회는 관광호텔업을 위한 조사 · 연구 · 홍보와 서비스 개선 및 기타 관광호텔업의 육성발전을 위한 업무의 추진과 회원의 권익증진 및 상호친목을 목적으로 하고 있다.

(2) 주요 사업

한국호텔업협회는 다음의 사업을 행한다.

1. 관광호텔업의 건전한 발전과 권익증진

2. 관광진흥개발기금의 융자지원업무 중 운용자금에 대한 수용업체의 선정
3. 관광호텔업 발전에 필요한 조사연구 및 출판물간행과 통계업무
4. 국제호텔업협회 및 국제관광기구에의 참여 및 유대강화
5. 관광객유치를 위한 홍보
6. 관광호텔업 발전을 위한 대정부건의
7. 서비스업무 개선
8. 종사원교육 및 사후관리
9. 정부 및 지방자치단체로부터의 수탁업무
10. 지역간 관광호텔업의 균형발전을 위한 업무
11. 위 사업에 관련된 행사 및 수익사업

4) 한국종합유원시설협회

한국종합유원시설협회는 1985년 2월에 설립된 유원시설사업자단체로서「관광진흥법」제45조의 적용을 받는 일종의 업종별 관광협회이다. 유원시설업체간 친목 및 복리증진을 도모하고 유원시설 안전서비스 향상을 위한 조사·연구·검사 및 홍보활동을 활발히 전개하며, 유원시설업의 건전한 발전을 위한 정부의 시책에 적극 협조하고 회원의 권익을 증진보호함을 목적으로 한다.

이 협회는 다음의 사업을 수행한다.

1. 유원시설업계 전반의 건전한 발전과 권익증진을 위한 진흥사업
2. 정기간행물 홍보자료 편찬 및 유원시설업 발전을 위한 홍보사업
3. 국내외 관련기관 단체와의 제휴 및 유대강화를 위한 교류사업
4. 정부로부터 위탁받은 유원시설의 안전성검사 및 안전교육사업
5. 유원시설에 대한 국내외 자료조사 연구 및 컨설팅사업
6. 신규 유원시설 및 주요 부품의 도입 조정시 검수사업
7. 유원시설업 진흥과 관련된 유원시설 제작 수급 및 자금지원
8. 시설운영 등의 계획 및 시책에 대한 회원의 의견 수렴·건의 사업
9. 기타 정부가 위탁하는 사업

5) 한국카지노업관광협회

한국카지노업관광협회는 1995년 3월에 카지노분야의 업종별 관광협회로 허가받아 설립된 사업자단체로서 한국관광산업의 진흥과 회원사의 권익증진을 목적으로 하고 있다.

이 협회의 주요 업무로는 카지노사업의 진흥을 위한 조사·연구 및 홍보활동, 출판물 간행, 관광사업과 관련된 국내외 단체와의 교류·협력, 카지노업무의 개선 및 지도·감독, 카지노종사원의 교육훈련, 정부 또는 지방자치단체로부터 수탁받은 업무 수행 등이다.

2016년 12월 말 기준으로 전국 17개(2005년도에 신규로 3개소 개관)의 카지노사업자와 종사원을 대변하는 한국카지노업관광협회는 이용고객의 편의를 증진시키기 위해 카지노의 환경개선과 시설확충을 실시하는 한편, 카지노사업이 지난 30여년 간 국제수지 개선, 고용창출, 세수증대 등에 기여한 고부가가치 관광산업으로의 중요성을 홍보하여 카지노산업의 위상제고와 대국민 인식전환을 추진하고 있다. 또한 회원사 간에 무분별한 인력스카우트 등 부작용 방지를 위한 협회차원의 대책강구와 함께 경쟁국가의 현황 등 카지노산업에 대한 정보제공 등으로 카지노 홍보활동을 강화하고 있다.

6) 한국휴양콘도미니엄경영협회

한국휴양콘도미니엄경영협회는 휴양콘도미니엄사업의 건전한 발전과 콘도의 합리적이고 효율적인 운영을 도모함과 동시에 건전한 국민관광 발전에 기여함을 목적으로 1998년에 설립된 업종별 관광협회이다.

협회의 주요 업무로는 콘도미니엄업의 건전한 발전과 회원사의 권익증진을 위한 사업, 콘도미니엄업의 발전에 필요한 조사·연구와 출판물의 발행 및 통계, 국제콘도미니엄업 및 국제관광기구에의 참여와 유대강화, 관광객유치를 위한 콘도미니엄의 홍보, 콘도미니엄의 발전에 대한 대정부 건의, 관광정책 등 자문, 콘도미니엄업 종사원의 교육훈련 연수, 유관기관 및 단체와의 협력증진, 정부 및 지방자치단체로부터 위탁받은 업무 등이다.

7) 한국외국인관광시설협회

한국외국인관광시설협회는 1964년 6월 30일에 설립된 업종별 관광협회로서 주로 미군기지 주변도시 및 항만에 소재한 외국인전용유흥음식점을 회원사로 관리하며, 정부의 관광진흥시책에 적극 부응하고 업계의 건전한 발전과 회원의 복지증진 및 상호 친목도모에 기여함을 목적으로 하고 있다.

협회는 회원업소의 진흥을 위한 정책의 품신 및 자문, 회원이 필요로 하는 물자 공동구입 및 공급, 회원업소의 지도 육성과 종사원의 자질 향상, 주한 미군·외국인 및 외국인 선원과의 친선도모, 외국연예인 공연관련 파견사업 등 외화획득과 국위선양을 위해서 노력하고 있다.

8) 한국MICE협회

한국MICE협회는 「관광진흥법」 제45조의 규정에 따라 2003년 8월에 설립되어 우리나라 MICE업계를 대표하여 컨벤션 기관 및 업계의 의견을 종합조정하고, 유기적으로 국내외 관련기관과 상호 협조·협력활동을 전개함으로써 컨벤션업계의 진흥과 회원의 권익 및 복리증진에 이바지하고, 나아가서 국제회의산업 육성을 도모하여 사회적 공익은 물론 관광업계의 권익과 복리를 증진시키는 것을 목적으로 하고 있다.

한국MICE협회는 2004년 9월에 「국제회의산업 육성에 관한 법률」상의 국제회의 전담조직으로 지정되어 국제회의 전문인력의 교육 및 수급, 국제회의 관련 정보를 수집하여 배포하는 등 국제회의산업 육성과 진흥에 관련된 업무를 진행하고 있다. 또한 2016년에 추진한 업무로는 MICE 전문 인력 양성 및 전문성 제고를 위한 MICE 고급자 아카데미, 제11회 한국MICE아카데미, 신입사원 OJT 교육, 특성화고 MICE인재양성 아카데미 등의 교육사업과 MICE업계 소그룹 지원, 지역 얼라이언스별 맞춤형 컨벤션 특화 교육, 선진 컨벤션/박람회업계 공동참가, MICE 영프로페셔널 육성 및 해외파견 지원, MICE 국제기구 가입 및 국제단체 교류활동, 맞춤형 기업교육 지원, MICE 통합 컨시어지 데스크 운영 등의 MICE 업계 지원사업을 진행하였으며, 계간 'The MICE' 매거진과 뉴스레터를 발간하여 급변하는 MICE산업 관련 최신 지식의 제공 및 회원사의 소식을 전달하고 있다. 뿐만 아니라 중국, 싱가포르 등 아시아 MICE협회들과 MOU를 체결하는 등 국제적 교류도 넓혀가고 있다.

9) 한국PCO협회

(사)한국PCO협회(KAPCO: Korea Association of Professional Congress Organizer)는 세계 국제회의 산업환경에 적극적으로 대처할 수 있는 공식적인 체제를 마련하고, 한국 컨벤션산업 발전에 기여하기 위해 2007년 1월에 설립되었다. 2016년 현재 48개 회원사를 보유하고 있는 (사)한국PCO협회는 급변하는 세계 국제회의산업 환경에서 컨벤션산업의 발전과 회원의 권익보호를 위하여 회원 간의 정보교류·친목·복리증진 등을 도모함은 물론, 선진회의 기법개발 및 교육 홍보사업 등을 통하여 국내 컨벤션산업의 건전한 발전과 국민경제에 기여할 목적으로 기본적 역할을 수행하고 있다.

10) 한국골프장경영협회

한국골프장경영협회는 「체육시설의 설치·이용에 관한 법률」 제37조에 의하여 1974년 1월에 설립된 골프장사업자단체로서 한국골프장의 건전한 발전과 회원골프장들의 유대증진, 경영지원, 종사자교육, 조사·연구 등을 목적으로 하고 있다.

특히 협회의 부설연구기관으로 한국잔디연구소를 설립하여 친환경적 골프장 조성과 관리운영을 위한 각종 방제기술 연구·지도와 병충해예방·친환경적 골프코스관리기법연구 등을 수행, 환경경영에 앞장서고 있는 것은 물론, 1990년부터 '그린키퍼학교'를 운영하여 전문성을 갖춘 유자격골프코스관리자를 배출하고 있다. 현재의 골프장은 골프채·골프회원권·골프대회·골프마케팅 등 골프산업의 중심축에 자리하고 있으며, 협회는 스포츠산업 및 레저산업을 선도하는 업종으로 그 기능을 충실히 수행하고 있다.

11) 한국스키장경영협회

한국스키장경영협회는 스키장사업의 건전한 발전과 친목을 도모하며 스키장사업의 합리적이고 효율적인 운영과 스키를 통한 건전한 국민생활체육활동에 기여하는 것을 목표로 하고 있다.

한국스키장경영협회는 스키장경영의 장기적 발전을 위한 사계절 종합레저를 모색하고, 스키장경영의 경영활성화를 위한 개선책을 강구하며, 스키장경영의 정보교환·상호발전을 도모하기 위해 노력하고 있다. 또 협회는 스키장사업과 관련되는 법적·제도적 규제완화 또는 철폐를 건의하고, 스키장사업의 각종 금융, 세제 및 환경관리제도 개선을 위한 연구 · 용역을 시행하는 등 스키장사업의 지속적 발전을 위해 다양한 사업을 추진하고 있다.

12) 한국공예 · 디자인문화진흥원

한국공예 · 디자인문화진흥원은 「민법」 제32조의 규정에 따라 설립되었던 한국공예문화진흥원(2000년 4월 설립)과 한국디자인문화재단(2008년 3월 설립)이 2010년 4월에 통합해 새롭게 출발한 기관이다.

한국공예 · 디자인문화진흥원은 지역에서의 공예 · 디자인 생산력을 증대시키고, 전통공예의 현대화를 위하여 문화 · 예술 · 기술 등 다양한 영역 간의 협업을 추진하고, 국제협력을 통해 글로벌 마케팅을 전개하는 3대 실천전략(공예 · 디자인의 문화적 저변확대전략, 공예 · 디자인의 창작기반 확충전략, 공예 · 디자인의 마케팅 · 유통지원 전략)을 통해 새로운 한국공예 · 디자인 트렌드를 개발함으로써 한국의 공예 · 디자인이 세계적인 브랜드로 자리매김할 수 있도록 하기 위해 심혈을 기울이고 있다.

13) 한국관광펜션업협회

한국관광펜션업협회는 주5일근무제의 본격적 시행과 더불어 가족단위 관광체험 숙박시설의 확충이 필요함에 따라 관광펜션 지정제도를 만들어 이의 활성화를 위해 「관광진흥법」 제45조의 규정에 의거 2004년 5월에 설립된 업종별 관광협회이다.

관광펜션은 기존 숙박시설과는 차별화된 외형과 함께 자연을 체험할 수 있는 자연친화 숙박시설로 앞으로 많은 관광객들이 이용하게 될 가족단위 중저가 숙박시설로 육성할 계획이다.

참∥고∥문∥헌

1. 한국문헌

강덕윤 · 류기환 · 이병연, [개정판] 현대관광학개론, 백산출판사, 2016.

강만호, 카지노경영론, 백산출판사, 2010.

강한승 외, 의료관광마케팅, 대왕사, 2010.

고상동 외, 리조트 경영과 개발, 백산출판사, 2012.

고종원 외, 여행사경영론, 백산출판사, 2010.

고태규, 의료관광경영론, 무역경사, 2012.

고택운 외, 카지노경제학, 백산출판사, 2014.

김광근 외, 관광학의 이해, 백산출판사, 2017

김광득, 여가와 현대사회, 백산출판사, 2011.

김미경 외, 관광학개론, 백산출판사, 2017.

김사헌, 관광경제학, 백산출판사, 2013.

김상무 외, 최신 관광사업경영론, 백산출판사, 2011.

김성혁, 관광마케팅의 이해, 백산출판사, 2011.

김성혁 외, MICE산업론, 백산출판사, 2011.

김성혁 외, 최신 관광사업개론, 백산출판사, 2013.

김용상 외, 관광학(제7판), 백산출판사, 2018.

김원인 · 김수경, 관광학원론, 백산출판사, 2015.

김종은, 관광자원해설론, 백산출판사, 2014.

김창수, 테마파크의 이해, 대왕사, 2011.

김천중, 크루즈관광의 이해, 백산출판사, 2008.

김홍렬, 관광학원론, 백산출판사, 2015.

김현희 외, 외식산업경영의 이해, 백산출판사, 2011.

문화체육관광부, 관광동향에 관한 연차보고서(2000~2016).

박상수 · 고금희 · 홍성화, 신판 해설관광법규, 백산출판사, 2016.

박석희, 신관광자원론, 일신사, 2000.

박시범, 여행사경영론, 새로미, 2005.

박시사, 관광학개론, 백산출판사, 2014.

박정선, 이벤트론, 형설출판사, 2005.

박호표, 관광학의 이해, 학현사, 1998.

사행산업감독위원회, 사행산업백서, 국무총리실, 2009~2014.

송재덕, 의료관계법규, 정문각, 2013.

오수철 외, 신판 카지노경영론, 백산출판사, 2015.

위정주 외, 최신 관광학의 이해, 백산출판사, 2014.

유도재, 리조트경영론, 백산출판사, 2013.

윤지환, 여가와 사회, 백산출판사, 2007.

이경모 · 김창수, 관광교통론, 대왕사, 2004.

이봉석 외, 관광사업론, 대왕사, 2002.

이상춘, 관광자원론, 백산출판사, 2014.

이정학 · 이은지, 의료관광학개론, 백산출판사, 2015.

이호길 외, MICE산업과 국제회의, 백산출판사, 2012.

정의선, 관광학원론, 백산출판사, 2011.

정용주, 외식경영론(외식마케팅), 백산출판사, 2012.

조진호 · 우상철, 최신관광법규론, 백산출판사, 2018.

최기종, 관광학개론, 백산출판사, 2014.

최태광, 생태관광론, 백산출판사, 2009.

최풍운 외, 호텔경영관리론, 백산출판사, 2013.

통계청, 한국표준산업분류(제9차개정), 2008.

한국관광대학 교재개발위원회, [개정신판] 관광학원론, 2015.

함동철 · 강재희, 외식산업창업과 경영, 백산출판사, 2013.

2. 일본문헌

鈴木忠義, 現代觀光論, 有斐閣, 1984.

日本交通公社 編, 現代觀光用語事典, 日本交通公社, 1984.

日本交通公社, 觀光地の評價手法, 1971.

前田 勇 著, 金鎭卓 譯, 現代觀光總論, 백산출판사, 2003.

岡本伸之 著, 최규환 역, 觀光學入門, 백산출판사, 2003.

小谷達男, 觀光事業論, 日本: 學文社, 1998.

末武直義, 觀光論入門, 日本: 法律文化社, 1981.

鹽田正志, 觀光學硏究, 日本學術選書, 1974.

津田昇, 觀光交通論, 東洋經濟新聞社, 1989.

津田昇, 國際觀光論, 東京: 有斐閣, 1969.

長谷政弘, 觀光學辭典, 東京: 同文館, 1997.

末武直義, 「觀光論入門」, 法律文化社, 1981.

末武直義, 「觀光事業論」, 法律文化社, 1984.

山村順次, 觀光地域論, 古今書院, 1990.

蘇芳基, 「最新觀光學槪要」, 明謚印刷, 1992.

勝尾良陸, 觀光事業經營, 東洋經濟新聞社, 1990.

鹽田正志, 「觀光學硏究」, 日本學術 選書, 1974.

日本觀光協會, 「月刊觀光」 通卷 第181號, 1981.

日本觀協 「觀光地コミ公害レポート」, 1973.

日本交通公社, 觀光地の評價手法, 1971.

前田 勇, 「觀光槪論」, 學文社, 1981.

佐藤俊雄監譯, 觀光のクロス・インパクト, 東京: 大明堂發行, 1990.

3. 서양문헌

Abraham Pizam & Julianne Pokela(1985), "The Perceived Impacts of Casino Gambling on a Community," Annals of Tourism Research, Vol. 12, No. 2.

Adrian, Bull(1991), The Economics of Travel and Tourism, Longman Limited.

Alister Mathieson and Geoffrey Wall(1982), Tourism ; Economic, Physical and Social Impacts, London ; Longman.

Band-Bovy, M. and F. Lawson(1977), Tourism and Recreation Development, London: The Architectural Press, Ltd..

Boissevain J. and P. S. Inglott(1979), "Tourism in Malta," in E. de Kadt ed. Tourism: Passport to Development, Oxford: Baisil Blackwell.

Bramwell,B.(1991), "Tourism Environment and Management," Tourism Management, Vol. 12, No. 4.

Britton, R.A.(1979), "The Image of the Third World in Tourism Marketing", Annals of Tourism Research, Vol.6.

Broyley R. and T. Var(1989), "Canadian Perceptions of Tourism Influence on Economic and Social Conditions," Annals of Tourism Research, Vol. 16, No. 4.

Burkart, A. J. & Medlic, S.(1987), Tourism: Past, Present and Future, London: Heinemann, p.227.

Butler, R.W. Alternative Tourism: Pious Hope or Trojan Horse?, Journal of Travel Research, Vol. 28, No.3.

Charles(1979), Howe, Natural Resource Economics ; Issues, Analysis and Policy, John Wiley & Sons, Inc.

Chuck Y. Gee(1989), The Travel Industry, Van Publishing Co.

Clarke, R., R. Denman, G. Hickman and J. Slovak(2001), "Rural Tourism in Roznava Okres: A Slovak Case Study," Tourism Management, Vol. 22.

Cohen E.(1972), "Toward a Sociology of International Tourism," Social Research 39.

Collins, M. F and G. Jackson(2001), Evidence for a Sport Tourism Continuum, Paper Presented at the Journeys in Leisure: Current and Future Alliances Conference, Luton, England.

Crompton, John L.(1979), "Motives for Pleasure Vacation," Annals of Tourism Research, Oct./Dec..

D. B. Weaver(1991), "Alternative to Mass Tourism in Dominica", Annals of Tourism Research, Vol. 18, No. 3.

David A. Fennel and Bryan J.A. Smale(1992), "Ecotourism and Natural Resources Protection— Implication of an Alternative Form of Tourism for Host Nation", Tourism Recreation Research, Vol. 17, No. 1.

Delpy, L. and H. A. Bosetti(1998), "Sport Management and Marketing via the World Wide Web, Sport Marketing Quarterly, Vol. 7, No. 1.

Dogan Gursoy, Ken W. McCleary.(2004) "An Integrative Model of Tourists' Information search Behavior," Annals of Tourism Research, Vol. 31, No. 2.

Edgell D. L.(1990), International Tourism Policy, N.Y.: Van Nostrand Reinhold.

Edwards, J.(1990), "Environment Tourism and Development," Tourism Management, Vol. 11, No. 3.

Engel, James F., Rodger D. Blackwell, & Paul W. Miniard(1990), Consumer Behavior, 6th ed., The Dryden Press.

Fazio, Russell H.(1986), "How Do Attitudes Guide Behavior?" in Handbook of Motivation and Cognition: Foundation of Social Behavior, eds. R. M. Sorrentino and E. T. Higgins, NY: Guilford Press.

Fishbein, M. & I. Azen(1975), Belief, Attitude, Intention, and Behavior: An Introduction to Theory and Research, MA: Addition Wesley.

Floyd, M., H. Jang and F. P. Noe(1997), "The International between Environmental Concern and Acceptability Impacts among Visitors to Two U. S. National Park Settings," Journal of Environmental management, Vol. 51.

Forbes, A. H.(1994), "Tourism and Transport Policy in the European Union," A. V. Seaton(ed), Tourism-The State of the Art, New York: John Wiley and Sons.

Foster, D.(1985), Travel and Tourism Management, MacMillan.

Frenchtling, D. C.(1987), "Assessing the impact of Travel and Tourism Measuring Economic Benefit," Travel, Tourism and Hospitality Research, John Wiley & Sons. Inc.

Getz, D.(1998), "Trend, Strategies, and Issues in Sport-Event Tourism," Sport Marketing Quarterly, Vol. 7, No. 2.

Getz, Donald(1997), Festival Management and Event Tourism, Cognizant Communication Corporation, New York: Van Nostrand Reinhold.

Gilson, H. J.(1999), "Sport Tourism: The Rules of the Game," Park and Recreation, June.

Godfrey, K.(2000), Tourism Development Handbook: A Practical Approach to Planning and Marketing, Yew York, NY: CASSELL.

Greenwood, Davydd J.(1977), "Culture by the Pound: An Anthropological Perspective on Tourism as Cultural Commoditization", Smith, Valene L. ed., Hosts and Guests: The Anthropology of Tourism, Basil Blackwell.

Gunn, Clare A.(1988), Tourism Planning(2nd). New York: Taylor & Francis.

Hactor, Ceballos-Lascurain(1990), "The Future of Eco-Tourism," Mexico Journal, January 17.

Hall, C. M.(1992), Adventure, Sport and Health, in C. M. Hall and B. Weiler(eds.), Special Interest Tourism. London: Belhaven Press.

Hawkins, Del I., R.J. Best, and K.A. Coney(1983), Consumer Behavior, Revised ed., Irwin, p.277.

Hinch, T. D. and J. E. S. Higham(2004), Sport Tourism Development, London: Cromwell Press.

Ingram, C. D. & Durst, P. B.(1988), Nature—orientated tourism promotion by developing countries, Tourism Management, Vol. 9, No. 1.

Inskeep, Edward.(1991), Tourism Planning: An Integrated and Sustainable Development Approach. New York: Van Nostrand Reinhold..

Jafari, Jafar(1984), "Understanding Socio-cultural Structure of Tourism on its Policy", '84 Seminar on Tourism, Korea Academic Society of Tourism.

Kleischer, A. and A. Pizam(1997), "Rural Tourism in Israel," Tourism Management, Vol. 18, No. 6.

Kluckhohn, Clyde(1951), "The Study of Culture", in Daniel Lewer and Harold D. Lasswell(eds.), The Policy Sciences, Stanford University, Stanford, CA.

Kotler, Phlip & Gray, Amstrong(1991), Principles of Marketing, 5th ed., Prentice-Hall Inc..

Krippendorf, J.(1987), "Tourism in Asia and the Pacific," Tourism Management, June.

Kurtzman, J. and Zauhar, J.(1993), "Research-sport as a Touristic Endeavour," Journal of Sport Tourism, Vol. 1, No. 1.

Kusler, Jon A.(1991), "Ecotourism and Resource Conservation," Collection of Papers from First and Second International Symposium Ecotourism and Resource Conservation, edited by Jon Kusler.

Laarman J. G. and Richard Perdue(1989), "Science Tourism in Costarica," Annals of Tourism Research, Vol. 16.

Lazor, Willam(1964), "Lifestyle Concepts and Marketing," Stephen, A. Gresar ed., Toward Scientific Marketing.

Leiper Neil(1979), "The Framework of Tourism: Towards a Definition of Tourism, Tourist and the Tourist Industry," Annals of Tourism Research, Vol.6, No.4.

Lewis, Justin(1990), Art, Culture, and Enterprise: the Politics of Art and the Cultural Industries, Routledge(London/New York).

Lillywhite, Malcilm and Lynda(1991), "Low Impact Tourism," World Travel and Tourism Review, Vol. 1.

Lisa, D.(1998), "An Overview of Sport Tourism: Building towards a Dimensional Framework," Journal of Vacation Marketing, Vol. 4.

Lucas, P(1984), "How Protected Areas Can Help Meet Society's Evolving Need," in J. M. McNeely and K. R. Miller, eds., National Parks, Conservation and Development, Smithsonian Institution Press.

Ludberg, Douald E.(1988), The Tourist Business, Boston: CBI Publisting Company, Inc.

Lutz, R.J.(1978), "A Functional Approach to Consumer Attitude Research," in Advances in Consumer Research, ed. H.K. Hunt, Vol.5 MI: Association for Consumer Research.

Maier, J. and W. Weber(1993), "Sport Tourism in Local and Regional Planning," Tourism Recreation Research, Vol. 18, No. 2, pp.33~43.

Makens, J.C. and R.A. Marquardt(1977), "Consumer Perceptions Regarding First Class and Coach Airline Seating," Journal of Travel Research, Vol.16, No.1.

Martin, B. and S. Mason(1993), "The Future for Attractions: Meeting the Needs for the New Consumers," Tourism Management, February.

Mathieson Alister · Geoffrey Wall(1983), Tourism: Economic, Physical and Social Impacts, New York: Longman Inc.

May, V.(1991), "Tourism, Environment and Development: Values, Sustainablilty and Stewardship," Tourism Management, Vol. 12, No. 2.

Mayers, James H. and William H. Reynolds(1967), Consumer Behavior and Marketing Management, Houghton—Mifflin Company.

McIntosh, R. W., Goeldner, C. R. and J. R. B. Ritchie(1995), Tourism: Principles, Practices, Philosophies, 7th ed., New York: John Wiley & Sons, Inc.

Milton, K., T. Locke and A. Locke(2001), "Adventure Travel," Travel and Tourism Analyst, Vol. 4, pp.65~97.

Mitchell, A.A.(1986), "The Effect of Verbal and Visual Components of Advertisements in Brand Attitudes and Attitude toward the Advertisement", Journal of Consumer Research, Vol. 13

Nash, Dennison and Valene L. Smith(1991), "Anthropology and Tourism", Annals of Tourism Research, Vol. 18, No. 1, Pergamon Press.

Paul, Jenner & Christine Smith(1992), The Tourism Industry and the Environment, The Economist Intelligence Unit, Special Report No. 2453, February.

Petrick, J.F & Backman, S.J., "An Examination of the Determinants of Golf Travelers' Satisfaction", Journal of Travel Research, Vol. 40, February 2002.

Petty, R.P. and Cacioppo, J.T.(1986), "The Elaboration Likelihood Model of Persuasion", In Advances if Experimental Social Psychology, Vol. 19, L. Bickman.

Place, S. E.(1991), "Nature Tourism and Development in Tortuguero," Annals of Tourism Research, Vol. 18, No. 2.

Redmond, G. (1991), Changing Styles of Sports Tourism: Industry/Consumer Interactions in Canada, the USA and Europe. In the Tourism Industry: An International Analysis, Sinclair MT, Stabler MJ (Eds). CAB International.

Richie, J. R. B. and M. Zins(1978), "Culture as Determinant of Attractiveness of a Region," Annals of Tourism Research, Vol. 5.

Sharpley, R.(2002), "Rural Tourism and the Challenge of Tourism Diversification: The Case of Cyprus," Tourism Management, Vol. 23.

Simpson, Bob(1993), "Tourism and Tradition: Form Healing to Heritage", Annals of Tourism Research, Vol. 20, No. 1, Pergamon Press.

Smith, Valene L. ed.(1989), Hosts and Guests: The Anthropology of Tourism, 2nd edition, Philadelphia: The University of Pennsylvania Press.

Stevens, T.(2001), "Stadia and Tourism Related Facilities," Travel and Tourism Analyst, Vol. 2.

UNWTO(2012), Compendium of Tourism Statistics, Madrid: UNWTO.

Wahab Salah(1975), Tourism Management, London, International Tourism Press.

Weaver, D. B.(1991), "Alternative to Mass Tourism in Dominica," Annals of Tourism Research, Vol. 18, No. 3.

Wilson, S., Fesenmaier, D. R., Fesenmaier, J. and J. C. Van Es(2001), "Factors for Success in Rural Tourism Development," Journal of Travel Research, Vol. 40.

Zeppel, Heather and C. Michael Hall(1992), "Arts and Heritage Tourism", Betty Weiler and C. M. Hall ed., Special Interest Tourism, London: Belhaven Press.

저자 소개

- **김용상**
  前, 숭의여자대학교 관광과 교수
  yongskim@sewc.ac.kr

- **정석중**
  가톨릭관동대학교 관광경영학과 교수
  sjchu@cku.ac.kr

- **이봉석**
  前, 서라벌대학교 국제관광경영과 교수
  aleebs@naver.com

- **심인보**
  호원대학교 호텔관광학부 교수
  sib@sunnyhowon.ac.kr

- **김천중**
  용인대학교 문화관광학과 교수
  chkim@eve.yongin.ac.kr

- **이주형**
  경기대학교 관광경영학과 교수
  leejh@kuic.kyonggi.ac.kr

- **이미혜**
  경기대학교 관광이벤트학과 교수
  kojang58@hanmail.net

- **김창수**
  경기대학교 관광이벤트학과 교수
  toursoo@hanmail.net

- **이재섭**
  경기대학교 관광경영학과 교수
  jslee01@empal.com

- **박승영**
  부천대학교 호텔관광경영과 교수
  tourpia@bc.ac.kr

관광학

1997년 2월 20일 초　판 1쇄 발행
1997년 8월 20일 초　판 2쇄 발행
1998년 2월 10일 초　판 3쇄 발행
1999년 2월 20일 초　판 4쇄 발행
2000년 2월 20일 개정2판 1쇄 발행
2001년 1월 15일 개정2판 2쇄 발행
2002년 1월 10일 개정3판 1쇄 발행
2003년 1월 15일 개정3판 2쇄 발행
2004년 2월 10일 개정3판 3쇄 발행
2005년 1월 15일 개정3판 4쇄 발행
2007년 3월 10일 개정4판 1쇄 발행
2011년 2월 25일 개정5판 1쇄 발행
2012년 3월 5일 개정5판 2쇄 발행
2012년 10월 10일 개정5판 3쇄 발행
2014년 1월 15일 개정5판 4쇄 발행
2015년 1월 20일 개정5판 5쇄 발행
2017년 2월 20일 개정6판 1쇄 발행
2018년 8월 30일 개정7판 1쇄 발행
2020년 2월 20일 개정7판 2쇄 발행

지은이 김용상 · 정석중 · 이봉석 · 심인보 · 김천중 · 이주형 · 이미혜 · 김창수 · 이재섭 · 박승영
펴낸이 진욱상
펴낸곳 백산출판사
교　정 조진호
본문디자인 오행복
표지디자인 오정은

등　록 1974년 1월 9일 제406-1974-000001호
주　소 경기도 파주시 회동길 370(백산빌딩 3층)
전　화 02-914-1621(代)
팩　스 031-955-9911
이메일 edit@ibaeksan.kr
홈페이지 www.ibaeksan.kr

ISBN 979-11-5763-121-6 93980
값 28,000원